尚建选 等著

低阶煤分质利用

化学工业出版社

·北京·

内 容 简 介

本书简单介绍了低阶煤特性及其分质利用的概念与发展现状，重点阐述了分质利用龙头技术中低温热解以及三相热解产物中低温煤焦油、热解气、热解半焦的分质利用技术的原理、关键技术及发展方向，并对分质利用过程中的环境保护技术和系统集成方案进行了探讨。

本书适合从事煤炭清洁高效转化利用方向的科学技术人员和工程技术人员使用，也可供大专院校煤化工相关专业的师生参考。

图书在版编目（CIP）数据

低阶煤分质利用/尚建选等著. —北京：化学工业出版社，2021.3（2023.9重印）
ISBN 978-7-122-38331-0

Ⅰ.①低… Ⅱ.①尚… Ⅲ.①煤-利用-研究 Ⅳ.①TQ536

中国版本图书馆 CIP 数据核字（2021）第 022654 号

责任编辑：张 艳 刘 军　　　　　文字编辑：向 东
责任校对：张雨彤　　　　　　　　装帧设计：王晓宇

出版发行：化学工业出版社（北京市东城区青年湖南街 13 号　邮政编码 100011）
印　　装：北京捷迅佳彩印刷有限公司
710mm×1000mm　1/16　印张 21¼　字数 390 千字　2023 年 9 月北京第 1 版第 3 次印刷

购书咨询：010-64518888　　　　　售后服务：010-64518899
网　　址：http://www.cip.com.cn
凡购买本书，如有缺损质量问题，本社销售中心负责调换。

定　　价：198.00 元　　　　　　　　　　　　　版权所有　违者必究

前　言

　　煤炭作为我国的主体能源，实现其清洁高效转化利用，对推进我国能源革命进程，实现碳减排目标，都占有极大权重。低阶煤分质利用，立足我国低阶煤储量大且主要分布于西北部、产能占比已过半并将逐步扩大的实际，回归煤炭作为能源和有机质统一载体的双重属性，通过以低能耗、低水耗的中低温热解，先将其分质转化为气（热解气）、液（煤焦油）、固（半焦）三种形态，再分别对热解气、煤焦油、半焦进一步分质转化为油、气、电、热和有机化产品，既是一条低消耗、低排放、低成本同步获取清洁高效能源和高附加值化产品的煤炭清洁高效转化利用途径，又能起到缓解油气对外依存度过高、维护国家能源安全的作用。因而，煤炭分质利用相继被列入国家相关技术创新和产业发展规划及行动计划，并越来越得到各相关政府部门、企业、科研院所和大专院校的重视。

　　虽然煤炭热解、煤焦油加氢、半焦利用技术已有相当长的发展历史，但相对于煤炭燃烧和气化，能支撑大规模清洁高效转化利用的现代工业化技术研究起步较晚，国内外论述煤炭分质利用关键技术的书籍较少，把煤炭分质利用作为一个完整体系来系统论述的技术资料也是凤毛麟角。为顺应相关研究、教学和企业人员的迫切需求，我们立足国家能源煤炭分质清洁转化重点实验室多年的研究探索，并广泛搜集国内外相关技术研究资料，总结相关最新科技成果及其工业化试验、示范案例，编著了本书。

　　全书共分7章，第1章　概述，由尚建选、张喻、周秋成完成；第2章　低阶煤中低温热解，由尚建选、胡浩权、靳立军、李学强、徐婕、张喻、冉利伟完成；第3章　中低温煤焦油的分质利用，由尚建选、李冬、孙显锋、王庆元、张喻、任鹏完成；第4章　热解煤气的分质利用、第5章　中低温热解半焦的分质利用、第6章　低阶煤分质利用过程的环境保护，由尚建选、马宝岐、周秋成完成；第7章　低阶煤分质利用系统集成，由尚建选、徐婕、张喻、周秋成完成。大连理工大学胡浩权教授对本书的终稿进行了审阅和修改，全书由尚建选、马宝岐负责制定编写提纲、统稿、定稿。

本书在编写过程中，得到了闵小建、梁玉昆、张小军、沈和平、苗文华、毛世强、杨占彪、吕子胜、张生军、樊英杰、李秀辉、谢武强、郑锦涛等同事的支持和帮助，赵海斌、王一鸣、史航、杨小彦、谭晓婷、王奕晨、李瑶、李正、冷坤岳、刘美芳等同事参与了资料搜集整理，在此对以上同事致以衷心感谢！

由于本书内容涉及大量最新技术，外部技术又受限于详尽资料获取，特别是编者经验不足、水平有限，书中难免有不妥之处，敬请广大读者给予批评指正。

著者
2020 年 10 月

目　录

第1章

概　述

　　我国以煤为主的一次能源生产和消费结构，在相当长一段时间内难以改变。当前，我国每年的煤炭产量中，低阶煤（褐煤及低变质烟煤，即长焰煤、不黏煤、弱黏煤）占比在 50％以上。据煤炭地质总局第三次全国煤田预测，我国垂深 2000m 以浅的低阶煤预测资源量为 26118.16 亿吨，占全国煤炭资源预测资源量的 57.38％，其中低变质烟煤占 53.20％、褐煤占 4.18％。

　　低阶煤的结构组成特点和加热特征，决定了可以通过低能耗、低物耗的中低温热解方式将其先转化为气（煤气）、液（煤焦油）、固（半焦）三种物质状态，再对煤气、煤焦油、半焦进一步分质转化，便能以较小的代价获得油、气、电等清洁高效能源和高附加值化工产品，即实现低阶煤的分质利用。《煤炭深加工升级示范"十三五"规划》作为我国现代煤化工产业的首个国家级总体规划，将低阶煤分质利用列为我国重要的煤炭加工转化产业。

1.1　低阶煤的分类及特征

1.1.1　低阶煤的分类

　　当前世界上较流行的煤炭分类体系有：国际标准 ISO 11760（2005）、美国 ASTM 标准（2004）、澳大利亚 AS 标准（1994）、《中国煤炭分类》（GB/T 5751—2009）。

　　（1）国际分类

　　煤炭分类国际标准 ISO 11760 于 2005 年发布，是以煤的变质程度（以镜质组反射率来表示）、岩相组成（以镜质组含量来表示）以及煤的品级（以干基灰分产率来表示）作为煤炭分类的依据。

　　按照类别划分，规定煤层水分≤75％，且 R（平均镜质体随机反射率）<0.5％

的煤为低阶煤（褐煤和次烟煤）；按照牌号划分，低阶煤又可分为褐煤 B、褐煤 C 和次烟煤 3 个小类。

（2）美国 ASTM 分类

ASTM 标准中煤按照变质程度来划分，从褐煤至无烟煤。低阶煤的划分指标为 CV_{mmmf}（恒湿无矿物质基发热量，中国国标采用符号 Q 表示发热量）、黏结性，见表 1-1。

表 1-1　美国 ASTM 煤炭（低阶煤）分类表（2004）

煤化度	牌号	$CV_{mmmf}/(\mathrm{Btu/lb})$		黏结性
		$\geqslant$	$<$	
次烟煤	A 型	10500	11500	无黏结性
	B 型	9500	10500	
	C 型	8300	9500	
褐煤	A 型	6300	8300	
	B 型	—	6300	

注：1Btu=1.05kJ；1lb=0.45359kg。

（3）澳大利亚 AS 标准

① 简单分类。按照发热量大小，$Q_{gr,daf}$（干燥无灰基高位发热量）$\leqslant$27MJ/kg 或 $Q_{gr,afm}$（恒湿无灰基高位发热量）$\leqslant$21MJ/kg 属于低阶煤。

② 常用名称分类。低阶煤划分标准如下：次烟煤，$Q_{gr,afm}$ 为 19～23.98MJ/kg ［或者 $Q_{gr,afm}$ 为 19～26.48MJ/kg 且 CSN 为 0 或者 1/2（注：CSN 为坩埚膨胀系数）］；褐煤，$Q_{gr,afm}$<19MJ/kg。

（4）中国分类

《中国煤炭分类》（GB/T 5751—2009）采用煤化程度参数（主要是干燥无灰基挥发分）将煤炭划分为无烟煤、烟煤和褐煤。低阶煤主要包含通常意义上的褐煤和低变质烟煤（长焰煤、不黏煤、弱黏煤），其划分见表 1-2。

表 1-2　低阶煤的分类

类别	分类指标			
	$V_{daf}/\%$	G	$P_M/\%$	$Q_{gr,maf}/(\mathrm{MJ/kg})$
弱黏煤	>20.0～37.0	>5～30	—	—
不黏煤	>20.0～37.0	$\leqslant$5	—	—
长焰煤	>37.0	$\leqslant$35	>50	—
褐煤	>37.0		$\leqslant$50	$\leqslant$24

当 V_{daf}（干燥无灰基挥发分）>37.0%，G（黏结指数）$\leqslant$5，再用 P_M（透

光率）来区分烟煤和褐煤。当 $V_{daf} > 37.0\%$，$P_M > 50\%$ 为烟煤；$30\% < P_M \leqslant 50\%$ 的煤，如 $Q_{gr,maf}$（恒湿无灰基高位发热量）$> 24MJ/kg$，应划分为长焰煤，否则为褐煤。

1.1.2　低阶煤的特征

1.1.2.1　低阶煤的分布特征

低变质烟煤主要分布在我国内蒙古、新疆、陕西、山西等地，成煤时代以早、中侏罗纪为主，其次为早白垩纪和石炭二叠纪，主要产地见表 1-3。

表 1-3　我国低变质烟煤的主要产地

地区	矿区及煤产地	成煤时代
内蒙古	准格尔	C2，P1
	东胜、大青山、营盘湾、阿巴嘎旗、昂根、北山、大杨树	J1～J3
	双辽、金宝屯、拉布达林	K1
新疆	乌鲁木齐、乌苏、干沟、南台子、西山、南山、鄯善、巴里坤、艾格留姆、他什店、伊宁、哈密、克尔碱、布雅、吐鲁番七泉湖、哈南、和什托洛盖	J1，J2
陕西	神木、榆林、横山、府谷、黄陵、焦坪、彬长	J1，J2
山西	大同	J2
宁夏	碎石井、石沟驿、王洼、炭山、下流水、窑山、灵盐、磁窑堡	J2
河北	蔚县、下花园	J1，J2
黑龙江	集贤、东宁、老黑山、宝清、柳树河子、黑宝山-罕达气	K1
	依兰	E2
辽宁	阜新、八道壕、康平、铁法、宝力镇-亮中、谢林台、雷家、勿欢池、冰沟	K1
	抚顺	E2，E3
河南	义马	J2

注：C2 为石炭纪中石炭世；P1 为二叠纪早二叠世；J1、J2、J3 分别为侏罗纪早、中、晚侏罗世；K1 为白垩纪早白垩世；E2、E3 分别为第三纪始新世、渐新世。

褐煤主要分布在内蒙古东部（锡林浩特、通辽、呼伦贝尔等）和云南。其中内蒙古东部褐煤占我国褐煤查明储量的 81.59%；云南褐煤占我国总储量的 5.1%；此外，黑龙江东部、辽宁、山东等地均有零星分布。我国褐煤的主要产地见表 1-4。

表 1-4　我国褐煤的主要产地

地区	矿区及煤产地	成煤时代
内蒙古	扎赉诺尔、大雁、伊敏、霍林河、胜利、白音华、平庄、元宝山	K1
云南	跨竹、小龙潭、先锋、凤鸣村、昭通、马街、越州、建水、蒙自、姚安、龙陵、昌宁、华宁、罗茨、楚雄、玉溪	N1，N2

续表

地区	矿区及煤产地	成煤时代
黑龙江	虎林、兴凯、宝泉岭、绥滨、富锦、桦川、七星河、五常	E1,E2,N1
	西岗子、伊春、建兴、东兴	K1

注：E1 为第三纪古新世；N1、N2 分别为第三纪中新世、上新世。

据国家统计局资料，2015～2018 年，我国产煤地区累计生产原煤量见表 1-5。

表 1-5 2015～2018 年全国各地区累计生产原煤量   单位：万吨

序号	地区	2015 年	2016 年	2017 年	2018 年
1	内蒙古	90580.3	83827.9	87857.1	92597.9
2	山西	94410.3	81641.5	85398.9	89340.0
3	陕西	52224.2	51151.4	56959.9	62324.5
4	新疆	14643.3	15834.0	16706.5	19037.3
5	贵州	16763.0	16662.2	16551.4	13917.0
6	山东	14216.7	12813.5	12945.6	12169.4
7	安徽	13404.2	12235.6	11724.4	11529.1
8	河南	13547.8	11905.3	11688.0	11366.6
9	宁夏	7443.5	6728.4	7353.4	7416.2
10	黑龙江	6321.9	5623.2	5440.4	5791.6
11	河北	7437.1	6484.3	6010.8	5505.3
12	云南	4590.1	4251.8	4392.9	4534.9
13	甘肃	4390.3	4236.9	3712.3	3575.1
14	四川	6355.5	6076.2	4659.9	3516.3
15	辽宁	4635.4	4082.1	3611.0	3375.9
16	湖南	3464.6	2595.5	1860.5	1692.9
17	吉林	2622.5	1643.1	1635.3	1517.7
18	江苏	1918.9	1367.9	1278.5	1245.8
19	重庆	3477.6	2419.7	1172.1	1187.0
20	福建	1531.8	1346.7	1107.0	917.7
21	青海	804.8	774.6	715.5	773.4
22	江西	2090.2	1432.1	782.1	530.5
23	广西	402.4	399.6	415.4	470.7
24	北京	450.1	317.6	255.0	176.2
25	湖北	758.4	547.4	311.6	81.9
26	全国	368484.9	336398.5	344545.5	354590.9

可以看出，相较于 2017 年，2018 年排名前 4 位的产煤地区产量全部增长，其中，陕西增加 5364.6 万吨，增量最大；新疆增长 14.0%，增幅最高。2018 年晋陕蒙三省区合计产量 24.4 亿吨，占全国产量的 68.9%，相较 2017 年（66.8%）增加 2.1%。2018 年全年产量不足 1000 万吨的地区为 6 个，比上年增加 1 个（福建省），其中湖北、北京、江西、福建 4 个地区产量降幅超过 10%，6 个地区全年产量合计 2950.4 万吨，仅占全国产量的 0.8%。

这主要是因为煤炭主产区资源赋存条件好，开采成本相对较低、安全性高，因此在我国调节能源结构的转型期，原煤产量进一步向主产区集中，产煤小省加速退出，各省煤炭产量分化明显。低阶煤主要集中于我国煤炭主产区，其在我国煤炭产量中的比重会越来越高。

1.1.2.2　低阶煤的结构特征

从煤炭物理结构来讲，煤炭是由内部有机质、水分、灰分以及外在水分和矿物质组织组成；从煤炭的化学组分来讲，煤炭是一种由碳、氢、氧、氮、硫等元素组成的具有复杂结构的有机大分子；从化学结构来看，煤炭分子是由多个苯环、环烷、链烃组成的复杂化合物。迄今为止，煤化学界公认比较合理准确的煤的威斯（Wiser）化学结构模型（见图 1-1），基本反映了煤的化学结构，煤炭的煤化程度越低，支链越多越易裂解。

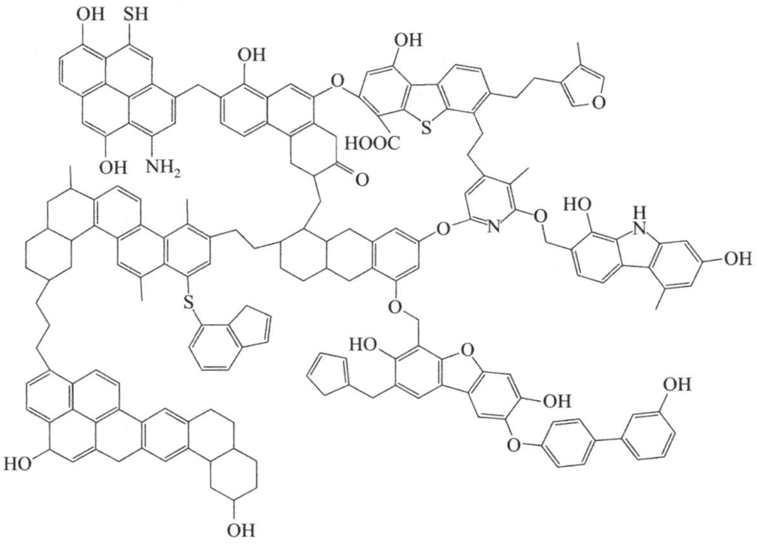

图 1-1　煤的威斯（Wiser）化学结构模型

低阶煤是由芳环、脂肪链等官能团缩合形成的大分子聚集体，既含有以无定形碳与灰为代表的成分（60%～80%，质量分数），又有含量高达 10%～40%

（质量分数）的代表煤本身固有油气成分的挥发分，后者由链烷烃、芳香烃、碳氧支链构成。

低阶煤的分子结构中含有大量的由 2 个或者 3 个苯环相连构成的缩合芳环结构，低阶煤基本结构单元见图 1-2，其变质程度较低，碳氢含量低、氧含量高，结构单元芳核较小，结构单元之间由桥键和交联键形成空间大分子，侧链长而且数量多，空隙率高。低阶煤中常见的官能团包括甲基侧链、乙基侧链、乙烯基桥链、氢化芳香族、双键桥键、链状双键、环状 α 碳链、酚羟基和醚键等。

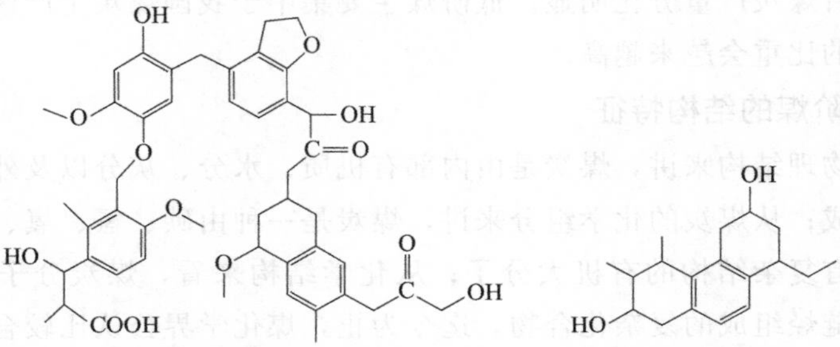

(a) 褐煤　　　　　　　　　　(b) 次烟煤

图 1-2　低阶煤基本结构单元

褐煤是煤化程度最低的煤，外观呈褐色和黑色，光泽暗淡或呈沥青光泽，含有较高的内在水和不同数量的腐植酸，在空气中易风化碎裂，发热量低，挥发分 $V_{daf} > 37\%$，且恒温无灰基高位发热量不大于 24MJ/kg。根据其透光率 P_M（GB/T 2566—2010）的不同，小于 30% 的为褐煤一号；30%～50% 为褐煤二号。褐煤的最大特点是水分含量高、灰分含量高、发热量低。根据 176 个井田或勘探区统计资料，褐煤的全水高达 20%～50%，灰分一般为 20%～30%，收到基低位发热量为 11.71～16.73MJ/kg。

长焰煤是烟煤中煤化程度最低、挥发分最高（$V_{daf} > 37\%$）、黏结性很弱（$G < 35$）的一类煤，受热时一般不结焦，燃烧时火焰长。不黏煤是煤化程度较低，挥发分范围较宽（V_{daf} 在 20%～37% 之间）、无黏结性（$G < 5$）的煤。在我国，此类煤显微组分中有较多的惰质组。弱黏煤煤化程度较低，挥发分范围较宽（V_{daf} 在 20%～37% 之间），受热后形成的胶质体较少。此类煤显微组分中有较多的惰质组，黏结性微弱（G 在 5～30 之间），介于不黏煤和 1/2 中黏煤。

在我国，低变质烟煤不仅资源丰富，且煤的灰分低、硫分低、发热量高、可选性好，煤质优良。各主要矿区原煤灰分均在 15% 以内，硫分小于 1%，其中不黏煤的平均灰分为 10.85%，平均硫分 0.75%；弱黏煤的平均灰分为 10.11%，平均硫分 0.87%。根据 71 个矿区的统计资料，长焰煤的收到基低位发热量为

16.73～20.91MJ/kg，弱黏煤、不黏煤的收到基低位发热量为 20.91～25.09MJ/kg。

1.2　低阶煤分质利用理念

1.2.1　分质利用的原理

1.2.1.1　基本原理

依据低阶煤的组成和结构特征，将其本身含有的油气挥发分先经热解提取出来（热解油气中既含有大量的 CO、H_2 和 CH_4，也含有大量的脂肪烃和芳香烃。通过加氢处理，可以得到性能良好的油品），不仅可以避免资源浪费，而且可以节约大量水资源和降低 CO_2 排放。因此，低阶煤的大规模开发利用有必要先对其进行加工提质。

由于煤的不均一性和分子结构的复杂性，煤热解过程中的化学反应是非常复杂的。从煤的分子结构看，可认为热解过程是基本结构单元周围的侧链、桥键和官能团等对热不稳定的成分不断裂解，形成低分子化合物并挥发；基本结构单元的缩合芳香核部分对热保持稳定，并相互缩聚形成固体产品（半焦或焦炭）。

目前，研究者普遍认为煤热解过程主要是自由基反应过程。热解首先从弱的桥键（如脂肪烃碳碳键、醚键和硫醚键等）断裂形成自由基开始，继而引发煤热解中的自由基反应过程，而氢的存在能够抑制自由基间的相互缩合。在加氢热解的条件下，煤热解形成的自由基可与氢结合，从而生成小分子的挥发分，气体产物和焦油收率增加。如果自由基不能被氢稳定，则高反应活性的自由基之间会发生缩聚反应，半焦或焦炭的产量就会增加。煤热解的气态产物（如甲烷、一氧化碳、二氧化碳、水和小分子烃类等）来自煤结构中的一些特殊官能团的热分解，弱的桥键将煤骨架与小分子物质连接在一起，热分解过程中，首先发生弱桥键的断裂，随后煤骨架上较弱的烷基侧链、含氧官能团发生断裂，析出气相产物；煤热解过程中形成的自由基和分子量较低的产物，它们在气相中扩散，而具有高反应活性的自由基，不仅容易通过缩聚反应形成焦油和半焦，还可与自由基抑制剂反应生成小分子气态产物和芳烃；残焦则来自难以扩散的或者再结合的大分子自由基。煤热解过程大致如图 1-3 所示，煤中弱键结构的断裂是初始步骤，而弱键断裂产生的自由基是煤整个热解过程的关键。

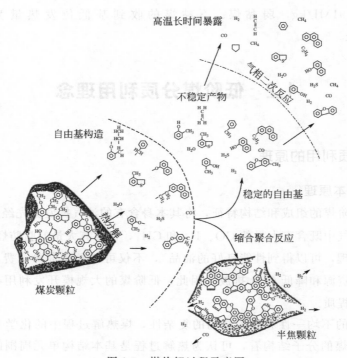

图 1-3　煤热解过程示意图

1.2.1.2　基本反应

低阶煤分质利用的龙头、核心是热解，本部分重点说明热解过程的基本反应，过程如图 1-4 所示。煤经历 120℃前的脱水、300℃前脱吸附 CO_2 和 N_2 后，

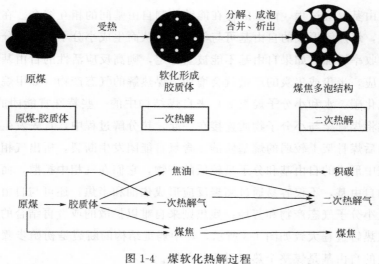

图 1-4　煤软化热解过程

350℃以上开始软化，煤中大分子发生解聚和分解，释放出小分子芳香基团，通过孔道传递到煤表面并释放出去，即成为焦油。伴随着官能团的分解，释放出一次热解小分子气体，例如羧基分解时将产生 CO_2，羟基分解时将产生 H_2O，醚将产生 CO，脂肪烃产生 CH_4、C_2H_6、C_2H_2 等，芳香烃产生 H_2，此时为一次热解阶段。约 600℃时，随着煤中可提供的 H 自由基用于一次热解消耗完毕，一次热解过程趋于结束，开始结成半焦；随着半焦的芳香环结构进一步缩聚，释放出 CH_4、HCN、CO 和 H_2 等。一次热解产物在扩散到颗粒外部的过程中会发生分解反应，部分焦油分子在颗粒内部分解成为积炭，也会释放小分子气体，统称为二次热解阶段。热解产物挥发分来源见表 1-6。

表 1-6　热解产物挥发分的来源

挥发分	H_2O	CO_2	CO	CH_4、C_2H_6	焦油	O_2	N_2	H_2
煤中来源	羟基的裂解	羧基的裂解、碳酸盐分解	醚裂解 CO_2+C	脂肪烃裂解	各种重烃类化合物裂解	氧	氮	芳香烃裂解

按照煤热解的反应特点和在热解过程中所处的阶段，一般划分为煤的裂解反应、二次反应和缩聚反应。

（1）裂解反应

煤在受热温度升高到一定程度时其结构中相应的化学键会发生断裂，这种直接发生于煤分子的分解反应是煤热解过程中首先发生的，通常称为一次热解。一次热解主要包括以下几种裂解反应。

① 桥键断裂产生自由基。煤的结构单元中的桥键主要是：$-CH_2-CH_2-$，$-CH_2-$，$-CH_2-O-$，$-O-$，$-S-$ 和 $-S-S-$ 等。它们是煤结构中最薄弱的环节，受热很容易裂解生成自由基碎片。

② 脂肪烃侧链裂解。煤中的脂肪烃侧链受热易裂解，生成气态烃，如 CH_4、C_2H_6、C_2H_4 等。

③ 含氧官能团裂解。煤中含氧官能团的热稳定顺序为：$-OH>C=O>-COOH>-OCH_3$。羟基不易脱除，到 700～800℃以上和有大量氢存在时可生成 H_2O。羰基可在 400℃左右裂解，生成 CO。羧基热稳定性低，在 200℃时即可分解生成 CO_2。另外，含氧杂环在 500℃以上也可能断开，放出 CO。

④ 低分子化合物的裂解。煤和以脂肪烃结构为主的低分子化合物受热也可以分解生成气态烃类。

（2）二次反应

一次热解产物的挥发性成分在析出过程中如果受到更高温的作用，就会继续分解产生二次反应，主要的二次反应有：

① 裂解反应

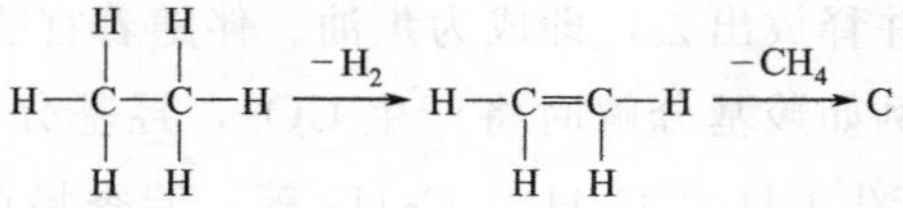

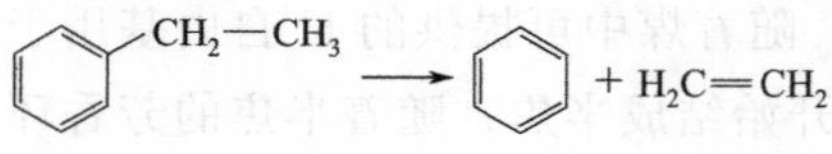

② 脱氢反应

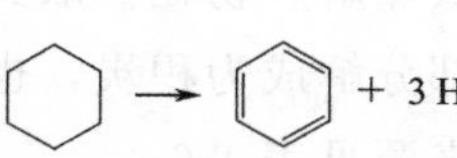

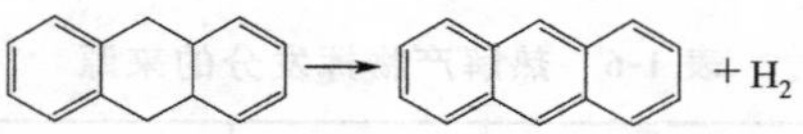

③ 加氢反应

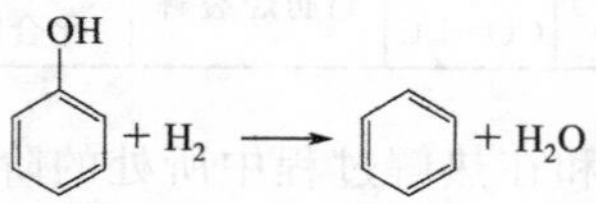

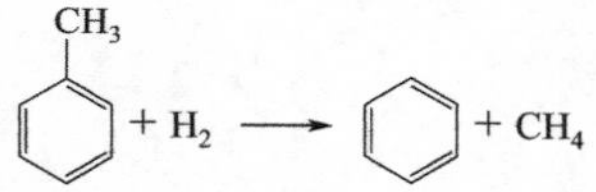

（3）缩聚反应

煤热解的前期以裂解反应为主，后期则以缩聚反应为主。

① 胶质体固化过程的缩聚反应　主要是热解生成的自由基之间的结合，液相产物分子间的缩聚，液相与固相之间的缩聚和固相内部的缩聚等。这些反应基本在 550～600℃前完成，生成半焦。

② 从半焦到焦炭的缩聚反应　反应特点是芳香结构脱氢缩聚，芳香层面增大。苯、萘、联苯和乙烯等也可能参加反应。

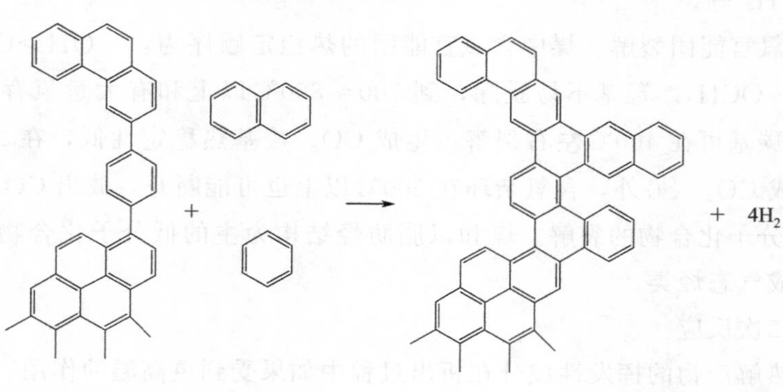

多环芳烃之间的缩合，如：

半焦和焦炭的物理性质变化为：在 500～600℃，煤的各项物理性质指标如密度、反射率、电导率、特征 X 射线衍射峰强度和芳香晶核尺寸等变化都不大，在 700℃左右这些指标发生明显跳跃，以后随温度升高继续增加。

可以看出，低阶煤的分质利用始于键的断裂，产生自由基，自由基如果获得足够的氢自由基或者小分子自由基后即可稳定下来生成挥发物，若自由基间相互聚合则生成半焦和焦炭。

1.2.1.3 热力学性质

低阶煤分质利用的核心是热解过程。热解气和焦油中的低分子化合物是由结构中缩合芳环周围的桥键、脂肪族侧链和上述官能团的裂解而产生的。半焦则是由断键之后的缩合芳环缩聚产生的。热解过程中存在一系列化学键的断裂，其中典型的化学键和键能如表 1-7 所示。

表 1-7 热解过程中典型的化学键及其键能大小

化学键结构	键能/(kJ/mol)	化学键结构	键能/(kJ/mol)
	251		332
	284		339
	284		392
	297		2057
	301		425
	314		

通过表可看出，除了芳香碳-碳键的键能较大以外，其他键的键能为 250～425kJ/mol。相对于小分子化合物的生成而言，在低温下的煤转化过程中芳环的断裂较为不易。在热解过程中，桥键的断裂主要产生自由基，而脂肪侧链的断裂则产生小分子烃类化合物，含氧官能团的裂解则产生 CO、CO_2 和其他形成焦油的轻质碎片。

实验测定的结果表明，每克褐煤中，羧基、羟基、羰基和甲氧基等含氧官能团的含量大约分别为 1.0mmol、4.3mmol、0.7mmol、0.2mmol。这些键的含量和键能大小决定了煤炭转化过程的物质转化特征和能量利用的规律。为了清晰描述热解气中 CH_4、CO、CO_2、H_2、H_2O 和 C_2H_2 产生的热力学特征，现将其可能的化学反应列举见表 1-8，同时各反应在 298.15K 下的标准摩尔反应 Gibbs 自由能也列于该表中。

表 1-8 热解气中组分产生的可能化学反应及其标准摩尔反应 Gibbs 自由能

序号	反应方程式	$\Delta_t G_m^{\ominus}/(kJ/mol)$
R1		−43.09
R2		−13.59
R3		−94.87
R4		97.69
R5		−66.34
R6		67.31

可以看出：由于支链上 C—C 键、支链与芳环之间 C—C 键、羰基和羧基等官能团的裂解，以及芳环间的缩合，低阶煤中的碳元素以一定的规律迁移到热解产物中，如热解气中的 CO_2、CO、CH_4，焦油中的轻质油和重质油，半焦中的

有机物。原煤中碳元素在气-液-固三相产物中的分配过程即为煤热解反应的碳迁移过程。该碳迁移过程可用下述反应式表示：

$$C_n（煤）\longrightarrow C_{0\sim3}（热解气）+C_{6\sim18}（焦油）+C_{\geqslant30}（半焦）$$

这种碳迁移过程与热解过程操作条件有着直接的关系。操作条件包括温度、压力、气氛条件和加热速率，它们通过影响上述化学反应方程式的化学平衡，进而影响气-液-固三相产物的分配比例。在碳迁移的同时，其他杂原子也随碳元素迁移至热解气、焦油和半焦中。这种迁移过程也包括各种含氮和含硫污染物的迁移。

低阶煤在热解过程中，其产物分布特征受热解温度影响较大，尤其是热解气的组成。不同的温度条件下，反应方程式的标准摩尔反应 Gibbs 自由能会有较大的变化，根据 Van't Hoff 方程可计算各反应的标准摩尔反应 Gibbs 自由能随温度的变化规律，如图 1-5 所示。

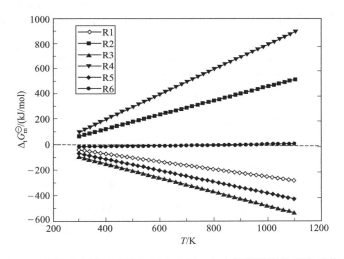

图 1-5　特征反应的标准摩尔反应 Gibbs 自由能随温度的变化规律

由图 1-5 可看出，R2 的标准摩尔 Gibbs 自由能在 0kJ/mol 附近波动，且受温度影响较小。其他反应的标准摩尔反应 Gibbs 自由能受温度影响较大，且随着温度的增加逐渐偏离 0kJ/mol。在所研究的温度范围内，只有 R1、R3 和 R5 的标准摩尔反应 Gibbs 自由能小于 0kJ/mol，说明它们更容易发生。

1.2.2　分质利用的概念

鉴于低阶煤的结构特点及反应特性，分质利用能够实现低阶煤转化利用全过程总能量转化效率和碳氢氧原子利用率高、水耗及污染排放少、产品附加值最大化。

广义的低阶煤分质利用路线如图 1-6 所示，是目标产品选择和工艺过程选择的优化组合，由煤的四级分质转化技术耦合集成，包括煤矿开采协同矿井水、煤层气利用，煤炭分级洗选及产品处置利用，产品煤的分粒径干化、热解，热解产物的加工利用。

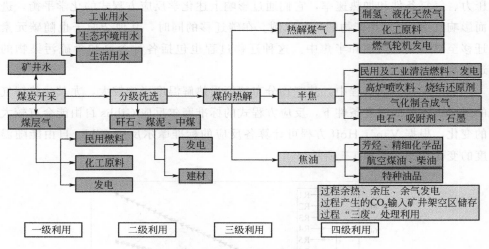

图 1-6 低阶煤分质利用路线

当前，一、二级分质的理念已在实践中广泛应用，三、四级分质技术作为低阶煤分质利用理念的核心，仍处于技术攻关的关键时期。狭义的分质利用技术主要针对低阶煤的三、四级分质，即按照科学高效利用的原则，转变煤炭传统利用方式，将低阶煤通过以热解为核心的分质转化和物质、能量的梯级利用，经济环保地实现油、气、化、电、热的高效多联产，从而促进经济和资源、环境和谐发展的煤炭高效清洁转化利用方式。这也是本书主要论述的内容。

1.3　低阶煤分质利用的开发系统

我国煤炭资源相对丰富，但是品种结构并不理想，一些稀缺煤种匮乏的情况下，使用结构也不够合理，曾经有过将稀缺煤种作为动力煤一烧了之的教训。虽然目前基于我国煤炭的分类，基本做到了低阶煤用于燃烧、化工，焦化煤种用于炼焦，贫瘦煤用于燃烧，无烟煤用于散烧、化工，但仍属于粗线条利用，缺乏系统规划，仍有进一步细分、提升能效、降低物耗的潜力。

低阶煤由于煤化程度低，大多含水率高、活性高、易燃易碎，直接燃烧或长距离运输经济性差，同时其侧链较多，氢氧含量高，挥发分高，需要建立分质利用技术开发系统，实现清洁、高效地用好低阶煤。该系统主要包括以下内容。

（1）煤质评价

对可以代表矿区产品稳定性质的典型煤样进行分质利用相关的全面煤质分析，包括粒度、工业分析、元素分析、有害元素分析、发热量、可磨性、黏结性、灰熔点、灰成分、葛金低温干馏试验、CO_2 反应性等指标。该环节可明确测试煤种是否适合热解，若有黏结性，一般用作炼焦煤种；若挥发分过低，一般做动力煤、化工用煤；挥发分高，葛金焦油产率高者，是优良的热解用煤。

（2）分质热解

"粗线条"式地确定出适于热解的原料煤后，下一步需要对其"细线条"热解分质。目前热解已形成多种技术，在考虑技术成熟度的基础上，粒径是甄选技术的重要因素。例如块煤热解可选择已有数千万吨产能的立式炉，混煤、碎煤热解可选择气化-热解一体化技术（CGPS）、煤气热载体移动床技术（SM-GF）、旋转床技术等，粉煤热解可选择气固热载体双循环技术（SM-SP）、输送床快速热解技术、回转窑技术等。经过热解，煤分质为半焦、焦油、热解气三态产物，之后对其分别分质加工。

（3）半焦分质

低阶煤经过热解得到的固体产物半焦具有含水率低、挥发分低、热值高、燃烧无烟等特点。根据半焦粒径及实际需求，粉焦或粒焦经研磨后可用于成型、气化、烧结、喷吹、制浆、燃烧发电，块焦或成型焦可用于制备电石、散烧、固定床气化等。块焦已在电石制备、散烧、烧结、喷吹等领域有诸多工程实例；粉焦利用方面，陕西煤业化工集团等相关企业已进行了多项粉焦利用工业试验，从理论和实践两方面初步证明了粉焦广泛应用的可行性，但由于粉煤热解技术尚未成功示范，目前粉焦没有规模化应用。

（4）焦油分质

以陕北立式炉煤焦油为原料，采用延迟焦化、全馏分加氢、悬浮床加氢等工艺生产汽油、柴油的示范装置已建成多年并稳定运行。但随着全球能源消费格局的转变，制汽柴油技术的经济性逐渐降低。煤焦油中硫元素含量很低，H/C比介于煤和石油之间，酚含量 35% 甚至更高，在制备航空煤油、橡胶油、变压器油、润滑油基础油等特种油品方面竞争力逐渐提升，陕煤集团和中国航天科工六院共同研制的煤基航天煤油已成功应用于火箭发动机。近年来，煤焦油捕获技术发展迅速，逐渐从氨水捕集向更节能环保的油洗捕集过渡，实现了煤焦油的分段采出，不同阶段采出的煤焦油馏分、组成不同，可用于提取、加工不同化工产品。其中，优先采出的煤焦油芳潜含量高，是制备芳烃的优良原料，精益化工、陕煤集团的煤焦油深加工制芳烃示范装置正在建设。

（5）热解气分质

热解气品质与热解工艺密切相关。当前成熟工艺立式炉热解的热解气品质较差，氮气含量接近 50%，热值 1800kcal/m³ 左右（1kcal＝4.184kJ），大多用于发电以及供金属镁厂、铁合金厂作为燃料。气化-热解一体化技术（CGPS）热解气品质高，有效气成分（CO、H_2、CH_4、C_nH_m）大于 80%，H 含量大于 30%。煤气热载体移动床技术（SM-GF）热解气有效气成分大于 85%，H 含量大于 35%。相较于传统兰炭煤气制氢，此类高品质热解气，制氢的经济效益更为显著。针对高品质热解煤气的提甲烷、制合成气及相关下游技术正在研发中。

（6）精细化加工

针对半焦、焦油、热解气分质形成的产品进行优化组合，研发技术可行、市场良好的精细化学品制备技术，例如重质煤焦油制针状焦，热解气制合成气、半焦气化制合成气相耦合制烯烃等。

（7）"三废"、余热、余压循环利用技术

低阶煤分质利用过程中，单项技术可能会产生高污染物浓度及难处理的废气、废渣、废水，以及低品位难以直接利用的余热、余压。而低阶煤分质利用系统以逐级分质转化高效利用为核心，以大型项目为载体，组成一个对低变质煤"吃干榨尽"的完整产业链。在转化过程中的各种物料条件及废弃物逐级分质优化利用，构建"上游产品为下游原料，上游副产物、排放物作为下游原料资源化利用，余热、余压物尽其用，下游产品延伸发展"的物流链，变废为宝，节约能源，减少排放，保护环境。例如，热解废水具有高 COD（化学需氧量）、高酚的特点，处理成本很高，但可将其与半焦粉制浆，水焦浆气化制合成气，实现高效处置；热解干法熄焦过程中往往会产生 200℃ 左右的循环气弛放气，这部分低品质热量难以直接应用于热解技术，但却可以干化污水处理系统所产污泥。

（8）耦合集成技术开发

当前的研究大多专注于热解、焦油加氢、热解气提氢等单项技术。随着单项技术的突破，分质利用系统耦合技术必将成为下一个制约整体工艺节能减排的瓶颈。耦合集成技术主要以上游产品产生系统为起点，以下游原料入反应器系统为终点，对这一过程进行衔接。例如，热解过程结束后，半焦为热态，而下游喷吹、燃烧发电、气化反应器内也是热态，如果研发出耦合技术，将半焦热态直接送入这些反应器内，将省去熄焦、预热环节，大幅提升能效，降低设备投资；部分热解技术带压操作，焦油、热解气在高温、高压条件下收集，而焦油、热解气加工精制的很多技术也需要带温、带压，通过研发耦合技术，可以无需调整温度、压力，平稳地将热解装置的产品焦油转入焦油加工装置，实现节能降耗。

基于以上分析，分质利用开发系统见图 1-7，即以低阶煤为原料，对其进行热解分质、焦油分质、热解气分质、半焦分质、精细化加工、"三废"循环利用等单项技术研发，同时进行物质流和能量流的有效耦合、合理配置，以能耗和排放最小化为理念，进行耦合集成技术开发，最终实现系统总能效和碳氢氧原子利用率高，水耗小、排放少，产品附加值高，工艺简捷、设备易国产化，总投资低，综合效益好。

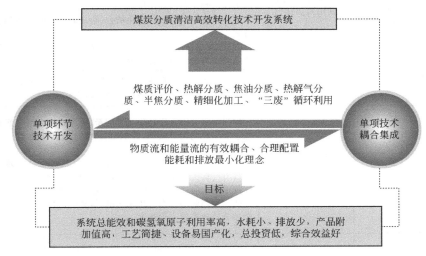

图 1-7　分质利用开发系统

1.4　低阶煤分质利用的发展现状

1.4.1　政策导向

长期以来，我国低阶煤分质利用主要为区域产业集群配套、中小企业自主发展的模式，未曾上升到国家政策层面。直到 2014 年 6 月，国务院办公厅发布的《能源发展战略行动计划（2014—2020 年）》，首次提及煤炭分级分质梯级利用。此后，我国陆续出台了一系列涉及低阶煤分质利用产业发展的政策，对推动其产业的规范化发展发挥了重要作用，相关政策内容汇总如表 1-9 所示。

表 1-9　低阶煤分质利用相关政策汇总

发布时间	发布单位	文件名称	核心内容
2014 年 6 月 7 日	国务院办公厅	《能源发展战略行动计划（2014—2020 年）》	以新疆、内蒙古、陕西、山西等地为重点，稳妥推进煤制油、煤制气技术研发和产业化升级示范工程，掌握核心技术，严格控制能耗、水耗和污染物排放，形成适度规模的煤基燃料替代能力 提高煤炭清洁利用水平，积极推进煤炭分级分质梯级利用

发布时间	发布单位	文件名称	核心内容
2015 年 4 月 27 日	国家 能源局	《煤炭清洁高效 利用行动计划 （2015—2020 年）》	着力推动煤炭分级分质梯级利用，实现煤炭清洁高效利用；重点提出鼓励低阶煤提质技术研发和示范，开展单系统年处理原料煤百万吨级中低温干馏制气、制油为最主要产品路线的大规模煤炭分质利用示范 逐步实现"分质分级、能化结合、集成联产"的新型煤炭利用方式 到 2017 年低阶煤分级提质关键技术取得突破；2020 年，建成一批百万吨级分级提质示范项目
2016 年 3 月 17 日	国务院	《国家"十三五" 规划纲要》	"专栏 11 能源发展重大工程"能源关键技术装备：加快推进低阶煤中低温热解分质转化等技术研发应用
2016 年 4 月 7 日	国家 发改委、 能源局	《能源技术革命 创新行动计划 （2016—2030 年）》	加强煤炭分级分质转化技术创新，重点研究大型煤炭热解、焦油和半焦利用等技术，开展百万吨/年低阶煤热解、油化电联产等示范工程 到 2020 年，形成成熟的低阶煤热解分质转化技术路线，完成百万吨级工业示范；2030 年，实现百万吨级低阶煤热解转化技术推广应用，突破热解与气化过程集成的关键技术 研究更高油品收率的快速热解、催化（活化）热解、加压热解和加氢热解等新一代技术
2016 年 12 月 22 日	国家 发改委、 能源局	《煤炭工业发展 "十三五"规划》	结合榆林、鄂尔多斯等低阶煤分质利用（多联产）项目建设情况，有序建设配套煤矿，满足煤炭深加工用煤需要 开展低阶煤分质利用等五类模式以及通用技术装备的升级示范，加强先进技术攻关和产业化，提升煤炭转化效率、经济效益和环保水平，发挥煤炭的原料功能 煤炭科技重点发展低阶煤中低温热解分质转化等关键技术
2016 年 12 月 30 日	国家 能源局	《能源技术创新 "十三五"规划》	在燃料加工领域，掌握低阶煤提质工艺，研究适应性广的低阶煤热解分质转化技术，开发煤油共处理技术和分级液化技术 重点任务：（一）清洁高效化石能源技术、清洁燃料加工转化集中攻关项目：G20　新型低阶煤热解技术；S11　单系列百万吨/年及以上低阶煤热解示范工程
2017 年 1 月 17 日	国家 能源局	《能源发展 "十三五"规划》	采用先进煤化工技术，推进低阶煤中低温热解等煤炭分质梯级利用示范项目建设 煤炭分质利用示范项目：陕西延长榆神煤电多联产、陕煤榆林煤油气化多联产、龙成榆林煤油气多联产等
2017 年 2 月 8 日	国家 能源局	《煤炭深加工产业 示范"十三五"规划》	低阶煤分质利用的功能定位：对成煤时期晚、挥发分含量高、反应活性高的煤进行分质利用，通过油品、天然气、化学品和电力的联产，实现煤炭使用价值和经济价值的最大化 低阶煤分质利用的重点任务：研发煤焦油分质转化技术，开展百万吨级工业化示范；研究中低温煤焦油提取精细化工产品技术；开展 50 万吨级中低温煤焦油全馏分加氢制芳烃和环烷基油工业化示范；开展半焦应用工业化试验、示范及推广 在各单项技术突破的基础上，加强系统优化和集成，开展油、气、化、电多联产的千万吨级低阶煤分质利用工业化示范

发布时间	发布单位	文件名称	核心内容
2017 年 3 月 22 日	国家 发改委、 工信部	《现代煤化工产业 创新发展布局方案》	规划布局内蒙古鄂尔多斯、陕西榆林、宁夏宁东、新疆准东 4 个现代煤化工产业示范区，推动产业集聚发展，逐步形成世界一流的现代煤化工产业示范区 煤炭分级利用领域：重点突破加压、连续热解和油气尘高效分离技术装备；稳步开展煤分质利用联产制芳烃等工程化示范，加快推进科研成果转化应用

1.4.2　技术进展

　　煤热解及煤焦油加氢技术历史悠久，19～20 世纪，中低温热解及煤焦油加氢技术开始形成并发展，主要有英国帝国化学工业公司热解及焦油加氢、德国 Lurgi-Ruhrgas 热解及三段加氢、波兰热解及焦油高压加氢、苏联 ETCH 粉煤热解及焦油加氢、美国 COED 热解及焦油加氢、波兰煤化所快速热解及焦油催化加氢、日本 FHP 粉煤快速热解及 SRC 焦油加氢、澳大利亚 CSIRO 热解、北京石油学院流化床快速热解、中科院石油研究所焦油加氢、大连理工学院固体热载体热解、北京煤化研究所回转炉热解等。由于石化工业的崛起冲击，这些技术大多在中试或工业试验后，并没有得到持续的工程技术研发和大规模工业推广。

　　我国对煤热解技术的研发历史较长，但进展较慢。近些年来，由于我国能源资源禀赋的特点和追求煤炭清洁高效利用的动因，热解及焦油加氢技术的发展重心移至中国，以大连理工大学、浙江大学、中科院、煤科院、鞍山热能院、陕煤集团、神木三江公司、河南龙成集团为代表的一大批科研院所和企业开展了大量的技术研发和工业化试验示范。先后研发出直立炉、回转炉、移动床、流化床、喷动床、气流床、旋转炉、带式炉、铰龙床、微波炉、旋转锥、算动床、耦合床等热解工艺技术和煤焦油延迟焦化加氢、全馏分加氢、悬浮床加氢、沸腾床加氢等工艺技术，实现了块煤热解和煤焦油加氢制燃料油的工业化应用与推广，形成了约 9000 万吨/年的块煤热解产能和 286 万吨中低温焦油加工产能。但在生产效率、环保水平、运行稳定性、系统配套等方面存在不足。

　　2010 年，陕煤集团系统提出了低阶煤分质清洁高效转化多联产利用的理念，创立了煤炭分质清洁高效转化多联产技术开发系统，建立了研发体系和工业化试验示范基地，搭建了国家能源煤炭分质清洁转化技术开发平台，极大地推进了分质利用技术的研发和工业化试验示范。先后开发出煤焦油延迟焦化加氢、中低温煤焦油全馏分加氢多产中间馏分油（FTH）、煤焦油环保型提取精酚、低阶粉煤回转热解制取无烟煤、低阶煤带式炉气化-热解一体化（CGPS）、低阶粉煤气固热载体双循环快速热解（SM-SP）、蓄热式富氢煤气热载体移动床（SM-GF）、粉煤输运床快速热解、延迟焦制高附加值针状焦、煤焦油加氢制环烷基油及火箭煤油、煤焦油悬浮床-固定床耦合加氢制芳烃等一批工业化技术，建成一批大型工业化示范装置，不仅为大型低阶煤分质清洁高效转化多联产示范项目的建设打下坚实基础，还形成了"煤-兰炭-煤焦油-燃料油""煤-兰炭-煤气-发电-电石-聚氯乙烯"分质利用初级产业链，获得了良好的经济社会效益。

1.4.3　研究方向

目前国内主要低阶煤热解技术达十余种，且大部分通过了有关部门组织的技术鉴定，基本都对热解装置进行了技术评价，生产示范装置达到中国（或世界）先进（或领先）水平，但装置长周期生产稳定性较差。煤炭分质清洁转化核心关键技术仍有待突破，面临的挑战主要是：

① 块煤和小粒煤热解工艺装备普遍存在传热传质效率偏低，焦油产率偏低，环保水平偏低，粉煤热解的气、油、尘分离难题及生产装置的长周期运转稳定性差；

② 热解机理有待继续研究，热解过程智能化控制缺乏参数大数据支撑；

③ 煤焦油成分极其复杂，相邻组分沸点差别小，提取更高附加值精细化工品难度大；

④ 半焦特别是粉焦的储运难度大，大规模高效利用技术有待工业化开发；

⑤ 热解气品质不稳定，难于高附加值利用；

⑥ 煤热解所产生废水中的污染物成分复杂，水质变化幅度大，可生化性差，对其治理造成困难；

⑦ 规模小，难以实现多联产，综合能效和经济效益达不到预期。

通过梳理分析国家对低阶煤分质利用的功能定位和任务要求，并结合当前低阶煤分质利用存在的瓶颈及未来技术应用的先进性，提出了下一步的研究方向：

① 高效热解关键技术研究。

a. 按块煤（5~80mm）、中块煤（25~50mm）、粒煤（13~25mm）、小粒煤（6~13mm）、粉煤（<6mm）选择适配炉型分级热解，优化热载体、加热方式、炉内结构、熄焦方式、热解油气导出方式等，提升装置设备建造制造标准和配套设施水平。

b. 系统组合攻克粉煤热解气液固分离工程难题；优化原料粉煤运输、干燥技术，以及载体废气除尘、脱水、净化工艺；研制高效耐磨干熄焦换热设备；提升热解装置及其配套设备的现代化和智能化水平；优化原料煤粒级与热解工艺设备的匹配；提升热解全系统各环节的环保性能。

c. 研究更高油收率的新一代清洁高效热解工艺技术：研发热解气加热作为

活化热载体增油热解工艺技术；研发粉煤加压快速热解工艺技术；研发粉煤催化加氢热解工艺技术；研发粉煤热解-气化一体化技术。

　　d. 深入系统研究热解机理，为热解过程智能化控制提供参数大数据支撑。

　　② 焦油深加工关键技术研究。从资源综合高效利用角度出发，开发煤焦油提取精酚、吡啶、咔唑等精细化产品工艺技术；研发轻质焦油组分制芳烃工艺技术；研发中质焦油组分制高品质航空航天燃料工艺技术；研发重质焦油组分制特种油品工艺技术；开展相关技术的工业化示范的应用推广。

　　③ 半焦综合利用关键技术研究。热半焦的直接利用将是后续发展的方向，研发热解-气化、热解-燃烧等工艺的物料耦合技术将是提高系统能效并解决半焦储运难题的有效途径。此外，研发半焦制备电极材料、吸附剂等碳素材料将是有效提高半焦高附加值化的方法。

　　④ 热解气高效利用关键技术研究。通过热解技术升级生产稳定的高品质热解气，研发从中提取氢气、甲烷、乙烷、乙炔、丙烷等高附加值产品技术。

　　⑤ 多联产关键技术研究。研发大规模热解为龙头的分质利用多联产系统优化技术，如热解及焦油加工废水制水焦浆气化，系统余热、余压、余气发电，半焦气化制化工品或就地发电等，从而实现综合投资低、水耗小、排放少、能效高、效益好的预期。

　　随着大型粉煤热解、催化活化热解、热解气化一体化、热解燃烧一体化等关键技术的突破，必将开拓一个规模巨大、产品高端、节能环保、经济性良好的洁净燃料新产业。以目前可以预期的技术开发成果的水平展望，若将 10 亿吨低阶煤热解分质，其初级产物中的半焦接入现有的火电产业和煤气化为龙头的煤化工产业，其他初级产物中的中低温热解焦油和热解气进一步加工，可以得到 1 亿吨左右的油品和化工产品以及约 400 亿标准立方米的天然气，在实现煤炭清洁高效利用并大大提高现有用煤产业的经济性的同时，将为缓解我国石油和天然气进口压力，保障国家能源安全做出巨大的贡献。

参考文献

[1]　陈鹏. 中国煤炭性质、分类和利用 [M]. 北京：化学工业出版社，2005.

[2]　董大啸，邵龙义. 国际常见的煤炭分类标准对比分析 [J]. 煤质技术，2015 (2)：54-57.

[3]　尚建选. 低阶煤分质高效转化多联产技术开发与工程实践 [C]. 北京：2012 第二届 "中国工程院/能源局 能源论坛" 论文集. 2012：506-511.

[4]　朱银惠. 煤化学 [M]. 北京：化学工业出版社，2015：134-140.

[5]　郭树才. 煤化工工艺学 [M]. 2 版. 北京：化学工业出版社，2006：21.

[6]　尚建选，马宝岐，张秋民，沈和平. 低阶煤分质转化多联产技术 [M]. 北京：煤炭工业出版社，2013.

[7]　毛节华，许惠龙. 中国煤炭资源分布现状和远景预测 [J]. 煤田地质与勘探，1999，27 (3)：1-4.

[8] 尚建选. 煤炭分质高效转化的科学理念与路径探索 [C]. 北京：2010 中国国际煤化工发展论坛论文集 [A]. 上册，2010.

[9] 黄建平，周贤国，刘永新，等. 依托资源优势发展煤盐化工 [J]. 河南化工，2007，24（2）：1-3.

[10] 谢克昌. 煤的结构与反应性 [M]. 北京：科学出版社，2002.

[11] 陈小辉. 低阶煤基化学品分级联产系统的碳氢转化规律与能量利用的研究 [D]. 北京化工大学，2015.

[12] Yu J, Lucas J A, Wall T F. Formation of the structure of chars during devolatilization of pulverized coal and its thermoproperties：A review [J]. Progress in Energy and Combustion Science. 2007, 33 (2)：135-170.

[13] 解强，边炳鑫. 煤的炭化过程控制理论及其在煤基活性炭制备中的应用 [M]. 北京：中国矿业大学出版社，2002.

[14] Kidena K, Matsumoto K, Murata S, et al. Nuclear magnetic resonance and ruthenium ion catalyzed oxidation reaction analysis for further development of aromatic ring size through the heat treatment of coking coals at >500 ℃ [J]. Energy Fuels, 2004, 18：1709-1715.

[15] He X, Jin L, Wang D, et al. Integrated process of coal pyrolysis with CO_2 reforming of methane by dielectric barrier discharge plasma [J]. Energy Fuels, 2011, 25：4036-4042.

[16] 肖磊. 中低阶煤分质梯级利用的发展与创新 [J]. 国际清洁能源发展报告，2015：174-194，333，334.

[17] 甘建平，马宝岐，尚建选，等. 煤炭分质转化理念与路线的形成和发展 [J]. 煤化工，2013，41（1）：3-6.

[18] 尚庆雨. 褐煤干燥脱水提质技术现状及发展方向 [J]. 洁净煤技术，2014（6）：1-4，45.

[19] 张飐，孙会青，白效言，等. 低温煤焦油的基本特性及综合利用 [J]. 洁净煤技术，2009（06）：57-60.

[20] 孙小伟，张雄斌，鲁煜坤，等. 兰炭气全低变制氢工艺的工业应用 [J]. 煤化工，2014，42（6）：22-24.

[21] 甘建平，马晓迅，尚建选，等. 煤炭分质转化利用的节能减排分析 [J]. 煤化工，2011，39（4）：1-4.

[22] 尚建选，王立杰，甘建平. 陕北低变质煤分质综合利用前景展望 [J]. 煤炭转化，2011，34（1）：92-96.

[23] 尚建选，王立杰，甘建平，等. 煤炭资源逐级分质综合利用的转化路线思考 [J]. 中国煤炭，2010（9）：98-101.

[24] 韩永滨，刘桂菊，赵慧斌. 低阶煤的结构特点与热解技术发展概述 [J]. 中国科学院院刊，2013（6）：772-780.

第2章

低阶煤中低温热解

低阶煤分质利用技术是一系列相关技术的集成，主体技术包括低阶煤的热解、煤焦油分质加工、热解气分质加工、半焦分质应用和相关节能环保技术，其中中低温热解是主体技术的龙头，也是当前分质利用重点攻关的领域。

2.1 低阶煤中低温热解基本原理

低阶煤中低温热解的自由基理论、基本反应、热力学原理已经在第 1 章有所涉及，以下主要对反应动力学、影响因素进行论述。

2.1.1 热解反应动力学

利用热解反应动力学可以研究低阶煤在热解过程中的反应历程、反应速度、反应控制因素和反应动力学参数，是认识低阶煤的中低温热解机理的前提和基础，也是获得影响转化因素的重要方法。目前，煤热解反应动力学的研究主要包括两方面的内容：胶质体反应动力学和脱挥发分动力学。

2.1.1.1 胶质体反应动力学

Krevelen 等根据煤的热解阶段的划分，提出了胶质体理论，对大量的实验结果进行了定量描述。该理论首先假设焦炭的形成是由三个串联反应形成的：

$$\underset{\text{结焦性煤}}{P} \xrightarrow[E_1]{k_1} \underset{\text{胶质体}}{M} \tag{2-1}$$

$$\underset{}{M} \xrightarrow[E_2]{k_2} \underset{\text{半焦}}{R} + \underset{\text{一次气体}}{G_1} \tag{2-2}$$

$$\underset{}{R} \xrightarrow[E_3]{k_3} \underset{\text{焦炭}}{S} + \underset{\text{二次气体}}{G_2} \tag{2-3}$$

式中，k 为反应速率常数，s^{-1}；E 为活化能，J/mol。

其中，式(2-1) 是解聚反应，该反应生成不稳定的中间相，即所谓胶质体。

式（2-2）为裂解缩聚反应，在该过程中焦油挥发，非芳香基团脱落，最后形成半焦。式（2-3）是缩聚脱气反应，在该反应过程中，半焦体积收缩产生裂纹。解聚裂解反应一般都是一级反应，因此可以假定式（2-1）和式（2-2）都是一级反应，而式（2-3）比式（2-1）和式（2-2）要复杂得多，但仍然假定它也是一级反应。这样上面的三个反应可用以下三个动力学方程式描述：

$$-\frac{d[P]}{dt}=k_1[P] \tag{2-4}$$

$$\frac{d[M]}{dt}=k_1[P]-k_2[M] \tag{2-5}$$

$$\frac{d[G]}{dt}=\frac{d[G_1]}{dt}+\frac{d[G_2]}{dt}=k_2[M]+k_3[R] \tag{2-6}$$

式中，t 为反应时间，s。

在炼焦过程中 k_1 和 k_2 几乎相等，故可以认为 $k_1=k_2=k_3$。在引入 $t=0$ 时的边界条件和一些经验性的近似条件后，上述微分方程可以得到如下解：

$$[P]=[P]_0 e^{-kt} \tag{2-7}$$

$$[M]=[P]_0 \bar{k} t e^{-kt} \tag{2-8}$$

$$[G] \approx [P]_0 [1-(\bar{k}+1)e^{-\bar{k}t}] \tag{2-9}$$

式中，$\bar{k}$ 为经过修正后的反应速率常数，s^{-1}。

相关的实验结果表明，该动力学理论与结焦性煤在加热时所观察到的一些现象相当吻合，说明其具有一定的合理性。此外，利用 Arrhenius 公式，还可以求得反应活化能 E：

$$\ln k=-\frac{E}{RT}+b \tag{2-10}$$

式中，R 为理想气体常数，J/(mol·K)；T 为热力学温度，K；b 为常数。

结果显示，所求得的煤热解活化能为 $209 \sim 251 kJ/mol$，与聚丙烯和聚苯乙烯等聚合物裂解的活化能相近，大致相当于—CH_2—CH_2—的键能。一般来说，煤开始热解阶段 E 值小而 k 值大；随着温度的升高，热解逐渐加深，则 E 值增大，k 值减小。式（2-1）～式（2-3）三个依次相连的反应，其反应速率常数 $k_1 > k_2 > k_3$。另外，不同煤化程度的煤其热解的平均表观活化能不一，会随煤化度的提高而增高。一般气煤和焦煤的活化能分别为 $148 kJ/mol$ 和 $224 kJ/mol$。

2.1.1.2 脱挥发分动力学

通常认为，煤热解是一个自由基反应，主要包括自由基碎片的生成及其稳定形成挥发产物和热解半焦，一般称为一次反应；此外，热解产生的挥发物在逸出过程中还会发生反应，包含挥发物二次裂解产生的自由基碎片以及由其再结合形成其他产物的反应，一般称为二次反应。在热解过程中，挥发分的逸出导致热解样品质量变化，而且挥发物会随热解气氛的带出而减少二次反应的发生，因此可以借助热重法测定在一定的加热速率样品质量的变化情况，从而实现煤热解脱挥发分动力学的研究。根据热解升温速率的不同，可分为等温和非等温（程序升温）法。

（1）等温热解

一般地，将煤加热至预定温度 T、保持恒温、测量样品质量随时间的变化、建立失重曲线，从失重曲线在各点的切线可以求出 $-\mathrm{d}W/t$。恒重时，$-\mathrm{d}W/t = 0$。在测定温度 T 下的最终失重（$-\Delta W_e$），一般要在失重趋于平稳后数小时后才能测得。其反应速率常数可通过下式计算：

$$k = \frac{1}{T}\ln\frac{1}{1-x} \qquad (2\text{-}11)$$

式中，x 为对应于反应时间 t 时的失重量与最大失重量的比值。

按照一级反应来求算得到的表观活化能只有 20kJ/mol 左右。这可能与以下几个因素有关：①初始阶段，煤颗粒温度低于热源温度，煤粒内部微孔系统内产生了暂时的温度和压力梯度（挥发分浓度梯度），此时热解过程是扩散控制而不是反应速度控制，测得的活化能实际上是挥发分扩散活化能。所以，热解速率（反应速率）和挥发速率（反应与扩散的总速率）是两个不完全相同的概念。②在等温热解过程中，煤的一次热解和二次缩聚反应会发生部分重叠，但是又很难通过样品质量变化体现出来，所以计算结果与真实值有偏差。至于等温脱挥发分过程究竟是由扩散控制还是由挥发物的生成过程控制还尚未有定论。由于环境的不同，两种过程都有可能是主要的析出机理。

（2）非等温（程序升温）热解

等温热解中，所测得的活化能是所选温度范围内的平均值，并不能准确反映热解反应过程的情况。与等温热解法相比，非等温热解法具有以下优点：①由于记录的是整个升温过程的质量变化，因此可以反映整个测定温度范围内的热解情况，在计算活化能的温度范围时可避免因温度范围选择不当而造成的实验数据的不可比性；②可消除因取样差异而引起的实验误差；③可避免将样品在一瞬间升到考察温度时所发生的崩裂等问题；④原则上讲，程序升温法可从一条失重速率曲线得到整个温度范围内的动力学参数，因此极大方便和简化了测定方法，并且在可靠性上能够达到与等温法相一致的结果。对于某一反应来说，气体析出速率与浓度的关系为：

$$\frac{\mathrm{d}x}{\mathrm{d}t} = A\,\mathrm{e}^{\frac{E}{RT}(1-x)^n} \qquad (2\text{-}12)$$

$$\eta = \frac{M_0 - M}{M_0 - M_f} = \frac{\Delta M}{\Delta M_f} \tag{2-13}$$

式中，η 为煤热解转化率，%；n 为反应级数；A 为指前因子，s^{-1}；M_0 为试样起始质量，g；M，ΔM 分别为试样在热解过程中某一时刻的质量和失重量，g；M_f，ΔM_f 分别为试样在热解终点的剩余质量和失重量，g。

关于反应级数 n 有许多不尽相同的讨论。由于煤的热失重或脱挥发分速率与煤种、煤阶、升温速率、反应压力和反应气氛等密切相关，所以还没有统一的动力学方程可以描述。对应线性升温过程，Coats-Redfern 方法较为简明。

设温度 T 与时间 t 有线性关系

$$T = T_0 + \lambda t \tag{2-14}$$

式中，λ 为升温速率，K/s。

联立两式可以得到如下近似解：

$$\ln\left[-\frac{\ln(1-x)}{T^2}\right] = \ln\left[\frac{AR}{\lambda E}\left(1 - \frac{2RT}{E}\right)\right] - \frac{E}{RT} \quad \text{当 } n=1 \tag{2-15}$$

$$\ln\frac{1-(1-x)^{1-n}}{T^2(1-n)} = \ln\left[\frac{AR}{\lambda E}\left(1 - \frac{2RT}{E}\right)\right] - \frac{E}{RT} \quad \text{当 } n \neq 1 \tag{2-16}$$

对于一般的反应和大部分的 E 来说，$2RT/E$ 远小于 1，因此式（2-15）和式（2-16）可以进一步简化。通过选择合适的反应级数（n 值），可以得到一条直线，利用直线的斜率和截距，便可求得活化能 E 和指前因子 A。

众多研究发现，活化能 E 较大的情况下，其指前因子 A 也较大，这一对参数之间存在线性互补性，可以用式（2-17）进行表述：

$$\ln A = aE + b \tag{2-17}$$

式中，a、b 为补偿参数。Zsakó 认为，参数 a 是由反应中化学键断裂的能量决定的，而参数 b 与反应的某些特性有关。此外煤的热解、燃烧、挥发分的释出、气化反应等过程均存在补偿效应。

上述的热解动力学模型属于单一反应模型，并没有涉及挥发分的具体成分，得到的活化能为测定温度范围内的平均值。此外，为了获得煤热解动力学参数，其他反应模型，如双竞争反应模型、有限多平行反应模型和无限多平行反应模型被开发。其中，双竞争反应模型由于需要参数较多（6 个），所以其应用受到限制较大；而有限多平行反应模型是把煤热解过程看成一种或多种物质热裂解的平行反应，所以对于平行反应的个数确定需要经验。Anthony 等认为，煤是复杂的高分子化合物，其热解过程是由无限多个平行一级反应组成，且反应数目足够大以至于可以用高斯分布连续函数来表示反应的活化能，以此为基础建立了分布活化能模型（distributed activation energy model，DAEM）或多重反应模型

(multiple reaction model，MRM)。该模型认为，煤热解是由无数个平行的一级化学反应的组合，并且反应可以用相似化学方程式来表示：

$$\frac{\mathrm{d}V_i}{\mathrm{d}t} = k_i(V^* - V_i) \tag{2-18}$$

式中，i 代表某个独立的化学反应或者某个反应物；k_i 为 i 组分的化学反应速率常数；V 为某时刻析出的挥发分量；V^* 为当 $t \to \infty$ 时挥发分量。

k_i 由 Arrhenius 公式给出：

$$k_i = k_0 \exp\left(-\frac{E}{RT}\right) \tag{2-19}$$

式中，k_0 为活化能的频率因子。

由于所假设的反应数目足够大，所以活化能的分布可以由一个分布函数 $f^*(E)$ 来表示。那么 $V^* f^*(E)\mathrm{d}E$ 则表示活化能在 E 至 $E+\mathrm{d}E$ 区间内的潜在挥发分部分，活化能分布函数应满足 $\int_0^\infty f(E)\mathrm{d}E = 1$。因此某时刻挥发分量为：

$$V = V^* - V^* \int_0^\infty \exp\left[-\int_0^t k(E)\mathrm{d}t\right] f^*(E)\mathrm{d}E \tag{2-20}$$

通常 $f^*(E)$ 用高斯分布来表示，平均活化能为 E_0，活化能的频率因子为 k_0，标准方差为 σ。将式(2-19) 代入式(2-20) 得到：

$$V^* - V = \frac{V^*}{\sigma(2\pi)^{1/2}} \int_0^\infty \exp\left[-k_0 \int_0^t \exp\left(-\frac{E}{RT}\right)\mathrm{d}t - \frac{(E-E_0)^2}{2\sigma^2}\right]\mathrm{d}E \tag{2-21}$$

但是分布活化能模型仍存在一些缺点，例如双重积分的计算量大，不能预先估计积分误差。Donskoi 等采用一种优化方法对分布活化能模型进行简化。该方法计算量减少，节省时间，并实现了误差的直接估计。优化模型方法建立在 Gauss-Hermite Quadrature 基础上：

$$\int_0^\infty \mathrm{e}^{-x^2} g(x)\mathrm{d}x \approx \sum_{i=1}^n w_i g(x_i) \tag{2-22}$$

式中，x_i 是埃尔米特多项式的零点；w_i 是高斯-埃尔米特积分中的重量；$x = (E-E_0)/(\sqrt{2}\sigma)$，活化能用公式 $E_i = E_0 + x_i\sqrt{2}\sigma m$ 进行表示；m 为缩放系数。

将式(2-22) 代入式(2-21)：

$$V = V^*\left[1 - \sum_{i=1}^n W_i \times \frac{m}{\sqrt{\pi}}\exp\frac{-(E_i-E_0)^2}{2\sigma^2}\right] \times \exp\left(\int_0^t -k_0\exp\frac{-E}{RT}\mathrm{d}t\right) \tag{2-23}$$

其中 $W_i = w_i\exp(x_i^2)$，式(2-23) 看似复杂，但 $\dfrac{m}{\sqrt{\pi}}\exp\dfrac{-(E_i-E_0)^2}{2\sigma^2}$ 在给定

的模型形态中只需计算一次，相比较来说大大减少了计算量。

经过长期的发展，DAEM 模型在利用热重法进行煤热解动力学研究方面取得了很大的进展，一系列处理方法相继被建立。例如，Miura 等通过阶跃近似函数理论，建立了更简单、精确的求解 DAEM 中的活化能及频率因子的方法，即 Miura 积分法：

$$\ln\frac{h}{T^2}=\ln\frac{k_0}{E}+0.6075-\frac{E}{RT} \qquad (2\text{-}24)$$

式中，h 为恒定升温速率。由式（2-24）可知，要想求得反应活化能，需要以下几个步骤：

① 测得同一样品在不同升温速率下（至少 3 个）的热失重曲线。

② 计算不同升温速率失重曲线上，同一失重率 x_i 下对应的 h/T^2 值，然后将几条失重曲线上处于同一失重率水平的点连接起来，按照 $\ln\frac{h}{T^2}$ 对于 $1/T$ 作图，根据斜率求出该失重率 x_i 下的 E_i。

③ 重复上述步骤，最后得到不同的失重率 x_i 下的活化能 E_i，并将失重率对活化能作图，即可得到热解过程中活化能随反应转化率变化曲线；将失重率对于活化能进行微分，就得到活化能的分布曲线 $f(E)$。Miura 等人的研究结果表明，该方法获得的活化能更加精确。

杨景标等利用程序升温热重技术比较了单一反应模型与 DAEM 对宝日希勒褐煤和包头烟煤热解动力学分析的适应性。认为单一反应模型需要对一条失重曲线进行分段处理，只能得到某一温度范围内活化能的平均值；Miura 积分法可以直接得到热解的活化能分布及频率因子；DAEM 能够描述非等温热解逐渐升温的全过程，对于煤种变化和升温速率变化有更好的适应性。

除上述常用的处理方法，还有其他方法，如 Friedman 法。与 DAEM 法类似，Friedman 法也需要利用不同升温速率下的失重曲线来求出活化能，但区别在于后者并不需要假设反应机理函数而直接求得活化能，从而可避免由于不同的反应机理函数的假设而可能带来的误差，常被用来检验其他方法求得活化能值的精确性。

上述方法尽管认为煤热解是由无数个平行的一级化学反应组合的过程，但是这些模型仍难以区分煤的不同热解阶段，尤其是挥发分的二次反应。为了完善 DAEM 模型，Caprariis 等提出了 2-DAEM 模型（double distributed activation energy model，2-DAEM）。该模型假设热解过程发生两步反应：首先是初级热解过程中焦油和烃类气体的形成，然后是热解过程半焦的缩聚、交联等二次反应以及气体的进一步形成。通常，2-DAEM 模型的数学表述如下：

$$1-\frac{V}{V^*}=\int_0^{\infty}\exp\left[-\frac{k_0}{a}\int_0^T\exp\left(-\frac{E}{RT}\right)\mathrm{d}T\right]\times\left[wf_1(E)+(1-w)f_2(E)\right]\mathrm{d}E$$

$$(2\text{-}25)$$

其中，$f_i(E)$ 与热解的两个步骤相关，符合高斯函数，可以定义为：

$$f_i(E)=\frac{1}{\sigma_{Ei}\sqrt{2\pi}}\exp\frac{-(E-E_{0i})^2}{2\sigma_{Ei}^2}$$

$$(2\text{-}26)$$

其中，w 权衡了两个热解反应的程度，其范围是 0 到 1，代表了在初级和二次热解反应中挥发分释放量的多少。w 的值为 0，表示所有的挥发分是在二次热解反应中生成；w 的值为 1，所有的挥发分在初级热解中释放。

在这种情况下，五个参数需要估算：两个平均活化能 E_{01} 和 E_{02}，两个标准差 σ_{E1} 和 σ_{E2} 以及 w。

双分布活化能结构模型由于考虑到煤热解过程的初级反应及二次反应，所以能够较好地描述煤的热解过程，再现煤热解过程中两个不同的步骤，计算值与实验数据相符，因此可以很好地解决传统单分布活化能模型描述煤热解过程中不够准确的问题。

2.1.2　煤热解影响因素

煤的热解过程不仅与煤本身的物理和化学性质（内因）有关，还与热解发生的条件（外因）密切相关。其中，内因主要包括煤化程度、煤样粒度、岩相组成和矿物质组成与含量等；外因包括热解温度、热解气氛、热解压力、加热速率、停留时间等。因此，深入认识各种因素对热解影响的规律对开发新工艺、确定工艺条件非常必要。

2.1.2.1　煤化程度

煤化程度可以用煤阶来反映，它是影响煤热解最重要的因素之一，直接影响着煤的热解特性、产物分布及性质。从表 2-1 可见，随煤化程度增加，初始热解温度逐渐增加，通常褐煤的初始热解温度最低，而无烟煤最高。

表 2-1　不同煤阶的初始热解温度比较

煤种	泥炭	褐煤	长焰煤	气煤	肥煤	焦煤	瘦煤	无烟煤
初始热解温度/℃	<160	200~290	300	320	350	360	360	380

在相同热解条件下，煤化程度不同，其热解产物也不同。表 2-2 给出了在 550℃热解温度下几种典型煤的热解产物分布。可以看出，对于煤化程度较低的煤（如褐煤）热解时，由于其煤阶较低、氧含量和水含量较高，所以煤气、焦油和热解水产率高。对于像烟煤等中等变质的煤热解时，煤气与焦油产率较高，而

热解水产率少；但是对于煤化程度较高的煤（如贫煤）热解时，焦油与煤气产率都很低，容易产生大量焦粉（脱气干煤粉）。总体来说，随着煤化程度的增加，煤的热解反应活性降低。但是从黏结性和结焦性来看，年轻的褐煤或越年老的煤黏结性几乎没有，只有中等变质程度的烟煤具有良好的黏结性和结焦性，是生产高强度焦炭的优质原料。

表 2-2 煤化程度与热解产物分布间的关系（550℃）

煤种	焦油/(L/t)	轻油/(L/t)	水/(L/t)	煤气/(m³/t)
褐煤	308.7	21.4	15.5	56.5
次烟煤 A	86.1	7.1	—	—
次烟煤 B	64.7	5.5	117	70.5
高挥发分烟煤 A	130.0	9.7	25.2	61.5
高挥发分烟煤 B	127.0	9.2	46.6	65.5
高挥发分烟煤 C	113.0	8.0	66.8	56.2
中挥发分烟煤	79.4	7.1	17.2	60.5
低挥发分烟煤	36.1	4.2	13.4	54.9

2.1.2.2 热解温度

温度是除煤自身性质外，影响煤热解最重要的因素，它不但影响煤的一次热解反应，而且还影响初次热解产物的二次反应。

从理论上讲，当无二次反应发生的情况下，煤一次热解产生的挥发性产率会随热解温度升高而增加；但是由于二次反应的发生，导致一次热解产生的焦油在高温下再次发生裂解反应和缩聚反应，焦油产率减少、气体产率增加，同时半焦会发生再聚合反应，使得气体产率增加而半焦产率减少。Hayashi 等发现，热解温度对二次反应的影响超过预期。他利用流化床反应器，通过控制密相区、稀相区温度作为变量对次烟煤进行热解研究。研究显示，当密相区温度（500～700℃）一定时，焦油产率随着稀相区温度（500～800℃）升高而降低，这可能是同样煤在不同反应器上热解产物不一样的主要原因；而当稀相区温度一定时，焦油产率在 600℃时反而达到最大。李海滨等利用流化床反应器对神木煤进行热解，为了抑制稀相区二次反应，控制初始热解产物在密相区停留时间＜0.5s，到取样口的时间约 0.05～0.1s。研究发现，随着密相区温度（400～900℃）的提高，液相产物产率呈现出先增加后降低趋势，在 600～650℃左右达到最大。提高密相区温度有利于 H_2、CO、CH_4 及 C_2H_4 的生成。

对于不同的煤种，即使是在同一种反应器，最高热解焦油产率对应的温度也不同。例如，Shen 和 Zhang 在流化床中对澳大利亚褐煤的研究表明，其焦油产率在 550℃时达到最大值。而 Tyler 等使用流化床反应器对维多利亚褐煤进行热解，发现其焦油产率在 580℃时达到最大值。这种差异与煤性质、粒径大小、热解停留时间长短等密切相关。

2.1.2.3　热解压力

煤热解通常在常压下进行，一方面可以降低运行成本，另一方面较高的反应压力会增加二次反应的概率，但是近年来加压气化技术的迅速发展，使得对于加压热解的研究必要性日益凸显。究其原因在于，尽管整个气化过程中加压热解反应很短，但几乎所有的挥发物（气态烃类和焦油）均来自此热解，因此加压热解的研究对于降低焦油的形成和提高气体热值具有重要意义。研究发现，增加热解压力，热解挥发物停留时间增加，有助于煤的黏结性改善，但同样会促使热解焦油的二次反应发生，形成热解气体和半焦。但是部分研究者正是利用二次反应的发生来改善热解焦油的产率和品质。例如在加氢热解过程中，尽管氢压增加同样使热解焦油进一步发生裂解或聚合，但是同时也活化了分子氢，更多的活性氢参与焦油的生成，抑制了煤热解产生的大分子自由基间的聚合，提高了液相产率。

2.1.2.4　加热速率

由于煤的导热性差，加热速率的提高使得传至煤层内部的温度滞后，从而煤热解的各个阶段在更高的温度区间内发生。根据加热速率的不同，一般可以将煤热解分为慢速热解（$<1℃/s$）、中速热解（$5\sim100℃/s$）、快速热解（$500\sim10^6℃/s$）和闪裂解（$>10^6℃/s$）。升温速率对煤热解的影响如表 2-3 所示。

表 2-3　升温速率对煤热解的影响

升温速率/(℃/min)	5	10	20	40	50
气体开始析出的温度/℃	255	300	310	347	355
气体最大析出的温度/℃	435	458	486	503	515

由表 2-3 可见，挥发物的析出温度受加热速率影响显著。众所周知，热解为吸热反应，而煤的导热性差，提高加热速率时，颗粒表面和内部温度滞后更加显著，所以宏观表现出来的是热解气体开始析出温度和最大析出的温度都随升温速率的增加而向高温移动。然而，提高升温速率，加快了热解挥发物的溢出速率，相应地降低了挥发物在热解区的停留时间，使得热解初次产物发生二次反应的概率大大减小，从而提高了热解焦油产率。因此，在实际应用中，为了提高热解过程焦油的产率，通常会采用煤的快速热解，但是所得焦油重质组分含量高、品质相对较差。

此外，研究人员还发现，升温速率对煤的黏结性和结焦性有明显的影响。由表 2-4 和表 2-5 可见，随着升温速率的增加，气煤的胶质体温度范围由 76℃ 增加到 96℃，鲁尔膨胀度也增加，说明煤的黏结性提高；但是收缩度却大幅度下降。这种变化一方面与煤的较差的导热性有关。煤的热解是吸热反应，在较高的升温速率下，温度滞后更加明显，颗粒内部温度明显低于热解区温度，因此部分结构来不及分解，而生成的产物来不及挥发，使得胶质体的开始软化温度和固化的温度都向高温侧偏移。固化温度的提高，增加了胶质体的停留时间，其黏结性得以改善。另一方面，在较高的升温速率条件下，焦油的生成速率显著地高于其挥发和分解的速率，所以胶质层厚度增加，膨胀度增加，收缩度减小，有利于黏结。对于焦炉来说，若提高升温速率，煤的黏结性会有明显的改善。

表 2-4 升温速率对气煤胶质体温度范围的影响

升温速率/(℃/min)	开始软化温度/℃	开始固化温度/℃	胶质体温度范围/℃
3	348	424	76
5	344	450	106
7	378	474	96

表 2-5 升温速率对膨胀度和收缩率的影响

升温速率/(℃/min)	膨胀度/%		收缩度/%	
	煤 1(V_{daf}:27%)	煤 2(V_{daf}:38%)	煤 1	煤 2
3	200	0	15	20
10	400	10	12	8
30	580	60	2.5	1.5

加热速率的提高也导致了热解焦油产率的增加。究其原因，主要是两方面作用的结果：其一，在较高的加热速率下，煤结构受到较强的热作用，一些化学键断裂伴随着气相产物的溢出，使得内部的压力迅速累积，迫使焦油前驱体的析出量增加；其二，在高加热速率下，氢的析出和共价键的断裂共同抑制了热解产物再聚合反应的发生，产物析出速率加快，减少了二次反应的概率。Gibbins 等认为，较高的加热速率将有效降低二次反应的发生，这与 Gavalas 等发现的流化床条件下热解焦油的产率远高于固定床中的结果相一致。

2.1.2.5 停留时间

无论是热解时气相挥发物（气体和焦油蒸气）的停留时间还是固体颗粒（半焦颗粒）的停留时间，它们都会显著影响最终气体、焦油和半焦的组成与分布。气相产物的停留时间包括热解挥发分在煤颗粒内的停留及在反应器内的停留时间。通常情况下，热解产生的一次焦油会随着挥发分停留时间的增加进一步发生裂解反应，进而生成气体或者发生缩聚反应生成重油或焦炭，使得热解焦油的产量下降；同时，初始热解气体产物中的烃类（如甲烷、乙烷等）也会发生热/催化裂解，改变了热解气体组成和收率。热解挥发物在热解区的停留时间对二次反应的影响也与裂解温度相关。当反应属于动力控制区，温度影响占主要地位；当反应属于扩散控制区，反应时间影响较大。对于为了获得较高焦油产率的热解工艺来说，应该尽可能降低挥发物在热解区的停留时间，而对提高焦油品质、降低重质组分含量的热解工艺来说，可以考虑通过延长停留时间来促进二次反应的进行。停留时间对于固体（半焦）的影响主要是煤中挥发分的逸出程度，延长固体停留时间能促进煤内挥发分的充分逸出，热解进行更加充分。

2.1.2.6　热解气氛

热解气氛是影响热解过程和产物形成的另外一个重要因素，主要通过与煤热解产生的自由基相互作用而体现。煤热解是一个自由基反应，在较高温度下，煤中弱共价键会发生断裂，产生大量的自由基，并从煤颗粒内部逐渐扩散至热解区。由于这些自由基具有极高的反应活性，在扩散过程中通过相互结合生成了气体、焦油或者半焦等产物。一般来说，当小分子自由基相互聚合时会形成气体；小分子自由基与大分子自由基结合形成焦油；但大分子自由基间聚合往往生成半焦，因此研究者希望通过对热解过程自由基的控制来调控热解过程产物的分布和产率。例如，在加氢热解过程中，由于氢自由基具有较小的自由程和反应活性，所以易和煤裂解产生的自由基结合，降低了大分子自由基间聚合反应的可能性，提高生成芳香族化合物等的概率，因此氢（氢气或其他供氢溶剂）可作为自由基的稳定剂。此外，利用氧与煤之间的氧化作用，可以实现工业上煤的破黏或者提高煤热解的转化率等。

除氢气和氮气外，其他气体如 CH_4、CO_2、氧气（空气）、焦炉气、水蒸气、热解煤气等都可用于煤的热解气氛。众多研究表明，热解气氛对热解产物的产率和质量均有重要的影响。例如，当煤在富氢气氛（纯 H_2 气氛以及焦炉气、热解气等含 H_2 气氛）下热解时，能够大幅度地提高焦油的收率和改善焦油质量及半焦品质，因而受到广泛重视。但是如何降低制氢成本是其工业化应用的一个需要考虑的因素。

2.1.2.7　颗粒粒径

煤的粒径主要影响传热、传质过程和热解初始产物的二次反应，因此对于热解的影响相对比较复杂。现有的关于颗粒粒径影响的研究大都是针对粉煤级别的。随着工业生产中煤的粒径的增大，对于毫米级颗粒煤热解来说，颗粒粒径对热解过程的影响也越来越受到人们的重视。总体来讲，随着煤的粒度减小，其比表面积增加，传热、传质速度加快，胶质体厚度减少，而黏度增加。但是粒径的减小不利于煤的黏结性提高。一方面，煤开始软化温度和胶质体固化温度降低，胶质体温度间隔缩小，故使黏结性降低；另一方面，较小的粒径使得挥发物脱除速度提高，膨胀压力降低，不利于煤的黏结。

2.1.2.8　煤预处理

热解前煤的预处理是提高热解转化率和调控热解产物分布的一种重要途径，

主要通过提高煤中氢含量或者改变煤中大分子间的作用力等方式，提高热解过程中产生的自由基数量和种类，达到提高热解焦油的产率和改善焦油品质的目的。

目前采用的预处理方式多种多样，有溶剂溶胀预处理、热预处理、离子液体萃取等。其中，溶剂溶胀预处理研究相对较多，主要是利用溶剂的作用，弱化煤的大分子结构与小分子之间的缔合作用，降低其交联程度，促使煤中氢键及一些弱非共价键断裂来提高煤的反应性。单一溶剂如甲醇、丙酮、N-甲基吡咯烷酮（NMP）、四氢呋喃、吡啶、四氢萘，混合极性溶剂（如 CS_2/NMP）甚至超临界二氧化碳、甲苯、水等都可以用于煤的溶剂预处理。经过溶剂溶胀预处理煤的热解焦油产率提高的主要原因可归结于三个方面：①从煤的结构来看，溶胀处理降低了煤的交联程度，弱化了煤中大分子相与小分子相之间的作用力，煤分子内部流动性增强，在热作用下煤中一些化学键更加容易断裂，能够产生更多的自由基碎片；②从传质角度来看，由于溶剂分子可以进入煤的微孔，网络结构变得疏松，缩短了热解气相产物在煤中的滞留时间，减小了焦油发生二次反应的概率，提高了焦油产率；③从自由基的反应过程来看，溶胀过程有助于一些小分子自由基（如·H 和·CH$_3$）的生成，降低了焦油前驱体之间的聚合概率，提高了焦油产率。热预处理是采用不同的气氛（如水蒸气）、处理温度和时间等对煤进行低温处理，然后再进行煤的中低温热解。不同预处理气氛对煤热解产物分布影响规律尚无定论。

2.1.2.9 催化剂

使用催化剂的热解称为催化热解。催化剂的主要作用是降低煤热解温度、提高热解转化率或目标产物产率。从催化剂的作用过程来看，可以催化煤的一次热解反应，也可以催化热解挥发物的二次反应。碱金属、碱土金属、过渡金属化合物、天然矿石、沸石分子筛，甚至热解半焦、活性炭等均可用于催化热解。

催化剂的添加方式也有多种多样，具体将在 2.4.3 部分进行详细介绍。

2.1.2.10 热解反应器结构形式

为了提高煤的传热传质效率、降低热解产物的二次反应概率和解决热解系统堵塞等问题，研究者对反应器的结构进行了多方面的探索，设计建立的反应器结构多种多样，但按煤颗粒在反应器内的相对运动状态可分为固定床、流化床、气流床、输送床等；按加热方式分为外热式、内热式和内外混合式。

反应器的结构形式会显著影响焦油的产率和品质。其中，煤颗粒的传热速率、返混程度、生成的热解挥发物在反应器内停留时间等直接影响煤焦油的产率；气体在床层内的扰动程度、热解挥发物的停留时间等会影响焦油的品质，主要表现为焦油中的含尘量、含水量及重质组分含量。这些反应器各有优缺，相对来说，外热式固定床反应器结构简单、操作方便、返混小，但由于煤导热性差导致传热速率较差，生成的挥发物在反应器内停留时间较长，所以焦油收率低，但是焦油含尘量少、品质较好。对于内热式固定床、流化床、气流床等反应器来说，由于气体的扰动可以实现热载体与煤颗粒的快速、充分混合，传热效率大大提高，并且由于气体的带动作用，降低了热解挥发物在反应器内的停留时间，部分抑制了焦油的二次热解，所以焦油收率较高。缺点是，焦油蒸气中会夹带大量粉尘进入除尘系统，部分灰尘甚至会作为重质组分聚合的载体，导致后续焦油除尘困难甚至堵塞除尘系统；存在焦油中灰分高、品质较差等问题。

综上可见，煤热解是一个复杂的传热、传质和反应过程，受煤本身性质和众多操作参数的相互影响，这就需要在具体热解工艺开发过程中给予综合性考虑。

2.2　低阶煤中低温热解典型工艺

至目前为止，国内外研究开发出了多种各具特色的煤热解工艺方法，有的处于实验室研究阶段，有的进入中试试验阶段或工业化示范阶段，也有的达到了工业化生产阶段。按传热方式的不同分为内热式、外热式、内外混合式热解技术，按热载体的不同分为气体热载体、固体热载体和气固热载体热解技术。

按照粒度划分，国内外主要的已有装置的热解技术见表 2-6。块煤热解技术已经工业化应用，小粒径煤和粉煤热解技术多处于工业化试验或示范阶段。典型的块煤热解代表工艺主要有鲁奇（Luigi）炉、考伯斯（Koppers）炉、SJ 炉；小粒煤热解技术主要有 LFC/LCC、CGPS、SM-GF、天元回转窑、龙城旋转床、内构件移动床；粉煤热解技术主要有 DG、ZD、煤拔头、SM-SP、输送床粉煤快速热解、日本快速热解。小粒径煤和粉煤热解技术工程化问题尚未完全突破，成为行业研究的热点。

表 2-6　典型的热解技术汇总

工艺技术名称	粒度/mm	传热方式	单套装置规模/(万吨/年)	状况
块煤热解技术				
鲁奇(Luigi)炉	25～60	内热式气体热载体	10	已应用
考伯斯(Koppers)炉	<75	气体热载体内外复热	10	已应用
鲁奇-鲁尔(Lurgi-Ruhrgas)炉	<8	固体热载体内热	15	已应用
三江(SJ)炉热解	20～80	气体热载体内热式	10	已应用
带式炉褐煤改性提质	3～25	气体热载体	30	工业示范
GF-I 型褐煤提质	6～120	气体热载体	50	工业示范

工艺技术名称	粒度/mm	传热方式	单套装置规模/(万吨/年)	状况
小粒径煤热解技术				
CGPS	3～25	气体热载体	1	工业试验
神雾蓄热式热解	10～80	辐射(无热载体)	2.4	工业试验
SM-GF 热解	0～25	气体热载体内热式	50	工业示范
内构件移动床热解	≤10	间接加热/固体热载体	0.1	中试
LFC/LCC	5～70	气体热载体	30	工业示范
三瑞回转窑	0～20	外热式	30	工业示范
MRF	6～30	外热式	5.5	工业试验
天元回转窑	<30	外热式	60	工业示范
龙城旋转床	<30	外热式	100	工业示范
粉煤热解技术				
COED	约 0.2	气体热载体	15	工业试验
DG 热解	0～6	固体热载体	60	工业示范
ZD 热解	≤8	固体热载体	0.3	中试
煤拔头	约 0.28	气体热载体	0.3	中试
Coalcon	0.25～0.42	气体热载体	9	工业试验
ETCH	0～6	固体热载体	0.42	中试
Garrett	0.1	气体热载体	0.1	中试
SM-SP	10～100μm	气固热载体	120	示范装置建设中
CCSI	不详	气体热载体	1	工业试验
输送床粉煤快速热解	约 200 目	气体热载体	1	工业试验
日本快速热解	<0.1mm，80%小于200目	气体热载体	3	工业试验
Toscoal	<12.7	固体热载体	6.6	工业试验

按照反应器类型粉，热解技术的分类及典型工艺如下。

2.2.1 移动床热解工艺

2.2.1.1 SJ 低温干馏技术

国内在鲁奇三段炉的基础上，开发设计了不同类型的内热立式干馏炉，各种炉型结构基本相同。国内典型炉型和工艺有：陕西神木三江煤化工有限责任公司 SJ 系列和陕西冶金设计研究院的 SH 系列、中钢鞍山热能院 ZNZL3082 型、原化学工业第二设计院 MHM 型直立炉，以此为基础在榆林已形成块煤年产 5000 万吨兰炭产能。

在我国对鲁奇三段炉的改造设计中，SJ 低温干馏炉非常具有代表性，处理能力达到 10 万吨/年。SJ 低温干馏炉是在鲁奇三段炉和现有内热式干馏炉的技术基础上，根据所在地及周边煤田的煤质特点而研制开发出的一种新型炉型，目前已在陕北榆林地区和内蒙古的东胜地区设计并建造超过 500 台 SJ 低温干馏炉，炉也由开始的 SJ-Ⅰ 发展到现在的 SJ-Ⅶ。SJ 干馏炉基本结构如图 2-1 所示。

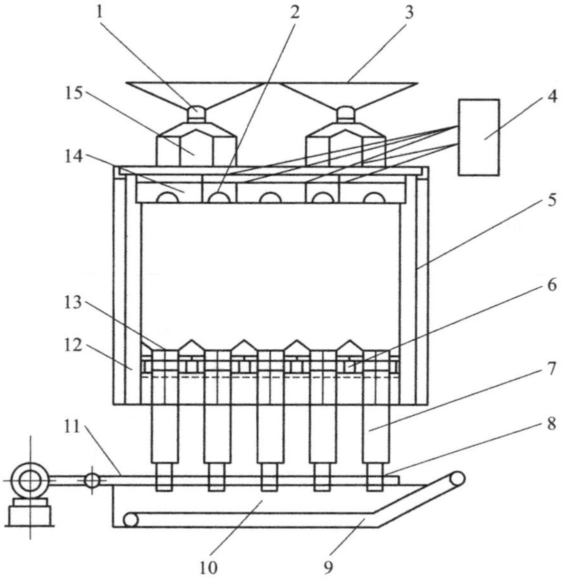

图 2-1　SJ 干馏炉基本结构

1—进料口；2—排气桥管；3—炉顶煤仓；4—水封箱；5—炉体；6—气体混合器；7—排焦箱；

8—排焦口；9—刮板输送机；10—熄焦池；11—推焦机；12—砖衬；13—喷火花墙；

14—集气阵伞兼布料器；15—辅助煤仓

炉子截面：3000mm×5900mm，干馏段高（即花墙喷孔至阵伞边的距离）为 7020mm，炉子有效容积 91.1m³。距炉顶 1.1m 处设置集气阵伞，采用 5 条布气墙（4 条完整花墙、2 条半花墙），花墙总高 3210mm。考虑花墙太高稳定性不好，除了用异型砖砌筑外，厚度也从 350mm 加大至 590mm。花墙间距为 590mm，中心距为 1180mm。花墙顶部之间设置有小拱桥。干馏炉炉体采用黏土质异型砖和标准砖砌筑，硅酸铝纤维毡保温。采用工字钢护炉柱和护炉钢板结构，加强炉体强度并使炉体密封。

SJ 低温干馏工艺基本原理是块煤经辅助煤箱和集气结构进入炭化室，经布气花墙均匀进入炭化室的高温废气逆向接触换热，逐段进行干燥和干馏，最后经排焦系统连续地排出。

单台年处理煤量 10 万吨 SJ 干馏炉主要工艺参数如表 2-7 所示。

表 2-7　干馏炉主要工艺参数

项目	工艺参数
小时装煤量/(t/h)	11.6

项目	工艺参数
入炉煤温度/℃	25
荒煤气出炉温度/℃	67
入炉煤气入炉温度/℃	40
入炉煤气流量/(m³/h)	5135
入炉煤气压力/kPa	2.477
助燃空气入炉温度/℃	32
助燃空气流量/(m³/h)	3004
助燃空气压力/kPa	6.738

物料和热量衡算见表 2-8、表 2-9。主要技术指标见表 2-10。

表 2-8 物料衡算表

收入			支出		
项目	数量/(kg/t)	比例	项目	数量/(kg/t)	比例
干煤量	899.90	54.24	全焦量	638.43	38.48
煤水量	100.1	6.03	焦油量	38.90	2.34
煤气量	304.57	18.36	粗苯量	12.18	0.73
助燃空气量	354.59	21.37	氨量	1.62	0.10
			全煤气量	830.59	50.06
			化合水量	47.87	2.89
			煤水量	100.1	6.03
			差值	-10.53	-0.63
合计	1659.16	100	合计	1659.16	100

表 2-9 热量衡算表

收入			支出		
项目	数量/(10³kJ/t)	比例（%）	项目	数量/(10³kJ/t)	比例/%
煤气燃烧热	846.83	93.55	兰炭带走的热量	638.63	70.54
煤气显热	5.96	0.66	煤气带走的热量	100.6	11.11
助燃空气显热	10.26	1.13	水分带走的热量	19.45	2.15
煤显热	31.69	3.50	焦油带走的热量	77.76	8.59
煤水分显热	10.48	1.16	粗苯带走的热量	20.56	2.27
			氨带走的热量	2.85	0.32
			炉体表面散热	20.74	2.29
			其他热量损耗	24.63	2.73
合计	905.22	100	合计	905.22	100

表 2-10 主要技术指标

干馏炉热工效率/%	83.87
湿煤耗热量/(kJ/kg)	846.83
干煤耗热量/(kJ/kg)	836.35

续表

煤焦比(干)	1.41:1
小时耗电量/kW·h	124.55
吨焦耗电量/kW·h	10.7
吨焦用水量/(kg/t)	300

2.2.1.2 SM-GF 热解技术

该技术由陕煤集团与国电富通公司联合开发,属煤气热载体分段多层移动床热解工艺。热解炉为分段多层立式矩形炉,从上至下可分为干燥段(预热段)、干馏段和冷却段,每段由多层布气和集气装置组成,工艺流程如图 2-2 所示。原料煤首先进入干燥段,被来自冷却段的热烟气加热,脱除煤中水分,以减少热解工段酚氨废水的产出量,并将原煤加热至 100~170℃;干燥煤进入热解段,被经蓄热式加热的自产高温富氢煤气加热到 550~650℃,富氢气氛保证了系统较高的焦油收率;脱除大部分挥发分后的高温半焦进入冷却段,被来自干燥段的冷烟气降温,实现了干法熄焦;换热后的高温烟气被返送回干燥段加热原料煤,实现了半焦热量的回收。

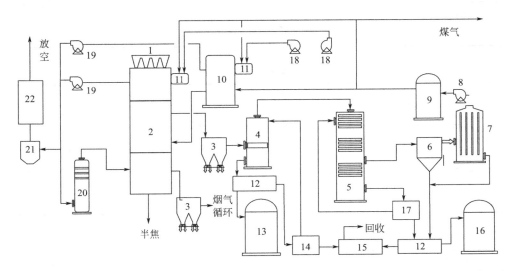

图 2-2 SM-GF 热解工艺流程

1—煤斗;2—热解炉;3—旋风除尘器;4—直冷塔;5—横管冷却器;6—捕雾器;

7—电捕焦油器;8—煤气风机;9—气柜;10—煤气加热炉;11—燃烧器;

12—机械化澄清槽;13—重油罐;14—氨水槽;15—LAB 水处理;

16—轻油罐;17—集液槽;18—空气风机;19—烟气风机;

20—水膜除尘器;21—布袋除尘;22—脱硫塔

陕煤集团陕北乾元能源化工有限公司，利用该技术已在榆林建成年处理煤量50万吨工业示范装置，以富氢煤气作为热载体，获取高品质热解产品，年产半焦 31 万吨、焦油 4.5 万吨、煤气 7200 万立方米，运行数据见表 2-11～表 2-16。

表 2-11　原料煤分析（质量分数）

M_t/%	A_{ar}/%	V_{daf}/%	FC_{ad}/%	低位发热量/(kcal/kg)
13.67	5.65	30.28	50.4	5840

表 2-12　长焰煤铝甑分析（650℃，质量分数）

样品	含油率/%	水含量/%	半焦含量/%	干馏气＋损失/%
长焰煤	10.48	16.48	59.91	13.23

表 2-13　热解气组成（体积分数）

CH_4/%	C_2H_6/%	C_2H_4/%	C_3H_8/%
42.35	5.11	0.94	1.36
C_3H_6/%	C_mH_n/%	H_2/%	CO_2/%
1.00	1.81	18.69	15.03
CO/%	H_2S/%	低位热值/(kcal/m³)	密度/(kg/m³)
13.71	0.61	6501	0.96

表 2-14　产品煤气组分（体积分数）

CH_4/%	C_2H_6/%	C_2H_4/%	C_3H_8/%
35.14	0.97	3.20	0.22
C_3H_6/%	C_mH_n/%	H_2/%	CO_2/%
0.16	0.29	30.28	14.32
CO/%	N_2/%	低位热值/(kcal/m³)	密度/(kg/m³)
10.72	4.70	4889	0.76

表 2-15　产品半焦分析

M_t/%	A_d/%	V_{daf}/%	FC_d/%	低位发热量/(kcal/kg)
3.56	7.59	5.5	87.33	6500

表 2-16　产品焦油分析

序号	检测项目	检测结果
1	水分/%	3.64
2	密度/(g/cm³)	1.043

序号	检测项目		检测结果
3	灰分/%		0.12
4	甲苯不溶物(干基)/%		4.2
5	黏度(80℃)/(mm²/s)		4.38
6	四组分	饱和分/%	28.15
		芳香分/%	22.79
		胶质/%	20.77
		沥青质/%	9.08

2.2.1.3　DG 热解技术

该技术由大连理工大学开发,将粒度小于 6mm 的原煤与 800℃热半焦按一定比例快速混合热解,经分离净化得到低温焦油、煤气和半焦等产品。该技术主要由脉冲气流干燥预热、热烟气发生、热载体提升循环和混合热解系统组成,工艺过程见图 2-3:以热解产生的高温半焦为热载体,与煤按一定的比例在混合器均匀、迅速混合,经混合器混匀的物料进入反应器,完成热解,由于物料粒度小,加热速度快,热解迅速析出气态产物;气态产物经净化除尘后进入焦油回收系统得到焦油和煤气两种产品;反应器部分固态产物半焦经给料器进入加热提升管,半焦与预热的空气进行热交换,使半焦达到热载体规定的温度,在提升管中

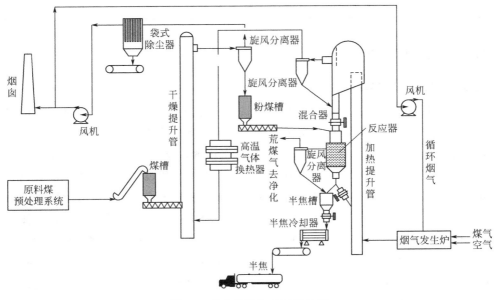

图 2-3　DG 热解技术工艺过程

被提升到一级旋风分离器，半焦与烟气分离；热半焦自一级旋风分离器入集合槽，作为热载体循环；烟气在二级旋风分离器除尘后外排。多余的半焦作为热解产物外送储存。

陕煤集团神木富油能源科技公司采用该技术已建成年处理原煤 60 万吨的示范装置，年产半焦 36 万吨、焦油 6 万吨、煤气 7900 万立方米。以神木煤为原料，半焦、煤焦油、粗煤气特性分析数据见表 2-17～表 2-19。

表 2-17　DG 半焦特性分析

工业分析/%				元素分析/%				燃点/℃	$Q_{b,ad}$/(MJ/kg)
M_{ad}	V_{ad}	A_{ad}	FC_{ad}	C_{ad}	H_{ad}	N_{ad}	$S_{t,ad}$		
2.52	12.37	14.73	70.38	72.44	2.42	0.99	0.31	388	27.27

表 2-18　DG 煤焦油特性分析

水分/(mg/g)	机械杂质/(mg/g)	金属含量/(μg/g)				密度(20℃)/(g/cm³)	元素分析/%			
		Fe	Ca	其他	总计		C	H	N	S
21.57	25.34	60.13	95.71	30.29	186.13	1.0612	83.42	8.31	1.14	0.38

表 2-19　DG 粗煤气特性分析

组分/%							低位发热量/(MJ/m³)
H_2	CO	CH_4	CO_2	C_mH_n	N_2	O_2	
23.46	13.95	20.78	25.76	5.47	4.07	0.51	17.83

2.2.2　气流床热解工艺

2.2.2.1　SM-SP 热解技术

SM-SP 技术由陕煤集团上海胜帮科技股份有限公司开发，工艺过程如图 2-4 所示。装置分为煤提升进料、反应及粉焦冷却、烧炭及烟气综合利用、油气急冷及分馏单元。工艺采用 $10\sim100\mu m$ 粉煤快速热解，反应过程中以循环煤气作载气，通过分馏技术分离制取轻焦油、中焦油、重焦油和煤气产品。工艺流程简介如下：粉煤经气力输送至原料存储单元后进入煤气循环管道，与循环煤气混合，再与粉焦热载体充分混合后进入热解反应器，粉煤在提升过程中与气固热载体充分换热，完成快速热解。热解产物进入气固分离单元分离粉焦，部分粉焦循环至热解反应器，其余粉焦进入粉焦冷却系统。气固分离后的热解气进入焦油回收单元，以自产焦油为吸收剂回收焦油，冷却净化后的煤气一部分作为循环煤气，一部分作为产品煤气输出界区。

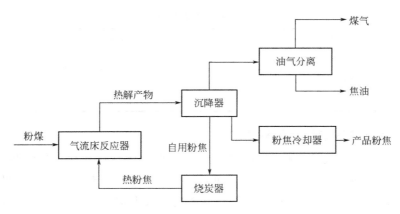

图 2-4　SM-SP 工艺过程

陕西煤业化工集团利用该技术，正在建设年处理原煤 120 万吨的工业示范装置，之前已经完成年处理原煤 2 万吨的工业试验，焦油收率高达 18.17%，油品重，芳烃、沥青质含量高，宜采用专门的加氢工艺生产市场紧缺的芳烃产品原料；煤气中有效气 CO、H_2、CH_4 总含量高达 64.46%，碳二及以上各种烃类总含量 21.22%，热值高达 7920kcal/m^3；粉焦含水 0.19%，固定碳 84.50%，平均粒径 67.78μm，低位热值 7178kcal/kg，适于作为气流床气化原料、高炉喷吹料、粉煤锅炉燃料等。

工业化试验数据见表 2-20～表 2-24：

表 2-20　原料粉煤工业分析

水分/%	挥发分/%	灰分/%	固定碳/%	全硫/%	发热量/(MJ/kg)
2.34	36.05	5.11	56.5	0.36	24.5

表 2-21　产品煤气成分（干基体积分数）

H_2/%	CO/%	CO_2/%	CH_4/%	C_mH_n/%	N_2/%	O_2/%	H_2S/(μg/g)
8.42	12.63	9.85	32.22	17.06	15.38	1.10	500

表 2-22　粉焦性质（质量分数）

水分/%	灰分/%	挥发分/%	固定碳/%	硫/%
0.86	10.57	4.51	84.06	0.4

表 2-23　焦油基本性质（质量分数）

密度/(g/cm³)	水分/%	灰分/%	黏度(80℃)/(mm²/s)	元素分析/%				
				C	H	N	O	S
1.052	痕量	1.78	21.58	77.31	7.94	1.27	13.14	0.34

表 2-24　焦油族组成及馏程

族组成/%	饱和烃		芳烃		胶质		沥青质
	10.17		50.3		20.3		18.4
馏程/℃	IBP	5%	10%	30%	40%	50%	
	276	326	343	404	435	454	

2.2.2.2　输送床粉煤快速热解技术

该技术由西安建筑科技大学徐德龙院士团队和陕西煤业化工集团共同开发，主要由备煤、热解、气固分离、焦油回收、干法熄焦及余热回收等单元组成，工艺流程见图 2-5。小于 30mm 的原煤经立磨磨制成平均粒径为 200 目的粉煤（水分<1%），熄焦后的氮气将粉煤预热后经加料器喂入热解反应器，然后被来自热风炉的高温气体快速加热，瞬间热解，产生气态产物和固体半焦，未反应完全的大颗粒经粗分离器返回热解反应器继续热解。热解反应器内气固同向流动，热解荒煤气经粗分离后，经深度除尘再进入焦油回收系统，回收焦油和煤气。高温高效分离单元分离出的半焦进入干法熄焦及余热回收系统，用循环氮气作为冷却介质，回收余热后的氮气显热用作粉煤预热的热量。

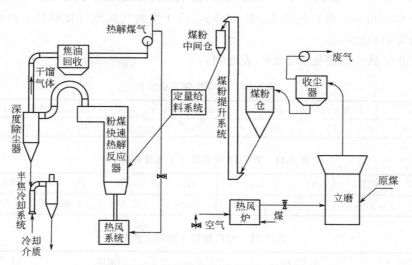

图 2-5　输送床粉煤快速热解工艺流程

目前该技术已完成年处理原煤 1 万吨工业化试验，并进行了 72 小时现场考核，正在编制百万吨级工艺包。同时开展工业化示范项目建设前期准备工作。

2.2.3　流化床热解工艺

流化床热解工艺主要介绍浙大循环流化床热电多联产（ZD）工艺。

浙江大学在 1985 年由岑可法院士提出热电气多联产工艺设想，随后建立了 1MW 燃气蒸汽多联产试验装置，其工艺流程见图 2-6。以循环流化床锅炉的高温循环热灰为热载体，将其送入用循环热煤气作流化介质的气化室内，气化室为常压鼓泡床。在气化室内循环热灰可将 8mm 以下的碎煤加热到 750～800℃，发生部分气化。气化后的半焦随循环物料一起送回锅炉燃烧室内燃烧，产热发电，从而实现热电气联产。

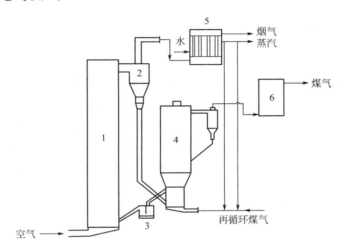

图 2-6　循环流化床热电气联产工艺

1—燃烧室；2—旋风分离器；3—返料阀；4—气化室；5—冷凝器；6—储气罐

红柳林煤 1MW 热解装置试验数据如下：

热解温度 654℃，煤气产量 0.11m³/kg 煤，煤气密度 0.78kg/m³，煤气产率 8.5%，焦油产率 9.98%，燃烧炉底渣含碳量约为 0.78%，飞灰含碳量约 3.4%，煤气成分见表 2-25。

表 2-25　煤气成分（体积分数）

H_2/%	CH_4/%	CO/%	CO_2/%	C_2H_4/%	C_2H_6/%	C_3H_6/%
23.97	30.33	11.52	9.53	3.33	4.88	2.02

C_3H_8/%	O_2/%	N_2/%	H_2S/(mg/m³)	NH_3/(mg/m³)	Q_{net}	
					MJ/m³,标态	kcal/m³
0.73	0.47	3.01	1195	90.4	22.5	5.38

浙江大学以循环流化床固体热载体供热的流化床热解技术为基础，与淮南矿业集团合作开发的 12MW 示范装置于 2007 年 8 月完成 72h 的试运行，获得了工业试验数据。该工艺的热解器为常压流化床，用水蒸气和再循环煤气为流化介

质,运行温度为 540～700℃,粒度为 0～8mm 的煤经给煤机送入热解气化室,热解所需的热量由循环流化床锅炉来的高温循环灰提供(循环倍率 20～30),热解后的半焦随循环灰送入循环流化床锅炉燃烧,燃烧温度为 900～950℃。

12MW 工业示范装置的典型结果为:热解器加煤量 10.4t/h,焦油产量 1.17t/h,煤气产量 1910m³/h,煤气热值 23.11MJ/m³,所得焦油中沥青质含量为 53.53%～57.31%。

2.2.4 回转炉热解工艺

2.2.4.1 天元回转窑热解技术

该技术由陕煤集团神木天元化工公司和华陆工程科技公司共同研发,工艺流程见图 2-7。将＜30mm 的粉煤通过回转反应器热解得到高热值煤气、煤焦油和提质煤。煤气进一步加工得到 LPG(液化石油气)、LNG(液化天然气)、H_2 和燃料气;煤焦油供给煤焦油轻质化装置;提质煤达到无烟煤理化指标,可用于高炉喷吹、球团烧结和民用洁净煤。热解产品半焦达到高炉喷吹用无烟煤标准。煤焦油产率 9.12%,热解煤气热值达 6787.33kcal/m³,煤气中有效成分含量高于 85%,其中 CH_4 含量达 39.59%、C_2～C_5 含量达 15.22%。

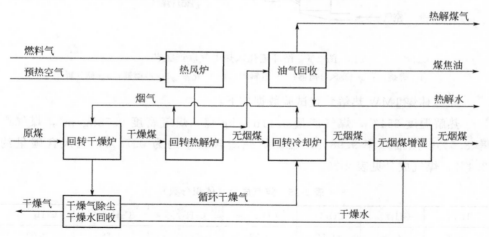

图 2-7 天元回转窑热解技术工艺流程

该工艺技术特点有:①原料适用性强,适合≤30mm 多种高挥发分煤种;②操作环境好,煤干燥、热解、冷却全密闭生产;③干燥水、热解水分级回收,减少了水资源消耗和污水处理量;④系统能效高,中试装置能效≥80%,工业化装置综合能效≥85%;⑤单系列设备原煤处理量大,单套装置规模可达 60 万～100 万吨/a。

该项目总体规划了 660 万吨/a 粉煤分质综合利用项目,目前正在进行 60 万吨/a 示范。

2.2.4.2　龙成旋转床热解技术

该工艺由河南龙成集团研发，流程见图 2-8。首先，通入氮气将炉窑中的空气进行置换，低阶原料煤从落煤塔通过皮带输送到受料缓冲仓，再经给料装置送入提质窑。气柜来的煤气经配风后进入提质窑内辐射管，经辐射传热间接与原料煤进行换热。原料煤在提质窑被加热到 550℃ 提质后进入换能器冷却到约 200℃，经喷水加湿降温后通过皮带输送到提质煤储仓。气体从提质窑中出来后经除尘进入冷鼓工段，回收其中的焦油。

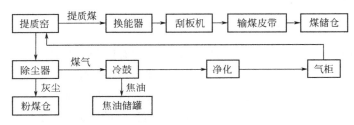

图 2-8　旋转床热解技术工艺流程

利用该技术，龙成集团在河北曹妃甸工业区建成了单套 100 万吨/a、总规模 1000 万吨/a 的工业示范装置，洁净煤产率为 61.65%，煤焦油产率为 9.63%，煤气产量为 126m³/t 原煤。

2.2.4.3　三瑞外热式回转炉热解技术

该技术由西安三瑞实业有限公司研发，工艺流程见图 2-9。成套装置主要组成部分包括：原料煤储运输送系统，粉煤干燥、热解、冷却回转炉，半焦干法熄

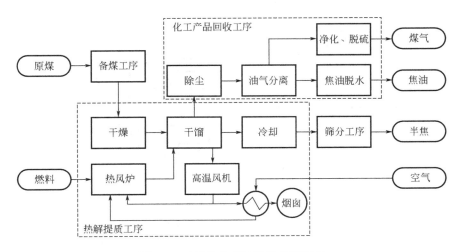

图 2-9　三瑞外热式回转炉工艺流程

焦及输送系统，煤气除尘、冷却、油气分离系统，焦油储罐，热风炉及高温烟气循环系统，煤气脱硫后处理系统，"三废"处理系统。

利用该技术，庆华集团于 2013 年建立了 5 万吨/a 油砂热解示范项目，神华集团新疆公司于 2014 年建成 15 万吨煤热解制活性炭项目。

宏汇公司于 2017 年在甘肃酒钢建成单系列 30 万吨/a，总规模 150 万吨/a 煤炭热解分质利用项目，其运行指标为：单炉进煤量 42.3t/h，半焦产率 50.50%，焦油产率 11.49%，煤气产量 120m³/t 原煤。

2.2.5 旋转炉热解工艺

2.2.5.1 LCC 热解工艺

该技术由大唐华银电力公司与中国五环工程有限公司联合开发，主要过程分为 3 步：干燥、轻度热解和精制，其基本原理是将煤干燥、煤干馏和半焦钝化技术相耦合，将含水量高、稳定性差和易自燃的低阶煤提质成为性质稳定的固体燃料（PMC）和高附加值的液体产品（PCT）两种新的能源化工产品。

工艺流程见图 2-10。原料煤在干燥炉内被来自干燥热风炉的热气流加热脱除水分。在热解炉内，来自热解热风炉的热循环气流将干燥煤加热，煤发生轻度热解反应析出热解气态产物。在激冷盘中引入工艺水迅速终止热解反应，固体物料输送至精制塔，预冷却后与增湿空气发生氧化反应和水合反应得到固体产品 PMC。

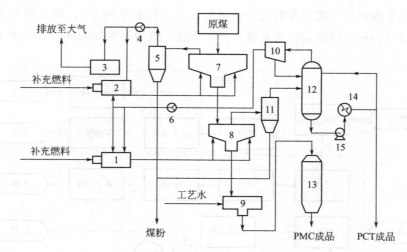

图 2-10 LCC 热解工艺流程

1—热解热风炉；2—干燥热风炉；3—烟气脱硫；4—干燥循环风机；5—干燥旋风除尘器；
6—热解循环风机；7—干燥炉；8—热解炉；9—激冷盘；10—PCT 静电捕集器；
11—热解旋风除尘器；12—激冷塔；13—精制塔；14—PCT 冷却器；15—激冷塔循环泵

从热解炉出来的气态产物经旋风除尘后进入激冷塔，塔顶出来的不凝气体进入电除雾器，气体中夹带的 PCT 被捕集下来，并回流至激冷塔。冷凝下来的 PCT 经换热器冷却后，大部分返回激冷塔，剩余部分为初步的 PCT 产品。从 PCT 静电捕集器出来的不凝气一部分作为热解炉的循环气体，剩余部分作为一次燃料。干燥炉出来的烟气经旋风除尘后大部分循环，小部分经脱硫后排放。

利用该技术，大唐华银电力公司在内蒙古锡林浩特市建成了年处理原煤 30 万吨的示范装置，运行期间煤焦油产率平均为 3.05％，半焦产率平均 49％左右，半焦发热量由原煤的 3400kcal/kg 提高到 5900kcal/kg 以上。

2.2.5.2　无热载体蓄热式热解工艺

该工艺由神雾集团开发，工艺流程如图 2-11 所示。蓄热式热解工艺由 4 个单元组成：原煤预处理单元、旋转床热解单元、油气冷却及油水分离单元以及熄焦单元。

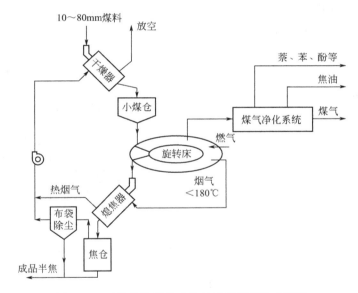

图 2-11　无热载体蓄热式旋转床干馏新技术流程

旋转床式干馏炉核心结构特征为环形移动床，粒度为 10～80mm 的原料煤经过预处理后，进入煤仓，通过布料装置装入旋转床干馏炉内，均匀铺放在炉底上部。炉底机械带动炉底连续转动，铺在炉底上部的料层随炉底转动，依次经过炉子的预热段、升温段和提质段，最终被加热到 550～650℃完成干馏反应。高温油气从炉膛顶端或侧面多个出口快速排出，汇集后送往油气冷却系统和油水分离单元，由于油气在炉膛内停留时间很短，所以可以保证焦油的高产率。从油水分离罐分离出的高浓度污水送入污水焚烧系统焚烧或生化处理后作为制作水焦浆用水。半焦由出料装置卸出炉外，进入喷雾熄焦冷却装置进行冷却，热交换后的热蒸汽作为原料煤烘干或生产蒸汽的热源，冷却后的半焦输入焦仓。

该技术已建成 3t/h 的中试装置，焦油产率为 9.79%，半焦产率 72.06%，煤气产率 11.06%，有效气组分超过 82%。

2.2.6 带式炉热解工艺

带式炉由北京柯林斯达科技发展有限公司开发，以此为基础，陕西煤业化工集团联合柯林斯达公司开发了气化-低阶煤热解一体化（CGPS）技术。该技术是较早开展热解与气化过程耦合探索的技术之一，以粒煤（3～25mm）和成型粉煤（0～3mm）为原料，通过低阶煤的热解和粉焦或粉煤常压气化的有机耦合，在中低温条件下（500～800℃），将煤中有机挥发组分提取出来，制备煤焦油、半焦、热解煤气的成套新技术。充分利用了气化其显热，将其作为带式炉热解的热源，实现煤气化、热解两种工艺高效耦合，进一步提高整个系统的能源效率，热解气品质高，工艺流程如图 2-12 所示。

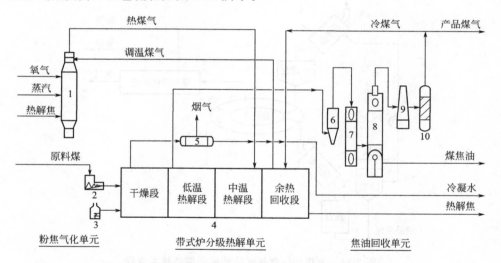

图 2-12　气化-低阶煤热解一体化（CGPS）技术工艺流程

1—气化炉；2—分级布料器；3—热风炉；4—带式炉；5—冷凝水回收系统；
6—油洗喷淋塔；7—油洗间冷塔；8—电捕焦油器；9—终冷器；10—除雾器

由备煤系统输送而来的原料煤经分级布料进入带式热解炉，依次经过干燥段、低温热解段、中温热解段和余热回收段得到清洁燃料半焦；干燥段湿烟气经冷凝水回收装置净化回收其中水分后外排；带式热解炉热源来自粉焦常压气化高温合成气显热，热解段煤层经气体热载体穿层热解产生荒煤气，荒煤气经焦油回收系统净化回收焦油后得到产品煤气，部分产品煤气返回带式炉余热回收段对炽热半焦进行冷却并回收其显热，随后进入气化炉与高温气化气调温后一起作为带式炉热解单元的气体热载体。

该技术已建成万吨级工业试验装置，热解炉进煤量 1.25t/h，半焦产率 57.84%，煤气产量 309.17m³/t 煤，干基焦油产率 9.07%，煤气成分见表 2-26。

表 2-26　煤气成分（体积分数）　　单位：%

CO	CO₂	CH₄	H₂	O₂	H₂S	C_mH_n	其他	合计
40.91	11.14	8.86	30.95	0.01	0.12	1.01	7.00	100.00

2.2.7　其他炉型热解工艺

这里主要介绍一种思路较为新颖的真空微波煤热解技术。该技术由西安龙华微波煤化工有限公司开发，利用 OMCK-10 型、装机容量 75kW 的真空微波煤热解试验炉，先后对块煤、粉煤、煤泥、焦炭泥煤、型焦煤球、油页岩、油砂、油渣等不同物料进行了热解试验，取得了大量数据。

该技术对进料煤种、粒度没有严格要求，适应范围宽；热心效应显著，急速加热，整体加热均匀；制得的半焦挥发分低，品质好。已建成了 2 万吨/年中试装置，真空微波炉功率 450kW，热解温度 500~650℃，压力 -2500~-3000Pa，进煤粒度 0~50mm，神木煤焦油产率大于 18.2%，半焦产率 65%（挥发分小于 1%），煤气产量 207.6m³/t，其中甲烷含量 54.8%，低位热值 6031.8kcal/m³。

2.3　低阶煤中低温热解关键技术

煤热解是吸热过程，因此传热传质是影响煤转化效率和产物分布的关键因素。不同的热解炉对应的传热方式和加热速率不同。对于外热式热解炉来说，供给煤料的热量是由炉壁外部传入，属于中速或慢速加热；而内热式热解炉则通过热载体直接把热量传给煤料，因此表现出比外热式热解炉更快的传热速度、较高的产油率和热效率。载热体不一样，传热效率也不一样，相对于固体热载体而言，气体热载体有更快的传热和传质速率，利于热解反应发生。

热解过程是一个较为复杂的过程，主要涉及传热传质，包括固体颗粒间、固体与气体间的高效传热与传质，热解挥发物的反应控制，荒煤气的高效除尘，余热的高效利用等。下面将针对这些关键技术做一介绍。

2.3.1　热解过程中的高效传热

热解过程的传热与传质是影响煤热解产物分布及调控产物组成的关键因素。

总体而言，在中低阶煤的热解过程中，传热方向和挥发物的传质方向是相反的。由于传热阻力的影响，煤颗粒的温度要比环境温度低，但是温度差值受加热方式和加热速率等影响。由于气体和固体热载体的加热方式存在不同，因此传热模型的建立也存在差别。下面对气体及固体热载体传热模型进行简述。

2.3.1.1 气体热载体传热

气体热载体与煤及其挥发物间的换热主要发生在多孔介质内，固体颗粒与流体、填充床多孔层与器壁之间均存在热量传递，所以传热过程比较复杂。一般认为，主要包括以下三个过程：①气体在床层孔隙和颗粒内部的对流换热；②煤或热解半焦颗粒间的相互接触导热和孔隙中流体的导热；③固体颗粒或气体之间的辐射换热。对于气体热载体填充床来说，气体热载体与固体煤颗粒间的热量传递占主导，而填充床层与反应器壁间的传导和辐射传热相对来说占次要位置。

目前对于气体热载体填充床的传热规律研究，多采用与一般多孔介质传热问题同样的解析法进行分析。为了简化数据模型，王影等认为，填充床反应器内可视为径向上由煤颗粒架桥堆积形成了圆柱通道，在轴向上气流分布相对均匀，在此基础上可将气体热载体填充床进一步简化为一维直线模型，即气体热流恒定通过填充床，床层内部各界面温度逐渐增加，当气体热载体与煤颗粒迅速完成换热后离开床层界面，整个过程处于非稳态传热，并对该过程进行热量平衡分析，可得到传热微分方程为：

$$\frac{\partial T}{\partial \tau} = \alpha \frac{\partial^2 T}{\partial x^2} \tag{2-27}$$

初始条件：

$$T_{(\delta, 0)} = T_0 \tag{2-28}$$

边界条件：

$$-\lambda \frac{\partial T_{(\delta, \tau)}}{\partial x} = Q_{(t)} \tag{2-29}$$

式中，α 为气体与煤颗粒间的导温系数，m^2/h；λ 为煤颗粒的热导率，$W/(m \cdot ℃)$；δ 是填充床层厚度，m；x 是距床层底部距离，m；τ 为填充床内煤的停留时间，h；$Q_{(t)}$ 为热流密度，W/m^2。

式(2-27) 的定解为：

$$T = T_0 + \frac{Q\delta}{\lambda}\left[\frac{\alpha\tau}{\delta^2} + \frac{1}{2}\left(\frac{x}{\delta}\right)^2 - \frac{1}{6}\right] + \sum_{n=1}^{\infty} \frac{2}{k_n^2}(-1)^{n+1}\cos\left(k_n, \frac{x}{\delta}\right) e^{-k_n^2\frac{\alpha\tau}{\delta^2}}$$

$$\tag{2-30}$$

式中，k 为反应速率常数。对于 $k_n = n\pi$，$n = 1, 2, 3 \cdots$，$\sum_{n=1}^{\infty} \frac{2}{k_n^2}(-1)^{n+1}$ $\cos\left(k_n, \frac{x}{\delta}\right) e^{-k_n^2\frac{\alpha\tau}{\delta^2}}$ 趋近于零，所以可进一步简化，由此得到热解时间为

$$\tau = \frac{\delta^2}{\alpha}\left(\frac{T_c - T_0}{q\delta} + \frac{1}{6}\right) \tag{2-31}$$

平均热解温度

$$T = \frac{1}{2}\int_{-\delta}^{\delta} T \mathrm{d}x = \frac{\alpha q \tau}{\lambda \delta} + T_0 \tag{2-32}$$

式中，q 为热流密度，$\mathrm{W/m^2}$。

2.3.1.2　固体热载体传热

煤的固体热载体热解过程中伴随着热量的传递和质量的转化，其中热量传递是煤热解速率的主要控制因素，因此研究其传热特性并建立传热模型将有助于了解煤的热解机理。为了建立和简化球形固体热载体（热载体球）的煤热解过程传热模型，进行了如下 7 个假设：

① 煤颗粒和半焦热载体为实心球形，在热解过程中其形状和直径基本不变；

② 半焦热载体形状和质量在热解过程中保持不变；

③ 煤和热载体颗粒混合均匀，煤和热载体颗粒内部存在温差；

④ 固体物料无轴向返混；

⑤ 从煤颗粒产生的热解气温度等于煤颗粒表面温度，忽略传质的影响；

⑥ 热载体与煤之间以辐射传热为主，忽略热传导；

⑦ 忽略散热损失。

由此得到煤颗粒内部导热方程：

$$\frac{\partial T}{\partial t} = \frac{\lambda}{\rho c}\left(\frac{\partial^2 T}{\partial r^2} + \frac{2}{r}\frac{\partial T}{\partial r}\right) + \frac{Q}{c}\frac{\mathrm{d}v}{\mathrm{d}t} \tag{2-33}$$

其中，初始条件

$$T = T_0 = 100℃\ (t=0) \tag{2-34}$$

边界条件：

$$\partial T / \partial r \big|_{r=0} = 0 \tag{2-35}$$

$$\lambda\left.\frac{\partial T}{\partial r}\right|_{r=R} = H \times (T_{pR} - T_R) \tag{2-36}$$

$$H = H_r + H_c \tag{2-37}$$

式中，R 为煤颗粒半径，m；r 为煤颗粒内任意处到中心的距离，$0 \leqslant r \leqslant R$，m；$T$ 为煤颗粒 r 处任意时刻的温度，K；T_0 为煤初始温度，K；λ 为煤热导率，$\mathrm{W/(m \cdot K)}$；ρ 为煤颗粒密度，煤初始颗粒密度为 $900\mathrm{kg/m^3}$；c 为煤比热容，$\mathrm{kJ/(kg \cdot K)}$；v 为挥发分产率，%；H 为煤传热系数，$\mathrm{W/(m^2 \cdot K)}$；T_{pR} 为热载体表面温度，K；T_R 为煤表面温度，K；H_r 为煤辐射传热系数，$\mathrm{W/(m^2 \cdot K)}$；H_c 为接触传热系数，$\mathrm{W/(m^2 \cdot K)}$；Q 为单位质量挥发物的反应热，

837kJ/kg。

热载体内部导热方程：

$$\frac{\partial T_p}{\partial t}=\frac{\lambda_p}{\rho_p c_p}\times\left(\frac{\partial^2 T_p}{\partial r_p^2}+\frac{2}{r_p}\frac{\partial T_p}{\partial r_p}\right) \tag{2-38}$$

初始条件：

$$T_p=T_{p0}\ (t=0) \tag{2-39}$$

边界条件：

$$\partial T_p/\partial r_p|_{r_p=0}=0 \tag{2-40}$$

$$-\lambda_p\frac{\partial T_p}{\partial r_p}|_{r_p=R_p}=H_P\times(T_{pR}-T_R) \tag{2-41}$$

$$H_p=H_{pr}+H_c+H_d \tag{2-42}$$

式中，t 为时间，s；R_p 为热载体半径，m；r_p 为热载体内部任意处到中心的距离 m；T_p 为热载体内 r_p 处任意时刻的温度，K；T_{p0} 为热载体初温，K；T_{pR} 为热载体表面温度，K；T_R 为煤表面温度，K；λ_p 为热载体热导率，10W/ (m·K)；ρ_p 为热载体密度，kg/m³；c_p 为热载体比热容，840J/(kg·K)；H_p 为热载体传热系数，W/(m²·K)；H_{pr} 为热载体辐射传热系数，W/(m²·K)；H_c 为接触传热系数，W/(m²·K)；H_d 为对流传热系数，W/(m²·K)。

热载体球与煤颗粒辐射传热量 Q 如下：

$$Q=5.67\times\varepsilon_\delta\times F_p\times\left(\frac{T_{pR}}{100}\right)^4-\left(\frac{T_p}{100}\right)^4 \tag{2-43}$$

$$\varepsilon_\delta=\frac{1}{\left(\frac{1}{\varepsilon_p}-1\right)+\frac{1}{X}+\frac{F_p}{F}\left(\frac{1}{\varepsilon}-1\right)} \tag{2-44}$$

式中，ε_δ 为系统黑度；ε_p 和 ε 分别为热载体球与煤的黑度，分别为 0.82 和 0.80；F_p 和 F 分别为热载体球和煤的表面积，m²；X 为辐射角系数，热载体球之间、煤颗粒之间的辐射相互抵消，热载体对煤的辐射热量被煤颗粒吸收，因此 X 为 1。

热载体与煤的辐射换热系数 H_{pr}、H_r 如下：

$$H_{pr}=\frac{Q}{F_p(T_{pR}-T_R)}=5.67\varepsilon_\delta\frac{(T_{pR}/100)^4-(T_R/100)^4}{T_{pR}-T_R} \tag{2-45}$$

$$H_r=H_{pr}F_p/F \tag{2-46}$$

热解气与热载体球对流传热系数如下：

$$Nu=0.197\times(Gr_\delta\times P_r)^{1/4}\times(h/\delta)^{-1/9} \tag{2-47}$$

$$Nu=H_d d_p/\lambda_g \tag{2-48}$$

$$Pr=c_{p,g}\mu_g/\lambda_g \tag{2-49}$$

$$Gr_g = g\beta\Delta t\delta^3/\upsilon^2 \tag{2-50}$$

式中，Nu 为努谢尔数；Gr_g 为葛拉晓夫数；Pr 为普朗特数；H_d 为平均对流换热系数，$W/(m^2 \cdot K)$；h 为热载体球最大半周长，$0.02m$；δ 为气体夹层厚度，m；d_p 为热载体球直径，m；λ_g 为气体热导率，$W/(m \cdot K)$；$c_{p,g}$ 为热解气比热容，$J/(g \cdot K)$；μ_g 为气体动力黏度，$kg/(m \cdot s)$；β 为容积膨胀系数，K^{-1}；Δt 为气体与热载体球的温差，K；υ 为气体运动黏度，m^2/s；g 为重力加速度，$9.8m/s^2$。热解气的参数无法获得，因此采用空气相应参数代替。

热载体球与煤颗粒接触传热系数 H_c 采用 Vargas 和 Mccarthy 提出的模型计算：

$$H_c = 2\lambda_f\left(\frac{3F_n r_{eq}}{4E_{eq}}\right)^{1/3} = 2a\lambda_f \tag{2-51}$$

$$\lambda_f = \lambda_p\lambda/(\lambda_p + \lambda) \tag{2-52}$$

式中，E_{eq} 为有效杨氏模量；r_{eq} 为几何平均半径；F_n 为法向应力；a 为颗粒接触面半径，m；λ_f 为热载体球与煤复合热导率。煤在低于 $650℃$ 时 $\lambda < 0.4W/(m \cdot K)$，根据式（2-51），$H_c < 2.4 \times 10^{-3} W/(m^2 \cdot K)$。由于 H_c 较小，因此忽略了接触传热。

这些模型的建立，无论是对气体热载体还是固体热载体在低阶煤热解过程中的热量传递提供了方法，有助于热解机理的认识。

2.3.2　热解过程中的高效传质

2.3.2.1　煤颗粒内的传质

热解是煤中有机质和部分矿物质在热场作用下发生裂解，形成气体、焦油和半焦的过程，因此颗粒内部的传质研究是实现煤高效热解的基础。颗粒内部传热受煤颗粒尺寸、升温速率等因素综合影响。

（1）煤颗粒尺寸

颗粒大小是影响煤粉物理结构（颗粒密度、几何形状、比表面积、孔隙率及孔隙结构）的重要参数。通常来讲，较小的煤颗粒具有较高的比表面积，因此可提高热载体与颗粒之间的传热速度，使颗粒内外表面温度差较小，并且有效地减小煤颗粒内部热解挥发物扩散时所受的阻力，促进热解挥发物从煤颗粒内析出，进而减少二次反应的发生，所以焦油产率较高。而大颗粒煤的热解气体析出时扩散路径较长，所受阻力较大，使得析出物的二次反应增多，所以其热解焦油产率少于小颗粒煤，但是小粒径煤会产生更多的生产成本、增加焦油中的粉尘量。

（2）升温速率

升温速率主要影响煤颗粒在热场中的加热快慢。对于程序升温热解来说，升温速率越快，意味着在恒定的终温条件下，煤的停留时间越短，导致热解不充分，直接影响煤的热解程度。当二次反应不存在时，由于热解产物及时随反应气体带出，所以升温速率的大小对挥发分生成率的影响较小。Suuberg对褐煤热解的实验结果进一步证明了在非二次反应的条件下，改变升温速率对挥发物生成量没有显著影响；热解产物的生成量主要与热解终温和停留时间有关，意味着加热速率并不是热解产物生成的最直接影响因素。骆艳华等发现，随着升温速率的增加，由于煤较差的传热性导致的热滞后现象愈加明显；升温速率越大，热解气体的生成速率越大，总产气量越大。然而，对于不同变质程度的煤来说，即使加热速率相同，其挥发分的析出时间也不相同。

Wangner等通过测定不同粒径煤的热失重行为来研究煤颗粒热解化学/传质控制转换的特征粒径。研究发现，在一定的粒度范围内，煤颗粒粒径的增大对热解产物产率影响较小，此时热解过程主要受动力学因素控制；但当粒径超过某一数值后，产物收率随颗粒的增大而减小，此时热解主要受传质因素控制，并定义此时的颗粒粒径即为热解化学/传质控制转换的特征粒径。众多研究发现，转换特征粒径随加热速率的增大而减小，随压力增大而减小；但是热解产物产率则随加热速率增加而增大，这进一步说明了传质特性在热解反应过程中具有十分重要的作用。

2.3.2.2 热载体与固体颗粒间的传质

与外热式传热相比，利用热载体直接对煤进行加热，具有加热速率快、热效率高和能耗低等特点。按热载体介质可分为气体热载体、固体热载体及气-固混合热载体。

在现有的气体热载体热解工艺中，常选用的气体热载体主要有烟道气、焦炉煤气、氮气、合成气等。陈兆辉等认为煤颗粒在热解过程中，外部传质主要受气流速度和煤颗粒间的相对距离影响。刘振宇教授认为热源与煤颗粒的温差越大，煤被加热的速率也就越快，挥发物逸出煤颗粒表面和移出反应器的速率也可加快；反之，热源与煤颗粒间的越小温差会导致较慢的煤被加热速率，使得挥发物的产生速率越小，其在煤颗粒内的停留时间和反应器内停留时间也难以缩短。

在以高温固体为热载体的热解工艺中，主要通过高温载体和煤颗粒之间的接触实现热传导。通常采用的固体热载体大致可分为两种：一种是以煤热解自产的热载体，比如热解半焦和循环煤灰；另一种是外来的热载体，例如陶瓷球、石英砂等。这两种热载体各有优缺点。韩壮等以热解半焦为固体热载体，在连续热解装置上进行煤的快速热解实验，发现焦油产率随温度的升高呈现先增加后降低的趋势。挥发物在逸出过程中受外层半焦热载体的作用而发生二次反应。李方舟等通过数值模拟的方法，对固定床的固体热载体（石英砂）热解褐煤这一工艺过程进行传热传质机理研究。作者发现，热量从热载体传递到褐煤的过程中会发生由表及里推进的热解过程，产生的挥发物以气体的形式从褐煤颗粒孔隙中逸出，但是其释放速率受反应和传质的影响显著。当热载体向褐煤传递的热量越多，热解反应速率越快，生成的挥发分就越多。由此产生的颗粒内外的气相浓度差与冷热气流的对流作用一起形成挥发物逸出的驱动力。胡国新等比较了不同粒径的石英砂热载体对大同烟煤热解的影响。作者发现，较细的石英砂由于与煤颗粒接触更充分，增加了传热速率，从而提高了挥发物的传质速率。

2.3.3　荒煤气除尘方法

在煤热解过程中，除产生约占原煤 50％～70％的半焦外，还产生一定量的热解煤气和焦油。煤气的组成受煤的种类及工艺条件的影响。一般荒煤气的净煤气组成范围如下，H_2 54％～59％、CH_4 24％～28％、CO 5.5％～7％、CO_2 1％～3％和 C_nH_m 2％～3％，净煤气的热值为 17580～18420kJ/m^3，密度为 0.45～0.48kg/m^3。回收热解煤气，既综合利用煤炭资源，又减少环境污染。但是，在进行煤气能量回收或用作原料气之前，由于其中含有一定量的粉尘，必须要进行除尘，这是实现热解煤气资源合理利用必不可少的关键技术。下面将简要介绍一下荒煤气的除尘。

2.3.3.1　除尘机理

荒煤气除尘的方法多种多样，但是利用的除尘原理不尽相同，适用的场合和除尘效果也不一样，简单来说，大致分为四类：

（1）粉尘重力分离机理

该机理是利用粉尘自身的重力，将粉尘从缓慢的气流中进行自然沉降。该方法是一种最简单、也是效果最差的方法，主要原因在于，气体介质在重力除尘器中处于湍流状态，粉尘即使在除尘器中停留较长时间，也无法满足煤气中细微粒度的粉尘的完全沉降。该方法主要适用于直径大于 100～500μm 的粉尘颗粒。

（2）粉尘离心分离机理

离心除尘机理主要是通过气体介质快速旋转，将煤气中的粉尘颗粒达到极大的径向速度，从而使粉尘得到有效的分离，通常是在旋风除尘器中实现。但是，除尘器的直径一般要小，否则很多粉尘由于在除尘器中停留时间太短而不能到达器壁。一般来说，在直径约 1～2m 的旋风除尘器中，可以有效地脱除直径大于 10μm 以上的粉尘颗粒。当处理气体流量较大时，要求使用大尺寸的旋风分离除尘器，而这些除尘器效果较差，只能脱除粒径大于 70～80μm 的粉尘颗粒。对需要分离粒径较小的粉尘的场合通常需要更小直径的旋风除尘器，以便尽可能提高粉尘的极大径向速度。

（3）粉尘惯性分离机理

粉尘惯性分离机理利用的是当气流绕过某种形式的障碍物时，可使粉尘颗粒从气流中分离出来。障碍物的尺寸大小会严重影响粉尘粒子的脱除程度。相对来说，障碍物的横截面尺寸越小，顺障碍物方向运动的颗粒达到其表面的概率越大，越容易被沉降。因此，利用气流横截面积方向上的小尺寸沉降体（例如液滴或纤维等），可实现粉尘颗粒的惯性分离。但是利用该方法时，必须使粉尘颗粒具有较大的惯性行程，也就是说只有当气体具有较大局部速度时方可实现。该方法的另一缺点是，由于障碍物的存在势必给气流带来较大的压力损失。然而，较高的粉尘捕集效率可补偿这一缺点。

（4）粉尘静电分离机理

静电分离粉尘的机理主要利用电场与带电粒子之间的相互作用。因此，利用该方法的前提条件是：①粉尘粒子荷电，也可以通过把含尘气体注入同性电荷离子流的方法使粉尘粒子带电；②为了产生使荷电粒子从气流中分离的力，必须要有电场。顺着含尘气流运动路径设置的异性电极的电位差则会形成电场。在直接靠近积尘电极的区域时，由于在其余气流体积内存在强烈的脉动湍流，使得这些力的作用显得更加充分。

由于荷电粒子受到的静电力比较小，所以利用静电力实现粉尘分离时，只有使粉尘颗粒在电场内长时间停留才能达到高效的除尘效率，这也决定了静电除尘装置一般尺寸较大。但是，静电除尘装置不会造成很大的压力损失，可用来处理温度达 400℃ 的气体，在特殊情况下甚至可以处理温度更高的气体。

2.3.3.2　除尘技术

基于上述除尘机理，目前开发的除尘技术主要有重力除尘技术、超重力除尘技术、旋风除尘技术、离心湿式除尘技术、电除尘技术、袋式除尘技术、洗涤式除尘技术和高性能阻挡式过滤除尘技术等。

（1）重力除尘技术

重力除尘技术是利用尘粒的重力作用将固体颗粒从气流中分离出来。过程通常是，向下流动的气体突然进入大空间内，使得气体流速变缓，而固体颗粒在惯性作用下继续前进，最后大颗粒达到容器底部被保留下来，小颗粒则被上升气流夹带出除尘器。该技术的优点是设备结构简单、阻力损失小、安全可靠、寿命长、运行费用低等；缺点是一般用于分离较大直径的颗粒，除尘器体积庞大、造价高、除尘效率低（约为50%）。

（2）旋风除尘技术

旋风除尘技术是利用离心作用将固体颗粒从气体中分离出来的一种方法。该除尘器一般安装在重力除尘器后，用于分离直径较小的颗粒，除尘效率比重力除尘器略高，约为 60％。

旋风除尘器分切向进气和轴向进气两种。其中，切向进气型旋风除尘器具有结构简单、安全可靠、阻力损失小、运行费用低等优点，但体积庞大、除尘效率受温度影响较大；而轴流式旋风除尘器可用于煤气粗除尘，分离直径较小的颗粒，其除尘效率（85％以上）高于切向进气型除尘器，但阻力损失略高于切向进气型旋风除尘器。

（3）离心湿式除尘技术

离心湿式除尘技术是利用离心和水膜吸附相结合，脱除尘粒的一种方法。具体是将含尘的气体以切线的方向进入除尘器，在离心力作用下尘料被甩向筒壁并被壁上的水膜所吸附，流至除尘器底部；而净化气则沿筒壁作旋转上升，从除尘器顶部出来进烟囱放空。该除尘器优点是采用虹吸管排污，不需要定时清理除尘器内的灰尘，除尘效率达 90％以上，但用水量大，水资源浪费严重。

（4）湿法除尘技术

湿法除尘也称为洗涤式除尘，主要是通过含尘气体与水（或其他液体）相接触，利用液滴与粉尘粒间的惯性碰撞、拦截和扩散等作用，将尘粒从气流中分离出来。对于煤气的净化除尘，可采用气流雾化和压力雾化两种方式进行雾化。湿法除尘技术可分为文丘里管洗涤除尘技术、环缝洗涤除尘技术和旋转洗涤除尘技术。

湿法除尘具有较高的除尘效率（88％～99％），可除掉 $0.1\mu m$ 以上的粉尘颗粒，结构简单，操作方便，而且还可除去如二氧化硫等有害气体，但耗水量大，除尘后需处理污水，以防止二次污染。此外，容易受酸碱气体腐蚀；能耗大，天气寒冷时需考虑防冻等问题。

（5）袋式除尘技术

袋式除尘器是指利用过滤的原理，将气流中的粉尘捕集的一种方法，主要通过过滤和清灰两个过程交替进行。在过滤阶段，含尘气体首先经过清洁滤料，此时纤维层起主要过滤作用，其过滤效率受制于纤维特性和微孔结构。随着过滤的进行，大部分粉尘被阻留在滤料表面形成粉尘层，部分细粉尘渗入滤料内部，这时粉尘层起主要过滤作用，过滤效率得以显著提高。对于工业用袋式除尘器，除尘的过滤效应主要是借助于粉尘层的作用。

根据清灰方式的不同，袋式除尘器可分为反吹风袋式除尘器和脉冲袋式除尘器。其中，前者采用净煤气加压反吹清灰或净煤气调压反吹清灰，后者采用低压氮气脉冲清灰或净煤气脉冲清灰。相对来说，脉冲袋式除尘技术具有除尘效率高、布袋寿命长、操作简单、系统稳定、占地面积小等优点。

（6）高性能阻挡式过滤除尘技术

高温除尘可为最大程度地利用煤气显热、化学潜热和动力能等提供条件，成为研究的重要方向。高性能阻挡式过滤除尘技术主要用于高温煤气的除尘，可分为陶瓷过滤除尘技术、移动颗粒床过滤除尘技术和金属过滤除尘技术。

陶瓷过滤器主要是利用陶瓷材料的多孔性进行除尘，是集合吸附、表面过滤和深层过滤相结合的一种过滤方式，可去除粒径大于 $5\mu m$ 的粉尘，除尘效率达 99% 以上。移动颗粒床过滤除尘技术主要是利用移动颗粒床过滤器，将经粗除尘后的热煤气与颗粒层的移动形成逆流，经过颗粒层净化后从洁净气出口管排出。该技术优点在于：适用于高温高压煤气的精除尘，除尘效率高达 99% 以上，并且对气体和灰尘性质不敏感，可连续运行等。但对微细颗粒脱除效果有待于进一步提高，床层颗粒磨损及堵塞等同样是需要考虑的问题。但是与陶瓷过滤器相比，移动颗粒床过滤除尘技术更具优势。金属微孔材料主要有金属烧结丝网、金属纤维毡和烧结金属粉末等不同结构形式，同样具有较高的除尘效率（99%）。例如，310S 烧结金属丝网和 FeAl 烧结金属粉末过滤材料对于直径为 $10\mu m$ 粉尘的过滤效率大于 99.5%。

（7）电除尘技术

电除尘器的工作原理是以放电极（电晕极）为负极，集尘极为正极，在两极间通入高压直流电源，当通过电晕极引入高压静电场强度达到某一值时，电晕极周围形成负电晕，气体分子被电离产生了大量的正、负离子。其中，正离子被电晕极中和，而负离子和自由电子则向集尘极转移，并与粉尘粒子发生碰撞并吸附在尘粒上，从而使粉尘荷电。在电场的作用下，粉尘很快到达集尘极，并沉积在集尘板上，同时释放出负电荷。清灰过程主要通过机械"振打"等方式使积在极板的粉尘落入灰斗。电除尘具有的优点是：压力损失小（压降一般为 200～500Pa）、烟气处理量大、能耗低、捕集效率高（99%），甚至还可处理高温或强腐蚀性气体。缺点是：电极易腐蚀，高温下维持稳定的电晕困难，对粉尘和气体成分等性质较为敏感，一次性投资高等问题。

2.3.4 产物余热的利用

随着能源消耗的日益增长和由此带来的生态破坏、全球变暖等环境问题的日益凸显，节能减排已成为当前我国的基本国策和企业提高经济效益的重要举措。尤其是对工业生产过程中的各种余热的回收与利用，不仅能够切实减少工业生产过程中能源大量消耗和产生的环境污染等问题，而且有助于缓解我国石油和天然气等过高对外依存度等问题。工业节能"十三五"规划要求在钢铁、化工、轻工等余热资源丰富行业，需要全面推广余热余压回收利用技术。低阶煤的中低温热解主要发生在 500～700℃ 的温度区间，无论是热解半焦还是热解煤气在冷却过程中都会有大量显热的释放，因此对该部分余热的回收对于企业节能减排、增效具有重要的意义，已经成为热解行业普遍关注的课题。

2.3.4.1　半焦余热回收

半焦作为煤热解的固体产物，其收率占热解产物的 50% 以上，主要成分是固定碳、灰分和挥发分，其热值明显高于原煤（对褐煤可提高 50%～80%），而且反应活性好、硫氮含量低，是很好的煤替代燃料。

为了便于半焦储存及运输，往往需要对热态半焦进行冷却，该过程称为熄焦。熄焦分为炉内熄焦和炉外熄焦两类，现如今多采用炉外熄焦的方式，包括干熄焦和湿熄焦。其中，前者是利用循环的惰性气体作为载热体，首先由循环风机将冷的循环气体输入焦炭冷却室进行高温半焦的冷却，然后吸收焦炭显热的气体导入锅炉进行热量回收，产生蒸汽，最后释放出热量的循环气经冷却、除尘后再次通过风机返回至冷却室进行半焦冷却，如此循环，达到了半焦冷却和预热回收的目的。湿熄法是利用喷淋水头喷出的大量低温水对焦炭进行直接冷却，冷却过程中产生大量蒸汽再通过其他方式进行回收。与干熄焦相比，该方式半焦显热回收率低、水耗大、能量利用效率低。随着干熄焦技术的日益成熟，半焦蕴含的余热基本可全部回收利用。

2.3.4.2　热解气余热回收

热解气因采用的煤种和热解工艺不同其产率也不尽相同，但是主要组成相似，包括 H_2、CH_4、CO、CO_2、H_2O 及 C_2、C_3 等小分子烃类化合物等，可以作为工业原料和民用燃料等使用。

热解气中通常含有焦油气，当温度降低时，焦油会逐渐冷凝并从气体中析出，热量也随之释放出来。在传统的热解气冷却工艺中，热解气经除尘后，直接用氨水对高温热解气喷淋冷却至 80～90℃ 后进入初冷器，用冷却水间接冷却至 25～35℃。该方法虽然实现了热解气冷却和焦油的冷凝，但热解气的显热未实现回收，造成能源极大浪费；另外，还产生了较多的含有机物且难以处理的废水，大大增加了生产成本。除此之外，也有采用轻质焦油或洗油直接对热解气进行喷淋冷却，该方法虽然减少了废水生成量，但仍未实现余热回收。为从煤气中收集焦油并保持其较高的纯度，目前倾向性的方法是，先将热解气在高温状态下采用陶瓷或金属基滤管过滤器将其中的粉尘滤除，然后再将气体冷却，在温度不断降低的过程中焦油陆续冷凝析出，完成焦油和煤气的分离。为解决余热的回收问题，众多研究者先后提出了套筒式、套管式、热管换热器、余热锅炉式等多种冷凝形式，并进行了大量的工业试验，但基本原则是实现热解气与冷凝介质的分离，回收的余热可用于工艺线上煤的干燥及预热。其中余热锅炉式余热回收，根据能量梯级利用原理，分等级地配置不同运行参数的余热锅炉，对热解气的能量进行梯级回收，获得对应品位的蒸汽，实现了对热解气显热的高效回收利用。

2.4 低阶煤中低温热解研发方向

经过近些年持续、快速的发展，低阶煤的中低温热解技术目标已经从最初的打通流程、工程化转变为如何清洁、高效地制备高附加值产品。从当前的发展情况来看，共热解、加氢热解、催化热解是重点研发方向。

2.4.1 共热解

2.4.1.1 生物质与煤共热解

近年来煤和生物质的资源化利用成为研究的热点。由于煤较低的 H/C 比结构特点，使得热解焦油产率低、品质差，污染物排放严重；而生物质作为一种富氢物质，如果能够将生物质中的氢源与煤热解有机结合起来，可以很好解决煤热解过程氢不足的问题。此外，生物质较高的 H/C 原子比、较低的 S 和 N 含量、CO_2 近零排放等优点，使得采用生物质与煤共热解方式，有望提高煤热解焦油品质和降低含 S、N 和 CO_2 等污染物排放。

煤与生物质共热解特性研究是实现两者有效转化的基础，其关键在于促进高 H/C 比的生物质与低 H/C 比的煤在热解过程中的交互作用。有关煤与生物质的共热解已有许多研究报道，但目前关于煤和生物质共热解过程的相互作用或协同效应尚存在分歧，没有明确定论。当前，关于煤与生物质共热解过程协同作用的判断更多是基于热解反应产物分布和组成分析，而且交互作用机制尚不清晰。根据热解过程是否存在协同作用，可大致分为两类：

（1）生物质与煤的共热解过程存在协同效应

部分专家学者认为，在传统的煤热解工艺中，为了使煤中的挥发物充分逸出生成更多的焦油等液体产物，通常采用富氢气氛下的热解。生物质作为富氢物质，在生物质与煤的共热解过程中，生物质的热解先于煤，所以生物质热解产生的氢气可以作为煤加氢热解过程中的替代源，促进煤的热解；另外，生物质中的碱金属/碱土金属在热解过程中会迁移至煤颗粒中，从而促进煤或热解挥发物的裂解。Yuan 等利用高频加热炉研究稻草与神府烟煤的快速共热解行为，当两者混合比为 1/4 时，发生协同作用，半焦产率减少而气液产率增加。Wu 等认为中等链长的甘油三酸酯与煤以不同比例混合后均可提高挥发物产率，存在正协同作用；而甘氨酸与煤混合热解对挥发物提高或降低则与热解温度和混合比例密切相关。当烟煤与纤维素混合热解时促进挥发物形成，提高了气体和焦油产率；而与木质素混合时，对气体形成具有抑制作用。这种促进或抑制作用主要与混合比例和热解温度有关。添加纤维素和木质素可提高甲烷和轻烃的生成。与高阶煤相比，低阶煤与生物质间相似的结构、较低的热解温度和较强的捕获氢能力使得共热解过程更容易产生协同作用。

（2）生物质与煤的共热解不存在协同效应

持煤与生物质共热解不存在协同效应的人认为，尽管两者的热解过程具有一定的相似特性，但是生物质与煤的主要失重区间并不完全重合，煤开始热解时，生物质已经基本热解完全，煤不能有效地利用生物质中富裕的氢。另一部分人认为，即使两者能够发生协同效应，也需要在较快的升温速率下实现两者的同步热解。部分研究者的热重分析结果也证实了混合物失重曲线与单独热解加和计算基本一致，挥发物生成量与生物质加入比例呈线性关系。由此得出结论是生物质与煤在共热解过程中并不存在协同作用，生物质的存在不能促进煤的热解。另外，由于生物质的不同组成如纤维素、半纤维素和木质素热解温度区间也不一样，所以富含不同组成的生物质与煤共热解表现的规律也不一致。关于煤和生物质共热解的相互作用研究仍在继续。

2.4.1.2　油页岩与煤共热解

油页岩又称油母页岩，是一种主要由无机矿物和有机质（沥青和干酪根）组成的沉积岩。我国的油页岩资源非常丰富，储量位居世界第二位。如果能够将其加以合理利用，将对于我国能源战略安全、缓解我国高达 70% 的原油进口依存度具有重要战略意义和现实意义。油页岩制油途径多种多样，例如可以采用萃取、干馏等技术，将油页岩中的液体油品提取出来，但是相对来说，萃取法成本相对较高，不具经济性。油页岩中的有机质在高温条件下会发生裂解生成页岩油和页岩气，其热解产物的 H/C 比与石油接近，因此，油页岩的中低温热解研究相对较多。

油页岩与煤组成的互补性和热解特性的相似性为两者共热解提供可能。油页岩作为富氢燃料，而煤为贫氢燃料，而且两者的热解温度区间接近，所以众多学者希望能够将两者进行共热解，利用油页岩热解过程产生的富氢气体与煤热解产生的自由基结合，达到提高焦油产率和品质的目的。鲁阳等将新疆的昌吉油页岩与玛纳斯煤共热解发现了共热解效应的存在。热解焦油产率明显高于单独热解条件下的焦油产率，水产率下降，其归因于油页岩的供氢作用和玛纳斯煤中碱金属和碱土金属的催化作用。Miao 等将油页岩与不同煤阶的煤进行共热解时同样发现两者之间的协同作用。何德民等发现共热解过程协同作用的发生与油页岩与煤的性质及操作条件有关。当霍林河煤与龙口油页岩在固定床反应器进行共热解时存在增油减水现象，证明了两者间有很好的协同效应；而对依兰油页岩与汝其沟无烟煤的混合热解焦油产率略有增加；但是台吉气煤与依兰油页岩混合热解后油产率无明显变化。

2.4.1.3　高聚物与煤共热解

作为城市固体垃圾和白色污染的废塑料（主要为 PE、PP、PS、PET 和 PVC）的综合利用是人类不得不面对的问题。与贫氢的煤相比，这些废塑料具有较高的 H/C 原子比和适宜于液化的分子结构，因此若将煤与废塑料进行共热解，不仅可以实现废塑料的回收利用、生产清洁液体燃料和高附加值化学品，而且对于降低固废污染、提高环境质量具有重要的现实意义。另外，我国煤炭储量丰富，若两者共热解将有助于降低废塑料单独热解所面临的资源受限与断供等市场风险。1993 年美国犹他大学和肯塔基大学便开始从事煤与废塑料共处理制液体燃料或化学品的可行性研究，我国自 20 世纪末也已开始相关的研究工作。

从结构上来看，废塑料与煤相比，结构组成相对简单，主要是以 C—C 键合的大分子为主，H/C 比高于煤炭。因此，将两者进行共热解可以充分利用塑料中的富氢物质，解决煤热解过程氢不足的问题。Hodek 发现，当聚乙烯在 400℃单独热解 3h 的热解产物为 1∶1 的烯烃和烷烃；而与一种高挥发分烟煤进行共热解时，其产物仅含有烷烃，明显不同于塑料单独热解的产物组成，说明了两者之间发生了共作用。Collin 等发现沥青与煤共热解，可以很好地改善弱黏结煤的生焦性，提高冶金焦的机械强度，具有很好的工业应用前景。

2.4.2　加氢热解

煤加氢热解一般认为是在一定氢压和温度下，煤与氢气间发生的反应，因此，产品分布极大地依赖于操作条件。从 20 世纪 70 年代开始，加氢热解就开始引起人们的兴趣和关注。通过对煤的热解和加氢热解的实验对比研究，发现加氢热解可以获得更高的焦油收率和轻质芳烃产率。加氢热解在一定程度上提高了热解气体中烃类化合物以及热解焦油中轻质芳香烃的含量。

在氢气气氛下进行热解，由于氢气参与了煤热解过程，所以以将有助于增加热解挥发分的产率。但是由于煤本身含有一定量氧等特点，热解过程中煤中的氧会消耗一定数量的氢，从而导致热解后期氢量的不足，加速了自由基聚合形成半焦的反应，降低了焦油的收率和品质。

2.4.2.1　煤加氢热解机理

与惰性气氛下热解相比，煤的加氢热解过程除包含常规的煤的一次分解及初级挥发分的二次反应外，还包含了氢气与自由基及初级挥发分的反应过程。在加氢热解过程中，煤的热解反应大致可分为以下三阶段：①热解反应初期，煤分子中的桥键断裂生成大量自由基，氢气扩散进入煤颗粒与自由基发生反应，此时焦油生成速率显著增大，甲烷和乙烷的生成量明显多于常规热解，挥发性产物增加；②加氢裂解阶段，颗粒外部的焦油蒸气与氢气发生反应生成小分子量的芳香化合物和甲烷，反应包含稠环的芳烃裂解为单环化合物以及酚羟基和烷基取代基的消除等；③待挥发物大量产生后，氢气会与残留半焦上的活性位发生反应生成甲烷，反应初始速度很快，但是由于焦的热惰性，在反应后期速度显著减缓，此反应一般归结为煤的加氢气化反应，在加氢热解时可以不予考虑。

2.4.2.2　煤加氢热解影响因素

与煤的热解过程相比，煤的加氢热解由于氢气参与反应，所以包含着更加复杂的质量、能量传递和化学反应过程，热解温度、压力、升温速率、煤种、颗粒粒径等都会对加氢热解的过程产生影响。

（1）温度的影响

温度对加氢热解产物分布的影响与氮气气氛下的热解类似，一方面，随着温度的升高，煤热解产生初级挥发分的逸出速率和氢气进入煤颗粒的扩散速率增加；另一方面，温度升高也提高了初级挥发分与氢反应裂解成为轻质化合物的反应速率，以及热解产生的自由基聚合成为大分子化合物的速率。

（2）压力的影响

加氢热解中压力对于热解产物分布的影响也很复杂。一方面，压力的增加会抑制初级挥发分产物向外扩散的过程；另一方面，氢气的存在提高了氢气与煤分子及其一次挥发分的反应速率，减少了自由基的缩聚，进而促进焦油收率的增加。

（3）反应器类型的影响

表 2-27 列出了不同反应器中加氢热解与同条件氮气气氛下的热解焦油产率

表 2-27　不同条件下加氢热解的比较

作者	反应器	煤种	热解条件	加热速率	与同条件氮气气氛下的焦油产率比较
Canel	固定床	褐煤	H_2(10MPa)、950℃	3K/min	增加
廖洪强	固定床	褐煤	H_2(3MPa)、650℃	5K/min	增加
Suuberg	热丝网	次烟煤	H_2(69atm)、>700℃	1000K/s	降低
朱子彬	气流床	烟煤	H_2(常压，6MPa)、700℃	>1000K/s	增加
Yabe	管式炉	褐煤	H_2(3MPa)、870℃	1000K/s	降低
Xu	落下床	烟煤	H_2(3MPa)、850℃	>2000K/s	降低
Growcock	流化床	褐煤	H_2(10.3MPa)、600℃	>104K/s	降低
Takarada	流化床	褐煤	H_2(100%，常压)、600℃	>1000K/s	增加
Zhang	流化床	烟煤	H_2(15%，常压)、600℃	>1000K/s	降低
Zhong	流化床	烟煤	H_2(21.41%，常压)、850℃	>1000K/s	降低

注：1atm＝10^5Pa。

的变化结果。可以看出，不同的反应器、煤样及反应条件对热解行为影响不同，部分能够促进焦油产率的提高，另有部分导致焦油产率降低。

（4）升温速率的影响

升温速率对加氢热解产物的分布有着重要影响。Squires 等对一种美国高挥发分烟煤的热解行为进行研究，结果发现，当升温速率从 30K/s 增大到 600K/s 时，热解焦油中苯的含量几乎是原来的 4 倍。但是，Gibbins 等在电加热金属网实验装置中的研究发现，当加热速率从 5K/s 增大到 100K/s 时，加氢热解的挥发分产率降低。

（5）富氢气氛的影响

一般意义上的加氢热解均是在纯 H_2 条件下进行的，但是纯 H_2 的制造成本高且过程复杂，因此为了解决这个问题，研究者提出用更容易获得的焦炉气、合成气等作为热解气氛的方案，并考察用它们代替纯 H_2 的可行性。

2.4.2.3 煤加氢热解模型

国内外学者对煤的热解模型已有较为深入的研究，但对于煤的加氢热解模型的研究还比较少，大部分研究仅停留在煤的加氢热解实验的层次上。受实验方法的限制，传统的 TG 装置很难实现氢气气氛下的热失重实验，因此现有的加氢热解动力学的研究很少。Mc Cown 等在 Westmoreland 自制的 TG 装置中，对三种不同的煤进行了加氢热解的实验研究，并根据 Anthony 和 Howard 的方法建立了如下的分布活化能模型。在建模的过程中假定活化能呈高斯分布，并指定 $A_0 = 1.67 \times 10^{13} \, \text{s}^{-1}$。

$$\frac{V^* - V}{V^*} = \left[\sigma(2\pi)^{\frac{1}{2}}\right]^{-1} \int_0^\infty \exp\left(-\frac{A_0 RT^2}{\beta E}\right) \exp\left(-\frac{E}{RT}\right)\left[\frac{(E-E_0)^2}{2\sigma^2}\right] dE$$

(2-53)

后来，Yan 等在 Thermo-Fisher 公司生产的 Ther Max 500 的 TG 装置中进行了不同压力下的褐煤加氢热解实验，并采用积分法对不同的温度区间热解动力学参数进行计算。除此之外，现有的煤加氢热解模型的研究大多是伴随着煤加氢热解机理的研究产生的，并且由于实验条件的缘故，很多也考虑了加氢气化的反应过程。下面将对仅考虑加氢热解的模型进行简单介绍。

Anthony 等在加热丝网反应器上研究了升温速率、热解终温、总压力、氢气分压以及颗粒尺寸对烟煤热解挥发分产率的影响。为了定量地描述传质阻力带来的影响，在进行了一系列假设的基础上，提出了如下的加氢热解反应模型：

$$煤 \longrightarrow \gamma_1 V^* + \gamma_2 V + S^*$$ (2-54)
$$V^* + H_2 \longrightarrow V$$ (2-55)
$$V^* \longrightarrow S$$ (2-56)

$$S^* + H_2 \longrightarrow V + S^* \tag{2-57}$$

$$S^* \longrightarrow S \tag{2-58}$$

在该模型中，其将煤分为惰性挥发物 V、活性挥发物 V^* 和活性固体 S^* 三部分。其中，惰性挥发物包括 CH_4、H_2O、碳氧化物和焦油；活性挥发物假定为包括自由基或者其他不稳定分子；活性固体为易与 H_2 发生反应的物质。S 为不参与进一步反应的固体。

模型中质量传递带来的影响通过活性挥发物 V^* 的平衡来进行描述，假定反应达到平衡状态，质量平衡为：

$$K(C^* - C_\infty^*) = \gamma_1 r_1 - r_2 - r_3 \tag{2-59}$$

式中，C^* 和 C_∞^* 分别为颗粒内外活性挥发物 V^* 的浓度；r_1、r_2、r_3 分别为模型中前三个反应的反应速率；K 为质量传递因子。

2.4.2.4 煤加氢热解工艺

目前已开发出的加氢热解工艺包括 CS-SRT、Coalcon 和 Schroeder 工艺等，下面将对上述加氢热解工艺加以简单介绍。

（1）CS-SRT 工艺

CS-SRT 工艺由美国 Eyring 公司开发，工艺流程见图 2-13。该工艺是在不使用催化剂的条件下对干粉煤进行加氢，反应温度为 $550 \sim 650℃$，压力为

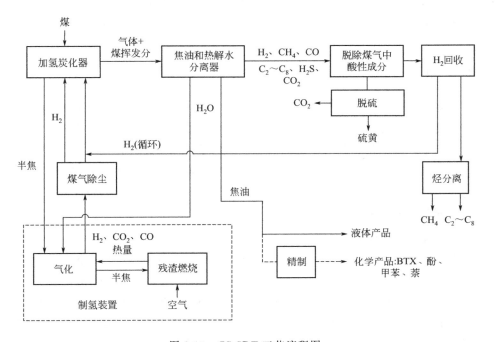

图 2-13　CS-SRT 工艺流程图

0.2～0.5MPa，反应时间＜0.3s。BTX（单环芳烃中的苯、甲苯和二甲苯的统称）产率高，煤转化率为 50%～80%，轻质芳烃产率为 12%～16%，气体产率约为 34%～68%。

本工艺特点是停留时间短、快速升温和快速急冷。已于 1975 年建成了0.45～0.91kg/h 规模的实验室装置，其后相继建立了 1t/d 的中试装置和 20～60t/d 规模的示范厂。

（2）Coalcon 工艺

Coalcon 工艺是由 Coalcon 联合公司于 20 世纪 70 年代开发的，是技术较先进的加氢热解工艺。它采用单段式流化床，非催化加氢的方法，在中等温度（最高至 560℃）、中等压力（最高为 6.895MPa）、煤的最长停留时间为 9min 的条件下操作。该工艺可以选用黏结性煤，煤与大量的循环半焦混合可防止煤结块。

此工艺的优点是不使用催化剂，氢耗低，操作压力低，有处理黏结性煤的能力，液体和气体产率高，产品易于分离。已成功完成处理量为 250t/d 的中间装置和处理量为 300t/d 的半工业装置的运转工作。

（3）Schroeder 工艺

Schroeder 工艺是在中温和高压的条件下，在外热输送床反应器内进行 H_2和粉煤的快速反应。该工艺主要特点是：氢耗低，对单环芳烃的选择性高，对液体产品的选择可通过控制温度在较大范围内调整，反应过程可采用或不采用催化剂，用通常的方法即能对产品进行分离和回收。该工艺的开发还没有超出实验室规模。

2.4.3 催化热解

众多研究者发现，单纯依靠改变热解温度、热解气氛、提高升温速率和反应压力等条件虽然能够提高热解油气产率，但是提高程度有限，而且产物生成的定向控制困难。煤的催化热解是提高热解效率的重要途径之一，主要是通过在煤热解过程中加入催化剂以达到提高煤热解转化率、调控热解产物的分布，实现热解产物的定向转化的目的。为了实现催化热解工业化应用，开发廉价、易得、高效的催化剂和成熟的催化热解工艺尤为必要。

2.4.3.1 催化热解的作用机制

煤的热解除一次反应外，通常还会伴随二次反应的发生。催化剂在不同反应阶段的主要作用机制不同，基本规律是：当催化剂直接作用于煤的一次热解时（如催化剂与煤直接混合热解），通过对煤进行原位的催化热解，以促使煤结构发生大量的裂解，生成更多的自由基碎片，达到提高热解效率和增加气、液相产品产率的目的；当催化剂作用于二次反应时（如煤热解挥发物通过催化剂层进行催化提质），催化剂对煤结构没有影响，而是促进煤热解产生的气、液相产物二次反应，主要目的是定向调控气、液相产品组成和收率。

2.4.3.2 催化剂的种类

催化剂作为煤催化热解的核心，近年来受到大家的广泛关注，催化剂的研发业已逐渐成研究的热点。目前采用的催化剂按照活性组分来分，大致可分为金属催化剂、金属负载型催化剂和半焦基催化剂。

（1）金属催化剂

金属催化剂主要以金属氧化物为主，包括金属氧化物、金属化合物和天然矿石等，因其制备工艺简单、价格低、来源广泛而备受关注。尤其是一些天然矿石具有成本低、来源广等优点。

（2）金属负载型催化剂

为了降低催化剂成本和提高金属活性组分的利用效率，一些金属负载型催化剂相继被研究，该催化剂主要包括金属活性组分和载体两部分，其中载体一般选择表面积大、耐高温、物理性质稳定的分子筛或天然矿石，有时候还会选择煤热解自身产生的半焦为载体。然而，当催化剂处于流化状态时，还需要考虑催化剂的成型与耐磨性。对于负载的活性组分多采用Ⅷ族的 Fe、Co、Ni 及其他金属如 Mo、Ca 等，这些金属组分可以是单一负载，也可以是多组分负载。

（3）半焦基催化剂

半焦作为煤热解的固体产品，具有来源广、价格便宜、可以实现资源内部循环利用等特点；另外，还可通过简单的物理或化学活化法调控半焦结构，进而调节催化性能，是催化热解潜在的优良催化剂或载体。当以半焦为催化剂时，可以充分利用半焦自身的反应活性，又可以通过负载金属活性组分进一步提高其催化性能。例如中科院过程工程研究所 Han 等利用府谷煤热解半焦及负载 Co、Ni、Cu 和 Zn 金属氯化物的半焦为催化剂，在两段炉内对热解产物进行二次裂解。结果发现，无论是以府谷煤热解半焦还是负载金属氯化物的半焦为催化剂，对热解产物的二次催化重整后，尽管焦油总收率降低，但轻质组分含量提高，热解气收率增加，油气品质得到提升。不同活性组分对应的催化性能不同，具体按照 Co-半焦＞Ni-半焦＞Cu-半焦＞Zn-半焦逐渐降低。目前，关于半焦催化热解的作用机理尚不清楚，但是众多研究结果表明，活性炭的比表面积越丰富、碳材料的无序度越高，对应的催化焦油裂解活性越高。

2.4.3.3 催化剂与煤的作用状态

催化剂能够促进煤的热解及调控热解产物分布，但是具体作用方式与煤和催化剂之间的混合方式密切相关。按照煤与催化剂的混合方式，可将低阶煤催化热解分为四类：

（1）催化剂与煤的物理机械混合

该方法是直接将煤与催化剂通过简单机械混合的方式进行的，具有操作简单等优点。该过程中，催化剂可催化煤结构发生裂解，也可以催化热解挥发物的二次反应。李爽等利用 TG-FTIR 装置，研究了在不同分子筛（13X、NaX、USY）上负载 Co、Mo 及 Co/Mo 复合催化剂与煤简单机械混合后的热解行为。结果表明，载 Co 催化剂显著提高热解产物中 CH_4、CO、轻质芳烃和脂肪烃的含量。Öztas 等利用差热分析仪（DSC）研究了一系列氯盐及 $Fe_2O_3 \cdot SO_4^{2-}$ 对土耳其 Zonguldak 煤的催化热解。结果发现，与原煤直接混合 $ZnCl_2$ 热解相比，经 HCl 及 HCl/HF 混合酸洗脱灰煤后再与 $ZnCl_2$ 混合热解时煤转化率明显降低，说明煤中矿物质与外加的 $ZnCl_2$ 催化剂之间存在一定的协同作用，促进了煤的热解。不同活性组分对该煤的催化效果顺序为 $ZnCl_2 > CoCl_2 > NiCl_2 > Fe_2O_3 \cdot SO_4^{2-} > CuCl_2$。

（2）煤与金属催化剂浸渍法混合

为了提高催化剂与煤颗粒间的接触效果，提升催化剂的作用效率，研究者采用浸渍法将不同的金属活性组分担载于煤粉中，并研究其催化热解行为。杨景标等将 3g 煤按照固液质量/体积比 1∶10 混合后在室温下搅拌 3h，再在 105℃下干燥 12h 制得样品，其中所选用的催化剂前驱体为 K_2CO_3、$Ca(NO_3)_2$、$Ni(NO_3)_2$ 和 $Fe(NO_3)_3$ 等。利用 TG-FTIR 研究了宝日希勒褐煤与包头烟煤的催化热解，结果显示，与不加催化剂的原煤热解相比，两种煤在催化剂作用下的热解最大转化率分别提高 10.1% 与 6.4%，但催化剂的作用效果与煤种有关。对宝日希勒褐煤，催化活性顺序为 Ni>Fe≈Ca>K；对包头烟煤，催化活性顺序为 Ca≈Fe>Ni>K。

Zou 等同样采用 TG-FTIR 装置研究了内蒙古霍林河褐煤浸渍不同金属氯化物情况下的热解行为。为了排除煤中矿物质的影响，首先对煤进行脱灰处理，然后再与含有 Ca、Ni、Co、Zn 的氯化物溶液混合浸渍、真空干燥后用于热解。结果发现，不同的金属氯化物表现出不同的催化性能和产物的选择性，对应催化活性顺序为：$CoCl_2 > KCl > NiCl_2 > CaCl_2 > ZnCl_2$。$CoCl_2$ 与 $ZnCl_2$ 能够提高产物中单环芳烃、酚、羧酸酯含量，降低脂肪烃含量，显著不同于 KCl 的作用结果。

采用浸渍法的优点是催化剂可以与煤充分接触，催化作用比较明显，但是这种混合方式在工业上大规模运用困难。同时煤中部分物质如硫等会使金属催化活性组分中毒，部分重质组分覆盖在活性中心导致催化剂失效。此外，为提高浸渍效果和增加煤与催化剂的接触，一般均选用粉状煤样，但工业应用上会增加制煤样成本，焦油中含尘量大，焦油品质差。为解决这一问题，太原理工大学黄伟采用喷洒的方式，将不同的催化剂负载在煤的表面并进行煤的催化热解。经过对多达 10 余种煤的催化解聚实验研究，发现 Fe 基催化剂的加入对于多种褐煤及低阶烟煤的热解和焦油收率有不同的促进或抑制作用，这主要与煤的结构密切相关。相对来说，大多数煤表现出热解转化率和焦油收率增加的趋势，说明了催化剂促进了煤的解聚。此外，Fe 基催化剂还可以调节热解产物组成。例如，对于内蒙古 A 煤来说，其酚类化合物收率显著增加，单环和双环的芳烃收率也增加。他们认为，Fe 催化剂在热解过程中具有催化裂解和加氢双功能，Fe 主要通过落位富电官能团来促进煤中基团的断键，通过对 H 的亲和作用控制析氢速度，增加捕获裂解碎片自由基的机会，最后达到抑制缩聚成焦、增加油收率的目的。

（3）催化剂与煤样分层布置

根据催化剂与煤样放置位置的不同，其催化作用效果也不同。Jin 等采用两段式固定床反应器，研究了不同催化剂放置位置对煤热解行为的影响。第一种方式是催化剂放置在煤层上端，富含甲烷的气体经过上层的 Mo/HZSM-5 活化后与下层的煤热解过程耦合，利用甲烷活化后产生的富氢活性自由基稳定了煤热解生成的自由基，实现了热解焦油产率的显著提高。该过程的有益效果是，耦合热解的焦油收率显著提高，与 N_2 气氛与 H_2 气氛下 700℃ 的热解焦油收率 14.6% 与 15.3% 相比，耦合过程可达 21.5%，焦油的品质略有提高。换句话说，该过程主要促进了煤热解过程的进行。第二种方式是将 Ni/活性炭（Ni/AC）催化剂放置在煤层下端，煤热解产生的挥发物在甲烷二氧化碳气流携带下进入下端 Ni/AC 催化剂表面，利用该催化剂同时可以催化焦油裂解和甲烷二氧化碳重整的特点，使得甲烷二氧化碳重整过程产生的自由基与焦油裂解的自由基结合，同时实现了轻质焦油的含量和收率的双提高。该过程主要是催化了煤热解产物的二次反应。Liu 等同样利用第一种催化剂放置方式，将煤热解与 CH_4-CO_2 重整反应耦合实现了焦油产率的大幅提升。同位素示踪实验证实了 CH_4-CO_2 重整产生的 ·H、·CH_x 与煤热解自由基碎片结合是耦合焦油收率提高的根本原因。

太原理工大学李凡课题组利用快速热解与 GC-MS 联用（Py-GC-MS）技术，研究了 HZSM-5 与 Mo/HZSM-5 对平朔煤快速热解焦油中芳烃收率的影响。结果显示，载气经过煤层后将携带热解挥发物通过催化剂层后产物发生明显变化。例如，900℃ 煤热解挥发物经过 HZSM-5 后芳香烃产物显著增加，其中产物中苯、甲苯、乙苯、二甲苯与萘（BTEXN）的量最大为 7000ng/mg，与直接热解产物不经过催化剂相比提高了 2 倍；800℃ 热解挥发物经过 Mo/HZSM-5 催化剂层，产物中 BTEXN 量最大为 7020ng/mg。作者同样将这种组成的变化归因于煤一次热解产物中的 CH_4 经过芳构化催化剂层（Mo/HZSM-5）后产生了 H 及 CH_x 活性中间体，与煤裂解产生的单环芳烃碎片结合，从而形成更多的轻质芳烃。

(4) 催化剂与煤不同流动状态下的催化热解

当采用固定床反应器进行煤的催化热解时，催化剂与煤几乎处于相同的运动状态，这对于催化热解的连续运转和催化剂的回收及再生带来不便，因此部分研究者希望通过控制煤与催化剂的运动状态来调控催化热解，例如采用流化床反应器、喷动-载流床等。Takarada 等在加压流化床反应器上开展了 13X、USY、HY、NaY 等分子筛及 CoMo/Al$_2$O$_3$ 对次烟煤加氢热解的研究，主要通过控制催化剂的粒径和煤样的颗粒大小，调整在相同流量下煤和催化剂的运动状态，使得较小粒径的煤颗粒处于流化状态，而较大尺寸的催化剂处于沸腾状态，依次达到连续运行的目的。其中，250～500μm 的催化剂作为流化介质（床料），明显大于煤样粒度（45～74μm）。研究结果表明，产物分布受热解温度、催化剂类型及氢气压力控制，催化剂条件下有利于轻质芳烃的生成。

邹献武等同样发现，利用喷动-载流床，Co/ZSM-5 催化剂明显促进了内蒙古霍林河褐煤的热解，提高了液相中正己烷可溶物组分的收率。在该反应器中，催化剂处于喷动状态，而煤及其挥发物则处于流化状态，如图 2-14 所示。该方法可提高催化剂与细粉煤的接触程度，使催化剂作用充分发挥出来。在该过程中，催化剂的作用主要体现在两个方面：①尽管两者是固（煤）-固（催化剂）接触，但仍可以催化煤中化学键的断裂，有助于一次反应的发生；②生成的热解挥发物在逸出的过程中也会与催化剂发生接触，促进挥发物的二次反应（图 2-15），使焦油中轻质组分提高，热解气体增加。通过这种以催化剂作为流化介质的反应器结构设计，可以实现催化剂的循环使用，降低了催化剂的使用成本。不

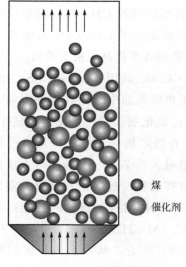

图 2-14　流化床反应器

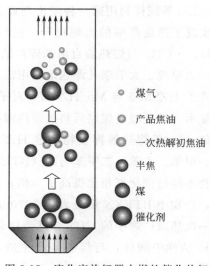

○ 煤气
○ 产品焦油
○ 一次热解初焦油
○ 半焦
○ 煤
○ 催化剂

图 2-15　流化床热解器中煤的催化热解

足之处在于，细颗粒的半焦随热解挥发产物一起从反应器排出的过程中，会增加除尘阻力和焦油中的粉尘量，并增加后分离系统堵塞的风险。此外，在催化剂的选择上，除考虑催化剂的反应活性外，还必须要提高催化剂的强度和耐磨性。

参考文献

[1] Krevelen D W V. Coal science and technology [M]. Holland：Elsevier Scientific Publishing Cornpany，1981.

[2] Zsakó J. Compensation effect in heterogeneous non-isothermal kinetics [J]. Journal of Thermal Analysis，1996，47（6）：1679-1690.

[3] 李余增. 热分析 [M]. 北京：清华大学出版社，1987.

[4] 张双全. 煤化学 [M]. 徐州：中国矿业大学出版社，2004.

[5] Anthony D B，Howard J B. Coal devolatilization and hydrogastification [J]. AIChE Journal，2010，22（4）：625-656.

[6] Donskoi E，Mcelwain D L S. Approximate modelling of coal pyrolysis [J]. Fuel，1999，78（7）：825-835.

[7] Donskoi E，Mcelwain D L S. Optimization of coal pyrolysis modeling [J]. Combustion & Flame，2000，122（3）：359-367.

[8] Miura K. A new and simple method to estimate $f(E)$ and $k_0(E)$ in the distributed activation energy model from three sets of experimental data [J]. Energy & Fuels，1995，9（2）：4-7.

[9] Miura K，Maki T. A simple method for estimating $f(E)$ and $k_0(E)$ in the distributed activation energy model [J]. Energy & Fuels，1998，12（5）：864-869.

[10] 杨景标，张彦文，蔡宁生. 煤热解动力学的单一反应模型和分布活化能模型比较 [J]. 热能动力工程，2010，25（3）：301-305.

[11] 王朝鹏. 低阶煤热解动力学及热解半焦特性研究 [D]. 太原：太原理工大学，2017.

[12] Maki T，Akio Takatsuno A，Miura K. Analysis of pyrolysis reactions of various coals including Argonne Premium Coals using a new distributed activation energy model [J]. Energy & Fuels，1997，39（1）：972-977.

[13] Elder J P，Reddy V B. Coal pyrolysis kinetics by non-isothermal thermogravimetry [J]. Reactivity of Solids，1987，2（4）：347-358.

[14] Friedman H L. Kinetics of thermal degradation of char-forming plastics from thermogravimetry：Application to a phenolic plastic [J]. Journal of Polymer Science Part C Polymer Symposia，1964，6（1）：183-195.

[15] Caprariis B D，Filippis P D，Herce C，et al. Double-Gaussian distributed activation energy model for coal devolatilization [J]. Energy & Fuels，2012，26（10）：6153-6159.

[16] Filippis P D，Caprariis B D，Scarsella M，et al. Double distribution activation energy model as suitable tool in explaining biomass and coal pyrolysis behavior [J]. Energies，2015，8（3）：1730-1744.

[17] Zhang J，Chen T，Wu J，et al. Multi-Gaussian-DAEM-reaction model for thermal decompositions of cellulose，hemicellulose and lignin：Comparison of N_2 and CO_2 atmosphere [J]. Bioresource Technol-

ogy, 2014, 166 (1): 87-95.

[18] Tyler R J. Flash pyrolysis of coals. 1. Devolatilization of a Victorian brown coal in a small fluidized-bed reactor [J]. Fuel, 1979, 58 (9): 680-686.

[19] Xu W C, Tomita A. The effects of temperature and residence time on the secondary reactions of volatiles from coal pyrolysis [J]. Fuel Processing Technology, 1989, 21 (1): 25-37.

[20] Hu H, Zhou Q, Zhu S, et al. Product distribution and sulfur behavior in coal pyrolysis [J]. Fuel processing technology, 2004, 85 (8): 849-861.

[21] Howard J B, Elliott M A. Chemistry of coal utilization [M]. Second Supplementary Volume. New York: Wiley & Sons, 1981.

[22] Hayashi J, Nakagawa K, Kusakabe K, et al. Change in molecular structure of flash pyrolysis tar by secondary reaction in a fluidized bed reactor [J]. Fuel Processing Technology, 1992, 30 (3): 237-248.

[23] 李海滨, 王洋, 张碧江. 煤在流化床中的热解性 I. 浓相温度对煤脱挥发分行为的影响 [J]. 燃料化学学报. 1998, 26 (3): 339-344.

[24] Shen L, Zhang D K. Low temperature pyrolysis of an Australian brown coal in a fluidised bed reactor [J]. Asia-Pacific Journal of Chemical Engineering, 2010, 8 (3-4): 293-309.

[25] Cui L, Yao J, Lin W, et al. Product distribution from flash pyrolysis of coal in a fast fluidized bed. Proceedings of the 17th International Conference on Fluidized Bed Combustion [C]. Florida: American Society of Mechanical Engineers, 2003: 487-492.

[26] Gibbins J R, Kandiyoti R. The effect of variations in time-temperature history on product distribution from coal pyrolysis [J]. Fuel, 1989, 68 (7): 895-903.

[27] Gavalas G R. Coal pyrolysis [M]. Ottawa: Elsevier Scientific Pub Co, 1982.

[28] Zhu Z, Ma Z, Zhang C, et al. Flash hydropyrolysis of northern Chinese coal [J]. Fuel, 1996, 75 (12): 1429-1433.

[29] 李海滨, 杨之媛, 吕红, 等. 煤在流化床中的热解 II. 稀相段温度和停留时间对气体产物组成的影响 [J]. 燃料化学学报, 1998, 26 (4): 339-344.

[30] 刘劲松, 冯杰, 李凡, 等. 溶胀作用在煤结构与热解研究中的应用 [J]. 煤炭转化, 1998, 21 (2): 1-4.

[31] 郭树才, 胡浩权. 煤化工工艺学 [M]. 3 版. 北京: 化学工业出版社, 2012.

[32] 高晋生. 煤的热解、炼焦和煤焦油加工 [M]. 北京: 化学工业出版社, 2010.

[33] 廖汉湘. 现代煤炭转化与煤化工新技术新工艺实用全书 [M]. 安徽: 安徽文化音像出版社, 2004.

[34] 贺永德. 现代煤化工技术手册 [M]. 北京: 化学工业出版社, 2004.

[35] 游伟, 赵涛, 章卫星, 等. 美国低阶煤提质技术发展概述 [J]. 化肥设计, 2009, 47 (4): 5-9.

[36] 米治平, 王宁波. 煤炭低温干馏技术现状及发展趋势 [J]. 洁净煤技术, 2010, 16 (2): 33-37.

[37] Wagner R, Wanzl W, Heek K H V. Influence of transport effects on pyrolysis reaction of coal at high heating rates [J]. Fuel, 1985, 64 (4): 571-573.

[38] 王鹏, 文芳, 步学朋, 等. 煤热解特性研究 [J]. 煤炭转化, 2005, 28 (1): 8-13.

[39] Nandi S P, Walker J. Activated diffusion of methane in coal [J]. Fuel, 1970, 49 (3): 309-323.

[40] Suuberg E M, Unger P E, Larsen J W. Relation between tar and extractables formation and crosslinking during coal pyrolysis [J]. Energy & Fuels, 1987, 1 (3): 305-308.

[41]　骆艳华，崔平，胡润桥. 义马煤的热解及产物分布的研究 [J]. 安徽工业大学学报（自科版），2006，23（2）：160-162.

[42]　周军，张海，吕俊复，等. 高温下热解温度对煤焦孔隙结构的影响 [J]. 燃料化学学报，2007，35（2）：155-159.

[43]　陈兆辉，高士秋，许光文. 煤热解过程分析与工艺调控方法 [J]. 化工学报，2017（10）：3693-3707.

[44]　Unger P E, Suuberg E M. Internal and external mass transfer limitations in coal pyrolysis [J]. Prepr Pap Am Chem Soc Div Fuel Chem., 1983, 4（8）：64.

[45]　徐艳. 广东典型生物质燃烧及烟气排放特性研究 [D]. 广州：华南理工大学，2012.

[46]　刘振宇. 煤快速热解制油技术问题的化学反应工程根源：逆向传热与传质 [J]. 化工学报，2016，67（1）：1-5.

[47]　李方舟，李文英，冯杰. 固体热载体法褐煤热解过程中的传质传热特性 [J]. 化工学报，2016，67（4）：1136-1144.

[48]　胡国新，方梦祥. 固定床中煤与热载体颗粒混和热解规律的试验研究 [J]. 浙江大学学报（工学版），1997（3）：352-360.

[49]　韩壮，郭树才，罗长齐，等. 神府煤固体热载体法快速热解的研究 [J]. 煤炭转化，1992（3）：58-64.

[50]　王永. 气体热载体低阶煤热解特性研究及连续热解系统研制 [D]. 太原：太原理工大学，2013.

[51]　杨世铭，陶文铨. 传热学 [M]. 3 版. 北京：高等教育出版社，1998.

[52]　罗斯璐. 传热学基础手册 [M]. 北京：科学出版社，1992.

[53]　李朝祥，陆钟武，蔡九菊. 填充床内传热问题的数学统计分析法 [J]. 东北大学学报（自然科学版），1998，19（5）：484-487.

[54]　刘桂兵. 含能颗粒多孔填充床的传热特性研究 [D]. 南京：南京理工大学，2016.

[55]　Werkelin J, Skrifvars B J, Zevenhoven M, et al. Chemical forms of ash-forming elements in woody biomass fuels [J]. Fuel, 2010, 89（2）：481-493.

[56]　张旭辉，陈赞歌，吴鹏，等. 基于失重曲线的煤颗粒热解传热传质计算 [J]. 洁净煤技术，2017，23（6）：42-46.

[57]　姚金松，李初福，郜丽娟，等. 固体热载体煤热解过程模拟与传热分析 [J]. 计算机与应用化学，2015，32（11）：1353-1356.

[58]　Wutti R, Petek J, Staudinger G. Transport limitations in pyrolysing coal particles [J]. Fuel, 1996, 75（7）：843-850.

[59]　Liang P, Wang Z, Bi J. Simulation of coal pyrolysis by solid heat carrier in a moving-bed pyrolyzer [J]. Fuel, 2008, 87（4-5）：435-442.

[60]　郭治，杜铭华，杜万斗. 固体热载体褐煤热解过程的数学模型与模拟计算 [J]. 神华科技，2010，08（2）：71-74.

[61]　王洪亮，蒙涛，张华，等. 球型固体热载体煤粉热解过程传热计算及分析 [J]. 洁净煤技术，2014，20（3）：90-94.

[62]　杨世铭. 传热学 [M]. 2 版. 北京：高等教育出版社，1987.

[63]　Vargas W L, Mccarthy J J. Heat conduction in granular materials [J]. AIChE Journal, 2010, 47（5）：1052-1059.

[64]　吴罗刚. 余热回收在煤化工行业的应用 [J]. 山东化工，2017，46（8）：126-127.

[65]　钱卫. 低阶烟煤中低温热解及热解产物研究 [D]. 北京：中国矿业大学（北京），2012.

[66] 张玉宏，王文军. 褐煤低温热解及其工艺现状分析 [J]. 内蒙古石油化工，2012（14）：44-45.

[67] 赵玉良，史剑鹏，王高锋，等. 一种煤热解气冷却及余热回收的装置 [P]：CN105779025A，2016.

[68] 李宁. 煤气余热回收利用工艺 [P]：CN102559283 B，2016.

[69] 刘永启，王佐任，郑斌，等. 兰炭余热利用换热器 [P]：CN104236337A，2014.

[70] 贾会平. 高温焦炭余热利用的装置 [P]：CN204417430U，2015.

[71] 张莉，叶世超，叶锐，等. 热管换热器在煤化工厂的应用及节能分析 [J]. 四川化工，2007，10（6）：26-29.

[72] 张素利，于义林，戴成武，等. 一种焦炉煤气余热回收方法及装置 [P]：CN103194274A，2013.

[73] 李小川. 多孔介质导热过程的分型研究 [D]. 南京：东南大学，2009.

[74] 黄仲九，房鼎业，单国荣. 化学工艺学 [M]. 北京：高等教育出版社，2012.

[75] 王影. 低阶煤固定床和移动床脱水和低温热解过程中传热特性 [D]. 太原：太原理工大学，2016.

[76] 姚金松，李初福，郜丽娟，等. 固体热载体煤热解过程模拟与传热分析 [J]. 计算机与应用化学，2015，11：1353-1356.

[77] 赵国强. 荒煤气性质研究与预热综合利用 [D]. 大连：大连理工大学，2014.

[78] 韩德虎，胡耀青，王进尚，等. 煤热解影响因素分析研究 [J]. 煤炭技术，2011，30（7）：164-166.

[79] 张世宇. 全干法布袋除尘技术在宝钢 2500m³ 高炉煤气净化中的应用研究 [D]. 西安：西安建筑科技大学，2007.

[80] 王笃政，张利会，孙飞龙，等. 煤气除尘技术研究进展 [J]. 氮肥技术，2012，3：43-48.

[81] 何北惠. 煤热解气化过程中汞的形态转化和释放规律研究 [D]. 武汉：华中科技大学，2007.

[82] Yuan S, Dai ZH, Zhou ZJ, et al. Rapid co-pyrolysis of rice straw and a bituminous coal in a high-frequency furnace and gasification of the residual char [J]. Bioresource Technology, 2012, 109：188-197.

[83] Wu Z Q, Yang W C, Tian X Y, et al. Synergistic effects from co-pyrolysis of low-rank coal and model components of microalgae biomass [J]. Energy Conversion and Management, 2017, 135：212-225.

[84] 孙任晖，高鹏，刘爱国，等. 低阶煤催化热解研究进展及展望 [J]. 洁净煤技术，2016，22（1）：54-59.

[85] 陈磊. 褐煤型煤炭化产焦油特性研究和高效采油低温炭化炉的研制 [D]. 太原：太原理工大学，2014.

[86] 贺黎明，沈召军. 甲烷的转化和利用 [M]. 北京：化学工业出版社，2005.

[87] Liu Q R, Hu H Q, Zhu S W. Integrated process of coal pyrolysis with catalytic partial oxidation of methane [C] //2005 International Conference on Coal Science and Technology. Okinawa, Japan, 2005.

[88] 刘全润. 煤的热解转化和脱硫研究 [D]. 大连：大连理工大学，2006.

[89] Wang Pengfei, Jin Lijun, Liu Jiahe, Zhu Shengwei, Hu Haoquan. Isotope analysis for understanding the tar formation in the integrated process of coal pyrolysis with CO_2 reforming of methane. Energy & Fuels, 2010, 24（8），4402-4407.

[90] Dong C, Jin L J, Li Y, et al. Integrated process of coal pyrolysis with steam reforming of methane for improving the tar yield [J]. Energy & Fuels, 2014, 28：7377-7384.

[91] 董婵. 煤热解与甲烷催化重整耦合过程研究 [D]. 大连：大连理工大学，2016.

[92] Jin L J, Zhou X, He X F, et al. Integrated coal pyrolysis with methane aromatization over Mo/

HZSM-5 for improving tar yield [J]. Fuel, 2013, 114: 187-190.

[93] Yang ZX, Kumar A, Apblett A. Integration of biomass catalytic pyrolysis and methane aromatizationover Mo/HZSM-5 catalysts [J]. Journal of Analytic and Applies Pyrolysis, 2016, 120: 484-492.

[94] Rueangjitt N, Sreethawong T, Chavadej S. Reforming of CO_2-containing natural gas using an AC gliding arc system: Effects of operational parameters and oxygen addition in fed [J]. Plasma Chem Plasma Process, 2008, 28: 49-67.

[95] Bromberga L, Cohna D R, Rabinovich A, et al. Plasma catalytic reforming of methane [J]. International Journal of Hydrogen Energy, 1999, 24: 1131-1137.

[96] Zhao H B, Jin L J, Wang M Y, et al. Integrated process of coal pyrolysis with catalytic reforming of simulated coal gas for improving tar yield [J]. Fuel, 2019, https://doi.org/10.1016/j.fuel.2019.115797.

[97] 靳立军, 李扬, 胡浩权. 甲烷活化与煤热解耦合过程提高焦油产率研究进展 [J]. 化工学报, 2017 (10).

[98] Fynes G, Ladner W R, Newman J. The hydropyrolysis of coal to BTX [J]. Progress in Energy and Combustion Science, 1980, 6 (3): 223-232.

[99] Wiser W H, Anderson L L, Qader S A, et al. Kinetic relationship of coal hydrogenation, pyrolysis and dissolution [J]. Journal of Applied Chemistry and Biotechnology, 1971, 21 (3): 82-86.

[100] Takarada T, Tonishi T, Fusegawa Y, et al. Hydropyrolysis of coal in a powder particle fluidized bed [J]. Fuel, 1993, 72 (7): 921-926.

[101] Ma Z, Zhu Z, Zhang C, et al. Flash hydropyrolysis of Zalannoer lignite [J]. Fuel Processing Technology, 1994, 38 (2): 99-109.

[102] 王静. 甲烷 CO_2 重整与煤热解耦合过程的焦油生成规律 [D]. 大连: 大连理工大学, 2007.

[103] 贺新福. 甲烷低温等离子体活化与煤热解耦合过程研究 [D]. 大连: 大连理工大学, 2012.

[104] Anthony D B, Howard J B, Hottel H C, et al. Rapid devolatilization and hydrogasification of bituminous coal [J]. Fuel, 1976, 55 (2): 121-128.

[105] Canel M, et al. Hydropyrolysis of a Turkish lignite (Tunçbilek) and effect of temperature and pressure on product distribution [J]. Energy conversion and management, 2005, 46 (13): 2185-2197.

[106] 朱子彬, 王欣荣, 马智华, 等. 烟煤快速加氢热解的研究: I. 气氛影响的考察 [J]. 燃料化学学报, 1996, 24 (5): 35-39.

[107] Yabe H, Kawamura T, Kozuru H, et al. Development of Coal Partial Hydropyrolysis Process [J]. Nippon Steel Technical Report, 2005, 382: 8-15.

[108] Xu W C, Matsuoka K, Akiho H, et al. High pressure hydropyrolysis of coals by using a continuous free-fall reactor [J]. Fuel, 2003, 82 (6): 677-685.

[109] Squires A M, Graff R A, Dobner S. Flash Hydrogenation of a Bituminous Coal [J]. Science, 1975, 189 (4205): 793-795.

[110] Gibbins J, Kandiyoti R. Experimental study of coal pyrolysis and hydropyrolysis at elevated pressures using a variable heating rate wire-mesh apparatus [J]. Energy & fuels, 1989, 3 (6): 670-677.

[111] Mccown M S, Harrison D P. Pyrolysis and hydropyrolysis of Louisiana lignite [J]. Fuel, 1982, 61 (11): 1149-1154.

[112] Yan L，He B，Hao T，et al. Thermogravimetric study on the pressurized hydropyrolysis kinetics of a lignite coal [J]. International Journal of Hydrogen Energy，2014，39（15）：7826-7833.

[113] Anthony D B，Howard J B，Hottel H C，et al. Rapid Devolatilization of Pulverized Coal. Fifteenth symposium（international）on combustion [C]. Pittsburgh：The Combustion Institute，1975：1303-1317.

[114] 鲁阳，王影，张静，等. 油页岩与准东煤共热解特性及气相产物分布规律 [J]. 热力发电，2019，48（5）：77-83.

[115] Miao Z，Wu G，Li P，et al. Investigation into co-pyrolysis characteristics of oil shale and coal [J]. International Journal of Mining Science and Technology，2012，22（2）：245-249.

[116] 何德民. 煤、油页岩热解与共热解研究 [D]. 大连：大连理工大学，2006.

[117] 梁丽彤，黄伟，张乾，等. 低阶煤催化热解研究现状与进展 [J]. 化工进展，2015，34（10）：3617-3622.

[118] 苗青，郑化安，张生军，等. 低温煤热解焦油产率和品质影响因素研究 [J]. 2014，20（4）：77-82.

[119] 李国亮. CH_4-CO_2 气氛下低阶煤微波热解研究 [D]. 焦作：河南理工大学，2015.

[120] 梁丽彤. 低阶煤催化解聚研究 [D]. 太原：太原理工大学，2016.

[121] 陈静升. 改性 13X 催化剂上黄土庙煤热解反应特性研究 [D]. 西安：西北大学，2012.

[122] 徐振刚. 日本的煤炭快速热解技术 [J]. 洁净煤技术，2001，7（1）：48-51.

[123] 陈鹏. 中国煤炭性质、分类和利用 [M]. 北京：化学工业出版社，2007：27-42.

[124] 何选明. 煤化学 [M]. 北京：冶金工业出版社，2010：219-231.

[125] 王兴栋，韩江则，陆江银，等. 半焦基催化剂裂解煤热解产物提高油气品质 [J]. 化工学报，2012，63（12）：3897-3905.

[126] Han J Z，Wang X D，Yue J R，et al. Catalytic upgrading of coal pyrolysis tar over char-based catalysts [J]. Fuel Processing Technology，2014，122：98-106.

[127] 李爽，陈静升，冯秀燕，等. 应用 TG-FTIR 技术研究黄土庙煤催化热解特性 [J]. 燃料化学学报，2013，41（3）：271-276.

[128] 陈静升，马晓迅，李爽，等. CoMoP/13X 催化剂上黄土庙煤热解特性研究 [J]. 煤炭转化，2012，35（1）：4-8.

[129] Li S，Chen J，Hao T，et al. Pyrolysis of Huang Tu Miao coal over faujasite zeolite and supported transition metal catalysts [J]. Journal of Analytical and Applied Pyrolysis，2013，102：161-169.

[130] Liu J，Hu H，Jin L，et al. Integrated coal pyrolysis with CO_2 reforming of methane over Ni/MgO catalyst for improving tar yield [J]. Fuel Processing Technology，2010，91：419-423.

[131] Li G，Yan L，Zhao R，et al. Improving aromatic hydrocarbons yield from coal pyrolysis volatile products over HZSM-5 and Mo-modified HZSM-5 [J]. Fuel，2014，130：154-159.

[132] 田靖，武建军，刘琼，等. 伊宁长焰煤催化热解产物收率的研究 [J]. 能源技术与管理，2011，1：116-118.

[133] 杨景标，蔡宁生. 应用 TG-FTIR 联用研究催化剂对煤热解的影响 [J]. 燃料化学学报，2006，34（6）：650-654.

[134] Wang M Y，Jin L J，Zhao H B，et al. In-situ catalytic upgrading of coal pyrolysis tar over activated carbon supported nickel in CO_2 reforming of methane [J]. Fuel，2019，250：203-210.

[135] Liang L，Huang W，Gao F，et al. Mild catalytic depolymerization of low rank coals: A novel way to

increase tar yield [J]. RSC Advances，2015，5：2493-2503.

［136］ Takarada T，Onoyama Y，Takayama K，et al. Hydropyrolysis of coal in a pressurized powder-particle fluidized bed using several catalysts [J]. Catalysis Today，1997，39：127-136.

［137］ 邹献武，姚建中，杨学民，等. 喷动-载流床中 Co/ZSM-5 分子筛催化剂对煤热解的催化作用 [J]. 过程工程学报，2007，7（6）：1107-1113.

第3章

中低温煤焦油的分质利用

我国富煤少油，近年国内石油对外依存度逐年攀升，2018 年已达近 70％的新高，石油供需矛盾仍然是制约我国经济发展的关键因素之一。2014 年，国务院印发的《能源发展战略行动计划（2014—2020 年）》中指出：以新疆、内蒙古、陕西、山西等地为重点，稳妥推进煤制油技术研发和产业化升级示范工程，掌握核心技术，形成适度规模的煤基燃料替代能力。

煤焦油是煤炭在热解或气化过程中得到的液体产品，由于生产方法的不同，可得到高温煤焦油（900～1000℃）、中温煤焦油（650～900℃）和低温煤焦油（450～650℃）。中低温煤焦油是煤受热分解的初级产物，其相对密度较小，低沸点组分含量高，芳构化程度低。高温焦油是发生深度热分解所得的二次分解产物，主要含有稠环芳香化合物。

煤焦油加氢是实现煤焦油深加工利用制取高附加值产品的重要途径。目前，国内已有多家企业实现了中低温煤焦油加氢的产业化生产，代表性的有：神木富油（全馏分加氢技术；16×10^4 t/a）、神木天元（延迟焦化-加氢技术；50×10^4 t/a）、云南解化（宽馏分加氢技术；5×10^4 t/a）、哈尔滨气化厂（切割轻馏分加氢；5×10^4 t/a）、七台河宝泰隆（切割轻馏分加氢；10×10^4 t/a）。近年，由于兰炭产业的发展瓶颈及国际石油价格的波动等多因素影响，煤焦油企业发展面临潜在的危机，因此技术水平的高低、高附加值产品种类的开发力度等焦油分质利用水平就成为最为关键的竞争力。

目前，该技术的不足主要表现在以下两个方面，其一是产品结构和深加工水平方面：①煤焦油加氢所产石脑油富含环烷烃，作为燃料油燃烧不充分，辛烷值较低，目前出售价格低于高标号汽油，造成宝贵的有机化工资源的浪费；②煤焦油加氢所产柴油正构烷烃少，十六烷值不达标；③目前的煤焦油加氢技术均未对焦油的重质馏分进行合理的利用；④煤焦油预处理技术效果较差，导致后续加氢处理的难度较大。其二是工程实践方面：①煤焦油加氢改质过程中放热大，床层温升不易控制，易发生飞温，增大了催化剂结焦的速率，缩短了加氢装置的运行周期；②现有装置规模小，中低温煤焦油中许多含量较少的高附加值产品无法提取，因此有待扩大加工能力；③煤焦油原料胶质、沥青质、灰分和苯不溶物含量高，加氢过程中极易在换热器、反应器等设备和管线结焦，无法实现长周期连续生产。

煤焦油加氢企业必须抓住新的发展形势，延长产业链、开发新产品，提高科研实力，改进工艺技术，避免盲目建设，发挥规模经济效应，强化竞争实力，攻克技术难关，形成核心专长，只有这样才能在新形势下立于不败之地。煤焦油深加工产业正面临产业升级，在这种大背景下对煤焦油进行分质利用，进一步提高煤焦油的综合利用价值具有重要的理论意义和战略意义。

3.1　中低温煤焦油分质利用原理

3.1.1　中低温煤焦油的特征

李冬等对陕北的中低温煤焦油的元素组成与样品组分进行了分析，结果见表3-1。由表 3-1 可以看出，中低温煤焦油是一种密度高、馏分宽、H/C 比低、杂原子含量多的重质油。中低温煤焦油中含有较多的氮（N）、氧（O）杂原子，以及少量的镍（Ni）、钒（V）和大量的铁（Fe）、钙（Ca）、钠（Na）、镁（Mg）铝（Al）等金属元素。

表 3-1　中低温煤焦油性质

密度(20℃)/(g/cm³)	运动黏度(50℃)/(mm²/s)	残炭/%	灰分/%	S 含量/%	N 含量/%	酚含量/%
1.04	14.22	7.62	0.15	0.35	1.16	17.80

元素分析				金属含量/(μg/g)							
C/%	H/%	O/%	H/C	Fe	Ca	Na	Mg	Al	Ni	V	总计
83.62	8.21	7.65	1.20	31.23	86.35	9.81	13.68	50.86	0.78	1.34	194.05

四组分/%				馏程/℃						
饱和烃	芳香烃	胶质	沥青质	初馏点	10%	30%	50%	70%	90%	终馏点
44.38	18.49	27.51	9.62	190	235	297	339	446	524	541

各类煤焦油主要由烃类化合物组成，除此之外还含有由硫、氮、氧及金属元

素等杂原子形成的非烃类化合物，但组成分布因原料煤来源和加工工艺的不同差别较大，各类焦油产品的产率和特性见表 3-2。

表 3-2   各类焦油的产率和特性

焦油和特性		低温煤焦油 (600℃)	中低温煤焦油 (700℃)	中温煤焦油 (800℃)	高温煤焦油 (1000℃)
焦油产率/%		9～10	5～7	5～6	3～3.5
密度(20℃)/(g/cm³)		0.9427	0.9742	1.0293	1.1204
运动黏度(100℃)/(mm²/s)		59.6	114.6	124.3	159.4
馏程/℃	初馏点	205	210	208	235
	10%	250	250	252	288
	30%	329	329	331	350
	50%	368	370	372	398
	70%	429	430	433	452
	90%	486	496	498	534
	终馏点	531	539	542	556
总氮含量/%		0.69	0.71	0.75	0.72
总硫含量/%		0.29	0.31	0.32	0.36
总氧含量/%		8.31	8.11	7.43	6.99
水分含量/%		2.13	2.54	2.46	3.82
烷烃含量/%		25.12	22.71	22.68	17.33
芳烃含量/%		28.43	22.99	27.96	27.34
胶质含量/%		28.49	30.94	27.12	31.41
沥青质含量/%		17.96	23.36	22.24	23.62
机械杂质含量/%		2.35	2.55	2.61	3.42
金属/(μg/g)	铁	37.42	55.84	64.42	52.72
	钠	4.04	4.12	3.96	4.21
	钙	86.7	91.43	90.58	88.41
	镁	4.12	4.93	3.64	3.94

3.1.2   中低温煤焦油的结构组成

煤焦油含有的化学物质超过 1 万种，组成十分复杂，按其主要成分可划分为芳香烃、酚类、杂环氮化合物、杂环硫化合物、杂环氧化合物以及复杂的高分子环状烃，根据生产过程可分为水上油（轻油）和水下油（重油）两类。近年，研究者分别用色谱法、质谱法和核磁共振波谱法等对中低温煤焦油的组成结构进行分析，分述如下。

3.1.2.1   气相色谱-质谱分析中低温煤焦油的组分

孙鸣等分别以陕北某地中低温煤焦油轻油和重油为原料，在减压蒸馏装置中对馏分切割分离，并利用 GC-MS 鉴定了馏分中化合物的组成，结果分述如下。

（1）中低温煤焦油轻油

中低温煤焦油轻油为焦油澄清池水上层油，占原料质量分数的 15%。通过减压蒸馏切取轻油的 7 段馏分，依次为＜100℃（Ⅰ），100～170℃（Ⅱ），170～200℃（Ⅲ），200～240℃（Ⅳ），240～270℃（Ⅴ），270～300℃（Ⅵ）和 300～340℃（Ⅶ）。轻油蒸馏结果显示，各馏分收率和馏分质量分数都呈先增加后减少的趋势。100～170℃ 和 200～240℃ 两段馏分的馏出质量最大，质量分数分别为 20.2％ 和 20.6％。300℃ 之前馏分的质量加和已经约占到原料油质量的 88％；＞340℃ 馏分（塔底残渣）约占原料油质量的 4.6％，在压力为 1kPa 条件下，该煤焦油中约 95％ 的物质可以通过蒸馏的方法得到。

轻油馏分的 GC-MS 分析结果为：脂肪烃在＜300℃ 馏分中的收率随切割馏分温度的升高呈上升趋势，主要集中在 170～340℃ 的馏分中，馏分中的相对含量均超过 50％；芳香烃随蒸馏温度的升高，在馏分中的相对含量呈先增加后减小的变化规律，在 100～170℃ 馏分中相对含量最高，约为 31％，其中主要为多甲基萘类化合物；芴、蒽、菲、荧蒽和芘等稠环芳烃主要集中在 170～270℃ 的馏分中；酚类化合物主要集中在＜170℃ 馏分中，在 170～200℃，270～300℃ 和 300～340℃ 馏分中也有少量分布。

（2）中低温煤焦油重油

中低温煤焦油重油为焦油澄清池水下层油，占原料质量分数的 85％，与减压蒸馏切取轻油类似，重油馏分也通过减压蒸馏切割成同样温度范围的 7 段馏分，蒸馏结果显示，各馏分收率和馏分质量分数都呈先增加后减少的趋势。100～170℃ 和 200～240℃ 馏分的馏出质量最大，质量分数分别为 22.9％ 和 16.1％，在≥340℃ 馏分中塔底减压蒸馏残渣占原料油的 11.5％，该中低温煤焦油重油在压力为 1kPa 条件下，有 88.5％ 的物质可以通过蒸馏的方法得到。

重油馏分的 GC-MS 分析结果为：

① 重油≤100℃ 馏分中酚类化合物的相对质量分数超过 1/2，约占 56％，主要是低级酚，其中苯酚和甲酚的质量分数分别为 17％ 和 22％；烷烃质量分数较少，主要为 C_{11}～C_{13} 烷，芳烃类化合物主要为烷基苯和甲基萘。

② 重油 100～170℃ 馏分中酚类化合物的质量分数为 44％，主要为 C_2、C_3 烷基苯酚，并没有发现苯酚；烷烃质量分数约 10％，主要分布为 C_{14}～C_{22} 烷；芳烃质量分数不足 20％，以萘、甲基萘和 C_2～C_3 烷基萘为主。

③ 重油 170～200℃ 减压馏分中酚类化合物的质量分数明显减少，质量分数约占 25％，主要为 C_2、C_3 烷基萘酚和苯二酚，没有发现苯酚；烷烃质量分数约 22％，主要分布为 C_{20}～C_{22} 烷；芳烃质量分数不足 20％，以 C_3 烷基萘、蒽菲、甲基蒽菲为主；含氧物质以苯并呋喃、烷醇等形式存在。

④ 重油 200～240℃ 减压馏分中烷烃质量分数约 35％，主要分布为 C_{22}～C_{26} 烷；芳烃质量分数约为 30％，以蒽、菲、甲基蒽菲及二甲基蒽菲为主；含氧物

质质量分数约 6%；酚类为少量的二甲基萘酚和三甲基萘酚。

⑤ 重油 240~270℃减压馏分中烷烃质量分数约 26%，主要分布为 C_{26}~C_{32} 烷；芳烃质量分数约为 40%，以芘和菲为主；酚类、含氮物质及含氧物质相对质量分数均约 5%，酚类化合物中发现少量甲基苯酚。在 200~240℃馏分并没有甲基苯酚这样的低级酚，可能是塔底温度升高，大分子酚类化合物发生热分解产生了低级酚类化合物。

⑥ 重油 270~300℃减压馏分中烷烃质量分数约 26%，主要分布为 C_{26}~C_{30} 烷；芳烃质量分数约为 24%，以蒽、菲、䓛和芘为主；酚类、含氮物质及含氧物质相对质量分数均约 5%。值得注意的是，低级酚和高级酚在 270~300℃馏分出现了广泛的分布，低级酚主要为苯酚、甲酚和二甲酚，高级酚主要是 C_3 烷基苯酚、萘酚和苯二酚。

⑦ 重油 300~340℃减压馏分中烷烃质量分数约 27%，从低碳烃到高碳烃均有分布；芳烃质量分数约为 13%，主要为萘和芘的衍生物；酚类相对质量分数约 38%，其中低级酚质量分数最高，苯酚和甲基苯酚的质量分数分别为 4.8% 和9.7%，而且还分布有 C_2~C_5 烷基苯酚、三甲基苯酚、苯二酚和萘酚。这表明煤焦油出现高温裂解现象，产生较多的低级烷烃、苯系及二环芳烃，并出现较多的低级酚类。

煤焦油中酚类化合物含量高，一方面可以提取利用酚类制取高附加值产品，另一方面，酚类物质的存在对加氢脱氮、加氢脱硫以及芳烃饱和均有较强的抑制作用，对油品的安定性也有负面影响，因此在煤焦油加氢之前需对原料进行酚类的脱除。周魁采用碱洗酸洗的方法提取煤焦油轻油中的酚类物质，并用 GC-MS 对其进行定性定量分析，检测出的酚类组成及含量见表 3-3。

表 3-3　煤焦油轻油粗酚的 GC-MS 分析结果

物质名称	含量/%	物质名称	含量/%	物质名称	含量/%
苯酚	5.3	4-甲基-2-乙基酚	1.52	1-氯-正十四烷烃	0.65
2,6-二甲基酚	1.24	4-乙基酚	5.22	2,4-二乙基酚	0.535
2-甲基酚	7.13	3-乙基酚	4.15	6-甲基-4-二氢化茚醇	0.41
5-甲基-2-乙基酚	1.20	3-甲基-4-乙基酚	4.24	4-(2-丙烯基)酚	1.62
4-甲基酚	7.03	3,4-二甲基酚	2.06	2,3-二氢-5-茚醇	1.78
3-甲基酚	10.50	2,4,5-三甲基酚	1.11	6-甲基-4-茚醇	2.10
2,4,6-三甲基酚	1.33	2,3,6-三甲基酚	1.58	2-丙烯基-4-甲基酚	0.86
2-乙基酚	1.82	5-甲基-4-乙基酚	0.85	2-甲基-1-萘酚	0.29
2,4-二甲基酚	9.16	2-甲基-5-(1-甲基乙基)酚	0.59	3,4,5,6-四甲基菲	0.95
2,3,5-三甲基酚	0.51	6-甲基-2-乙基酚	2.73	7-甲基-1-萘酚	0.43
2,5-二甲基酚	0.9	4-丙基酚	2.10	1-萘酚	0.45
2,3-二甲基酚	3.8	2-甲基-4-丙基酚	0.34	2-萘酚	0.50
3,5-二甲基酚	5.09	3,4,5-三甲基酚	0.73	4-甲基-1-萘酚	0.45

3.1.2.2 核磁法分析中低温煤焦油的结构

孙智慧等采用正庚烷沉淀与柱色谱分离法将中低温煤焦油重组分分离成饱和分、芳香分、胶质和沥青质（SARA）四组分，综合采用元素分析、红外光谱、分子量分布及核磁共振氢谱等分析方法对各组分组成与分子结构进行研究，并进一步推测出各组分平均分子结构模型。分离过程如图 3-1 所示。饱和分、芳香分、胶质和沥青质的收率（质量分数）分别为 14.0%、19.7%、37.3% 和 26.7%。

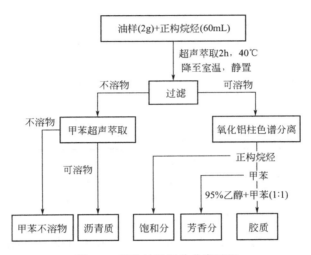

图 3-1 煤焦油重组分分离过程

煤焦油重馏分四组分元素和分子量测定结果见表 3-4，平均分子结构参数见表 3-5。

表 3-4 煤焦油重馏分四组分元素和分子量分析

组分	元素分析/%					H/C 原子比	M_n (GPC)	M_w(VPO)
	C	H	N	S	O			
饱和分	85.69	13.62	0.03	0.07	0.59	1.91	400	400
芳香分	89.56	7.49	0.21	0.65	2.10	1.00	303	315
胶质	83.82	5.90	0.84	0.79	8.65	0.85	435	450
沥青质	78.00	5.40	2.50	2.20	11.90	0.83	657	640

表 3-5 煤焦油重馏分中各组分平均分子结构参数

参数	饱和分	芳香分	胶质	沥青质
f_A	0.13	0.68	0.70	0.761
σ	0.69	0.29	0.37	0.333
H_{au}/C_{Ar}	1.12	0.69	0.51	0.677
C/H	0.53	1.0	1.18	0.83

参数	饱和分	芳香分	胶质	沥青质
H_t	54.48	22.68	25.67	35.478
C_t	28.56	22.614	30.39	42.705
C_{Ar}	3.61	15.33	21.42	32.48687
C_s	25.00	7.27	8.98	10.2181
C_α	2.80	3.10	4.03	7.328
C_{ap}	4.05	10.61	11.00	21.9955
C_i	−0.44	4.72	10.42	10.49142
R_{Ar}	0.78	3.36	6.21	6.2457
R_t	0.60	4.58	7.84	9.7226
R_n	−0.18	1.22	1.63	3.4769
C_p	25.00	3.60	4.10	1.42
M_n	400	303	435	657
分子式	$C_{28.6}H_{54.4}O_{0.1}$	$C_{22.6}H_{22.7}O_{0.4}$	$C_{30.4}H_{25.7}N_{0.3}O_{2.4}S_{0.1}$	$C_{42.7}H_{35.5}N_{1.2}S_{0.5}O_{4.9}$

注：f_A 为芳香度；σ 为芳环系统取代；H_{au}/C_{Ar} 为假想未被取代的芳环系统的 H/C 原子比；H_t 为总氢原子数；C_t 为总碳原子数；C_{Ar} 为芳香碳原子数；C_s 为总饱和碳原子数；C_α 为芳环系统 α 位碳原子数；C_{ap} 为缩合芳环系统中外围碳原子数；C_i 为缩合芳环系统中内碳原子数；R_{Ar} 为芳香环数；R_t 为总环数；R_n 为环烷环数；C_p 为烷基侧链碳原子数。

综合饱和分、芳香分、胶质和沥青质各组分元素组成、官能团分析及平均分子结构参数数据，可近似构建出各组分平均分子结构模型。但是，饱和分组分结构模型不能完全根据分子结构参数进行构建，一般来讲，饱和分组分由环烷烃和链烷烃组成，因此饱和分分子结构骨架一般由一个环烷环和一些不同长度的烷基侧链组成，结果如图 3-2 所示。

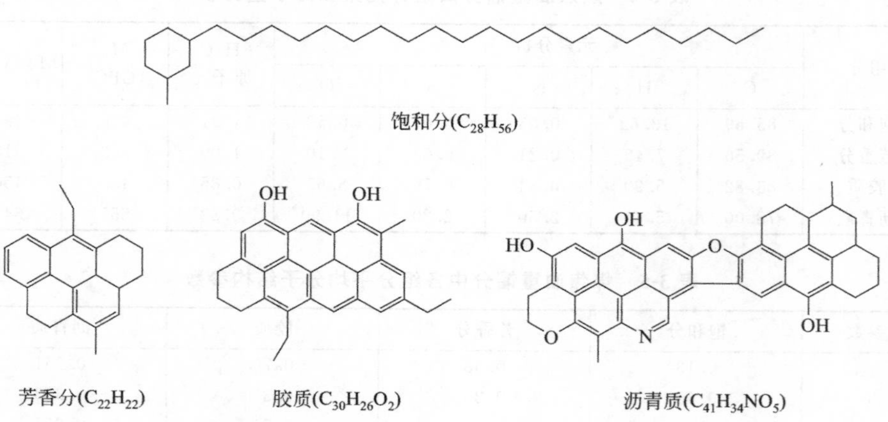

饱和分($C_{28}H_{56}$)

芳香分($C_{22}H_{22}$)　　　　胶质($C_{30}H_{26}O_2$)　　　　沥青质($C_{41}H_{34}NO_5$)

图 3-2　煤焦油重馏分四组分平均分子结构模型

3.1.3　中低温煤焦油分质利用途径

　　传统的煤焦油加工过程是煤焦油经过预处理、蒸馏切取组分集中的各种馏分，再对各种馏分采用物理或化学方法（如酸碱洗涤、精馏、聚合、结晶方法）进行处理，分离提取苯类、酚类、萘、吡啶、喹啉多种化学品的过程。该技术在国外的应用比较成熟，由于我国煤焦油生产和加工企业分散、规模小、工艺落后，且对高附加值产品提取能力有限，部分含量低但市场稀缺的化工产品开发能力较差，整体效益不高，长期以来我国煤焦油资源一直没有得到充分利用。

　　加氢工艺可有效脱除掉煤焦油中的硫、氮及金属等杂质，降低其密度，实现轻质化，使得煤焦油分质利用成为可行的路径。根据煤焦油原料的性质特征，采用合适的加氢工艺路线，获得加氢煤焦油不同馏分的产物，用于制备车用发动机燃料油或高附加值化学品，进而实现煤焦油资源的合理利用。

　　依据加工目的产品的不同，中低温煤焦油分质利用主要可划分为四方面进行：利用轻质组分生产芳烃、酚、萘等化学品；利用中间组分生产高附加值的润滑油、冷冻机油、橡胶油等产品；利用重质组分沥青制备碳材料、石墨电极等；此外，还可利用煤焦油全馏分或部分馏分加氢生产航空煤油、车用发动机燃料油或调和组分。通常，煤焦油加氢可获得上述四方面产品中的数种产品，以一方面中的一种或几种产品为主，副产其他方面的产品。前三方面可归为一类，是利用煤焦油及其加工馏分制取化学品，为化工、医药等行业提供原料或中间体。

　　谷小会按照目的产品类型总结了关于中低温煤焦油的三种加氢路线，如图3-3～图 3-5 所示。一是中低温煤焦油加氢提质路线，如图 3-3 所示，主要是将中低温煤焦油进行加氢提质生产石脑油和柴油调和组分。二是煤焦油抽提高附加值化学品和加氢提质路线，如图 3-4 所示，将高温煤焦油和中低温煤焦油中轻质组分中的高附加值化学品抽提出来，并将其余轻质组分用于加氢提质生产石脑油和柴油调和组分。三是煤焦油综合利用加工路线如图 3-5 所示，这是更为优化的加工利用路线，抽提煤焦油轻质组分中高附加值化学品，对煤焦油中易于转化的重质组分加氢热裂化成轻质组分，将煤焦油中抽提化学品后的轻质馏分和重质组分加氢裂化生成的轻油一同进行加氢提质，大幅提高轻质油品产量，煤焦油中不易转化的重质组分转化成沥青，丰富了产品种类。

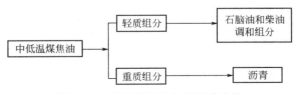

图 3-3　中低温煤焦油加氢提质路线

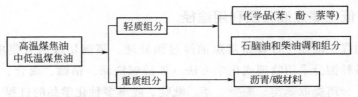

图 3-4 煤焦油抽提高附加值化学品和加氢提质的加工路线

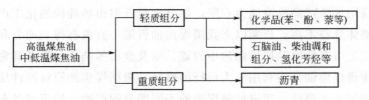

图 3-5 煤焦油综合利用的加工路线

3.2 中低温煤焦油加工典型工艺

根据煤焦油原料的性质特征和加工目的产品的类型,煤焦油深加工采取的工艺路线有所不同。概括而言,煤焦油加氢工艺路线主要有以下几种,分别是煤焦油轻馏分固定床加氢精制技术、煤焦油轻馏分固定床加氢裂化技术、煤焦油全馏分固定床加氢裂化技术、延迟焦化-固定床加氢裂化联合加工技术、悬浮床加氢和沸腾床加氢六类技术,这些技术只是预处理方法不同,后续都要经过固定床加氢。煤焦油的主要加工工艺对比如表 3-6 所示。

表 3-6 中低温煤焦油加工工艺比较

中低温煤焦油加工工艺	原料利用情况	技术特点
轻馏分固定床加氢精制	<350℃馏分	流程简单、投资小,但规模小、轻油产品收率低
轻馏分固定床加氢裂化	<500℃馏分	油品收率较加氢精制的高,催化剂易结焦,运转周期较短
全馏分固定床加氢裂化	全馏分	油品收率较高(90%～92%),柴油十六烷值较低(38～42)
延迟焦化-固定床加氢裂化	重质馏分或全馏分	经济、适用,油品收率低(75%～82%),柴油十六烷值为 42～43
悬浮床加氢	原料来源范围广	原料适应性强,油品收率高达 92%,可在线补充催化剂,但操作难度大、投资大
沸腾床加氢	原料来源范围广	原料适应性强,操作条件宽,油品收率高,投资较悬浮床加氢高 10%～15%

通过对比可见,中低温煤焦油质量好、加工规模小,适用于延迟焦化-固定

床加氢，而对于加工规模大和沥青质、金属含量高的煤焦油，更适合悬浮床和沸腾床加氢裂化技术。煤焦油加工路线没有绝对的优劣，加工工艺路线的选择需根据煤焦油资源、质量、产品要求和企业的投资规模等因素综合分析后确定。下面围绕四种不同目的产品的生产，介绍煤焦油加工的典型工艺。

3.2.1 燃油型煤焦油加工工艺

3.2.1.1 煤焦油延迟焦化-加氢组合工艺生产燃料油

陕西煤业化工集团的神木天元化工有限公司和东鑫垣化工有限责任公司均采用该工艺生产燃料油。天元化工有限公司 50 万吨/a 中温煤焦油轻质化项目也采用煤焦油延迟焦化-加氢处理/加氢裂化技术，生产燃料油，焦化液体产品收率76.8%，加氢装置液体产品收率达到 96.3%。该公司主要产品为轻质化煤焦油 1# 和轻质化煤焦油 2# 等。轻质化煤焦油 1# 主要由 C_{12}~C_{24} 烷烃组成，产品密度为 845~885kg/m³，硫氮含量不大于 0.002%，十六烷值为 46.6。轻质化煤焦油 2# 是由 C_5~C_{11} 烷烃、环烷烃、芳烃、烯烃组成的混合物，产品密度为700~777kg/m³，硫含量不大于 0.002%，烷烃含量不大于 60%，具有较高的环烷烃含量，芳烃含量不大于 12%，烯烃含量不大于 1%。

专利 CN101429456A 提出了一种煤焦油全馏分延迟焦化-加氢组合工艺生产燃料油的方法。焦化液体经过加氢处理、加氢精制和加氢裂化反应，得到的汽柴油的硫、氮含量低，焦化汽油辛烷值约 81，焦化柴油十六烷值约 45，可经调和后作为成品燃料油。

煤焦油经过延迟焦化处理，达到了脱碳的目的，降低了后续加工的苛刻度，延长了装置的开工周期，但是整体的液体收率不高。

3.2.1.2 煤焦油加氢处理-加氢裂化生产燃料油

（1）煤焦油全馏分生产燃料油工艺

煤焦油全馏分催化加氢技术具有原料利用率高、产品收率高等特点。神木富油公司的专利中提供的一种工艺方法为：经过预处理的煤焦油全馏分在溶氢釜中溶氢，得到气液平衡的液体物料；该物料先在第一滴流床反应器中于 310℃、12MPa 条件下进行加氢处理反应；再在第二滴流床反应器中于 380℃和 12MPa条件下进行深度脱氮-加氢裂化反应；所得轻质化产物经蒸馏切割成汽油馏分、柴油馏分和尾油；加氢裂化尾油的 70%~80% 作为循环尾油返回加氢单元循环处理。该工艺所产汽柴油硫、氮含量低，汽油烯烃含量很低。

神木富油公司从 2006 年开始，对煤焦油全馏分催化加氢制燃料油技术进行了系统研究，自 2012 年 7 月正式投料生产以来，经生产现场考核，各项生产运行技术指标均已达到设计要求，其煤焦油的利用率达 100%，液体产品收率高达

94%，并实现了稳定安全运行。

（2）煤焦油馏分生产燃料油工艺

专利 CN1880411A 提供了一种煤焦油重馏分延迟焦化-加氢组合工艺技术，即首先通过常减压蒸馏将煤焦油分离成＜360℃馏分和＞360℃馏分，将＜360℃馏分进行脱酚、脱萘，再加氢精制、加氢改质，最后分馏制得优质石脑油和优质柴油组分；将＞360℃馏分进行延迟焦化后经加氢精制、加氢改质，最后分馏制得优质石脑油和优质柴油组分。

与煤焦油全馏分延迟焦化-加氢组合工艺相比，该工艺汽柴油的硫、氮含量均较高，汽油 RON 辛烷值较低（约 76），两工艺所得柴油的十六烷值相当，该工艺提高了煤焦油的原料利用率，比煤焦油延迟焦化-加氢组合工艺更加合理。

3.2.2　化工型-环烷基油加工工艺

中低温煤焦油加氢产物富含较高量环烷烃，适宜于制取环烷基系列基础油。环烷基油是制备变压器油、冷冻机油和环保橡胶油等的优良原料。

专利 CN103436289A 和专利 CN103436290A 分别提出了煤焦油生产环烷基变压器油、冷冻机油基础油的方法，工艺路线相似。煤焦油经加氢处理、加氢产物分馏，所得的 300～360℃的馏分油，再经过溶剂精制-白土精制脱除非理想组分，得到变压器油基础油，同时副产汽柴油。变压器油产品符合国家《变压器油》（GB 2536—2011）中 45 号变压器油的标准。大于 350℃馏分为冷冻机油馏分，经白土精制得到冷冻机油基础油。所制备的冷冻机油基础油的指标均符合《冷冻机油》（GB/T 16630—2012）中 L-DRA46 号冷冻机油的规定。工艺流程如图 3-6、图 3-7 所示。

在生产变压器油、冷冻机油的流程中，均采用了白土精制工艺，用以脱除非理想组分，产生的白土废渣带来一定的环保问题。

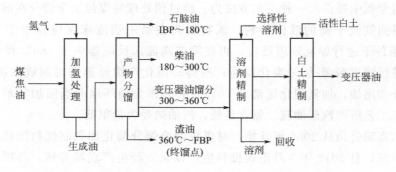

图 3-6　变压器油生产工艺流程

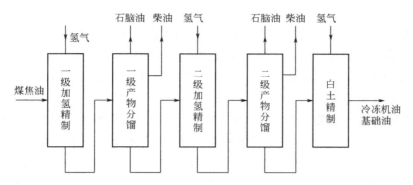

图 3-7　冷冻机油基础油制备工艺流程

专利 CN102888243A 提供了一种煤焦油尾油制备芳香烃型橡胶填充油的方法。工艺流程如图 3-8 所示。

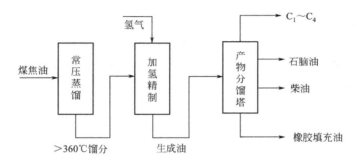

图 3-8　橡胶填充油生产工艺流程

该工艺以中低温煤焦油分馏得到的＞360℃馏分为原料进行加氢精制，所用催化剂为 FF-20，反应温度为 360℃，反应压力为 10MPa。此条件下液体产品质量收率较高，可以达到 97％左右，其中橡胶填充油收率可达 89％。分馏出的塔底油做橡胶填充油，其杂质含量低，各项指标均达到橡胶填充油的标准要求，可以作为轮胎、鞋类以及胶布制品的优良软化剂。

3.2.3　化工型-芳烃加工工艺

3.2.3.1　煤焦油制芳烃概述

芳烃是化学工业重要的基础原料，是含苯环结构的烃化合物的总称。根据分子中苯环数目的不同可分为单环芳烃和多环芳烃，其中最重要的是单环芳烃中的苯、甲苯和二甲苯，统称为 BTX。二甲苯包括对二甲苯（PX）、邻二甲苯（OX）和间二甲苯（MX）。我国每年芳烃需求量已经远远超过两千余万吨，其中有约 50％需从国外进口，并且目前国内芳烃生产技术有 93％以上是以石油为原料。

煤焦油的突出特点是芳烃和环烷烃含量高，在一定温度、压力和催化剂作用下，采用合适的加氢工艺，煤焦油加氢除了制得柴油外，还可得到约20%石脑油，其芳烃潜含量一般都在70%～80%，硫含量低并且杂质含量低，是催化重整制芳烃的优良原料。

煤焦油深加工制芳烃技术主要包括煤焦油加氢制芳烃原料（即高芳潜煤基石脑油和轻烃）、芳烃制取、芳烃转化和芳烃分离四类技术。芳烃制取是将非芳烃转化为芳烃的技术，分别包括以石脑油和轻烃为原料的转化。芳烃转化是不同芳烃间的转化技术，可将市场需求低的芳烃转化为目标芳烃，以最大量生产目标芳烃。芳烃分离是从混合原料中分离制取相应芳烃纯产品技术。芳烃制取、芳烃转化和芳烃分离技术在石油基石脑油制芳烃过程中已得到了广泛成熟应用，可供借鉴使用。

3.2.3.2　煤焦油深加工制芳烃工艺

采用煤炭分质利用副产的煤焦油为原料，通过煤焦油加氢、芳烃制取、芳烃转化和芳烃分离等装置或单元生产PX，同时副产少量的苯和液化气，典型的工艺流程简图如图3-9所示。

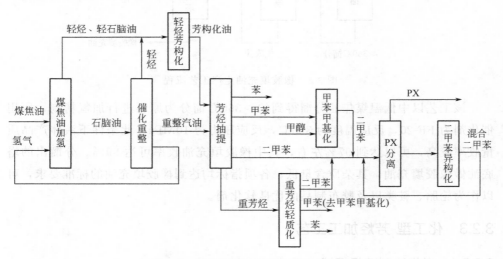

图3-9　煤焦油深加工制芳烃工艺流程

由图3-9可知，煤焦油经加氢得到轻烃、轻石脑油和石脑油，轻烃、轻石脑油进入轻烃芳构化单元生产芳构化油，石脑油经催化重整制得重整汽油；芳构化油和重整汽油进入芳烃抽提装置，经分离得到苯、甲苯、二甲苯和重芳烃。甲苯进入甲苯甲基化装置，与另一原料甲醇反应生成二甲苯；重芳烃进入重芳烃轻质化单元，得到苯、甲苯和二甲苯，所得甲苯可用于甲苯甲基化装置的原料；芳烃制取和芳烃转化过程产生的二甲苯进入 PX 分离单元，获得高纯度 PX，剩余芳烃经二甲苯异构化装置制取混合二甲苯，再循环回 PX 分离单元做 PX 制取的原料。

轻烃芳构化过程是将轻烃组分在催化剂作用下，通过裂化、脱氢、齐聚、氢转移、环化、异构化，同时伴随少量的烷基化、歧化等一系列复杂反应，转化为芳烃的过程。目前国内工业上应用的主流技术有中石化洛阳工程公司芳构化技术、中石化石科院芳构化技术和大连理工大学开发的 Nano-forming 芳构化工艺。

芳烃抽提技术是芳烃生产中实现芳烃和非芳烃分离的重要方法，应用的主要溶剂是环丁砜。

重质芳烃轻质化技术获得工业化的主要包括热加氢脱烷基和催化加氢脱烷基等方法。热加氢脱烷基技术反应温度一般在 $700\sim800℃$，反应过程中不使用催化剂，不需要催化剂再生系统，可以长时间不间断运行。催化加氢脱烷基技术根据所采用的催化剂不同，可分为复合氧化物型和分子筛型催化脱烷基两类技术。所采用的催化剂分别为 Cr_2O_3/Al_2O_3 以及贵金属或非贵金属改性的丝光沸石催化剂。

甲苯甲醇甲基化合成 PX 的典型工艺是以稀土、钙和镁等氧化物改性的 ZSM-5 分子筛 $[n(SiO_2)/n(Al_2O_3)=40\sim80]$ 为催化剂，反应温度 420℃，反应压力 $0.1\sim0.5MPa$，甲苯与甲醇摩尔比为 2∶1，甲苯转化率可达 27.3%，混合二甲苯中 PX 选择性达到 94.1%。

二甲苯异构化技术分为乙苯转化型二甲苯异构化技术和脱乙基型二甲苯异构化技术。工业化的乙苯转化型异构化技术主要有 UOP 公司的 Isomer 工艺及 I-400 系列催化剂、Axens 公司的 Octafining 工艺（提供技术许可）及 Oparis 系列催化剂和中国石化的二甲苯异构化技术及 RIC-200 系列催化剂。脱乙基型异构化工艺与转化型异构化工艺流程相近，只是在脱庚烷塔的分离和压缩机规模方面有一定的差异。中国石化自主开发的二甲苯异构化技术及配套的 SKI 系列催化剂于 2005 年实现工业化。

3.2.3.3 煤基石脑油催化重整制芳烃工艺过程分析

朱永红对煤基石脑油半再生催化重整制芳烃的工艺过程进行了研究，综合考察了反应温度、反应压力和液时空速对芳烃收率、C_{5+} 液体收率、苯收率、甲苯收率、二甲苯收率以及 BTX 总收率的影响。

研究结果表明，升高温度有利于反应进行，但环烷烃在脱氢反应过程中容易生成多环芳烃，多环芳烃是积炭的前身，一旦生成将牢固地停留在催化剂表面，进一步加剧催化剂的结焦失活。反应压力对重整产品产率和催化剂稳定性等具有很大的影响。低压促进芳构化反应进行，可以获得较高芳烃收率，但反应压力过低会导致催化剂积炭速率大大增加，缩短装置操作周期。煤基石脑油环烷烃含量高，环烷烃脱氢芳构化反应速度快，在高空速下也能接近平衡，反应苛刻度下降，而适当提高反应温度有利于芳构化反应进行，在一定程度上弥补了因空速增加而降低反应苛刻度的影响。因此，在煤基石脑油重整工业生产中可以采用适当高的液时空速，配合一定程度的温升，这样既可以实现较高的芳烃收率，同时增大重整装置的处理量。

综合实验结果，并考虑到工业生产中需要保持半再生重整装置的长周期操作和低成本运行，筛选出煤基石脑油半再生催化重整合适的工艺参数区间，其中反应温度为 $500 \sim 520℃$；反应压力在 $1.2 \sim 1.6MPa$，体积空速为 $2.0 \sim 3.0h^{-1}$。

3.3 中低温煤焦油加工关键技术

3.3.1 中低温煤焦油预处理

中低温煤焦油预处理主要是除去煤焦油中的杂质，如水分、盐类和金属等等，本小节主要简述中低温煤焦油中各杂质的分布形态和危害，以及水分、盐类和金属等的脱除方法。

3.3.1.1 中低温煤焦油各杂质分布形态及危害

煤焦油中的水分有三种存在状态：一是机械夹带水，即冷凝过程中水蒸气冷凝的水分，这种水分较易被除去；二是乳化水，由于焦油中含有天然的界面活性物质，如沥青质、胶质、喹啉类极性物质、煤粉、游离碳等作为乳化剂，在高温、高速搅动的作用下，使焦油和氨水发生乳化，形成油包水型（W/O）乳状液，需要加热才能除去；三是化合水，即以分子的形式与酚类、吡啶盐基类化学结合而存在的水分。焦油含水多，将延长脱水时间而降低设备生产能力，增加耗热量。此外，伴随水分带入的腐蚀性介质，还会引起管道和设备的腐蚀。

根据溶解性可将煤焦油中盐类分为两大类：水溶性盐和油溶性盐。水溶性盐主要是由碱金属、碱土金属组成的无机盐类，如 $CaCl_2$、$MgCl_2$、$NaCl$ 等，它们大都溶解在煤焦油乳状液的水相中；占煤焦油盐类的绝大部分油溶性盐主要是含有 Fe、Ca 等微量金属元素的环烷酸盐、脂肪酸盐和酚盐等有机盐类，以及少量的卟啉类螯合物。盐类在煤焦油加工过程中发生腐蚀反应的原因有很多，主要包括以下几个方面：铵盐和水发生反应、铵盐自身分解、氯离子引起的点蚀反应、硫元素物质与其他化合物之间的反应以及电化学反应等，而且煤焦油中含有的氯化氢物质，也会加大腐蚀侵害设备的程度，而且腐蚀反应会不断循环持续。

煤焦油中主要存在的金属杂质有 Na、Mg、Ca、K、Fe 等，虽然含量在微量级别，但仍会影响设备的正常运行与后期产品质量，煤焦油中金属种类主要有碱金属、碱土金属和变价金属三类。煤焦油中碱金属如 Na、K 等主要以无机盐的形式存在，如硫酸盐、碳酸盐、氯化盐等，其余的主要以石油酸盐的形式存在于油相中，如环烷酸盐、酚盐等。煤焦油中的变价金属如 Fe 等主要以高分子螯合物的形式存留在油相中，具有较高的稳定性和耐高温性。

金属杂质对煤焦油后期加工的危害主要有以下三类。其一是对常减压蒸馏塔顶的腐蚀：煤焦油中的金属元素尤其是 Na、K 等主要以氯化盐的形式溶解于油品中的水相中，当温度达到高温时，氯化盐会发生水解产生氯化氢，氯化氢随水蒸气到达蒸馏塔的塔顶；当温度降低时，水蒸气冷凝为水，氯化氢极易溶于水成为盐酸，会严重腐蚀设备。其二是易导致热交换器或转化炉结垢：煤焦油在经过热交换器或者加热炉时，溶解在水中的无机盐会随着温度的升高析出而附着在换热器或管道内壁上，不仅会降低传热系数和管道流通面积，增大管道压力，加重运行负荷，还会增加能耗。其三是对催化剂的危害：煤焦油加氢过程中，油品中的金属尤其是 Fe、Ca 会对催化剂产生严重危害。油品中的 Fe、Ca 离子会和硫化氢反应转化为金属硫化物，最终沉积在催化剂床层上，引起催化剂表面积、比表面积和孔体积的降低，造成床层压降升高，影响加氢过程的正常运行。

3.3.1.2　中低温煤焦油中水分的脱除方法

煤焦油脱水分为预脱水和最终脱水。预脱水技术一般有加热静置法、超级离心法；最终脱水技术包括管式炉脱水法、脱水塔法、加压脱水法、反应釜脱水法和薄层脱水法等，煤焦油脱水方法的优缺点见表 3-7。

表 3-7　煤焦油脱水主要方法优缺点比较

分类	方法	优点	缺点
初步脱水	加热静置法	简单实用、投资小	效率低，需人工清渣
	离心分离法	效率高，占地小，油槽不需人工清渣	投资大，运行维护费用高
最终脱水	管式炉法	效率高	能耗高
	脱水塔法	技术先进，脱水效果好，能耗低	投资大，工艺较复杂
	加压法	能耗低	投资大，运行管理难度较大
	反应釜法	简单易用，投资小	效率低，仅用于小规模生产
	薄层法	技术较先进	仅用于小规模生产

李宏等以陕北神木中温热解煤焦油为原料，对中温煤焦油脱水的动力学进行了研究。根据 Smoluchowski 提出的快速聚沉理论，作出以下几点假设：①内相水滴是大小均一的球粒；②水滴的运动完全由 Brown 运动所控制，不存在任何斥力势垒；③水滴粒子除了发生相互接触外不发生相互作用，即它们之间无吸力或斥力；④当水滴粒子碰撞时相互黏结而成为一个运动单元。图 3-10 为两个半

径为 R 的球形水滴粒子碰撞黏结的模型，将水滴粒子 2 固定在坐标原点，以原点为中心，$2R$ 为半径画出同心虚线圆，则 $2R$ 就是粒子 2 与粒子 1 发生碰撞和黏结必须接近的距离。该研究中考察了温度、黏度、时间及含水质量分数对中温煤焦油脱水率的影响，用 Matlab 软件拟合出各动力学参数，并用实测数据对模型的可靠性进行验证。结果表明，所推导的模型可较好地对煤焦油脱水率的结果进行预测，相对残差均小于 0.3%。

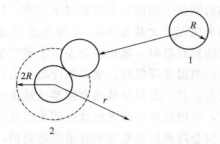

图 3-10　球形胶粒碰撞黏结模型

目前，煤焦油深度脱水方法以化学破乳法和电化学法最好。

化学破乳法就是通过添加破乳剂实现乳状液破乳脱水目的的方法。由于破乳剂比界面膜上的活性物质有着更好的表面活性和更低的表面张力，它可以吸附在油水界面上或部分置换掉油水界面上原有的乳化剂，从而降低油水界面膜的表面张力，削弱界面膜强度，促进乳状液的破乳与脱水。王世宇以大同和神木采集的低温煤焦油为研究对象，从乳状液稳定性的角度，研究分析了低温煤焦油物理性质、化学组成和天然表面活性剂对低温煤焦油破乳脱水机理及破乳剂选择的影响。确定低温煤焦油破乳脱水的最佳温度在 80～90℃之间，此温度下，低温煤焦油的黏度较低，适合破乳脱水，并发现影响煤焦油乳状液稳定性的关键因素是界面张力，而不是界面强度。方梦祥等人采用添加破乳剂的方法探究煤焦油在进行深加工前的脱水效果和影响因素，在一段蒸发器出来的焦油含水质量分数小于 0.5%。

电化学法是在电场与化学法协同作用下脱除油品中水分与盐分。油相包裹的小水滴在电场中主要受到电泳聚结、偶极聚结和振荡聚结作用，小水滴会不断运动、碰撞、絮凝、破乳和聚结成为大水滴，最后在重力作用下利用油水密度差实现油水分离。李学坤采用 YS-3 电脱盐试验与破乳剂评选仪，对中温热解煤焦油进行电化学脱水。考察了破乳剂加入种类和加入量、电场强度、去离子水加入量、脱水温度、脱水时间等 6 个单因素对煤焦油电化学脱水效果的影响，采用响应面法对破乳剂加入量、去离子水加入量、脱水温度、脱水时间进行了优化试验。最终，脱水率最高达到 99.5%，煤焦油中水含量最低为 127.7μg/g。

3.3.1.3　中低温煤焦油中盐类的脱除方法

盐类的脱除方法，主要包括物理和化学两种方法，其中物理方法分为沉降法和过滤法，而化学方法分为电化学法和声化学法两种。此外还有一些利用微波、磁处理和生物法等前沿技术应用于煤焦油中盐类的脱除。

目前煤焦油脱盐主要采用交直流电脱盐技术，在脱盐罐内，含水量从下到上逐渐减少，根据介质的导电性能，用弱电场脱除较大的水滴，这将减少较大水滴及乳化液进入中电场和强电场，使用弱电场可以减少电耗和因较大水滴排列造成的电场短路现象的发生，有效利用直流中电场和强电场脱除微小水滴，降低电耗，同时该技术的应用保证了水滴在电场中有足够的停留时间，有利于水滴的有效分离。

杨占彪等在中国专利 CN100569910C 中，公布了一种焦油电场净化技术，该方法包括制备混合油、一级电脱、二级电脱、三级电脱、污水排放工艺步骤。该发明与现有煤焦油的净化方法相比，具有工艺过程较简单、生产运行费用低、净化率高等优点，净化率可达 95％以上。李泓等在中国专利 CN103102933A 中介绍了一种适合高、中及低温煤焦油的深度脱盐脱水除杂的方法。该方法是在煤焦油中加入浓度为 5％～10％的碳酸钠溶液，温度升至 100～120℃，形成稳定的钠盐，将煤焦油进行两次过滤，注入一定比例的水和 0～100μg/g 的破乳剂，经过混合后，再通过高压电场进行脱盐脱水，得到满足后续加工要求的净化煤焦油。崔楼伟等对煤焦油电脱盐过程中的温度、电场强度、破乳剂注入量、脱金属剂注入量、水注入量等工艺参数影响进行了研究。电脱盐后的金属含量及水含量满足加氢原料油的进样要求。

在煤焦油的电脱盐处理过程中，以下几方面值得注意：其一，煤焦油的乳化性极易造成水滴分散、局部放电和不规则电场现象的出现，因此，选取和研发适宜的破乳剂是提高油水分离速度的重要途径。其二，电脱盐装备由于会受到大颗粒煤焦油的干扰，进而会导致其绝缘性能的损耗，易引发电弧、水链和电蚀等后果，因此增加吊挂的绝缘性能十分必要。其三，温度对于电脱盐设备所带来的潜在影响也不容忽视，满足加工温度条件的设备材质需要合理选择。

3.3.1.4　中低温煤焦油中金属的脱除方法

脱金属反应原理是脱金属剂与中低温煤焦油充分混合，脱金属剂与中低温煤焦油中的金属化合物充分接触并反应，生成沉淀或水溶性稳定配合物，然后在一定条件下使反应产物和煤焦油充分分离，将煤焦油中的金属从油相转移到水相，并随煤焦油中水相一起脱除。唐应彪等以陕西低温煤焦油为原料，开展了针对煤焦油的脱金属处理技术的研究。研究中考察了离心转速、电脱盐温度、电场强度、注水量、混合强度、破乳剂添加量、脱钙剂添加量等条件，试验结果表明：

在最佳处理条件下煤焦油含盐量降低至 3mg/L 以下，含水量小于 1%，脱钙率超过 98%，脱铁率超过 90%，煤焦油中的杂质含量显著降低，可以满足后续加氢工艺的要求。

3.3.2　中低温煤焦油延迟焦化技术

在现代炼油工业，热裂化过程发挥着重要的作用，是目前渣油加工，特别是劣质渣油深加工最有效的手段之一。本小节主要讨论中低温煤焦油的热裂化过程——延迟焦化。

3.3.2.1　中低温煤焦油延迟焦化技术概述

延迟焦化是指以贫氢的重质油为原料，在高温下（约 500℃）进行深度的热裂化和缩合反应，生产富气、粗汽油、柴油、蜡油和焦炭的技术。它是世界渣油深度加工的主要方法之一。其主要目的是将高残炭的残油转化为轻质油，所用装置可循环操作，即将重油的焦化馏出油中较重的馏分作为循环油，且在装置中停留时间较长。延迟焦化反应可以分为裂化（吸热）和缩合（放热）两类，但总体上是吸热反应，高温有利于反应的进行。

作为渣油轻质化过程，延迟焦化具有众多优点：可以加工残炭值及金属含量很高的各种劣质渣油，而且过程比较简单，投资和操作费用较低；所产馏分油柴汽比较高，柴油馏分十六烷值较高；能为乙烯生产提供石脑油原料；可生产优质石油焦。然而，延迟焦化工艺焦炭产率高，液体产物的质量差，需要进一步加氢精制。

3.3.2.2　中低温煤焦油延迟焦化反应原理

煤焦油经过加热炉加热后，主要进行两个反应：一个是裂化反应，反应过程吸热；另一个是缩合反应，反应过程放热。裂化反应的发生可实现煤焦油的轻质化，增产汽油、柴油馏分；缩合反应的进行，使液体原料经热加工产出焦炭。

（1）链烷烃的热反应

烷烃分子在该加工过程中主要发生 C—C 键的断裂和 C—H 键的断裂。C—C 键断裂生成小分子的烷烃和烯烃，C—H 键断裂生成碳原子数不变的烯烃。

以辛烷为例，见图 3-11，分子结构中 a→d 和 g→d 处的 C—C 键能逐渐减小，d 处的 C—C 键能最小约为 310kJ/mol，a、g 处的键能为 335kJ/mol，C—H 键能在 360～394kJ/mol。

图 3-11　辛烷的分子结构

因此，烷烃分子的热反应过程中，C—C 键比 C—H 键容易断裂，长链烷烃易断链生成小分子的烷烃和烯烃。

烷烃分子的热反应过程通常应用自由基反应机理来解释。对于烃类的热反应，分子结构中键能较弱的部分容易断裂成自由基，被称为烃类热反应的链引发过程。H·、CH_3·、C_2H_5·等结构较小的自由基可短时间存在，可与其他的分子发生碰撞产生新的自由基。长链结构的自由基很不稳定，再次裂化生成烯烃和小的自由基，逐步形成一种连锁反应（如图 3-12 所示），被称为烃类热反应的链传递过程。

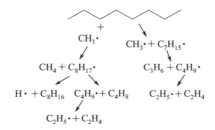

图 3-12　辛烷的自由基反应路径

自由基在离开反应系统需要终止反应时，自由基与自由基之间相互结合生成烷烃（如图 3-13 所示），被称为烃类热反应的链终止过程。

$$H· + H· \longrightarrow H_2$$
$$CH_3· + H· \longrightarrow CH_4$$
$$C_2H_5· + H· \longrightarrow C_2H_6$$

图 3-13　链反应的终止

因此，煤焦油焦化反应气体中含有一定量的氢气和烯烃，C_1 和 C_2 的比例较高，如表 3-8 所示，陕北某厂煤焦油热反应所得气体组成。

表 3-8　陕北某厂煤焦油热反应所得气体组成

气体组成	体积分数/%	气体组成	体积分数/%
H_2	10.61	反-2-丁烯	0.24
CH_4	53.33	正丁烯	0.65
C_2H_6	15.47	异丁烯	0.38
C_2H_4	1.85	顺-2-丁烯	0.16
C_3H_8	5.96	C_{5+}	1.42
C_3H_6	2.67	CO	2.96
i-C_4H_{10}	0.28	CO_2	2.69
n-C_4H_{10}	1.31	合计	100

（2）环烷烃的热反应

环烷烃的热反应主要是烷基侧链断裂和环烷环的断裂。单环环烷烃的脱氢反应须 600℃以上才能进行，但双环环烷烃在 500℃左右就能进行脱氢反应，生成环烯烃。

（3）芳香烃的热反应

芳香环极为稳定，一般条件下芳香环不会断裂。带烷基侧链的芳烃在受热条件下会发生侧链断裂或脱烷基反应。其中，烷基侧链在断裂形成小分子烃和自由基的过程中，芳香环结构会形成类似于氢自由基的芳香环自由基，进而芳香环自由基之间相互缩合生成环数较多的芳烃，直至生成焦炭。因此，带侧链的芳烃的热反应过程中裂化反应和缩合反应是同时进行的，其反应行为如图 3-14 所示。

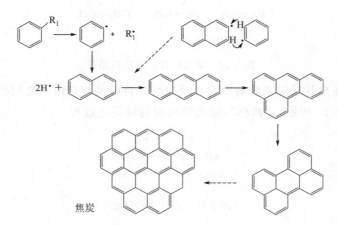

图 3-14　芳香烃缩合反应生焦机理

（4）烯烃的热反应

中低温煤焦油中含有一定量的长链烯烃，而且煤焦油热反应过程中也会产生烯烃。热反应过程中，原料被逐级加热，当温度升高到 400℃以上时，裂解反应开始变得重要，碳链断裂的位置一般在烯烃双键的 β 位置：

$$\beta \quad \alpha \quad \alpha$$

烯烃裂解生成气体的反应远不及缩合成高分子叠合物的反应来得快，例如烯烃的芳构化：

但是由于缩合作用所生成的高分子叠合物也会部分裂解，这样缩合反应和裂解反应交叉进行，使得烯烃的热反应产物的馏程范围变得很宽。

（5）胶质和沥青质的热反应

中低温煤焦油中胶质和沥青质主要是稠环化合物，分子结构中也多含有杂原子，它们是分子量分布范围很宽、环数及其稠合程度差别很大的复杂混合物。相比于渣油中的沥青质，煤焦油中的沥青质的平均分子量较小，但其极性较强。因此，胶质和沥青质在热反应中，较易缩合生成焦炭，还会发生断侧链、断链桥等反应，生成较小的分子。

由以上讨论可知，烃类的热反应基本上可分成裂解反应与缩合反应（包括叠合反应）两个方向。裂解方向产生较小的分子，而缩合方向则生成较大的分子。烃类的热反应是一个复杂的平行顺序反应。这些平行的反应不会停留在某一阶段上，而是继续不断地进行下去。随着反应时间的延长，一方面由于裂解反应生成分子越来越小、沸点越来越低的烃类（如气体烃）；另一方面由于缩合反应生成分子越来越大的稠环芳香烃，最后生成氢碳比很低的焦炭。

3.3.2.3　中低温煤焦油延迟焦化工艺

延迟焦化在重油轻质化和焦炭的生成过程中起着重要的作用，刘建明等对中低温煤焦油延迟焦化工艺条件作了系统研究。采用的原料是内蒙古具有代表性的中低温煤焦油，其性质见表 3-9。该煤焦油密度很大，黏度较高，残炭和灰分也较高，属于低硫煤焦油；氮、氧含量较高，H/C 原子比为 1.23。

表 3-9　煤焦油常规性质分析

项目	性质	项目	性质
密度(20℃)/(kg/m³)	1004	硫/%	0.37
水分/%	3.7	氮/%	3.47
凝固点/℃	19	氧/%	4.07
残炭/%	5.24	灰分/%	0.25
碳/%	83.12	运动黏度(50℃)/(mm²/s)	235.95
氢/%	8.53		

（1）反应温度的影响

在压力为 0.16MPa、水油质量比为 0.09 的条件下，温度 480～500℃的范围内进行了延迟焦化反应的研究，反应条件及结果见表 3-10、表 3-11 及图 3-15。

表 3-10　焦化反应条件

编号	实验 03	实验 04	实验 05	实验 06	实验 07
反应温度/℃	480	490	500	500	500
反应压力/MPa	0.16	0.16	0.16	0.15	0.17
预热炉温度/℃	350	350	350	350	350
加热炉温度/℃	480	490	500	500	500

编号	实验 03	实验 04	实验 05	实验 06	实验 07
焦化塔温度/℃	500	500	500	500	500
水油质量比	0.09	0.09	0.09	0.09	0.09
进料量/(g/min)	36	30	36	40	32
加水量/(g/min)	3.24	2.7	3.24	3.6	2.88

表 3-11　焦炭质量分析

编号	挥发分/%	灰分/%	硫/%
实验 03	11.6	1.04	0.1
实验 04	9.78	1.07	0.09
实验 05	8.16	1.05	0.13
实验 06	6.72	1.0	0.095
实验 07	9.23	0.95	0.11

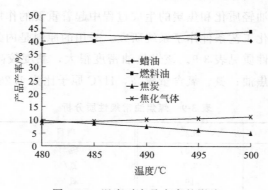

图 3-15　温度对产品产率的影响

反应温度升高，反应速度增大，而且较高的反应温度有利于裂解反应的发生、抑制缩合反应的进行，这使得燃料油及气体产率增大，蜡油及焦炭产率减少。同时，反应温度升高使焦炭的挥发分较少，这进一步降低了焦炭的产率。但是提高加热炉出口温度会使炉内结焦速度加快及造成炉管局部过热而发生变形，缩短装置的运行周期。焦炭塔温度过高，容易造成雾沫夹带和促进弹丸焦的生成，使焦炭硬度加大，造成除焦困难；而焦炭塔温度过低，则焦化反应不完全，将生成软焦或沥青。

因此，对于煤焦油这样易发生裂化反应，残炭值又比较高的重质原料，加热炉出口温度及焦炭塔温度不宜过高，500℃是较适宜的温度。

（2）反应压力的影响

反应压力是指焦炭塔顶的压力，在温度为500℃、水油质量比为0.09的条件下，压力在 0.15～0.17MPa 的范围内考察了装置的反应压力对产品分布的影响，从图 3-16 可以看出，压力对产品的分布有显著的影响。

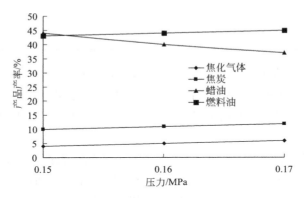

图 3-16　压力对产品产率的影响

　　随着反应压力的升高，延长了气相油品在塔内的停留时间，增加了反应深度。从而提高了燃料油、焦炭及气体的产率，降低了蜡油产率。但反应压力的升高会使焦炭中挥发分含量增加。实验操作压力在 0.17MPa 时，效果较好。

　　(3) 延迟焦化产品分析

　　① 焦炭。由表 3-11 可知，实验 03 至实验 07 的焦炭的挥发分（干基）在 6.72%～11.6% 范围内，硫含量（干基）在 0.09%～0.13%，均低于 1 号 A 焦炭标准所要求的挥发分；而焦炭的灰分在 0.95%～1.07%，低于 3 号 B 焦炭标准所要求的灰分，表明煤焦油延迟焦化获得的焦炭质量较好。

　　② 焦化气体。表 3-12 给出了各反应条件下焦化气体的组成。可以看出，在该实验条件下，焦化反应的裂解反应的深度较大，而发生缩合反应较少。因为氢气被认为是缩聚反应的产物，低分子烃是裂解反应的结果。

表 3-12　焦化气体的组成　　　　　　　　单位：%

编号	H_2	CH_4	C_2H_6	C_2H_4	C_3H_8	C_3H_6	C_4H_{10}	C_4H_8
实验 03	0.1	22.3	23.6	8.4	18.1	12.6	6.5	8.4
实验 04	0.1	13.4	17.6	3.5	25.8	11.3	16.8	11.4
实验 05	0.13	18.5	20.3	11.4	20.7	10.8	11.3	6.87
实验 06	0.2	24.4	19.8	9.3	19.7	13.1	9.2	4.3
实验 07	0.15	19.3	17.8	13.5	20.2	10.7	8.9	9.45

　　③ 液体产物。表 3-13 是温度为 500℃、压力为 0.17MPa 的反应条件下延迟焦化液体产物的馏程分布。

表 3-13　延迟焦化液体产物馏程分布

体积分数/%	0	10	20	30	40	50	60	70	80	90	100
<280℃馏分/℃	110	203	209	214	219	225	235	244	257	276	305
280~360℃馏分/℃	260	273	284	290	299	308	316	325	337	360	365
>360℃馏分/℃	287	367									

由上述结果分析可知：提高反应温度及压力可明显提高焦化反应燃料油的收率，降低蜡油的产率。中低温煤焦油延迟焦化反应的最佳工艺条件为温度500℃，压力0.17MPa。经过延迟焦化反应，可以将低价值的煤焦油转化成高附加值的燃料油。

有专利对延迟焦油工艺进行了优化，其工艺流程见图 3-17。表现为：a. 与常规延迟焦化流程相比，原料进塔流程方案有所优化，不回收液化气，取消了常规四塔吸收稳定、液化气脱硫和脱硫醇，流程缩短，节约了投资；b. 煤焦油中轻组分从原料缓冲罐中分离出来，避免这部分馏分进加热炉、焦炭塔后在高温下裂解产生富气，减少了气相收率，增加了液体收率。

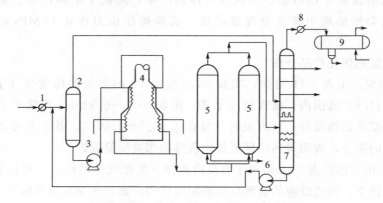

图 3-17　煤焦油延迟焦化工艺流程

1—煤焦油/产品换热器；2—原料油缓冲罐；3—加热炉进料泵；4—加热炉；
5—焦炭塔；6—循环油泵；7—分馏塔；8—分馏塔顶冷凝器；9—分馏塔顶气液分离器

3.3.3　中低温煤焦油催化加氢

中低温煤焦油中含有大量烯烃等不饱和烃，同时硫、氮、氧和金属化合物也占据了一定的比例，合理利用加氢技术可以完成对煤焦油内不需要物质或杂质的脱除。煤焦油催化加氢的原理就是在高温高压下，使煤焦油内发生脱硫、脱氮、脱氧、脱金属反应或烃类饱和反应，进而实现杂质脱除和烃类饱和的过程。加氢产物经过分离处理后，再通过后续加工，从而生产出清洁燃料或化学品。

目前我国煤焦油催化加氢的技术主要有：固定床加氢裂化工艺技术、悬浮床加氢工艺技术、沸腾床加氢技术以及各种组合工艺等。

3.3.3.1 中低温煤焦油固定床加氢

（1）中低温煤焦油加氢精制/加氢处理

① 中低温煤焦油加氢精制/加氢处理技术。煤焦油加氢精制/加氢处理技术的特点是采用固定床加氢精制或加氢处理的方法，脱除煤焦油中的硫、氮、氧、金属等杂原子和杂质，以及饱和烯烃和芳烃，生产出汽油、柴油、低硫低氮重质燃料油或碳材料的原料等目标产品。

我国开发的煤焦油轻馏分油加氢精制技术，是以煤焦油中的轻馏分油为原料，通过固定床加氢，得到汽油和轻柴油产品。煤焦油加氢精制技术的优点是工艺流程相对比较简单、投资和操作费用相对较低，缺点是轻油产品收率和煤焦油资源利用率较低。

② 中低温煤焦油加氢精制/加氢处理催化剂。加氢精制/处理催化剂是加氢精制/处理技术的核心，根据加氢处理的目的可将加氢处理催化剂分为脱金属剂（HDM）、脱硫剂（HDS）、脱氮剂（HDN）、脱残炭剂（HDC）、脱芳烃剂（HDA）等数种。

由于中低温煤焦油低硫、高氮、不饱和程度高等特性，单一的重质油加氢处理催化剂很难达到理想的效果，因此煤焦油加氢反应器床层内通常是多种催化剂级配装填，常规的煤焦油全馏分加氢处理工艺中，催化剂级配原则如图 3-18 所示。石油馏分油（汽油、柴油）加氢技术相对成熟，而煤焦油加氢生产处于初期发展状态。雷雨辰等研究了某焦化企业经过滤处理的低硫高氮煤焦油的加氢处理过程，得到适宜的催化剂级配比例为脱硫催化剂为 0.15、脱氮催化剂为 0.45～0.5、脱金属催化剂为 0.35～0.40。不同作用催化剂的配比和某一催化剂中各物质的配比并不是一成不变的，而是可以根据煤焦油中各物质的含量灵活变通，保证最后轻质油的产量和可利用产物的产量。

图 3-18　煤焦油加氢催化剂级配原则

与石油二次加工馏分油加氢相比，煤焦油加氢改质催化剂需解决的关键问题：一是煤焦油中氧含量高，反应过程中产生的水会对加氢催化剂的活性、水热稳定性及强度均产生不利的影响；二是煤焦油中胶质、残炭含量高容易促使催化剂积炭，易造成催化剂的快速失活；三是煤焦油中硫、氮含量高，必须进行深度脱氮，否则会影响柴油的安定性；四是煤焦油中含有大量的芳烃，必须进行深度加氢脱芳烃，并在尽量减少断链的前提下最大限度地使芳烃饱和，使柴油的十六烷值提高。这些问题的存在，使煤焦油加氢催化剂与催化裂化粗柴油的催化加氢催化剂相比，煤焦油加氢催化剂更难于实现工业化。

a. 加氢处理催化剂的组成。目前开发的煤焦油加氢催化剂，一般仍沿用石油加氢裂化催化剂的发展方向，以多孔的氧化铝、氧化硅、无定形硅铝、氧化钛和具有适宜酸性的分子筛、沸石为载体，加入其他 W、Mo、Ni、P、F、Co 等活性组分。这类催化剂可以有效地脱除煤焦油馏分中的杂质硫、氮、胶质及沥青质等。但是这类催化剂由于含有 W、Mo 等金属元素，催化剂的价格高，同时加氢工艺的投资成本很高。

活性组分是催化加氢活性的主要来源，依据活性组分的不同，可分为贵金属催化剂（Pt、Pd、Rh 和 Ru 等）和非贵金属催化剂（Co、Mo、Ni 和 W 等）。贵金属催化剂的成本高，目前工业上常用的加氢精制催化剂是以钼或钨的硫化物为主催化剂，以钴或镍的硫化物为助催化剂所组成的。提高活性组分的含量，对提高活性有利，但综合生产成本及活性增加幅度分析，活性组分的含量应有一最佳范围，目前加氢精制催化剂活性金属组分的含量（以金属氧化物计）一般在15%～35%之间。

单组分和双组分硫化物催化剂对不同反应的活性对比如表 3-14 所示。

表 3-14　金属硫化物催化剂在不同反应下的活性

反应类型	催化活性顺序
芳烃和烯烃加氢饱和	纯硫化物：Mo＞W＞Ni＞Co
	最佳组合：Ni-W＞Ni-Mo＞Co-Mo＞Co-W
加氢脱硫	纯硫化物：Mo＞W＞Ni＞Co
	最佳组合：Co-Mo＞Ni-Mo＞Ni-W＞Co-W
加氢脱氮	纯硫化物：Mo＞W＞Ni＞Co
	最佳组合：Ni-W＝Ni-Mo＞Co-Mo＞Co-W

载体在催化剂中起着分散和担载活性组分、提供反应所需酸性位的作用，对催化剂性能有显著的影响： ⅰ. 载体与活性组分之间具有一定的相互作用，影响着活性组分被还原或预硫化的难易程度，进而影响催化剂的活性； ⅱ. 载体的孔径大小与原料、产物有着密切的关系； ⅲ. 载体的酸性也相当重要，必须根据实际反应选择弱酸性还是强酸性载体。特别是对于煤焦油这类组成复杂的原料，更应该寻找到合适的催化剂载体。

γ-Al_2O_3 是最常见的催化剂载体，但是其酸类型单一，通常需要助剂改性，改性助剂包括 P、B、Fe 等物质，改性剂可对载体比表面积、孔径、酸位、酸量以及活性组分分散度进行调整，使加氢催化剂更好地发挥作用。助剂对金属-载体相互作用的调变机制主要有 3 种：一是通过对不同配位状态的活性金属数量进行调变，进而影响到金属-载体的相互作用；二是助剂通过它与活性金属间的协同作用对金属-载体相互作用进行调变，主要是一些过渡金属助剂；三是助剂通过对活性金属和载体在物理空间上的"隔离"实现对金属-载体相互作用的调变。而同一种助剂调变能力的强弱主要与其含量和浸渍顺序有关。

b. 加氢处理催化剂的研究进展。李传等采用自制的重油加氢催化剂对煤焦油进行加氢精制，可以达到脱硫率 98.4%、脱氮率 98.1%，柴油馏分十六烷值 >41。杨占林等通过 P 改性 Al_2O_3，得出 P 能降低载体的表面酸量，并且在载体成型过程中加入 P 效果较好；浸渍液中含有 P 也有利于活性组分的还原，同时使催化剂表面具有较高的 Ni/Mo。

多孔材料的使用促进了载体性能的提升。目前，双组分的硅铝分子筛间及硅铝和磷铝分子筛间的微孔-微孔、微孔-介孔的复合型载体是研究的热点。Y 分子筛是最常用的裂化催化剂，在加氢处理催化剂中也正得到越来越多的应用。张海永等将 Y 分子筛用于 NiW 加氢处理催化剂的制备，并改变 Y 分子筛的添加量，用优选的催化剂对煤焦油进行催化加氢，结果显示焦油馏分中环烷烃和氢化芳烃的含量得到显著提高，添加了 5%Y 型分子筛之后效果更为明显。

针对煤焦油原料而言，首先，煤焦油中含氮化合物的含量较高，其中碱性氮会导致催化剂中毒，因此要对催化剂的酸中心密度、强度和种类进行调整。其次，煤焦油是一种复杂的混合物，其分子组成复杂，分子大小相差悬殊，这意味着在制燃料油的过程中这些分子需要不同程度的裂解和加氢反应；而从量上来说，煤焦油混合物中芳烃含量很高，且以三环以上的蒽系为主，油料较重，活性金属原子簇中的原子个数应高于用于处理一般原料油的催化剂。结合其分子大小和量不均匀的特点，催化剂须具有不同的孔径和活性分布，即理论上要求较小孔内的 HC 活性小于较大孔内的活性，这将和混合分子要求不同的反应深度相匹配，这需要探索更加精细的催化剂制备方法。再次，催化剂应有强的芳烃处理能力，包括芳烃吸附、扩散以及更有效的加氢和开环反应，这要求催化剂有较多的晶格缺陷、二次孔以及更加优良的加氢和裂化中心的配合。最后，煤焦油中沥青含量高，结构复杂、分子大，金属杂原子含量高，易于造成催化剂中毒，且部分沥青质会通过缩聚反应、石墨化反应等形成积炭，这一问题的解决很大程度上依赖于催化剂加氢和裂解中心的配合问题。

(2) 中低温煤焦油加氢裂化

① 加氢裂化技术。加氢裂化是在较高的压力和温度下，氢气经催化剂作用

使重质油发生加氢、裂化和异构化反应，转化为轻质油（汽油、煤油、柴油或催化裂化、裂解制烯烃的原料）的加工过程。它与催化裂化不同的是在进行加氢裂化反应时，同时伴随有烃类加氢反应。加氢裂化实质上是加氢和催化裂化过程的有机结合，能够使重质油通过裂化反应生成汽油、煤油和柴油等轻质油品。

加氢裂化原料通常为原油蒸馏所得到的重质油，其主要特点是生产灵活性大，产品产率可以用不同操作条件控制，或以生产汽油为主，或以生产低冰点喷气燃料、低凝点柴油为主，或用于生产润滑油原料，产品质量稳定性好（含硫、氧、氮等杂质少）。

② 煤焦油加氢裂化反应原理。固定床加氢裂化工艺采用具有裂化和加氢两种作用的双功能催化剂，因此加氢裂化实际上是在氢压下进行的反应温度较低的催化裂化。中低温煤焦油由多种烃类物质混合而成，含 S、N、O 等杂原子的化合物在加氢裂化催化剂的作用下会发生加氢反应，脱除 S、N、O 等杂原子裂化反应主要体现在催化剂作用下 C—C 键的断裂。

a. 含杂原子化合物的加氢反应。

ⅰ. 含氧化合物的加氢反应。中低温煤焦油的含氧量远高于硫、氮含量，主要以酚类物质存在于煤焦油原料中。煤焦油中各种含氧化合物的加氢反应主要包括芳香环系的加氢饱和以及 C—O 键的氢解反应。

苯酚中的羟基与苯环相连接，C—O 键非常稳定，很难发生氢解反应。苯酚经过加氢裂化催化剂处理后，反应产物中只有痕量的苯生成。

相对于苯酚，烷基苯酚中的氧原子比较容易脱除，反应原理为：

呋喃也是煤焦油中广泛存在的一种含氧化合物，其在加氢裂化反应过程中的反应原理为：

其中，呋喃结构中的取代基越多，加氢越困难。例如：

　　ⅱ. 含氮化合物的加氢反应。对煤焦油中的含氮化合物进行富集后检测发现，煤焦油中的氮化合物主要为碱性含氮化合物，非碱性含氮化合物质量分数极低。经过分离与分析发现煤焦油中的氮化物主要分为吡啶类化合物、苯胺类化合物、喹啉类化合物、咔唑类化合物、腈类化合物。在含氮化合物中，脂肪胺类化合物比较容易通过加氢反应脱除，生成烃类和 NH_3，苯胺类次之，杂环氮化物难脱除。本文主要讨论脂肪胺类化合物、苯胺类化合物和杂环氮化物的加氢反应。

　　脂肪胺类的加氢反应

　　脂肪胺类化合物由脂肪链和氨基构成，其在加氢反应过程中主要生成烃类和氨气，反应行为如下：

$$R—NH_2 + H_2 \longrightarrow R + NH_3$$

　　苯胺类的加氢反应

　　苯胺类化合物的加氢反应过程与苯酚类化合物的类似，其加氢反应行为为：

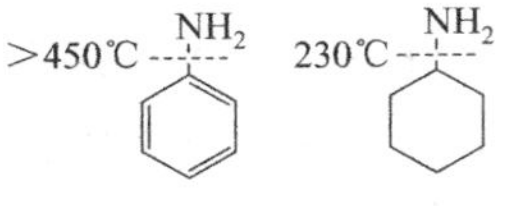

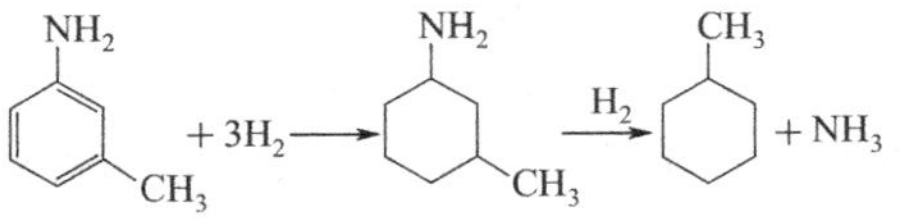

　　苯胺中的 C—N 键的断裂需要很高的温度，因此，苯胺的脱氮过程先饱和芳环，再实现脱氮。

　　杂环氮化物的加氢反应

　　杂环氮化物包括六元杂环氮化物和五元杂环氮化物，例如吡啶和喹啉是煤焦油中典型的六元杂环氮化物，吲哚和咔唑是其中典型的五元杂环氮化物。除此以外，还有多环系统中的五元杂环氮化物和六元杂环氮化物。

　　吡啶的加氢反应行为如下：

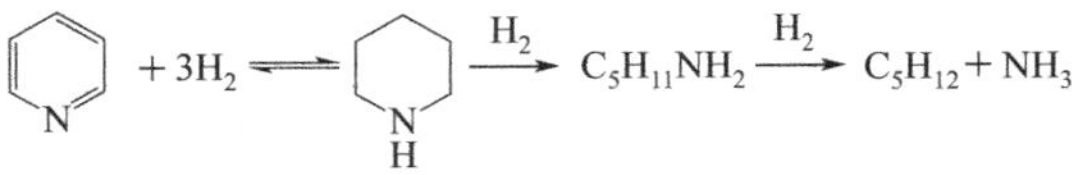

　　喹啉的加氢反应行为如下：

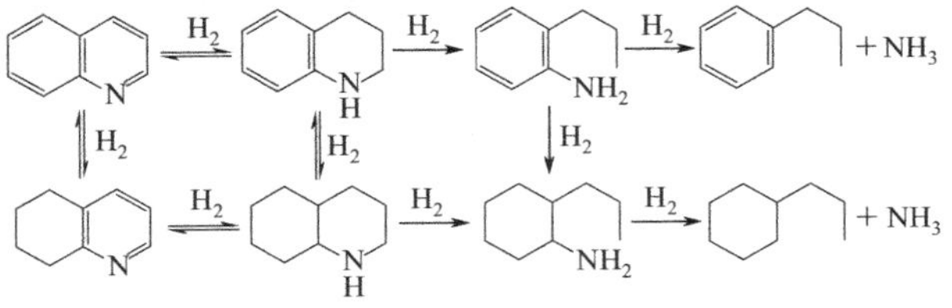

吲哚的反应行为如下：

$$\text{吲哚} \xrightleftharpoons{H_2} \text{二氢吲哚} \xrightarrow{H_2} \text{(乙基苯胺)} \xrightarrow{H_2} \text{(乙苯)} + NH_3$$

咔唑的反应行为如下：

$$\text{咔唑} \xrightleftharpoons{H_2} \cdots \xrightarrow{H_2} \cdots \xrightarrow{H_2} \cdots$$

$$NH_3 + \text{(二环己基)} \xleftarrow{H_2} \cdots\text{(NH}_2\text{)}$$

对于多环系统杂环氮化物，第一个环的饱和反应比较容易进行，第二个环的饱和反应就比较困难。而且煤焦油重馏分中含氮杂环化合物的结构中不止两个芳环，甚至有四个、五个芳环，空间位阻效应较强，较难脱除。因此，多环含氮化合物的加氢反应所需的氢分压高，空速低。

ⅲ. 含硫化合物的加氢反应。中低温煤焦油中的含硫化合物主要分为甲硫醇、噻吩类、苯并噻吩类、二苯并噻吩类、苯并萘并噻吩以及未知的五环含硫芳烃化合物。其中，中质和重质馏分中二苯并噻吩类化合物的含量较高。

甲硫醇在加氢反应条件下，会转化为烃和硫化氢，其反应行为如下：

$$RSH + H_2 \longrightarrow R + H_2S$$

中低温煤焦油中可能含有硫醚和二硫化合物，或者在煤焦油加工过程中也可能产生硫醚和二硫化合物。硫醚在加氢反应过程中，首先转化为硫醇，再脱除硫原子转化为烃和硫化氢。对于二硫化合物，首先 S—S 键会发生断裂转化为硫醇，再脱除硫原子转化为烃和硫化氢。

噻吩的加氢反应如下：

$$\text{噻吩} + 2H_2 \longrightarrow \text{(四氢噻吩)} \longrightarrow C_4H_9SH \xrightarrow{-H_2S} \text{(丁二烯)} \xrightarrow{H_2} C_4H_8 + H_2S$$
$$\downarrow H_2$$
$$C_4H_{10}$$

噻吩的加氢产物中有丁二烯的生成，而且丁二烯在加氢作用下最终转化成丁烷。

苯并噻吩在加氢反应条件下转化为乙基苯和硫化氢，其反应行为如下：

$$\text{苯并噻吩} \xrightleftharpoons{H_2} \cdots \xrightarrow{H_2} \text{(乙苯)} + H_2S$$
$$\downarrow H_2$$
$$H_2S + \text{(苯乙烯)} \xrightarrow{H_2} \text{(乙苯)}$$

由反应原理可以看出，煤焦油中甲硫醇类化合物的脱硫反应比较容易进行。而噻吩类和苯并噻吩类化合物的脱硫反应一般分为两种路径：第一种路径为饱和环中的双键，再加氢脱去环中的硫原子；第二种路径为噻吩环的直接反应脱除硫原子。而且，随着噻吩环上取代基的复杂化，比如苯并噻吩和二苯并噻吩，二苯并噻吩的脱硫难度更大，要求的加氢反应条件较为苛刻。

ⅳ. 含金属化合物的加氢反应。研究发现，中低温煤焦油中的铁、钒、镍、铝、铜等主要以环烷酸盐、羧酸盐、酚盐等油溶性有机盐形式存在，并与硫、氮、氧等杂原子以化合物或配合物状态存在，Ni 和 V 的总含量低，不大于 $1\mu g/g$。

中低温煤焦油中还含有一定量的无机金属盐，这类物质在煤焦油预处理阶段已被基本脱除。预处理过后的煤焦油通过加氢处理时，将金属化合物在催化剂表面进行催化分解，使金属沉积在催化剂上，从而降低原料中的金属含量。

S、N、O、金属原子是中低温煤焦油中含有的几种比较典型的杂原子。在加氢裂化反应过程中主要发生加氢反应而被脱除。一般认为 S、N、O 等杂原子化合物中含有芳香环结构的在加氢反应过程中，脱硫反应是比较容易进行的，因为加氢脱硫时，无需对芳环进行加氢饱和，直接脱硫。含氧化合物与含氮化合物类似，需先对芳环进行饱和，再发生 C—O 键和 C—N 键的断裂。

b. 烃类化合物的加氢裂化反应。中低温煤焦油中含有链烷烃和长链烯烃，含有双键结构的烯烃在氢气氛围下主要发生加成反应生成饱和的烷烃，烷烃在加氢裂化催化剂上的反应以裂化反应为主。

碳正离子学说是现今公认的可以广泛解释催化裂化反应机理的一种学说。碳正离子是指缺失一对价电子的碳形成的烃离子。

ⅰ. 碳正离子的引发。加氢裂化催化剂上的 Lewis 酸可以引发烷烃生成碳正离子。

$$A^+ + RH \longrightarrow AH + R^+$$

加氢裂化催化剂上的 Brønsted 酸可引发烯烃生成碳正离子。芳烃也能作为氢质子的受体，在 Brønsted 酸上形成碳正离子。

$$H^+ + RCH_2—CH =\!\!=CH—CH_3 \longrightarrow RCH_2—C^+H—CH_2—CH_3$$

ⅱ. β 键的断裂。长链烷烃形成的碳正离子不太稳定。由于碳正离子的吸引，极大地削弱了 β 处的 C—C 键，引起 β 键的断裂。以含 16 个碳的碳正离子为例：

$$C_5H_{11}—CH^+—C_{10}H_{21} \longrightarrow C_5H_{11}CH =\!\!=CH_2 + C^+H_2—C_8H_{17}$$

一次 β 键断裂生成的碳正离子是伯碳离子，不稳定，易于形成仲碳离子，接着再发生 β 处的 C—C 键的断裂。

$$C^+H_2—C_8H_{17} \longrightarrow CH_3—C^+H—C_7H_{15} \longrightarrow CH_3CH=CH_2+C^+H_2—C_5H_{11}$$

碳正离子的稳定程度依次是：

$$\begin{array}{ccc} R—\overset{\displaystyle|}{\underset{\displaystyle CH_3}{C^+}}—C_2H_5 & R—C^+H—C_2H_5 & R—C^+H_2 \end{array}$$

$$叔碳离子 \quad > \quad 仲碳离子 \quad > \quad 伯碳离子$$

因此，反应中生成的伯碳离子趋于异构成稳定的叔碳离子，表现为产物中的异构体较多。

对于中低温煤焦油的裂化反应，煤焦油中含芳香环结构的化合物的含量较高。芳香环结构易作为氢质子的受体，例如带 3 个碳的，以及 3 个碳以上的侧链的芳香化合物，易于脱除侧链。

环烷烃发生开环反应，生成带侧链的烷烃。

ⅲ. 碳正离子链反应的终止。碳正离子将 H⁺ 还给催化剂，本身变成烯烃，反应终止。

$$C_3^+H_7 \longrightarrow C_3H_6+H^+(Cat)$$

因此，煤焦油中链烷烃和长链烯烃的化学变化，既有 C—C 键的断裂，也有 C=C 键等不饱和键的加氢反应。加氢裂化装置产出的裂化气中 C_3、C_4 含量较高，所得的汽油馏分中异构烷烃多。

③ 加氢裂化催化剂。加氢裂化催化剂是由金属加氢组分和酸性载体组成的双功能催化剂。这种催化剂不但具有加氢活性，而且具有裂化活性及异构化活性。催化剂加氢组分主要是ⅥB族和Ⅷ族元素（Ni、Mo、W、Co、Pd、Pt）的氧化物、硫化物或金属（Pt、Pd）。沸石分子筛是加氢裂化催化剂酸性的主要提供者，为了便于调节酸性、孔结构和提高催化剂的机械强度，常常是沸石分子筛与氧化铝或硅酸铝共同组成催化剂载体。一般认为，金属组分是加氢活性的主要来源，酸性载体保持催化剂具有裂化和异构化活性，也可以认为催化剂金属组分的主要功能是使容易结焦的物质迅速加氢而使酸性活性中心保持稳定。

加氢裂化催化剂按照目的产品分类，可分为轻油型、中油型和高中油型催化剂。其中，以生产石脑油、汽油为主的采用轻油型催化剂；以生产喷气燃料为主，兼产石脑油和柴油的采用中油型催化剂；以生产喷气燃料和柴油为主的，则采用高中油型催化剂。改变催化剂的加氢组分和酸性载体的配比关系，便可以得到一系列适用于不同场合的加氢裂化催化剂。金属组分含量一定的情况下，主要通过改变沸石与其他组分（如氧化铝、无定形硅酸铝等）之比来得到不同的目的产品。以轻油为主要产品的要求催化剂的酸性较强，一般情况下沸石含量较高；而以喷气燃料或柴油为主要产品的，催化剂中沸石用量较少。但只有加氢活性和酸性活性组合成最佳配比，才能得到优质的加氢裂化催化剂。一般要根据原料性质、生产目的等实际情况来选择催化剂。

a. 国内加氢裂化催化剂的开发。国内最早工业化的加氢裂化装置，使用的是中科院大连化学物理研究所开发的无定形载体催化剂 3652。当今加氢裂化的主要研究单位是中国石油化工集团公司抚顺石油化工研究院（FRIPP）。根据国内市场需要和生产实际情况，其开发了多种类型的加氢裂化催化剂，如表 3-15 所示。

表 3-15　FRIPP 加氢裂化催化剂类型

类型	牌号
高压生产石脑油	3825,3905,3955,FC-24
高压灵活生产石脑油和中间馏分油	3824,3903,3971,3976
高压最大量生产中间馏分油	3901,3974,FC-16,FC-20,FC-26
单段加氢裂化	3912,3973,ZHC-02,ZHC-04,FC-14
缓和加氢裂化	3882
中压加氢裂化	3905,FC-12
提高柴油十六烷值	3963,FC-18

ⅰ. FC-24 轻油型催化剂。FC-24 高选择性轻油型加氢裂化催化剂以改性高硅 Y 型分子筛为裂化组分，以钼镍为加氢组分，MoO_3 含量为 14%～16%（质量分数），NiO 含量为 5%～6%（质量分数），具有裂化活性高、重石脑油选择性好、抗氮性能强、加氢性能好、对原料适应性强等特点。采用一次通过工艺流程时，主要用于生产重石脑油和加氢尾油；全循环操作时，可最大量生产优质石脑油。

2004 年，FC-24 催化剂在扬子石化股份有限公司 2.0 兆吨/a 两段全循环工艺流程的加氢裂化装置上成功实现了首次工业应用。FC-24 催化剂与上一代 3905 催化剂的性质见表 3-16，两催化剂的性能比较见表 3-17。在原料油性质和工艺条件相当的情况下，FC-24 催化剂的反应温度可降低 14.9℃，重石脑油收率比 3905 催化剂高 0.63 个百分点，C_{5+} 液体收率高 1.16 个百分点，氢耗略低。

FC-24 催化剂具有较高的活性且稳定性好，产品选择性好，产气少、C_{5+} 液体收率高，经济效益显著。

表 3-16　FC-24 催化剂及 3905 催化剂的组成及物理性质

项目	FC-24	3905
活性组分	Mo、Ni	Mo、W、Ni
孔体积/(cm^3/g)	>0.28	>0.2
比表面积/(m^2/g)	>350	>400
强度/(N/mm)	>14	>12.0
堆密度/(g/cm^3)	0.77～0.83	0.75～0.85

表 3-17　FC-24 催化剂与 3905 催化剂的性能比较

项目	FC-24	3905
密度(20℃)/(kg/m^3)	878.6	881.6
馏程/℃	186～489	168～491
硫含量/$(\mu g/g)$	3853	3109
氮含量/$(\mu g/g)$	687	1144
进料量/(m^3/h)	125	125
活性对比(使用 6 个月)		
精制油氮含量/$(\mu g/g)$	12.3	10.7
反应器内平均反应温度/℃	364.3	379.2
反应器内总温升/℃	45.3	46.8
转化率/%	65.08	66.17
选择性对比(使用 6 个月)		
重石脑油收率/%	48.60	47.97
喷气燃料收率/%	9.80	8.63
尾油收率/%	25.12	25.20
氢耗(标准状态)/(m^3/h)	339	343
C_{5+} 液体收率/%	93.78	92.62
稳定性对比(运行 6 个月)		
平均提温速率/$(℃/d)$	0.0057	0.008

ⅱ. FC-26 高中油型催化剂。FC-26 高中油型加氢裂化催化剂以炭化法生产的无定形硅铝和新型沸石为载体，具有适宜的孔分布和比表面积，具有原料适应性强、中油选择性好、活性适中、稳定性好的特点。其基本物化性质如表 3-18 所示。

表 3-18　FC-26 催化剂的物化性质

组成及性质	技术指标	组成及性质	技术指标
WO_3 质量分数/%	22.0～26.0	比表面积/(m^2/g)	≥200
NiO 质量分数/%	6.0～7.5	堆密度/(g/cm^3)	0.90～1.00
Si-Al 质量分数/%	余量	长度/mm	3～8
Na_2O 质量分数/%	<0.15	直径/mm	1.6
孔体积/(mL/g)	≥0.280		

　　FRIPP 考察了以 FC-26 为催化剂，加工胜利 VGO、伊朗 VGO-1 和伊朗 VGO-2 等 3 种不同的典型重质减压馏分油（VGO）原料（原料油性质如表 3-19 所示），在反应压力 15.7MPa、体积空速 1.5h^{-1}、氢油体积比 1500∶1 的工艺条件下，控制基本相同的转化率，所需反应温度分别为 387℃、381℃和 391℃。产物分布和产品性质列于表 3-20。结果显示，中间馏分油收率分别为 49.05%、50.13%和 56.77%，中油选择性分别高达 78.85%、78.98%和 79.43%。从产品性质来看，加氢裂化重石脑油芳潜高，是优质的重整原料；煤油馏分产物可直接生产 3 号喷气燃料；柴油十六烷值较高，为 59.2～64.0，可生产 0 号柴油；尾油 BMCI 值低，为 12.4～15.4，是较好的裂解制乙烯原料。

表 3-19　原料油主要性质

原料油	胜利 VGO	伊朗 VGO-1	伊朗 VGO-2
20℃密度/(g/cm³)	0.9138	0.9010	0.9147
馏程/℃	350～560	323～532	318～533
残炭质量分数/%	0.20	0.10	0.08
S/N 质量分数/%	0.77/0.23	1.50/0.1320	1.51/0.1493
C/H 质量分数/%	86.78/12.22	85.72/12.65	85.91/12.43
BMCI 值	44.6	39.68	45.4

表 3-20　FC-26 催化剂对不同原料油加氢裂化试验结果

催化剂	FC-26 催化剂		
原料油	胜利 VGO	伊朗 VGO-1	伊朗 VGO-2
裂化反应温度/℃	387	381	391
C$_1$～C$_4$ 收率/%	2.13	1.82	2.29
轻石脑油收率/%	4.10	3.89	4.14
重石脑油收率/%	8.16	8.14	9.02
20℃密度/(g/cm³)	0.7372	0.7385	0.7385
芳潜含量/%	58.80	60.10	59.65
喷气燃料收率/%	33.36	31.04	31.76
20℃密度/(g/cm³)	0.8062	0.8046	0.8021
冰点/℃	<−60	<−60	<−60
烟点/mm	26	26	26
芳烃含量/%	3.1	3.4	3.9
柴油收率/%	15.69	19.09	25.01
20℃密度/(g/cm³)	0.8391	0.8325	0.8281
凝点/℃	−7	−4	−1
十六烷值	59.2	64.0	64.0

续表

催化剂	FC-26 催化剂		
尾油收率/%	37.79	36.53	28.53
20℃密度/(g/cm³)	0.8492	0.8452	0.8443
残炭质量分数/%	0.02	<0.01	0.06
BMCI 值	15.4	12.9	12.4
中间馏分油收率/%	49.05	50.13	56.77
中油选择性/%	78.85	78.98	79.43

考察 FC-26 催化剂的稳定性，以胜利 VGO 为原料，进行 2500h 的稳定性试验，结果见表 3-21。从表 3-21 可知，催化剂运转 2500h，温升为 1℃，提温速率为 0.01℃/d，中间馏分油选择性和收率相当，说明 FC-26 催化剂具有很好的稳定性。

表 3-21　工业放大 FC-26 催化剂稳定性评价结果

项目	运转时间/h		
	320～400	1432～1528	2416～2504
原料油	胜利 VGO	胜利 VGO	胜利 VGO
反应氢压/MPa	14.7	14.7	14.7
反应温度/℃	386	386	387
体积空速/h⁻¹	1.5	1.5	1.5
精制油氮含量/(μg/g)	3.0～7.0	3.0～7.0	3.0～7.0
氢油体积比	1500	1500	1500
液体体积收率/%	97.5	97.4	97.4
中间馏分油选择性/%	78.5	78.7	78.3
中间馏分油收率/%	49.7	49.9	48.6

b. 煤焦油加氢裂化催化剂的开发。以煤焦油为原料生产清洁油品，不仅可以提高产品附加值，同时也是对我国能源结构中"贫油"的有效补充。煤焦油加氢裂化技术及催化剂的开发得到了众多研究关注，主要涉及煤焦油轻质油的加氢处理、煤焦油重馏分的加氢处理-加氢裂化组合工艺、煤焦油轻质油和加氢裂化产物油混合馏分油的加氢改质工艺及其催化剂的开发。相关研究表明，煤焦油加氢产物油的石脑油馏分具有适宜的密度，几乎不含硫氮，芳烃潜含量高达 70%，具有较好的油品质量，但辛烷值低，RON 约 80，适宜于作为优质的催化重整原料；煤焦油加氢产物油的柴油馏分馏程适宜，闪点高，凝点低，但密度较高，多大于 0.870g/cm³，十六烷值较低约 40，大多作为清洁柴油产品的调和油使用。

除上文介绍的加氢裂化催化剂外，山西煤炭化学研究所基于煤焦油加氢催化机理及催化剂制备规律，开发了高活性、高选择性煤焦油加氢系列催化剂，主要催化剂的类型和性质分别列于表 3-22 和表 3-23。

表 3-22　山西煤炭化学研究所煤焦油加氢系列催化剂

项目	编号	功能	特性
保护催化剂	CTP-A/CTP-B	脱除沥青质、胶质、机械杂质	大孔径、高床层孔隙率、高强度
脱金属催化剂	CTP-M	脱除有害金属（Fe/Na/Ca/Al/V）	大孔容、孔径、较高的床层孔隙率
加氢精制催化剂	CTH-1/A/B	加氢脱硫、氧、氮，芳烃饱和	高脱硫、氧、氮活性
加氢饱和、裂化催化剂	CTH-C/CTC-01	加氢裂化、芳烃饱和	适宜的裂化活性及柴油馏分选择性

表 3-23　山西煤炭化学研究所煤焦油加氢系列催化剂性质

项目	CTP-A	CTP-B	CTP-M	CTH-A	CTH-B	CTC-01
形状	孔球	拉西环	齿球	三叶草	三叶草	三叶草
尺寸/mm	$\phi13$	$\phi5.0\times5.0/\phi2.2\sim2.4$	$\phi5.5$	约 $1.6\times(7\sim8)$	约 $1.6\times(7\sim8)$	约 $1.6\times(7\sim8)$
比表面积/(m^2/g)	—	$\geqslant140$	$\geqslant160$	$\geqslant170$	$\geqslant180$	$\geqslant220$
孔容/(cm^3/g)	—	$\geqslant0.70$	$\geqslant0.70$	$\geqslant0.40$	$\geqslant0.38$	$\geqslant0.35$
堆积密度/(t/m^3)	约 0.80	约 0.50	约 0.50	约 0.78	约 0.80	约 0.75
强度/(N/cm)	$\geqslant200$N/粒	$\geqslant150$N/粒	$\geqslant150$N/粒	$\geqslant150$	$\geqslant150$	$\geqslant150$

（3）中低温煤焦油固定床加氢技术

① 中低温煤焦油宽馏分加氢改质。湖南长岭石化科技开发有限公司以中低温煤焦油为原料，开发出了宽馏分煤焦油加氢改质生产轻质燃料油技术，较好地解决了煤焦油加氢过程中氢耗高、易结焦、轻质化难等问题。对各种不同产地、不同工艺的中低温煤焦油，均实现了 85% 以上的原料利用率，获得了合格的清洁轻质油产品。

宽馏分加工技术包括原料预处理、加氢改质和产品分离三个阶段，其中原料预处理阶段通过预处理专利技术除去煤焦油中不能加氢和影响催化剂性能的金属、灰分等物质，并根据市场情况选择性提取有价值酚类产品；加氢改质阶段根据煤焦油原料性质灵活采用加氢精制或加氢精制与加氢裂化的组合来保证轻质化效果和产品质量；产品分离阶段通过产品分离，得到石脑油、柴油调和组分等产品。试验原料性质和试验结果分别见表 3-24 和表 3-25。

表 3-24　中低温煤焦油原料性质

项目	云南煤焦油
密度（20℃）/（kg/m^3）	966.9
运动黏度（50℃）/（mm^2/s）	27.65
凝点/℃	24

项目	云南煤焦油
减压馏程/℃	
初馏点～10%	135～206
20%～30%	226～241
40%～50%	260～285
60%～70%	310～347
80%～90%	380～425
350℃馏量/mL	72
水分/%	6.5
总氮/%	0.96
总硫/%	0.95
残炭/%	2.78
灰分/%	0.179
金属/(μg/g)	449

表 3-25　云南煤焦油加氢改质试验结果

项目	预处理残渣	LPG	石脑油馏分	柴油馏分	加氢尾油馏分
收率	8.5	1.03	8.20	69.17	11.29
密度(20℃)/(kg/m³)	1007.6		765.0	857.6	870.9
馏程/℃					
10%			93	187	382
90%			138	292	467
95%				302	
干点			157	312	
总硫/(μg/g)			37	33	500
总氮/(μg/g)			54	28	
辛烷值			72.3		
芳潜/%			61.8		
凝固点/℃				−27	
冷滤点/℃				−27	
水分/%				痕迹	
灰分/%	0.414			<0.001	0.008
10%残炭/%				0.008	
机械杂质				无	
氧化安定性/(mg/100mL)				1	
铜片腐蚀(50℃,3h)/级				1	
闪点(闭口)/℃				63	
黏度(20℃)/(mm²/s)				2.71	
十六烷值				33.3	
热值/(MJ/kg)	29.67				

　　宽馏分煤焦油加氢改质生产轻质燃料油技术能有效解决煤焦油加氢产业化过程中的各种难点，加氢后得到的石脑油产品，硫氮含量低、芳潜高，是理想的重整原料；柴油产品除十六烷值偏低外，其余指标均满足国标要求，可作优质的调

和料；加氢裂化加氢尾油可进行二次裂化，也可作为清洁燃料油产品。但是，煤焦油中的重组分没有得到较好的利用。

② 中低温煤焦油切割馏分加氢改质。中低温煤焦油切割馏分加氢技术的原理与煤焦油宽馏分加氢相似，都是将煤焦油中的重组分通过减压蒸馏分离出去，脱除煤焦油中的重胶质及沥青质，得到煤焦油中较轻的组分。以较轻的煤焦油组分为原料进行后续加工，降低了煤焦油的反应苛刻度，减少了催化剂床层的积炭及金属富集，有利于延长煤焦油加氢装置的开工周期，同时，得到的石脑油馏分、柴油馏分性质更好。

哈尔滨气化厂采用预分馏塔分离得到粗汽油、粗柴油和粗沥青，粗沥青出装置可作为沥青调和组分或作为管道防腐涂料、与煤混合造气等，流程见图 3-19。粗汽油和粗柴油进入加氢反应器，进行脱硫、脱氧、脱氮、脱金属、烯烃饱和等一系列反应，反应流出物进入分馏塔，分馏出石脑油和清洁燃料油组分。加氢改质前后油品性质的对比见表 3-26，由表可知，油品的性质得到了很大的改善，硫、氮含量大大降低，硫质量分数可以控制在 $50\mu g/g$ 以下，氮质量分数可以控制在 $300\mu g/g$ 以下。但是，分离出的重沥青利用价值较低。

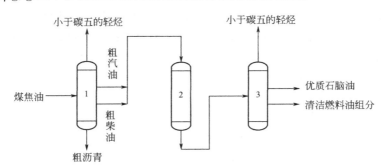

图 3-19　煤焦油切割馏分工艺流程

1—预分馏塔；2—固定床加氢反应器；3—产品分馏塔

表 3-26　加氢改质前后油品性质对比

项目	原料油(反应前)	产品油(反应后)
密度/(g/cm³)	0.9247	0.878
氮含量/(μg/g)	4369	<300
硫含量/(μg/g)	7132	<50
辛烷值	19.6	35

3.3.3.2　中低温煤焦油悬浮床加氢

（1）悬浮床加氢技术

悬浮床加氢裂化技术是由 20 世纪 40 年代的煤液化技术发展而来的。悬浮床加氢裂化是在临氢与充分分散的催化剂和/或添加剂共存的条件下于高温、高压下发生热裂解与加氢反应的过程。悬浮床反应器所用催化剂或添加剂的粒度较细，呈粉状，悬浮在反应物中，可有效抑制焦炭生成。悬浮床加氢技术对原料的杂质含量基本没有限制，甚至可加工沥青和油砂。抚顺石油化工研究院提出了一种均相悬浮床煤焦油加氢裂化工艺，反应生成物经分离、分馏得到石脑油、柴油和重油。煤炭科学研究总院提出了一种非均相催化剂的煤焦油悬浮床/浆态床加氢工艺及配套催化剂技术。美国 KBR 公司和英国 BP 公司开发的 VCC 技术是悬浮床加氢裂化与固定床加氢联合的煤焦油加氢技术，可以将炼油厂渣油、超重原油和煤焦油加工成能够在市场上销售的汽油、柴油产品和馏分油。由于悬浮床加氢裂化技术可以解决渣油转化率不高的限制，煤焦油资源利用率高，轻油产品收率高，产品质量好。这类技术目前还没有在工业生产中得到应用，但已成为近年来炼油工业的热点和重点。

（2）煤焦油悬浮床加氢反应原理

煤焦油悬浮床加氢与煤焦油延迟焦化技术的操作温度都比较高，不同点在于煤焦油悬浮床加氢在处理煤焦油的过程中，外加了分散型催化剂和引入氢源。中低温煤焦油可应用石油四组分分离的方法将其分离得到饱和分（S），芳香分（A），胶质（R），沥青质（As）。以均相悬浮床加氢技术为例，邓文安等认为重油悬浮床加氢的化学反应规律遵循自由基反应机理，如图 3-20 所示。

$$S, A, R, As \longrightarrow Ra \cdot \qquad \text{链引发}$$
$$H_2 \longrightarrow 2H \cdot$$
$$(S, A, R, As) + Ra \cdot \longrightarrow RaH + (S \cdot, A \cdot, R \cdot, As \cdot) \qquad \text{自由基传递}$$
$$(A \cdot, R \cdot, As \cdot) \longrightarrow S \cdot + (A, R, As) \qquad \text{脱烷基}$$
$$S \cdot \longrightarrow S_1 + S_2 \cdot \qquad \text{烷基裂化}$$
$$(A \cdot, R \cdot, As \cdot) \longrightarrow Ra_1 - Ra_2 \qquad \text{缩合反应}$$
$$H \cdot + S \cdot \longrightarrow S \qquad \text{氢自由基的湮灭}$$
$$H \cdot + (S \cdot, A \cdot, R \cdot, As \cdot) \longrightarrow (S', A', R', As') $$

图 3-20　悬浮床加氢反应机理

S—饱和分；A—芳香分；R—胶质；As—沥青质；Ra·—自由基

反应体系中的分散型催化剂活化氢分子产生氢自由基，以湮灭反应中产生的烃类自由基，防止发生过度的聚并反应，特别是生焦前驱体-胶质和沥青质的聚合生焦反应。因此，煤焦油悬浮床加氢过程中的相分离现象并没有煤焦油延迟焦化那么剧烈。

（3）悬浮床加氢催化剂

固定床加氢精制、固定床加氢裂化难以处理煤焦油中约 25% 重组分，更难以处理高温煤焦油，相比而言，悬浮床加氢技术对原料适应性强、收油率高。

　　悬浮床加氢裂化反应器里，催化剂密度与反应物密度接近，催化剂不是固定状态，而是流动状态，催化剂与煤焦油高效接触，通过反应介质能把加氢时的反应热带走，避免了因原料携带污染物的沉积和结焦而造成催化剂床层堵塞的问题。

　　悬浮床重油加氢催化剂先后经历两个发展阶段，从非均相固体粉末催化剂到均相催化剂。早期的非均相催化剂比表面积低，活性低但价格低廉，例如载在褐煤、黏土上的天然铁基物，用量一般占进料的百分之几，在高温、高压、临氢反应后，固体催化剂留在未转化的尾油中，分离及再生困难，即注入浓度较高且不能循环使用，且油品中的铅、砷、钒、重胶质等容易附着在催化剂的孔口表面，导致催化剂中毒。目前经改进的非均相催化剂占有一定的市场份额。均相催化剂包括油溶性有机金属催化剂和水分散型催化剂两类，基本上是 Mo、Ni 基的，价格比较贵但可循环使用。均相分散型催化剂在反应器内可实现高度分散，大大增加了与原料油的接触面积。目前主要的催化剂见表 3-27。

表 3-27　重质油悬浮床加氢工艺催化剂

工艺过程或公司		简况
固体类催化剂	VCC	硫酸亚铁担载在褐煤及焦粉上，褐煤及焦粉作添加剂
	CANMET	硫酸亚铁＋煤粉，100 目左右，用量 1%～3%；载硫酸亚铁的煤粉作添加剂；燃煤或燃油电厂的烟道灰尘作防焦剂；煤粉（60 目左右）上载 Fe、Co、Mo、Zn 等金属元素；石油焦＋硫酸铁作为防焦剂
	HDH	含 Ni 和 V 的天然矿物细粉
	SOC	钼化合物＋炭黑（1～200nm）
	Aurabon	细粉状的硫化钒
	Micro-cat	含钼细粉，粒径 1μm 左右
	MRH，HFC	固体细粉催化剂
	其他	氧化铁（用量 7%）＋酞菁钴（用量 400μg/g）；废加氢脱硫催化剂；硅铝或钛铝氧化物
油溶性催化剂	(HC)₃	多羰基金属（钴、钼、镍及铁等）化合物
	TEXCO，EXXON	有机酸金属盐（钼、钨）；环烷酸盐或树脂酸盐（钴、钼）；油溶性金属化合物与固体粉末混合使用
水溶性催化剂	VRSH	钼酸铵催化剂
	EXXON，IFP，FRIPP	磷钼酸催化剂
	MOBIL	硒或碲的硫化物，0.001%～1.000%

　　① 国内悬浮床加氢催化剂的开发。FRIPP 是国内最早研究悬浮床加氢催化剂和工艺的研究单位之一，但工业示范较晚。该院研究的水溶性乳化分散催化剂，制备和加注简单，金属加入量 200～400μg/g，在 10～15MPa、420～450℃

条件下处理孤岛减压渣油，524℃以上馏分单程总转化率达到50%~70%，生焦率低于0.5%。

三聚环保和华石能源公司联合自主研发了超级悬浮床（mixed cracking treatment，MCT）工艺技术，可用于加工非常规原油，如超重原油、油砂、页岩油及渣油、催化裂化油浆、高中低温煤焦油、沥青等重劣质原料。采用传统的催化裂化重油加工技术，汽油＋柴油收率为65%~70%；采用延迟焦化技术汽油＋柴油收率仅为50%~55%；而采用MCT技术，汽油＋柴油收率可达80%~90%。对比可见，悬浮床加氢技术可大幅提高重劣质原料的转化率。

2016年MCT技术在鹤壁华石联合能源科技有限公司15.8万吨的悬浮床装置上成功应用，这是国内首套成功工业化的悬浮床加氢工艺装置。处理的中温及中低温煤焦油原料性质见表3-28，该技术为悬浮床和固定床加氢裂化组合技术，反应器的运行温度在430~460℃，压力为20~21MPa，催化剂加入量为0.2%~1.5%。原料经悬浮床单元加工，再经固定床加氢裂化工艺处理，得到的产品性质分别如表3-29所示。

表 3-28　中温及中低温煤焦油的原料性质

分析项目	中温煤焦油	中低温煤焦油
密度(20℃)/(g/cm³)	1.01	0.95
水分/%	1.7	—
初馏点/℃	88	81
>210℃收率/%	88	89
>270℃收率/%	71	73
>300℃收率/%	62	64
>350℃收率/%	39	40
残炭/%	9.45	7.69
硫含量/(μg/g)	4011	1529
氯含量/(μg/g)	15.7	32.4
氮含量/(μg/g)	8330	6930
凝点/℃	26	—

表 3-29　MCT悬浮床装置的最终产品油收率和物料衡算

产品名称	流量/(t/h)	收率/%
石脑油组分	1.42	18.7
柴油组分	4.51	59.3
尾油	1.0	13.2
干气及损耗	0.67	8.8
总计	7.6	100

国内煤焦油悬浮床加氢技术获得工业化应用的还有煤炭科学技术研究院有限公司的非均相悬浮床煤焦油加氢工艺。煤科总院开发了 BRICC 煤焦油制清洁燃料工业化成套技术，采用的催化剂为直径 $1 \sim 100 \mu m$ 的粉状颗粒，由 Mo、Ni 或 Co 的水溶性盐等高活性组分及氧化铁矿石或硫化铁矿石等低活性组分共同组成。这不仅降低了催化剂成本，还在一定程度上提高了催化剂的加氢活性。中国石油大学（华东）也开发了煤焦油悬浮床加氢裂化工艺，并自主研发了 Mo、Ni 油溶性催化剂。

② 国外悬浮床加氢催化剂的开发。目前国外渣油悬浮床加氢技术主要有以下 5 种：a. 意大利埃尼（Eni）公司的 EST 技术；b. 英国石油公司（BP）的 BPVCC 技术；c. 委内瑞拉国家石油公司（PDVSA）的 HDHPLUS 技术；d. 美国 UOP 公司的 Uniflex 技术；e. 美国 Chevron 公司的 VRSH 技术。国外主要悬浮床渣油加氢工艺条件见表 3-30。

表 3-30　国外主要悬浮床渣油加氢技术的工艺条件

技术类型	EST	BPVCC	HDHPLUS	Uniflex	VRSH
催化剂	油溶性	粉末型	粉末型	纳米级铁基	水溶性
	钼催化剂	固体催化剂	固体催化剂	固体催化剂	钼催化剂
反应温度/℃	400~425	440~470	440~470	435~470	410~450
反应压力/MPa	10~20	18~23	17~20	12.7~14.1	14~21
原料	高硫、高金属、高残炭、高沥青质的劣质渣油				
产品	多产柴油	多产超低硫柴油	多产超低硫柴油	多产柴油	多产柴油
转化率/%	>97	85~95	85~92	>90	近 100
未转化油/%	2.5~3.8	<5	<10	<10	—

非均相催化剂在国外有一定的市场空间。如 BPVCC 所用的是一种非金属催化剂，源于炼铝工业的废料或褐煤半焦，并且含有镍和铁，呈粉末状，其用量通常为不大于 2%（质量分数），成本较低。另一具代表性的是 HDHPLUS 技术，它所用的催化剂是委内瑞拉富产的一种天然矿物，其中含 4%~5% 的钒和 1% 的镍。该催化剂不仅有加氢转化功能，还能抑制气体和焦炭生成，容金属能力强，催化剂用量为 2%~5%。HDHPLUS 的催化剂成本很低，但需要减少添加量，以免排出过多的固体废物。HDHPLUS 工艺在中试装置上研究了两种固体废物的处理方法：一种是将废催化剂作为冶金工业原料；另一种是将废催化剂再生，两种方法可以联合使用。

Uniflex 工艺采用铁基纳米分散型催化剂，除了具备较好的加氢性能外，这种催化剂还具有巨大的比表面积，可以阻碍生焦前体的聚结，抑制中间相的生成，促进沥青质等大分子转化为小分子，减少生焦量。目前，UOP 公司正在研发第二代催化剂，使用这种催化剂可以比当前催化剂消耗量减少 50%，同时保持更高的催化性能，因此操作成本进一步降低。

油溶性金属催化剂主要是 W-Ni、Mo-Ni 和 Mo-Co 等金属组合的氧化物、硫化物或有机酸盐。EST 工艺的催化剂采用油溶性微晶辉钼矿粉，活性高且能够加快自由基反应和 H-吸附反应速率。反应过程中，钼基催化剂原位分解生成纳米级 MoS_2 催化剂颗粒，均匀地分散在原料油中，与氢气接触发生反应。原料油在反应温度下发生 C—C 键的断裂产生自由基，浓度高达每克几千微克的催化剂可以有效防止自由基再结合进一步生成焦炭，因而大大地提高了加氢反应活性，避免了因使用多孔载体而造成焦炭沉积堵塞床层。

水溶性催化剂中具代表性的一种是 VRSH 工艺的催化剂。经低温、中温、高温三步硫化后的催化剂、H_2 和 H_2S 的混合气与原料油混合进入浆态床反应器，加氢转化及产物分离后，蒸馏塔底油一部分返回反应器进一步转化，较重部分经过溶剂脱沥青后，含催化剂和镍钒等金属硫化物的残渣经过部分氧化区处理，金属硫化物转化为氧化物 MoO_3、NiO、V_2O_5，再经还原区还原，V_2O_5 转化为 V_2O_4，然后经氨水溶解，MoO_3 与氨水反应而溶解，而 NiO、V_2O_4 不溶解，这样就除去了金属镍、钒，后经加热脱除多余氨气，催化剂钼实现了回收，再经过低温、中温、高温硫化及脱氨处理回到反应的起始状态，从而完成了催化剂的循环利用。

（4）中低温煤焦油悬浮床加氢技术研究进展

① 均相悬浮床加氢裂化技术。吴乐乐等研究了以中低温煤焦油重组分为原料的悬浮床加氢过程，原料性质见表 3-31。

表 3-31　煤焦油重组分原料性质

项目	数据	项目	数据
元素分析		密度(20℃)/(g/cm³)	1.1260
C 含量/%	84.73	$n(H)/n(C)$	1.14
H 含量/%	8.10	残炭/%	28.02
O 含量/%	5.69	甲苯不溶物/%	2.05
N 含量/%	0.93	四组分分析/%	
S 含量/%	0.55	饱和分	15.50
Ni 含量/(μg/g)	27.65	芳香分	36.50
V 含量/(μg/g)	28.31	胶质	22.30
Fe 含量/(μg/g)	373.17	沥青质	25.7
Ca 含量/(μg/g)	228.93		

在反应温度 425℃、初始压力 9MPa、助剂加入量 200μg/g 条件下，煤焦油重组分加氢反应的产物分布列于表 3-32，转化率 37.34%，汽柴油馏分收率达

到 53.4%。

表 3-32　煤焦油重组分加氢产物分布

项目	分析结果
气体含量/%	7.33
石脑油含量/%	20.56
柴油含量/%	32.84
沥青质含量/%	37.84
焦炭含量/%	1.43
转化率/%	37.34

　　抚顺石油化工研究院（FRIPP）的贾丽等人提出了一种均相悬浮床煤焦油加氢裂化工艺。采用悬浮床加氢和固定床加氢精制联合工艺处理煤焦油全馏分。悬浮床加氢装置得到的液体，经常减压蒸馏，切割出水、<370℃的轻油馏分和>370℃的尾油。其中<370℃的轻油馏分进入固定床加氢精制装置，脱除硫、氮等杂原子，降低胶质含量以提高柴油质量；>370℃的尾油全部或部分循环回悬浮床反应器，使用的悬浮床催化剂为水溶性的磷钼酸镍。反应后的汽油馏分辛烷值在 68~73 之间，柴油馏分十六烷值在 30~38 之间，可作为汽柴油的调和组分。

　　② 非均相悬浮床加氢裂化技术。煤炭科学研究总院煤化工研究分院（BRICC）提出了一种中低温煤焦油非均相悬浮床加氢工艺的技术路线。首先经过预处理脱去水和其他杂质，然后经过分馏得到酚油馏分、柴油馏分和重油馏分，最后根据各馏分的具体特点可采用不同的加工过程进行加工处理，典型的工艺流程如图 3-21 所示，所用原料性质如表 3-33 所示。

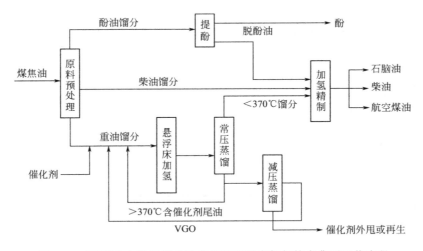

图 3-21　BRICC 中低温煤焦油非均相悬浮床加氢技术典型工艺流程

表 3-33 典型中低温煤焦油原料的性质

项目		煤焦油
密度(20℃)/(kg/m³)		980~1080
运动黏度(100℃)/(mm²/s)		15~125
元素分析	C 含量/%	84.0~87.0
	H 含量/%	7.0~9.9
	N 含量/%	0.5~1.2
	O 含量/%	5.0~11.0
	S 含量/%	0.2~0.5
水分/%		1.0~4.0
机械杂质/%		2.61
实沸点蒸馏馏分分布	<350℃	48.6
(占煤焦油)/%	>350℃	51.4
组分分析/%	烷烃	22.68
	芳烃	27.96
	胶质	27.12
	沥青质	22.24
金属含量/(μg/g)	铁	64.4
	钠	3.96
	钙	90.58
	镁	3.64

采用 BRICC 煤焦油深加工专有催化剂和工艺技术,在 200kg/d 连续运转装置上进行试验,产品性质见表 3-34。由表可知,BRICC 技术适合加工目前固定床加氢技术无法加工的杂质含量较高的煤焦油重质油,液体油(粗酚+石脑油+柴油)总收率达 90.15%,副产品硫黄和氨的总收率达 1.13%,气体收率达 6.48%;产品的质量较好,石脑油和柴油的硫氮含量均小于 10mg/kg,柴油的实测十六烷值在 39~46。

表 3-34 BRICC 中低温煤焦油加工过程的产品性质

项目	原料煤焦油	精制产品[①]	
		石脑油	柴油
密度(20℃)/(kg/m³)	1053.2	789.2	849.6
运动黏度(20℃)/(mm²/s)	—	1.21	3.13
运动黏度(40℃)/(mm²/s)	113.01	—	—
N 含量/(mg/kg)	8300	<10	<10
S 含量/(mg/kg)	3100	<10	<10
凝点/℃	—	—	-31
十六烷值(实测)	—	—	39~46

① 悬浮床加氢裂化-固定床加氢精制产品;石脑油小于 180℃;柴油大于 180℃。

③ VCC 悬浮床加氢技术。VCC 技术是悬浮床加氢裂化与固定床加氢联合的悬浮床加氢裂化技术,该技术是美国 KBR 公司和英国 BP 公司开发的一项以劣

质油轻质化为目的的加氢裂化技术。VCC 加氢裂化技术可以将炼油厂渣油、超重原油和煤焦油加工成能够在市场上销售的汽油、柴油产品和馏分油,转化率达到 95% 以上。

VCC 悬浮床加氢裂化技术的工艺流程见图 3-22,原料与专用添加剂混合成浆料后和氢气混合(循环氢气和补充氢气),预热到反应温度,通过控制操作条件(压力、温度、空速和添加剂量)来保证一次通过操作的反应转化率在 95% 以上。

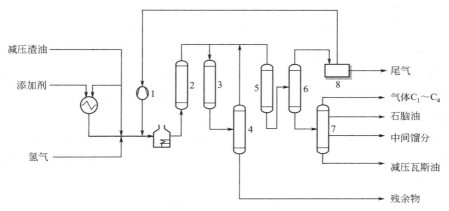

图 3-22　VCC 悬浮床加氢裂化技术工艺流程

1—循环气压缩机;2—悬浮床反应器;3—热分离器;4—减压闪蒸塔;
5—固定床反应器;6—冷分离器;7—分馏塔;8—气体净化

我国首套悬浮床加氢裂化(VCC)中试评价装置——延长石油集团悬浮床加氢裂化中试评价装置于 2014 年 8 月初获得油煤浆进料试验重大突破,进料油煤浆中煤粉浓度达到 45%,反应温度 468℃,转化率、液体收率均超过预期值,实现了重油轻质化和煤油共炼的重大技术突破。

3.3.3.3　中低温煤焦油沸腾床加氢

(1) 沸腾床加氢技术

常见的渣油或劣质油加氢工艺有固定床加氢、沸腾床加氢和悬浮床加氢等技术,表 3-35 对比了这 3 种加氢工艺。沸腾床加氢技术可以处理重质油和渣油,原料适应性广,操作简单,可连续运转,而且加氢技术成熟,将是未来渣油和煤焦油深加工处理的主要发展方向。

表 3-35　渣油加氢工艺比较

工艺类型	固定床	沸腾床	悬浮床
原料	AR	VR	VR
$Ni+V/(\mu g/g)$	<150	200～800	无限制

工艺类型	固定床	沸腾床	悬浮床
CCR/%	<15	20~40	无限制
主要反应	催化	催化＋热裂化	热裂化
转化率/%	20~40	40~90	>90
催化剂类型	Mo、Ni、Co/Al$_2$O$_3$	Mo、Ni、Co/Al$_2$O$_3$	分散型
催化剂浓度	最大	中等	最小
产品质量	较好	稍差	最差
运行周期	约 12 个月	连续运转	连续运转
技术成熟性	成熟	成熟	开发中

　　沸腾床加氢工艺，是指原料渣油与氢气混合后，从反应器底部进入，自下而上流动，反应器中的催化剂颗粒借助于内外循环处于沸腾状态，进而气相和液相达到较充分的接触。沸腾床反应器内催化剂、原料油和氢气受剧烈搅拌，存在严重的返混现象，这使沸腾床反应器内部上下温度基本一致，避免了飞温，同时返混抑制积炭和金属的沉积，避免了因压降过大而堵塞反应管的问题。另外，沸腾床加氢装置操作灵活，催化剂可在线加入和排出，一方面，不用停车更换催化剂，装置能连续长周期运行；另一方面，催化剂维持较高的活性和利用率，使渣油保持较高的转化率。沸腾床加氢技术的核心是反应器，图 3-23 为沸腾床加氢反应器的示意图。

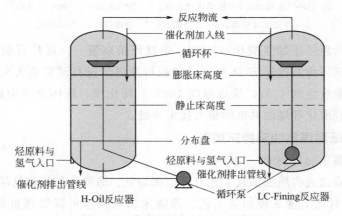

图 3-23　沸腾床加氢反应器示意图

　　沸腾床加氢裂化工艺最早由美国烃研究公司（HRI）和城市服务公司共同开发，该工艺被命名为氢-油法（H-Oil）加氢裂化过程。相继，国外又开发出 LC-Fining 工艺和 T-STAR 工艺，国内中石化抚顺石油化工研究院（FRIPP）开发了 STRONG 技术，上海新佑能源自主研发了劣质重油全返混沸腾床加氢（ebullated-bed upgrading unit，EUU）技术。

① H-Oil 沸腾床加氢技术。20 世纪 50～60 年代，HRI 公司开发出 H-Oil 沸腾床渣油加氢裂化工艺，建成工业试验装置，并实现工业化。到目前为止，全世界约有 14 套 H-Oil 沸腾床加氢裂化装置在运行。H-Oil 技术的核心是三相沸腾床反应器，反应器包括四个关键部件：进、排催化剂系统；高温高压下操作的循环泵；三相料面计和分布板。在反应器内，催化剂被自下而上流动的液相和气相流化，处于具有返混的沸腾状态。液相和气相被特殊设计的分布板及格栅板均匀分布，在反应器顶部有一个专门设计的循环杯，基本上可将气体和液体完全分开。H-Oil 工艺可以在很宽的转化率下操作，在整个运行周期，产品性质几乎恒定，适用于加工高金属和高残炭的重油或减压渣油。国外另一种沸腾床加氢技术 LC-Fining，其与 H-Oil 技术的工艺过程基本相近，区别在于沸腾床反应器中前者使用内循环泵，后者使用外循环泵（见图 3-23）。典型的 H-Oil 工艺流程图如图 3-24 所示。

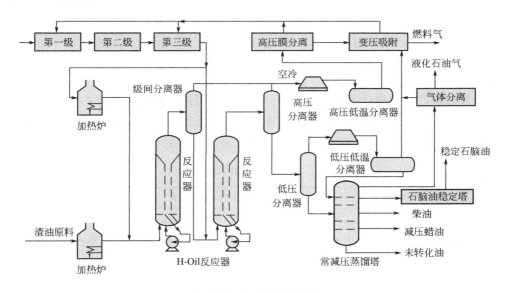

图 3-24　H-Oil 工艺流程

② STRONG 沸腾床加氢技术。STRONG 技术由中石化抚顺石油化工研究院（FRIPP）开发，其先在 3L 三相流化床试验装置上进行加氢工艺技术和催化剂的研发工作，后续经过放大、工业化示范，目前已完成 5 万吨/a 示范装置试验和鉴定以及 200 万吨/a 工艺包。其工艺流程图如图 3-25 所示。

相比于 H-Oil 技术，STRONG 技术在催化剂和反应器方面作了改进。STRONG 技术所用催化剂为微球颗粒催化剂，一方面，可以消除内扩散；另一方面，可以增大原料与催化剂的接触面积，提高催化剂利用率和原料的转化率。

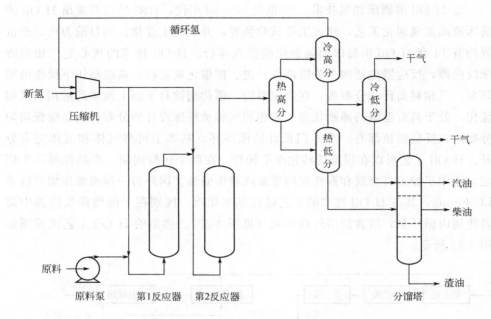

图 3-25 STRONG 沸腾床加氢工艺流程

关于反应器，他们设计了独特的三相分离器，可以防止催化剂夹带；由于微球形催化剂易流化，无需高温高压循环泵和料面控制系统，使反应器的空间利用率大大提高。表 3-36 对比了 H-Oil 和 STRONG 沸腾床加氢技术。

表 3-36 STRONG 和 H-Oil 技术对比

项目		STRONG 技术	H-Oil 技术
催化剂	形状	微球	圆柱条
	粒径/mm	0.4~0.6	0.8~1.2
	利用率	高	低
反应器	循环泵	无	有
	循环油杯	无	有
	料面控制系统	无	有
	设计及操作	简单	复杂
	反应器利用率	高	低
	催化剂藏量	基准×110%	基准
	反应空速/h^{-1}	0.2~1.0	0.2~1.0

煤焦油加氢工艺采用中石化抚顺石油化工研究院开发的 4LSTRONG 沸腾床双反应器串联流程工艺，催化剂采用 FRIPP 自行开发的微球形加氢催化剂

FEM-10，反应压力为 15MPa，氢油体积比为 600。原料性质见表 3-37。

表 3-37　煤焦油性质

项目		数据	项目		数据
密度(20℃)/(g/cm³)		1.0653	灰分/%		0.135
黏度(80℃)/(mm²/s)		14.11	馏程/℃	初馏点	170.0
残炭/%		7.24		10%	227.2
闪点/℃		142		30%	303.6
酸值(以 KOH 计)/(mg/g)		0.02		50%	367.2
元素组成/%	C	82.22		70%	435.6
	H	8.53		90%	731.4
	S	0.23		终馏点	750.0
	N	0.85	链烷烃含量/%		6.4
	O	7.11	环烷烃含量/%		3.6
Ca/(μg/g)		38.33	总芳烃含量/%		38.2
Al/(μg/g)		54.17	胶质含量/%		51.8

　　煤焦油经电脱盐脱水后与氢气混合，从反应器底部进入，向上流动时带动反应器内的催化剂进行流化，使反应器内处于全混流状态。反应后的物料经过反应器上部三相分离器分离后，催化剂返回反应区，油气进入热高压分离器进行气-液分离。富含氢气的气体经洗气塔后循环使用；从热低压分离器底部分离出重生成油，从冷低压分离器底部分离出轻生成油。轻油收集后送往固定床进行深度加氢，用于制备汽油、柴油等轻质燃料；重组分经蒸馏等后续处理后作为船用燃料油或调和组分使用。

　　表 3-38 和表 3-39 分别给出了加氢后煤焦油的基本性质。对比表 3-38 和表 3-39 可知，煤焦油经沸腾床加氢处理后，密度、黏度、残炭、硫含量、氮含量等都降低了很多，具备分馏切割直接生产船用燃料油或调和组分的条件。

表 3-38　加氢后煤焦油的基本性质

项目		数据
密度(20℃)/(g/cm³)		0.9074
黏度(80℃)/(mm²/s)		3.4
残炭/%		0.07
酸值(以 KOH 计)/(mg/g)		0.04
元素组成/%	C	86.81
	H	11.89
	S	0.011
	N	0.048
Ca/(μg/g)		3.87
Ni/(μg/g)		0.01

低阶煤分质利用

表 3-39　两种馏分油的基本性质

项目	大于 355℃馏分	大于 400℃馏分	GB/T 17411—2015
密度(20℃)/(g/cm³)	0.9802	0.9810	≤0.9876
黏度(50℃)/(mm²/s)	131.3	648.8	≤180
残炭/%	0.08	1.30	≤18.0
灰分/%	0.04	0.04	≤0.1
酸值(以 KOH 计)/(mg/g)	0.06	0.12	≤2.5
倾点/%	30	45	≤30
总沉淀物/%	0.01	0.02	≤0.1

将加氢产物经分馏切割出大于 355℃的馏分或大于 400℃的馏分，对两者的性质进行分析（见表 3-40），结果表明：大于 355℃馏分满足 GB/T 17411—2015 要求，可直接作为 180 号船用燃料油；大于 400℃馏分油大部分性质优于指标要求，只有黏度、倾点稍高于指标要求，可以作为 180 号船用燃料油的优质调和组分。

表 3-40　EUU 加氢技术与固定床加氢技术对比

项目	沸腾床(EUU)	固定床
反应温度/℃	385~420	340~390
体积空速/h⁻¹	0.8~1.5	0.25~0.5
氢油比/(m³/m³)	500~600	1000~1200
循环气压差/MPa	1.3	2.4
操作周期/a	>3	1
冷氢量	无	较大
反应器温度差/℃	<5	>5
目标液体产品收率/%	>95	约 77
加工吨原料能耗成本	约 0.9a	a(假定值)
加工吨原料销售收入	约 1.2a	a
加工吨原料利润	约 1.5a	a

③ 新佑能源劣质重油沸腾床加氢技术（EUU 技术）。2014 年，上海新佑能源成功开发出 NUHC-60 系列重质油品沸腾床加氢催化剂，并与新启元公司共同开发了劣质重油全返混沸腾床加氢（ebullated-bed upgrading unit，EUU）技术。该技术是针对劣质重油存在的加工难、液体收率低、效益差等问题专门开发的工艺，技术指标：脱硫率>85%，脱氮率>80%，胶质和沥青质转化率>90%，液体产品收率≥94%。2015 年，采用 EUU 技术的河北新启元 150kt/a 煤焦油加氢装置一次开车成功并实现了稳定运行，其煤焦油加氢工艺流程图如图 3-26 所示。

新启元项目的运行结果表明：EUU 技术在加工煤焦油时，不仅能将其中超过 20%的胶质和沥青质高效转化，直接生产符合质量要求的优质清洁油品；还可与固定床加氢耦合生产国 V 或更高标准要求的清洁油品。

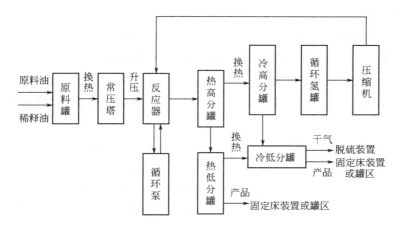

图 3-26　煤焦油沸腾床加氢工艺流程

与劣质重油固定床加氢工艺技术相比（见表 3-40），EUU 技术具有原料适应范围广泛、反应转化率高、体积空速高、氢油比低、热能利用效率高，装置易于大型化、投资少等特点，同时实现了催化剂的在线卸出与补充，维持催化剂的平衡活性，保证装置的连续运行。采用 EUU 技术的项目整体投资和日常运行费用大幅减少，同时降低劣质重油加工对环境的负面影响，能有效提升企业的经济效益和社会效益。

（2）沸腾床加氢催化剂

沸腾床采用不同于传统固定床的操作方式进行渣油加氢，所以在使用过程中，除需要考虑反应温度、反应压力、液体空速和氢油比等常规操作条件和原料性质等影响因素外，还要重点研究反应器中催化剂藏量、催化剂磨损、沉淀物控制等因素对反应性能的影响，这些因素对装置的正常操作及运转周期有重要影响。此外，沸腾床催化剂的活性对催化剂的置换频次和产品性质也有重要影响。

沸腾床与传统的固定床催化剂藏量不同，固定床催化剂藏量在装置开工装剂时就已经确定，在整个运转周期都不会改变，而沸腾床催化剂藏量是一个动态值，是指将床层膨胀控制在一个恒定高度所需保持的反应器中催化剂的量，在运转过程中，随着原料性质和转化深度的变化，可以通过调整催化剂在线加排量对该值进行调整。沸腾床反应器的催化剂藏量对床层的膨胀高度、产品性质和原料的杂质脱除率及转化率有重要影响，也是建立反应动力学方程的一个基本参数。

通过表征工业沸腾床待生催化剂发现，堵塞严重的催化剂中的钒含量（13.83%）高于堵塞轻微的催化剂中的钒含量（4.37%），且催化剂的比表面积和孔体积明显减小，催化剂颗粒磨损严重。说明在沸腾床反应器中，催化剂失活和操作异常不仅是因为金属和炭在催化剂上的沉积，也因为催化剂的物理和机械性能在动态条件下发生了改变。

①国内沸腾床加氢催化剂的开发。多年来，国内劣质重油沸腾床加氢催化剂及其工艺技术一直处于研究开发阶段。FRIPP 和中石化洛阳石油化工工程公司（LPEC）合作攻关，开发了具有完全独立自主知识产权的沸腾床渣油加氢技术——STRONG 技术，FRIPP 进行了 STRONG 沸腾床渣油加氢催化剂开发及其制备工艺技术研究。

孙素华等通过对制备工艺、孔结构和金属含量等方面的考察研究，确定了 STRONG 催化剂的制备工艺流程，催化剂性质见表 3-41。在 2L 连续搅拌釜式反应器上进行试验并在工业装置上进行吨级放大试验，结果分别见表 3-42 和表 3-43，放大试验结果表明催化剂的活性良好，工艺技术路线可靠，具备了工业生产条件。

表 3-41　STRONG 沸腾床渣油加氢催化剂主要性质

催化剂	STRONG 技术催化剂	参比剂
外观形状	球形	条形
颗粒直径/mm	0.4～0.5	0.8
磨损指数/%	≤2.0	—
活性组分	Mo-Ni	Mo-Ni/Mo-Co

表 3-42　实验室装置上原料油和生成油性质

项目	原料油	生成油
密度(20℃)/(g/cm³)	0.9853	0.9530
运动黏度(100℃)/(mm²/s)	100.3	1.9
分子量	760	311
C 含量/%	85.3	86.6
H 含量/%	11.0	11.7
S 含量/%	2.5	0.7
N 含量/%	0.45	0.31
残炭/%	13.2	4.7
Fe/Ni/V/(μg/g)	11/59/180	1/4/5
饱和烃/%	37.8	53.3
芳香烃/%	42.1	36.7
胶质/%	18.1	9.9
沥青质(C_7 不溶物)/%	2.0	0.1
＞500℃收率/%	55.0	14.3

表 3-43　放大试验催化剂评价结果

批次	一批	二批	小试
形状	球形	球形	球形
粒度(0.4～0.5mm)/%	90	91	90
磨损指数/%	0.57	0.45	≤2.0
加氢活性:HDS/%	73	72	72
HDCCR/%	65	65	64
HDM(Fe+Ni+V)/%	96	97	96
HDAsp/%	95	94	95

注：HDS—加氢脱硫；HDCCR—加氢脱残炭；HDM—加氢脱金属；HDAsp—加氢脱沥青质。

山东淄博泰通催化技术有限公司与上海新佑能源科技有限公司合作，成功开发出了 NUHC-60 系列重质油品沸腾床加氢催化剂及工艺技术，原料可以是煤焦油或石油渣油。劣质重油沸腾床加氢裂化催化剂部分性质见表 3-44。

表 3-44　劣质重油沸腾床催化剂部分性质

项目	煤焦油加氢催化剂	渣油预加氢催化剂	渣油主加氢催化剂
形状	球形	球形	球形
直径/mm	0.85～0.95	0.85～0.95	0.85～0.95
活性金属	Ni-Mo	Ni-Mo	Ni-Mo
机械强度/(N/粒)	≥10	≥10	≥12
磨耗/%	≤0.1	≤0.1	≤0.1

目前，煤焦油微球形沸腾床加氢催化剂已成功应用在河北新启元能源技术开发股份有限公司 10 万吨/a 劣质重油沸腾床加氢裂化工业装置。其具体操作参数和反应性能指标列于表 3-45。

表 3-45　煤焦油沸腾床加氢裂化操作参数及微球形催化剂反应性能

项目	参数	项目	参数
进口压力/MPa	13.6	脱硫率/%	82.50
出口压力/MPa	13.5	脱氮率/%	80.27
进口温度/℃	269.8	脱金属率/%	85.08
出口温度/℃	395.4	脱残炭率/%	81.37
液时空速/h⁻¹	0.8	脱胶质率/%	80.82
氢油比	600/1	脱沥青质率/%	82.75

② 国外沸腾床加氢催化剂的开发。在国外沸腾床渣油加氢领域，法国

Axens 公司的 H-Oil 技术和美国雪佛龙的 LC-Fining 工艺技术占有重要地位。国外第一代沸腾床渣油加氢催化剂大多采用直径 0.8mm 左右的圆柱条形载体，活性金属组分主要为 Mo-Co 或 Mo-Ni。第二代和第三代新催化剂已开发成功，使用新催化剂能使装置的操作性能得到较大改进，特别是脱硫、脱残炭能力提高，产品的氧化安定性增强，能在渣油转化率高达 80%～85% 的情况下生产稳定的低硫燃料油。新催化剂的使用性能的比较如表 3-46 所示。

表 3-46 渣油沸腾床加氢新催化剂的使用性能比较

项目	第一代	第二代		第三代
		I 型	II 型	
脱硫率/%	基准	基准＋8	基准＋(2～5)	基准＋8
残炭转化率/%	基准	基准＋6	基准＋(2～5)	基准＋8
脱氮率/%	基准	基准＋8	基准＋(2～5)	基准＋8
生产稳定燃料的最高转化率/%	65～75	65～75	85	85

为了提高转化率，减少未转化油中沉积物的生成量，HTI 公司（Headwaters Technology Innovations Group）开发了一种与固体催化剂一起使用的液体催化剂，这种液体催化剂与渣油原料在预热前充分混合，在原料油加热到反应温度时，油溶性催化剂母体在反应器上游原位分解形成分子分散的催化剂，这种催化剂可以促进氢向沥青质转移，使沥青质实现较高的转化率，避免未转化油沉淀析出。在反应条件不变的情况下，渣油转化率提高 5%～10%，温升增大，燃料油产品中的沉积物减少 50% 以上，加热炉负荷降低。美国 Convert 炼油厂 H-Oil 装置实际使用的结果表明，年节省生产成本 400 万美元。

美国先进炼油技术公司（ART）为解决波兰 Plock 炼油厂 H-Oil 渣油沸腾床加氢裂化装置的设备结垢和未转化渣油不稳定问题，还专门开发了一种降低沉积物生成的新催化剂，与原用的第二代催化剂相比，在脱硫、脱金属、脱残炭和渣油转化率略高的情况下，使用新催化剂减少 35%～40% 的沉积物生成。

HRI 公司成功开发废催化剂再生技术。HRI 公司开发的废催化剂再生技术，包括丙酮洗涤除油、酸洗除金属和常规烧焦复活三个步骤。再生以后的催化剂活性接近新鲜催化剂水平，因而可以大大减少新鲜催化剂用量。一套 250 万吨/a 的渣油沸腾床加氢装置，由于新鲜催化剂用量减少，每年可节省 3500 万美元。

沸腾床催化剂的开发方向主要有：提高催化剂的活性（脱硫率、脱残炭率和脱金属率）；提高转化率，保证产品稳定；提高催化剂的机械强度，改变成便于输送的形状（目前为条状）以减少催化剂破损；降低反应温度使催化剂结焦最小化并降低反应压力；开发催化剂梯级利用及高效再生技术，降低催化剂操作成本。

　　煤焦油加氢技术是综合利用煤焦油资源的关键技术，经过近十几年的研发工作和工业生产，国内已经形成了多种不同特点的加氢转化技术。主要在于固定床、悬浮床和沸腾床加氢技术的开发应用上。各项技术均表现出各自的优缺点，固定床加氢技术的发展已经成熟，后续的改进主要在工艺上，例如改造分配器，优化催化剂级配及装填技术等。悬浮床加氢技术对大规模工业化还需要进一步研究。沸腾床加氢技术在开发、研究新催化剂等方面都有很大的发展空间。

　　随着市场对轻质油需求量的大幅增加，煤焦油加工业面临一个较好的发展机遇，鉴于中低温煤焦油的组成结构特点，适合采用先提取酚类化合物后再进行加氢的工艺技术，生产高附加值的酚类化学品和石脑油、柴油、特种溶剂油等产品。但是，由于煤焦油渣油组成极其复杂，以目前任何一种重油加氢技术很难同时达到高的转化率和良好的产品质量。正因为如此，组合工艺成为煤焦油加氢的另一条发展途径，实现煤焦油的高效利用将是后续研究的重点。

3.4　中低温煤焦油加工研发方向

3.4.1　特种军用航空航天燃料

3.4.1.1　特种军用航空煤油

　　航空煤油又称航煤、喷气燃料，主要由不同馏分的烃类化合物组成，根据沸点范围不同分为三类：①宽馏分型（沸点范围 60～280℃）；②煤油型（沸点范围 150～280℃），高闪点航空煤油的初沸点可提高到 165～175℃；③重馏分型（沸点范围 195～315℃）。通常使用的是第二类。航空煤油比汽油具有更大的热值，适于航空燃气涡轮发动机和冲压发动机使用。航空煤油的组成一般有下列规定：芳香烃含量在 20% 以下，其中双环芳烃含量不超过 3%，烯烃含量在 2%～3%，燃油结晶点不高于 −60～−50℃。

　　近年，航空煤油表观消费量增速达到 9.2% 的较高水平，远高于同期国内汽柴油消费量增速。目前以石油为原料炼制而成的传统喷气燃料占原油总量的4%～8%，喷气燃料的原料供应也愈加严峻。我国煤的储量远超石油，而煤基喷气燃料具有高密度、高闪点、低冰点和富含环烷的特点，独特的结构组成也使得煤基喷气燃料具有更高的热稳定性。因此，以煤炭为原料制备喷气燃料将具有重大的战略意义。

　　我国喷气燃料的类型可根据用途分为：煤油型的 1 号喷气燃料（RP-1）、2

号喷气燃料（RP-2）和 3 号喷气燃料（RP-3），主要应用于民航机、军用飞机；宽馏分型的 4 号喷气燃料（RP-4）；重馏分型的 5 号喷气燃料（RP-5）和 6 号喷气燃料（RP-6），主要用于军用特种喷气燃料。1944 年首先发展起来的 JP-1 系煤油型燃料，易含水分；JP-2 因提炼过程耗费太多原油而没有被广泛使用；JP-3 闪点太低（－40℃），容易挥发；JP-4 和 JP-5 具有优良的综合性能。RJ-4、RJ-4I、JP-9、JP-10、RJ-5、RJ-7 等是一系列人工合成、含一种或几种化合物的燃料。高密度燃料后来又发展了凝胶燃料，以金刚烷及其衍生物为组分的 RF 系列燃料，及现在的研究热点——人工合成碳氢燃料。而吸热碳氢燃料从 JP-7、JP-8、JP-10 发展到高热稳定性的 JP-8＋100 和 JP-900，在短时间内得到了迅速改进。

煤基喷气燃料最先由美国宾夕法尼亚州立大学的 Schobert 教授提出并研制成功。由于制得的喷气燃料在 900F（482℃）条件下仍能长时间保持稳定，所以这种喷气燃料也被称为 JP-900。煤基喷气燃料制备路线为：煤焦油精制循环油（RCO）与以萘和取代萘为主的轻循环油（LCO）以体积比 1∶1 的比例混合，然后经过两段加氢处理除去含硫和氮的杂原子物质，最后将产品油进行蒸馏得到 180～270℃馏分即为 JP-900。

宾夕法尼亚能源研究所研制的煤基喷气燃料与石油基喷气燃料 JP-8 的理化性能对比见表 3-47。通过表 3-47 中两种油品性质对比可以看出，JP-900 的各项指标均优于 JP-8，组成含量上以氢化芳烃和环烷烃为主也保证了其具有更低的凝点和更高的密度。

表 3-47　煤基喷气燃料与石油基喷气燃料理化性能

项目	JP-8	JP-900（实测值）
H 与 C 摩尔比	1.91	
馏程/℃	165～265	180～330
闪点/℃	38（最小值）	61
密度（16℃）/(kg/m³)	810	970
能量密度/(MJ/L)	34.99	41.14
运动黏度（－20℃）/(mm²/s)	8.0（最大值）	7.5
凝点/℃	－47（最大值）	－65
烟点/mm	19（最小值）	22
硫含量/(mg/L)	0.3（最大值）	0.0003
芳烃体积分数/%	18.0	25.0
烯烃体积分数/%	2.0	0.0
蜡体积分数/%	60.0	0.0
氢化芳烃和环烷烃体积分数/%	20.0	75.0
热值/(MJ/kg)	42.9	42.1

　　李辉等利用煤直接液化工艺生产的馏分油为原料，制备了具有高热安定性的液体燃料，并对该燃料的烃族组成及基本理化特性进行了研究。范学军等对大庆原油生产的航空煤油进行了分析，图 3-27 为煤基喷气燃料和 3 号喷气燃料的烃族组成，可以看出煤基喷气燃料的主要成分为环烷烃，含量占到近 90%（质量分数），链烷烃约占 10%，还含有少量的芳香烃。而 3 号喷气燃料的主要成分为链烷烃和环烷烃，链烷烃占 52.2%，环烷烃占 39.4%，还含有 7.9% 的芳香烃和 0.5% 的烯烃。

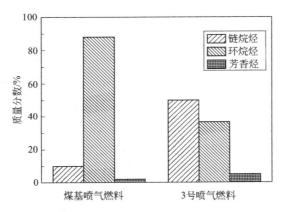

图 3-27　煤基喷气燃料和 3 号喷气燃料的烃族组成

　　范学军等还利用气相色谱和质谱对燃料的烃族组成进行了研究，并对燃料的理化性能进行了分析，结果列于表 3-48。由表可知，燃料的化学组成决定了燃料的性质，其中正构烷烃主要影响燃料的冰点、结晶点性能；芳烃含量反映了燃料的橡胶相容性、生炭性、冒烟倾向等性能；烯烃含量代表了燃料的储存安定性；萘系化合物反映了燃料燃烧的清洁性。因此，分析煤基喷气燃料的组成对于研究燃料的理化特性和燃烧特性具有重要意义。

表 3-48　煤基喷气燃料和 3 号喷气燃料的理化性能

分析项目		煤基喷气燃料	3 号喷气燃料	GB 6537	分析方法
密度(20℃)/(kg/m³)		828.7	793.8	775~830	GB/T 1885
馏程/℃	初馏点	154.5	155.0	报告	GB/T 6536
	10%	167.5	173.0	不高于 205	
	20%	172.5	179.5	报告	
	50%	185	195	不高于 232	
	90%	207.5	223.5	报告	
	终馏点	229	253	不高于 300	
残留量(体积分数)/%		0.9	1.1	不大于 1.5	
损失量(体积分数)/%		0.5	0.6	不大于 1.5	
酸值(以 KOH 计)/(mg/g)		0.0035	0.0070	不大于 0.015	GB/T 264

续表

分析项目		煤基喷气燃料	3号喷气燃料	GB 6537	分析方法
运动黏度(20℃)/(mm²/s)		1.743	1.582	不小于1.15	GB/T 265
运动黏度(−20℃)/(mm²/s)		4.056	3.643	不大于8.0	
闪点/℃		43.5	45	不低于38	GB/T 261
冰点/℃		<−70	<−60	不高于−47	GB/T 2430
水分离指数		89	81	不小于70	SH/T 0616
热安定性 (260℃,2.5h)	压力降/kPa	0	0	不大于3.3	GB/T 9169
	管壁评级	0	0	小于3	
净热值/(MJ/kg)		42.9	43.3	不小于42.8	GB/T 2429
实际胶质/(mg/100mL)		小于1	2.2	不大于7	GB/T 8019
总硫含量/%		0.0004	0.0700	不大于0.2	GB/T 17040
硫醇性硫含量/%		0.0002	0.0005	不大于0.002	GB/T 1792
烟点/mm		26.4	25	不小于25	GB/T 382

中石化抚顺石油化工研究院公开了一种中低温煤焦油生产高密度航空煤油的方法，加氢过程的工艺条件和产品性质见表3-49。通过试验1和2的产品性质可以看出：只经过加氢精制处理而没有加氢改质工艺处理的中低温煤焦油，虽然产品密度大、热值高，但是芳烃含量高、烟点低，同时低温下性能较差，不能满足航空煤油的要求。通过1和3的产品性质可以看出，中低温煤焦油通过加氢处理、加氢改质/加氢补充精制工艺可以生出密度大、热值高、芳烃含量低、烟点高、低温性能良好的高密度航空煤油。

表3-49 工艺条件及产品性质

试验编号	1	2	3	4
加氢处理工艺条件				
反应温度/℃	380	380	380	320
反应压力/MPa	15.0	15.0	15.0	15.0
氢油体积比	1000∶1	1000∶1	1000∶1	1000∶1
体积空速/h⁻¹	0.5	0.5	0.5	1.0
140~290℃馏分收率/%	60.21	60.21	54.32	78.23
加氢改质反应工艺条件				
反应温度/℃	320		320	
反应压力/MPa	15.0		15.0	
氢油体积比	800∶1		800∶1	
体积空速/h⁻¹	1.0		1.0	
加氢补充精制反应工艺条件				
反应温度/℃	275	280	275	
反应压力/MPa	15.0	15.0	15.0	
氢油体积比	800∶1	800∶1	800∶1	
体积空速/h⁻¹	1.0	1.0	1.0	

续表

试验编号	1	2	3	4
目的产品收率/%	71.2	90.3	69.5	
产品性质				
密度(20℃)/(g/cm³)	0.8455	0.8546	0.8474	0.8672
硫/(μg/g)	1.0	1.0	1.0	15.6
氮/(μg/g)	1.0	1.0	1.0	2.5
冰点/℃	−48	−33	−46	−30
烟点/mm	28	24	27	22
热值/(kcal/kg)	10320	9991	10210	9560
黏度(−40℃)/(mm²/s²)	25.04	—	27.56	—
芳烃含量(荧光色谱)/%	<5	12.4	<5	28.6

3.4.1.2 液体火箭燃料

运载火箭燃料要求体积小、重量轻，但发出的热量要大，这样才能减轻火箭的重量，使卫星快速地送上轨道。液体燃料放出的能量大，产生的推力也大，而且这种燃料比较容易控制，燃烧时间较长，因此，发射卫星的火箭大都采用液体燃料。运载火箭液体燃料主要用煤油、偏二甲肼、硝基甲烷、液态氢等作为燃烧剂，用液态氧、液态臭氧、无水高氯酸锂等氧化剂帮助燃烧。最初的火箭燃烧剂为偏二甲肼，氧化剂为四氧化二氮，其技术成熟，但是有剧毒。之后，燃烧剂为煤油，氧化剂是液态氧，其特点是无毒、性能高、燃料密度高，火箭直径比较小，技术成熟，价格低廉。我国新一代运载火箭——长征五号即采用液氧/煤油推进剂。

火箭煤油通常要求具有较高的密度和比冲，而比冲和热值具有较强的正相关性。因此，开发具有高密度、高热值的煤油是火箭燃料领域所关注的热点。随着世界范围内石油资源的日益减少，以煤基液体燃料为主路线的替代能源技术开发逐渐受到重视。

煤基液体燃料可以分为三大类：第一类为煤直接液化油，第二类为煤间接液化油，第三类为煤焦油燃料油。2015 年 4 月 12 日，在中国航天科技集团六院的试验区，世界第一台采用液氧煤基航天煤油的火箭发动机点火一次成功，所用燃料为神华集团的煤直接液化生产的煤制油产品。

相比于煤直接液化油和煤间接液化油装置，煤焦油加工设备的投资比前二者低很多。此外，煤焦油具有非常高的芳烃含量，其芳烃含量通常在 95% 以上，所含的芳烃及环烷烃的密度高于链烷烃，烃组成结构决定了煤焦油具备转化为火箭煤油的条件。但由于煤焦油芳烃含量高、氢含量低，因此，其热值较低。通过对煤焦油加氢，可以提高煤焦油的氢含量及热值。十氢萘被公认为是大密度、高热值煤油的优良组分，其具有密度高、热值高的优点，因此在煤焦油加氢过程中，如何将双环芳烃加氢饱和为十氢萘是关键。另外更为关键的是十氢萘具有同分异构体，即顺式十氢萘和反式十氢萘，顺式十氢萘具有更高的密度和体积热值，其含量更是评价火箭煤油优良的关键标准。值得注意的是，煤焦油中的萘油馏分中萘含量高达 77%，仅需将其加氢转化为十氢萘，经处理即可用作火箭煤油，所以，煤焦油中的萘油馏分是制备火箭煤油的优良原料。

吴建明在专利 CN104789260A 中提供了一种由煤焦油生产火箭煤油的方法。该方法包括下列步骤：从煤焦油中切割出沸点为 190～300℃ 的馏分，在固定床中对 190～300℃ 的馏分进行加氢精制，得到加氢精制产物（加氢精制的反应条件为：反应温度 300～400℃、反应压力 8～20MPa、液时空速 0.2～2.0h^{-1}、氢油体积比 1000～4000：1，油品流动线速度在 0.15mm/s 以上，且在反应压力下气体实际状态的流动线速度在 2mm/s 以上）；对加氢精制产物进行分馏，收集沸点为 190～280℃ 的馏分，得到最终产品。在这种特定的反应条件下，能使馏分中的双环芳烃高选择性地转化为顺式十氢萘，同时使其他成分加氢生成高热值、大密度的物质，从而在整体上提高油品的密度和热值；最后再分馏出 190～280℃ 的馏分，该馏分中包含全部的十氢萘以及其他高热值、大密度的烃，密度至少可达到 0.832kg/m³，体积热值至少可达到 35.17MJ/L，冰点 -65℃，H 含量占比 13.77%，是一种性能非常优异的火箭煤油。另外，上述方法中的原料煤焦油可以选自中低温煤焦油或高温煤焦油的全馏分或其中一个馏分段等，优选采用中低温煤焦油，更易加工。

3.4.2 煤基碳材料

中低温煤焦油经蒸馏切割成若干馏分段产品，其中高沸点（>400℃）馏分产品称为重质组分或煤沥青，其产量约占煤焦油总量的 30%。该馏分的分子量大，是由 5000 多种三环及三环以上的芳香族烃类、杂环化合物以及少量高分子碳素物质组成。目前中低温煤焦油的重质组分多被当作燃料直接销售，对其没有充分合理地进行利用。借鉴高温焦油沥青制备碳材料的成熟经验对中低温煤焦油沥青进行改质研究，探寻出一条适合中低温煤焦油重质组分的高附加值、多元化加工利用途径，是今后发展的一个重要方向。

煤沥青没有确定的熔点，只有从固态转化为液态的温度范围，通常用软化点代表。根据软化点的高低，煤焦油沥青分为低温（软）沥青（软化点<75℃）、中温（普通）沥青（软化点 75～95℃）、高温（硬）沥青（软化点>95℃）和改质沥青。由于煤沥青所含组分复杂，要分离其中的每一种组分都非常困难，目前常用族组分分析法进行提取分离。采用甲苯（或苯）和喹啉为溶剂将煤沥青分为甲苯可溶组分（TS）、甲苯不溶物（TI）、喹啉不溶物（QI，α树脂）以及甲苯不溶喹啉可溶组分（β 树脂）等组分，如图 3-28 所示。

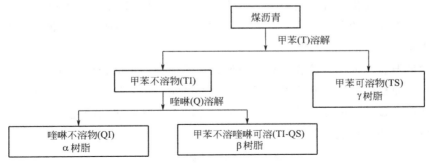

图 3-28　煤沥青组分的划分

α 树脂是煤沥青中的重组分，平均分子量为 1800～2600，C/H 原子比不小于 1.67。其粒径大小、组织结构及含量对煤沥青的黏度、残炭率以及碳制品的性能都会产生一定的影响。β 树脂是中高分子量的稠环芳烃类化合物，平均分子量在 1000～1800 之间，C/H 原子比在 1.25～2.0 之间，常温下为固态，加热可熔融膨胀，煅烧后形成纤维状结构的焦炭，具有良好的黏结作用和较好的易石墨化性能。β 树脂含量对煅烧制品的性能，如电阻率、热导率、耐腐蚀性、抗氧化性、机械强度等有明显影响。γ 树脂是含有多个苯环的芳香族缩聚物，分子量在 200～1000 之间，C/H 原子比在 0.56～1.25 之间。在炭化形成中间相的过程中，作为溶剂可以起到降低黏度的作用。γ 树脂的含量过多时将降低煤沥青的结焦性能，影响煤沥青碳制品的密度和机械强度。

3.4.2.1　煤系针状焦

针状焦是石墨化程度较高的沥青焦，高温处理后易全部石墨化，外观有金属光泽，细粉碎时呈针状微粒，其制品具有化学稳定性好、耐腐蚀、热导率高、比电阻低、热膨胀系数低等优点，主要用作高功率（HP）及超高功率（UHP）电极的生产原料。与普通电极炼钢相比，可缩短电炉炼钢冶炼时间 50%～70%，电耗可降低 20%～50%，生产能力可增加 113 倍左右。国内外几种针状焦的性能指标见表 3-50。

表 3-50　几种针状焦的性能指标

焦种	密度 /(g/cm³)	热膨胀系数 /(10⁻⁶/℃)	抗弯强度 /MPa	弹性模量 /GPa	电阻率 /μΩ·m	灰分 /%
新日化焦	1.69	1.17	11.7	10.8	4.83	0.04
三菱焦	1.69	1.15	10.7	11.8	5.13	0.05
鞍山焦	1.61	2.07	5.3	9.6	10.22	0.02
锦州焦	1.62	1.96	9.1	9.5	5.79	0.06

山西宏特化工有限公司和中钢集团（鞍山）生产煤系针状焦，原料为煤焦油沥青；锦州石化生产油系针状焦。焦化均采用延迟焦化工艺，煅烧为回转窑煅烧。低温煤焦油的高沸点（＞400℃）馏分称为重质组分或煤焦油沥青，其产量约占煤焦油总量的30%。

中低温煤焦油沥青硫含量相对较低，比石油沥青更适合作为低硫针状焦的制备原料。原料性质对针状焦的质量有着重要影响，尤其是对中间相的形成、生长和融并影响显著，因此针状焦原料的研究逐渐成为针状焦的研究重点。工业生产上对原料的要求见表 3-51。

表 3-51　针状焦原料要求

芳烃含量/%	庚烷不溶物含量/%	灰分/%	硫含量/%	钒和镍含量/(mg/kg)	喹啉不溶物/%
30~50	<2	<0.05	≤0.5	≤50	<0.1%

（1）煤系针状焦的制备

煤系针状焦的制备方法主要有改质法、溶剂萃取法、机械离心法、真空蒸馏法等。

① 改质法。改质法是将煤沥青进行加热、真空闪蒸，所得到闪蒸油气经冷却后作为生焦的原料，进而通过延迟焦化、煅烧的方法获得优质针状焦。该工艺较简单，收率适中，改质法的工艺流程见图 3-29。

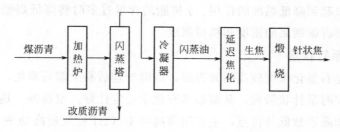

图 3-29　改质法针状焦生产工艺过程

② 溶剂萃取法。溶剂萃取法的工艺路线见图 3-30，具体过程为：采用芳烃和烷烃组分配制的溶剂对煤沥青进行搅拌溶解，充分混合后送入静置沉降槽，使其保温静置沉降后分为轻相和重相。轻相经换热进入分馏塔中部，混合溶剂从塔顶蒸出。分馏塔底部排出的精制沥青作为延迟焦化的原料，进一步通过延迟焦化、煅烧制成针状焦产品。重相送到重相蒸馏釜加热，蒸出溶剂后所得高温沥青可加入轻油后用以配制中温沥青和制作普通沥青焦。该技术处理后的精制沥青收率高，针状焦产品质量好，故溶剂法-延迟焦化-煅烧工艺将成为国内针状焦生产的主流工艺。

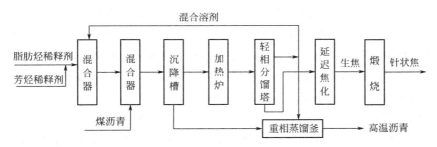

图 3-30　溶剂萃取法针状焦生产工艺过程

③ 机械离心法。机械离心法的工艺路线见图 3-31，具体过程为：煤沥青与混合稀释剂充分混合后送入离心机，在此分离出油渣、离心清液。离心清液经加热炉升温后进入闪蒸塔，闪蒸塔下部的精制沥青经冷却后，送往延迟焦化与煅烧装置生产针状焦。

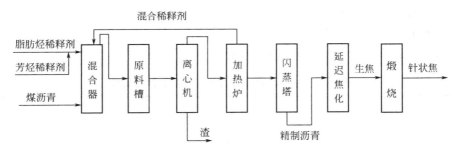

图 3-31　机械离心法针状焦生产工艺过程

改质法生产针状焦的工艺较简单，但是针状焦原料（精料）收率低。溶剂萃取法方法简单，反应条件温和，对设备要求低，无需高温高压，操作性强，成本低。机械离心法生产针状焦工艺简单，所得产品质量一般，但收率较高。根据山西宏特化工有限公司二期装置和中钢集团（鞍山）采用溶剂法生产煤系针状焦报告的结果可知，应用溶剂萃取法生产针状焦的技术经济效益较好，因此，该法的优化升级将会成为主要研究方向。

针状焦除了应用在电极方面，还可以在锂离子电池、电化学电容器、核石墨等方面得到应用。国内由于生产企业少，产品供不应求。美国、日本、德国等发达国家因为碳素制品的高耗能、高污染等，严格限制其发展，导致针状焦的产量呈逐年下降趋势。这给国内煤系针状焦生产及相关技术研发攻关都带来了新的发展机遇。

（2）针状焦的性能指标

针状焦主要用于制造高功率和超高功率电极，电极的性能在很大程度上取决于针状焦的性能。由于针状焦的生产原料和工艺条件不同，其性能也不尽相同。

其主要性能指标有：真密度、热膨胀系数、强度、电阻率和抗氧化性等。

碳材料的真密度反映其组成基本质点的密集程度及排列规整的优劣，真密度越大的碳材料，其石墨化度越高，即晶体结构内部致密，排列整齐。用煤系针状焦制作的产品体积密度略低，而且制品孔隙缺陷较多，因此，煤系针状焦适合于中小规格 UHP 石墨电极及部分接头制品的生产。

热膨胀系数（CTE）是针状焦最重要的性能参数之一，它与针状焦的显微结构有着密切的关系。针状焦的显微结构中主要以纤维状结构为主，另外还含有数量不等的各种过渡型结构和镶嵌结构。由于煤系针状焦的纤维状组分高于石油系针状焦，这使得煤系针状焦有较低的 CTE 值。综合考虑 CTE 和"晶胀"的关系，煤系针状焦用来生产 HP 电极和中等规格的 UHP 电极是比较适宜的。

针状焦的强度取决于绝对孔度的总数，它与顺纹理方向的 CTE 有关，随着 CTE 的降低，其抗破碎性或抗磨性也降低，即 CTE 低的针状焦，其机械稳定性也差。一般情况下，煤系针状焦制品的强度低于石油系针状焦，其原因在于：煤系针状焦有序排列好，本身孔隙多，裂纹多，容易破碎，抗磨强度小。表 3-52 是石油系针状焦与煤系针状焦的性能比较。

表 3-52　石油系针状焦与煤系针状焦性能比较

性能	石油系针状焦	煤系针状焦
体积密度	较高	较低
机械强度	较高	低
比电阻	较低	低
CTE	较低	低

3.4.2.2　沥青基碳纤维

沥青基碳纤维是一种以煤沥青等富含稠环芳烃的物质为原料，经精制、纺丝、预氧化、炭化或石墨化等过程，制得含碳量＞92％的新型特种纤维。因其高强度（拉伸强度约为 $2\sim7GPa$）、高模量比（拉伸模量约为 $200\sim700GPa$）、低密度（$1.5\sim2.0g/cm^3$）、小膨胀系数等优异性能，现已广泛应用于航天、航空、航海、汽车、建筑、轻工体育等各个领域，是一种的力学性能优异的新材料。

碳纤维的微结构主要包括碳的乱层结构、微晶尺寸、择优取向、微小孔隙、径向结构、空间三维结构及表面结构等方面。考察微晶沿轴向的取向、乱层结构在径向的排列是研究碳纤维结构的主要方法。

（1）纵向结构及取向度

在微晶中，碳原子的层面与纤维轴构成一定角度的取向，称为择优取向，常用择优取向来表示微晶沿纤维轴取向的程度。微晶取向度越高，结构越规整，碳纤维的力学能力越优良。通过不同手段提高原丝中分子的取向，并使取向在热处理中进一步发展，可获得高强度、高模量的沥青基碳纤维。

（2）径向结构与规整性

制取高强度碳纤维，应避免辐射状结构，在热处理过程中容易产生裂纹，导致拉伸强度降低，而无规则结构、褶皱结构和洋葱形结构可赋予其高的拉伸强度及其他优异性能。研究发现碳纤维表层石墨晶体的无序度越高，可使其更趋向于各向同性的力学性能，具备更好的压缩性能。

（3）异形纤维结构

异形纤维是具有异形截面结构的纤维，采用特殊设计的异形喷丝板纺制而成，例如：星形纤维、三角纤维、带状纤维、中空形纤维、橘瓣形纤维等。星形纤维、三角纤维除截面为异形外，内部结构具有树叶层状结构，这些树叶层状结构不同于辐射结构，在炭化和牵伸过程中不容易产生裂纹，可制得高强度、大伸长的沥青基碳纤维。

沥青基碳纤维的制备流程如图 3-32 所示。其制备工艺过程为：煤焦油沥青在 350℃以下首先形成各向同性的塑形体（母体），然后在 350℃以上热加工，经历热解、脱氢、环化、芳构化、缩聚等一系列化学反应形成高品质中间相可纺中间相沥青，进而采用熔融纺丝法制成沥青纤维。最后经过后期的活化和石墨化处理得到高强度、高模量的沥青基活性碳纤维和石墨化碳纤维等。

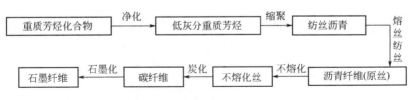

图 3-32　沥青基碳纤维的制备工艺流程

应用中低温煤焦油分馏得到的煤沥青生产煤基碳材料并不能很好地利用煤沥青中的甲苯可溶组分。中低温煤焦油延迟焦化装置可产出约 15％的煤沥青，其不同于石油焦，相比较而言，延迟焦化技术生产的煤沥青金属含量低，更适合应用作高附加值碳材料的生产原料。同时，延迟焦化技术生产的煤沥青的深加工有利于提高延迟焦化-加氢改质/加氢裂化组合技术的竞争力。

3.4.3　含氧化合物的精细分离

中低温煤焦油中的含氧化合物以酚类为主，其相对含量约为 68.9％，另有少量酮类和呋喃类化合物，两者相对含量分别约为 11.4％和 9.7％。除酚类化合物外，其他含氧化合物如酮类、呋喃类的组成十分复杂，相应纯净组分在煤焦油中的含量低，且分离提纯工艺复杂，在现有技术水平下无法实现经济有效的分离，相关研究报道较少。当前研究的煤焦油中的含氧化合物主要是酚类化合物，酚类化合物是有机化学工业的基本原料之一，应用十分广泛。可以通过多种物理和化学方法从中低温煤焦油中分离得到粗酚，进而以粗酚为原料，脱除其中的水分、油分、树脂状物质和硫酸钠等杂质，提取苯酚、邻甲酚、间甲酚及工业二甲酚等产品。

3.4.3.1 苯酚和邻甲酚的分离

（1）中低温煤焦油中酚类化合物的提取

天元公司的专利 CN109593539A 介绍了从中低温煤焦油提取酚类化合物的工艺方法，示意图如图 3-33 所示。该分离方法包括以下步骤：①离心萃取步骤，将萃取剂和待处理煤焦油分别送入离心萃取机中，萃取待处理煤焦油中的酚类化合物，得到脱酚煤焦油和萃取液。萃取剂主要成分为低共熔溶剂，所用低共熔溶剂的氢键受体为氯化胆碱，氢键供体为多元醇及羧酸中的一种或多种。②水洗步骤，将萃取液进行水洗处理，并经分离处理，得到酚类化合物和含低共熔溶剂的水溶液。③脱水步骤，将含低共熔溶剂的水溶液进行脱水处理，得到萃取剂和水。该分离方法中萃取剂和水均可循环利用，且无废水、废渣产生，无设备腐蚀，大大减小分离成本。

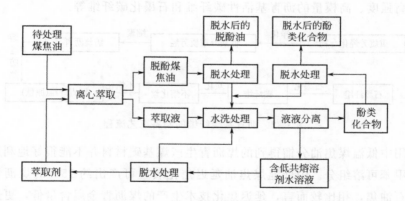

图 3-33　中低温煤焦油中酚类化合物的分离方法

（2）粗酚精制生产高纯度苯酚和邻甲酚

煤焦油中提取的粗酚纯度低，无法达到市售规格的要求，需经过进一步精制生产纯度符合要求的酚类产品。基于此问题，天元公司的专利 CN107721826A 介绍了煤焦油粗酚生产精酚如苯酚、邻甲酚的工艺方法。图 3-34 为中低温煤焦油粗酚精制工艺流程图，生产工艺中的各塔操作条件如表 3-53 所示。从中低温煤焦油中得到的粗酚原料包括如下组分：水 9.71%，吡啶系化合物 3.18%，苯酚 17.60%，邻甲酚 12.39%，间对甲酚 31.86%，二甲酚 15.91%，三甲酚

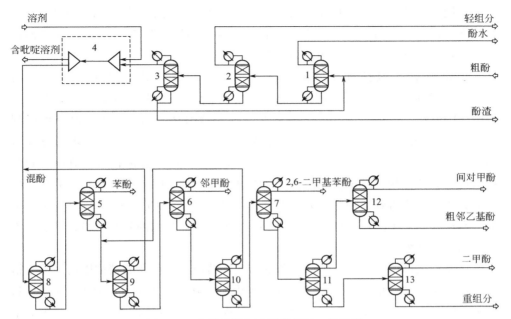

图 3-34 中低温煤焦油粗酚精制工艺流程

1—脱水塔；2—脱轻塔；3—脱重塔；4—吡啶提取装置；5—苯酚精制塔；
6—邻甲酚精制塔；7—2,6-二甲基苯酚精制塔；8—苯酚脱轻塔；
9—邻甲酚脱轻塔；10—2,6-二甲基苯酚脱轻塔；11—间对甲酚塔；
12—间对甲酚精制塔；13—二甲酚塔

表 3-53 粗酚精制工艺塔器操作条件

塔器名称	塔顶压力/kPa	塔底压力/kPa	塔顶温度/℃	塔底温度/℃	回流比	塔板数
脱水塔 1	30	55	60	140	2	65
脱轻塔 2	3	19	60	80	3	45
脱重塔 3	2	21	70	162	2	45
苯酚精制塔 5	40	59	115	135	15	140
邻甲酚精制塔 6	3	25	104	120	13	130
2,6-二甲基苯酚精制塔 7	2	19	96	112	16	155
间对甲酚塔 11	3	22	108	127	15	155
间对甲酚精制塔 12	150	165	218	224	18	190

0.30%，酚渣、高沸点酚及焦油 9.05%。上述粗酚原料送入脱水塔 1，经塔顶分
离得到酚水，塔底分离得到含水量（质量分数）为 0.03% 的粗酚，其进入脱轻
塔 2 进行脱轻处理，经塔顶分离得到吡啶、中性油，塔底分离得到的脱轻粗酚进
入脱重塔 3 进行分离，经塔底分离得到焦油酚渣重组分，塔顶分离得到脱重后的

粗酚，脱重后的粗酚进入吡啶提取装置 4 进行处理，脱重后的粗酚温度为 76℃，常压下在混合器中与磷酸溶液进行混合，混合后的温度为 74℃，进入分离器进行分离，得到含吡啶系化合物的溶剂和预处理混酚。

预处理混酚包括如下组成：水 0.74％，吡啶系化合物 0.04％，苯酚 21.85％，邻甲酚 13.88％，间对甲酚 38.35％，2,6-二甲基苯酚 1.28％，其他二甲酚 23.50％，三甲酚 0.36％，上述混酚进入苯酚精制塔 5，经塔顶分离得到 99.62％的苯酚产品，塔底分离得到的物料进入邻甲酚精制塔 6，经塔顶分离得到 99.57％的邻甲酚产品，至此，完成了苯酚和邻甲酚的分离；塔底分离得到的物料进入 2,6-二甲基苯酚精制塔 7，经塔顶分离得到 98.23％的 2,6-二甲基苯酚产品，塔底分离得到的物料进入间对甲酚塔 11，经塔顶分离得到的含间对甲酚的混酚进入间对甲酚精制塔 12，经塔顶分离得到 99.45％的间对甲酚，塔底分离得到粗邻乙基酚。

该专利提出的粗酚预处理系统和混酚连续精馏系统涉及的精馏塔均为连续精馏塔，相比于间歇精馏塔，能够降低操作难度、降低加工能耗、提高产品收率，有利于实现大规模工业化生产。使用该专利提出的工艺可得到符合纯度要求的苯酚、邻甲酚，同时可分离出 2,6-二甲基苯酚产品以及间对混酚，如果能将间对混酚分离，得到间甲酚和对甲酚产品，能大大提高粗酚的利用价值和经济价值。

3.4.3.2　间甲酚和对甲酚的分离

（1）间甲酚和对甲酚的分离方法

表 3-54 是几种甲基酚的物性参数，可以看出邻甲酚与其他甲基酚沸点相差较大，可以通过精馏进行分离，而间甲酚和对甲酚的沸点相差 0.4℃，通过精馏方式分离只存在理论的可能性，而现实操作难度极大，所以需要采用其他分离精制方法。常见的间甲酚的分离与精制方法分物理方法和化学方法。

表 3-54　甲基酚的物性参数

化合物	沸点/℃	熔点/℃	酸度常数 K_a（25℃）	
			在水中 $K_a \times 10^{11}$	在甲醇中 $K_a \times 10^{15}$
邻甲酚	191.00	80.99	4.68	1.58
间甲酚	202.23	12.22	7.34	4.17
对甲酚	201.94	34.69	5.37	2.82
2,6-二甲苯酚	201.03	45.62	2.34	0.54

① 物理方法

a. 共沸法。此方法是在对甲酚钠存在的条件下，对甲酚可与水共沸蒸出，而间甲酚则可由塔底排出。该方法曾在工业上应用。但由于其能耗过高，现已淘汰不再采用。

b. 离解萃取法。该工艺过程是离解萃取,即利用甲酚异构体在苯与水溶液两项体系中溶解度及离解常数的差异达到分离目的。将该工艺与中和、精馏等过程相结合可以达到较好的间甲酚产品。如选取相当于 18 个有效理论塔板的分离萃取装置,可实现分离的连续化。分离结果:间甲酚的纯度可达到 93%～95%,对甲酚的纯度可达到 76%。此方法由于在分离过程中使用了大量的有机溶剂,对环境的污染比较大。因此,该方法的应用逐渐减少了。

c. 高压结晶分离。间甲酚与对甲酚有足够的熔点差可供分离精制。但由于结晶颗粒细小,溶液在低温下黏度大等问题,导致采用该分离法存在较大困难,且收率较低;而在高压下可升高甲酚异构体的熔点。利用该原理,在高压(100～300MPa)和较高温度(30～80℃)下,使甲酚混合物结晶分离。用高压结晶分离法分离得到的对甲酚其纯度可达 98%。该方法采用高压,对工业设备和技术要求很高。目前我国尚未实际应用,未来可望有一定的应用前景。

d. 吸附分离。吸附分离法是根据不同吸附剂的吸附性能不同,对甲酚的异构体进行选择性的吸附分离,然后在一定的条件下用不同的溶剂将其溶解,随后可分离得到高纯度的对甲酚。吸附分离法工艺简单、分离效率高、处理量大且吸附剂易再生,是一种经济环保的方法。部分国家已经实现该法的工业化规模,目前在国内尚未达到工业化要求。

② 化学方法

a. 尿素结晶法。尿素结晶法是配合物分离法中使用最为广泛,也是最为经典的方法之一。该方法是利用尿素特殊的分子结构,将甲酚异构体中的间甲酚锁在其六边形中心孔之内,形成间甲酚-尿素白色粉状分子化合物,而对甲酚不参加反应。在反应结束后,可以通过离心的方法将结合间甲酚的尿素分子分离出来,之后可以通过加热的方法使间甲酚和尿素分离从而得到纯净的间甲酚。对甲酚存在于母液之中,可以通过结晶的方法得到。其反应过程如图 3-35 所示。

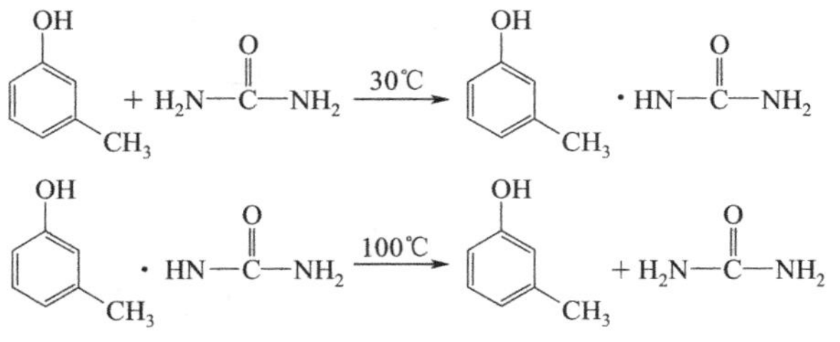

图 3-35　尿素结晶法分离间甲酚的过程

b. 烃化法。烃化法就是使烃化剂与混酚的混合物在酸性催化剂的条件下反应，生成的烃化产物具有不同的沸点且差距较大，那么就可以利用其跨度较大的沸点差使用减压精馏的方法对获得的产物进行分离。但烃化反应实质上是一种可逆反应，所以在高温、低酸的条件下，烃化反应得到的产物会发生脱烃化反应，通过此方法就可以得到高纯度的对甲酚和间甲酚。由于其得到的产品纯度较高、制作工艺简单、对环境污染较小，已成为工业化应用较成功的生产方法。

由图 3-36 可以看出，烃化法分为了烷基化、精馏和脱烷基三个步骤，因此需要针对不同步骤对所需的烷基化试剂、催化剂、装置类型等进行选择。

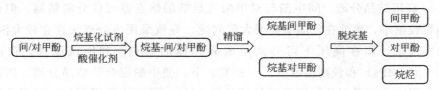

图 3-36　烃化法分离间/对甲酚的工艺过程

（2）间甲酚和对甲酚的分离方法的应用

① 尿素配合提纯间甲酚。北京石油化工大学（黄崇品）对该方面有较为详细的研究，其工艺主要分为五个部分：尿素与混酚的溶解配合（80～115℃）、低温结晶（首先降至 60℃ 加溶剂，之后 −5～−25℃）、洗涤、热解、分液，具体流程见图 3-37。

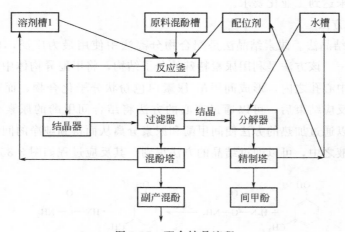

图 3-37　配合结晶流程

通过研究得到了在不同溶剂中工业混酚与尿素配合的较优工艺条件：配位剂尿素与间甲酚的摩尔比为 1.4，溶剂甲苯的加入量为原料混酚的 2 倍，反应温度为 95℃，反应时间为 60min，结晶温度为 −15℃，结晶时间为 120min，配位剂尿素一次性加入。在此工艺条件下，在甲苯溶剂中的间甲酚的单程最大收率为61.4%，间甲酚的最大纯度在 98.9%，正己烷溶剂中产率大幅提升，单程最大收率为 74.81%，间甲酚的最大纯度为 99.0%。

该工艺中，苯酚和邻甲酚对配合分离效果有显著的影响，因此需要尽可能地减少原料混酚中苯酚和邻甲酚的含量。另外，由于尿素只与间甲酚配合，因此仅可以得到纯度较高的间甲酚产品，而对甲酚中含有大量的间甲酚，若要得到纯度较高的对甲酚，需要进行多次配合分离过程。

② 烃化法分离分离间/对甲酚。上述分离方法中已经提到烃化法分为了烷基化、精馏和脱烷基三个步骤。

a. 甲基酚烃化。理论上 $C_1 \sim C_6$ 的烷基化试剂都可以作为甲基酚烷基化的反应底物，但是考虑烷基化以及脱烷基反应的难易程度，国内外的研究者普遍选择 C_4（异丁烯、叔丁醇、甲基叔丁基醚）作为烷基化试剂与甲基酚反应，得到单取代或者双取代的叔丁基甲基酚，其中 2,6-二叔丁基对甲酚又称抗氧剂 T501，可以直接作为产品出售，这也是选择叔丁基烷基化试剂的另一个重要原因。

甲基酚的烃化反应都是在酸性催化剂的作用下完成的。工业上常使用相当于反应物质量 2%~5% 的浓硫酸作为催化剂，但是强酸性环境对设备腐蚀严重，且酸性废水难以处理，浓硫酸催化剂正在被逐步取代。新型催化剂包括了分子筛，离子交换树脂，固体超强酸和酸性离子液体等。反应温度一般在 60~120℃ 之间，根据反应物或者反应装置的不同可以选择常压或加压反应。根据催化剂和反应装置的不同，所选用的烷基化试剂包括异丁烯、叔丁醇和甲基叔丁基醚等。

图 3-38 是异丁烯与间/对甲酚反应过程图，目标产物为 2,6-二叔丁基对甲酚

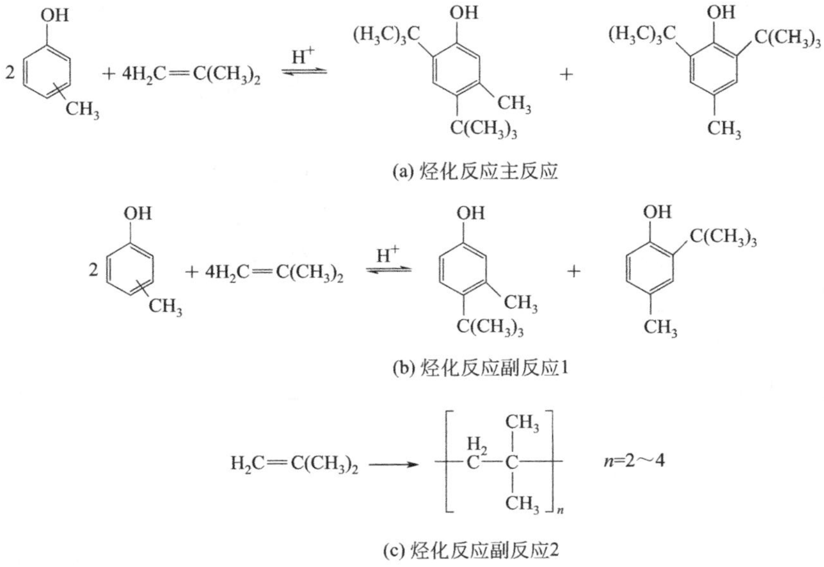

(a) 烃化反应主反应

(b) 烃化反应副反应1

(c) 烃化反应副反应2

图 3-38　异丁烯与间/对甲酚的反应过程

和 4,6-二叔丁基间甲酚，反应不完全时生成单取代产物，除此之外异丁烯在酸性的条件下也会发生聚合反应。

西安石油大学的张洵立以磺酸基离子液体作为催化剂，采用淤浆反应器催化异丁烯与混甲酚反应，该反应为气液相反应，反应温度为 60℃，异丁烯空速 8.5min^{-1}，反应 2h 后，叔丁基甲酚收率可达到 90％以上，其中双取代产物收率为 80％左右。

除离子液体外，酸性分子筛也常被用作对甲酚烷基化的催化剂，如天津大学齐欣课题组采用改性 H-Beta 分子筛作为催化剂，采用固定床反应器在 125℃以气固相反应催化间甲酚与异丁烯反应，产物主要为单取代的叔丁基甲酚，收率可以达到 70％以上。

b. 精馏。常压下 2,6-二叔丁基对甲酚的沸点为 265℃，4,6-二叔丁基间甲酚的沸点为 283℃，2.66kPa 下沸点差可以达到 20℃，采用常规的减压精馏就可以进行分离，而单取代产品 2-叔丁基对甲酚和 6-叔丁基间甲酚在 2.66kPa 的沸点差仅为 3℃，通过精馏分离较为困难，但也有专利称通过精馏方式成功分离单取代混甲酚，脱烷基后可以得到纯度 99％左右的对甲酚与间甲酚。

c. 脱烷基反应。甲基酚叔丁基化是一个可逆反应，正反应与逆反应均可以在酸催化条件下进行，在较低温度下有利于正反应的进行，而在高温下（大于 200℃）倾向于发生脱烷基反应，生成甲酚和丁烷。因此作为间/对甲酚分离的最后一个步骤，常将精馏得到的纯度较高单/二叔丁基间/对甲酚在酸性条件下进行脱烷基，以得到组成较为单一的间/对甲酚产品。脱烷基过程使用的催化剂包括浓硫酸或者固体酸等。

西安石油大学的张洵立课题组对比了离子液体和浓硫酸催化 4,6-二叔丁基间甲酚脱烷基化的效果。在反应温度为 60℃的条件下，浓硫酸的脱烷基效果远优于各种离子液体，并且发现当浓硫酸用量占投料量的质量分数为 2％时，脱烷基效果最佳，可以得到纯度为 98％的间甲酚。但是文章所选择的反应温度较低，且未对比除离子液体外的其他酸性催化剂，推测在较高的反应温度下使用固体酸催化剂也应该可以达到良好的脱烷基效果。

此外，西北大学考察了 ZSM-5 和酸性氧化铝（γ-Al$_2$O$_3$）对 6-叔丁基间甲酚的脱烷基效果。反应在 250℃，空速 2.4h^{-1}下进行。实验结果表明，γ-Al$_2$O$_3$ 的催化效果最佳，但是为了避免二次烷基化反应的发生达到更好的脱烷基效果，需使用一定量的溶剂稀释反应底物，当选择环己烷作为溶剂，且环己烷与底物的摩尔比为 1∶5 左右时，达到最高的脱烷基效果，间甲酚的收率达到 99％以上。

③ 吸附分离法。Lee 等研究认为，以 SiCl$_4$ 改性的 HZSM-5 分子筛为吸附剂，采用压缩丙烷作为载体及解吸剂，得出间对甲酚的最佳分离条件为 373K、

3.45MPa 以及丙烷流率 2.0mL/min，此条件下间、对甲酚的纯度都可以达到 98％以上。Vijayakumar 等以 Zn、Al 氧化物为吸附剂，探讨了不同 Zn/Al 条件下间甲酚的吸附行为，并且以甲苯为溶剂时对甲酚的分离系数最大。

太原理工大学武海涛等利用 Aspen 流程模拟软件，采用吸附-精馏相结合的方式对间甲酚和对甲酚的分离体系进行模拟计算。考察了吸附塔的高径比、温度、吸附剂负载量及精馏塔的理论板数、进料位置、回流比等因素对分离效果的影响，获得了间对甲酚吸附-精馏过程的最佳工艺参数。最终得到的产品间甲酚质量分数为 99.99％（回收率 91.74％），对甲酚的质量分数为 99.10％（回收率 97.58％），这些工艺参数能够为实际工业生产提供参考，但具体参数的确定仍需要综合考虑设备费用、操作管理、经济效益等方面的影响。

目前，尿素配合法、共沸法、萃取法以及结晶法这几种甲酚异构体分离方法，由于工艺复杂、污染高以及能耗大等诸多问题，限制了其工业化应用；而烃化法工艺成熟，是国内生产甲酚单体的主要方法，由于在烃化过程中催化剂起决定性作用，所以新型催化剂的制备研发上还需要更深入探索；吸附法是一种比较经济而且环保的方法，所以未来应加强对甲酚异构体具有高效选择吸附功能的吸附剂的研究和开发，尤其是分子筛类吸附剂具有很好的应用前景。

参考文献

[1] 白建明，李冬，李稳宏. 煤焦油深加工技术 [M]. 北京：化学工业出版社，2016：528.

[2] Yang Y, Dong L, Zhang L, et al. Development, Status, and Prospects of Coal Tar Hydrogenation Technology [J]. Energy Technology, 2016, 4 (11)：1338-1348.

[3] 李冬，李稳宏，高新，等. 中低温煤焦油加氢改质工艺研究 [J]. 煤炭转化，2009，32 (4)：81-84.

[4] 孙鸣，陈静，代晓敏，等. 陕北中低温煤焦油减压馏分的 GC-MS 分析 [J]. 煤炭转化，2015 (1)：58-63.

[5] 孙鸣，陈静，代晓敏，等. 陕北中低温煤焦油重油减压馏分的 GC-MS 分析 [J]. 化学工程，2015 (9)：52-57.

[6] 刘贞贞，骆仲泱，马帅，等. 煤焦油中酚类物质对焦油组分加氢脱氮脱硫以及芳烃饱和的影响 [J]. 燃料化学学报，2015 (11)：1327-1333.

[7] 周魁. 陕北中低温煤焦油中酚类化合物的分离提纯工艺研究 [D]. 西安：西北大学，2016.

[8] 孙智慧，李稳宏，马海霞，等. 中低温煤焦油重组分分离与表征 [J]. 煤炭学报，2015，40 (9)：2187-2192.

[9] 么秋香，郑化安，张生军，等. 煤焦油加氢技术工业化现状 [J]. 广州化工，2015 (23)：12-14.

[10] 谷小会. 煤焦油分离方法及组分性质研究现状与展望 [J]. 洁净煤技术，2018 (4)：1-6.

[11] 张兴刚. 低油价时代煤焦油加氢路线如何选择 [J]. 中国石油和化工，2016 (1)：34-37.

[12] 王守峰，吕子胜. 一种煤焦油延迟焦化加氢组合工艺方法 [P]：CN101429456B，2009.

[13] 杨占彪，王树宽. 煤焦油全馏分加氢的方法 [P]：CN102796560B，2012-11-28.

[14] 张洪钧，金兴阶，刘义文，等. 一种煤焦油制燃料油的生产工艺 [P]：CN1880411A，2006.

[15] 朱元宝, 吴道洪, 高金森, 等. 中低温煤焦油全馏分加氢处理研究 [J]. 石化技术与应用, 2016, 34 (6): 452-455.

[16] 王树宽, 杨占彪. 一种煤焦油生产环烷基变压器油基础油的方法 [P]: CN103436289B, 2013.

[17] 王树宽, 杨占彪. 一种煤焦油制备环烷基冷冻机油基础油的方法 [P]: CN103436290B, 2013.

[18] 李稳宏, 李冬, 刘存菊, 等. 一种煤焦油尾油馏分及其应用 [P]: CN 102888243 A, 2013.

[19] 赵建国, 金光旭, 吴飞, 等. 轻烃芳构化工艺技术介绍及其应用规划 [J]. 乙烯工业, 2015, 27 (02): 5-10.

[20] 臧甲忠, 郭春垒, 范景新, 等. C_9^+ 重芳烃增产 BTX 技术进展 [J]. 化工进展, 2017, 36 (4): 1278-1287.

[21] 孔德金, 杨为民. 芳烃生产技术进展 [J]. 化工进展, 2011, 30 (1): 16-25.

[22] 朱永红. 煤基石脑油重整制芳烃实验研究与反应器模拟 [D]. 西安: 西北大学, 2017.

[23] 谢全安, 冯兴磊, 郭欣, 等. 煤焦油脱水技术进展 [J]. 化工进展, 2010, 29 (s1): 345-348.

[24] 王世宇. 低温煤焦油化学破乳脱水机理的基础研究 [D]. 北京: 煤炭科学研究总院, 2010.

[25] 李宏, 赵立党, 李冬, 等. 煤焦油脱水动力学. 化学工程, 2011, 39 (9): 57-67.

[26] 方梦祥, 余盼龙, 石振晶, 等. 利用破乳剂对低温煤焦油进行初步脱水的研究 [J]. 热科学与技术, 2012, (03): 260-265.

[27] 孙旭辉. 原油电脱盐脱水装置优化操作研究 [D]. 北京: 北京化工大学, 2001.

[28] 李学坤, 李稳宏, 冯自立, 等. 响应面法优化煤焦油电化学脱水的操作条件 [J]. 石油化工, 2013, 42 (10): 1123-1129.

[29] 杨占彪, 王树宽. 煤焦油的电场净化方法 [P]: CN100569910C. 2006.

[30] 李泓, 韦伟, 王龙祥. 一种煤焦油电脱盐、脱水、脱渣方法 [P]: CN103102933A. 2011.

[31] 崔楼伟, 李冬, 李稳宏, 等. 响应面法优化煤焦油电脱盐工艺 [J]. 化学反应工程与工艺, 2010: (3): 258-263, 268.

[32] 唐应彪, 崔新安, 袁海欣, 等. 煤焦油脱金属及灰分脱除技术研究 [J]. 石油化工腐蚀与防护, 2015, 32 (4): 1-6.

[33] 徐春明, 杨朝和. 石油炼制工程 [M]. 北京: 石油工业出版社, 2009, 9.

[34] 裴贤丰. 低温煤焦油沥青质和胶质的分离与表征 [J]. 洁净煤技术, 2011, 17 (4): 43-46.

[35] 刘建明, 高建明, 杨培志, 等. 中、低温煤焦油延迟焦化的工艺研究 [J]. 燃料与化工, 2006, 2 (37): 46-49.

[36] 王长寿. 一种煤焦油延迟焦化工艺 [P]: CN104449844A, 2015.

[37] 刘羽茜, 李永辉, 岳文菲, 等. 低温煤焦油重质组分的临氢热裂化特性研究 [J]. 中国煤炭, 2017, 43 (1): 89-93.

[38] 王国兴, 牟湘鲁, 张先茂, 等. 一种煤焦油临氢裂解和加氢改质制燃料油的组合工艺 [P]: CN 103627429 A. 2014.

[39] 雷雨辰, 李冬, 李稳宏, 等. 煤焦油加氢精制催化剂的级配研究 [J]. 石油学报 (石油加工), 2012, 28 (1): 83-87.

[40] 赵琦. 煤焦油加氢处理中催化剂的应用 [J]. 商品与质量 (理论研究), 2014 (10).

[41] 肖钢, 侯晓峰, 闫涛. 一种煤焦油轻馏分催化裂化制备柴油组分的方法 [P]: CN200810302719. 5, 2010.

[42] 雷振, 胡冬妮, 潘海涛, 等. 煤焦油加氢催化剂的研究进展 [J]. 现代化工, 2014, 34 (1): 30-33.

[43] Marques J，Guillaume D，Merdrignac I，et al. Effect of catalysts acidity on residues hydrotreatment [J]. Applied Catalysis B：Environmental，2011（3-4）：727-737.

[44] 刘宗宽，张磊，江健，等. 煤焦油加氢精制和加氢裂化催化剂的研究进展 [J]. 化工进展，2012（12）：2672-2677.

[45] 李传，邓文安，李向伟，等. 重油加氢催化剂用于中/低温煤焦油加氢改质的中试研究 [J]. 炼油技术与工程，2011（9）：32-35.

[46] 杨占林，彭绍忠，刘雪玲，等. P 改性对 Mo-Ni/γ-Al$_2$O$_3$ 催化剂结构和性质的影响 [J]. 石油化工，2007（8）：784.

[47] Zhang H Y，Wang Y G，Zhang P Z，et al. Preparation of Ni W catalysts with alumina and zeolite Y for hydroprocessing of coal tar [J]. Journal of Fuel Chemistry and Technology，2013（9）：1085-1091.

[48] 李庆华，刘呈立，周冬京，等. 一种煤焦油的预处理方法 [P]：ZL201010201302.7，2007.

[49] 李庆华，郭朝辉，余喜春，等. 一种煤焦油加氢改质生产燃料油的方法 [P]：CN101250432A，2008.

[50] 郭朝晖，余喜春，朱方明，等. 宽馏分煤焦油加氢改质生产轻质燃料油的工艺研究 [C]. 煤炭技术与装备发展论坛，2013：723-733.

[51] 李增文. 煤焦油加氢工艺技术 [J]. 化学工程师，2009，169（10）：57-59.

[52] 屈明达，鄂忠明. 煤焦油的加氢处理 [J]. 化工技术经济，2005，6（23）：49-51.

[53] 唐嘉，朱开宪. 石油加工中的催化裂化技术分析 [J]. 广东化工，2011，38（2）：92.

[54] 唐闲逸，许德平，王宇豪，等. 低温煤焦油中含氮化合物的分离与分析 [J]. 煤炭转化，2016，39（4）：73-78.

[55] 杨敬一，周秀欢，蔡海军，等. 煤焦油和石油基柴油馏分中含氮化合物的分离鉴定 [J]. 石油炼制与化工，2015，46（07）：107-112.

[56] 杨勇，冷志光，闫宇强，等. 煤焦油族组分中含硫化合物的形态分析 [J]. 高校化学工程学报，2015，29（05）：1025-1031.

[57] 次东辉，王锐，崔鑫，等. 煤焦油中金属元素的危害及脱除技术 [J]. 煤化工，2016，44（5）：29-32.

[58] 许天华，张天宇. 加氢裂化催化剂的应用现状 [J]. 化工技术与开发，2012，41（11）：50-51.

[59] 高滋. 沸石催化与分离技术 [M]. 北京：中国石化出版社，2009.

[60] FC-24 高选择性轻油型加氢裂化催化剂可最大量生产重石脑油 [J]. 炼油技术与工程，2004（1）：45-46.

[61] 郭仕清，王庆峰. FC-24 加氢裂化催化剂的首次工业应用 [J]. 石油炼制与化工，2006（3）：9-13.

[62] 汤敏. 3905 加氢裂化催化剂的工业应用 [J]. 石油炼制与化工，2000（9）：62-63.

[63] 潘德满，曾榕辉. FC-26 高中油型加氢裂化催化剂的工艺研究 [J]. 辽宁化工，2004（10）：585-587.

[64] 樊宏飞，孙晓艳，关明华，等. FC-26 中间馏分油型选择性加氢裂化催化剂的研究 [J]. 石油炼制与化工，2005（2）：6-8.

[65] 李猛，吴昊，高晓冬，等. 煤焦油加氢生产清洁燃料技术的开发 [J]. 石油炼制与化工，2015（6）：1-6.

[66] 胡发亭. 煤焦油轻质油加氢制清洁燃料油试验研究 [J]. 洁净煤技术，2018（2）：96-101.

[67] 吴昊，卫宏远. 煤炭分级利用过程中清洁油品的生产技术 [J]. 煤炭转化，2017（5）：20-24.

[68] 马宝岐，任沛建，杨占彪，等. 煤焦油制燃料油品 [M]. 北京：化学工业出版社，2011.

[69] 邓文安，王磊，李传，等. 马瑞常压渣油悬浮床加氢裂化反应生焦过程 [J]. 石油学报（石油加工），

2017, 33（2）：291-302.

[70] 刘美，刘金东，张树广，等.悬浮床重油加氢裂化技术进展[J].应用化工，2017（12）：2435-2440.

[71] Nguyen M T，Nguyen N T，Cho J，et al. A review on the oil-soluble dispersed catalyst for slurry-phase hydrocracking of heavy oil[J]. Journal of Industrial and Engineering Chemistry，2016：1-12.

[72] 吴青.悬浮床加氢裂化-劣质重油直接深度高效转化技术[J].炼油技术与工程，2014（2）：1-9.

[73] 郑宁来.我国重油加工技术跻身世界领先行列[J].石油炼制与化工，2016（7）：64.

[74] 胡红辉.MCT悬浮床加氢工艺的研究及工业化进展[J].当代化工，2017（1）：102-104.

[75] 杨涛，戴鑫，杨天华，等.煤焦油重组分加氢技术现状及研究趋势探讨[J].现代化工，2018（9）：60-65.

[76] 张庆军，刘文洁，王鑫，等.国外渣油加氢技术研究进展[J].化工进展，2015（8）：2988-3002.

[77] 吴乐乐，杜俊涛，邓文安，等.煤焦油重组分悬浮床加氢裂化生焦机理[J].石油学报（石油加工），2015（5）：1089-1096.

[78] 贾丽，蒋立敬，王军，等.一种煤焦油全馏分加氢处理工艺[P]；CN1766058，2004.

[79] 张晓静.BRICC中低温煤焦油非均相悬浮床加氢技术[J].洁净煤技术，2015（5）：61-65.

[80] 姜来.渣油沸腾床加氢技术现状及操作难点[J].炼油技术与工程，2014，44（12）：8-12.

[81] 韩来喜.T-STAR工艺的发展及其在煤液化工艺中的应用[J].石油炼制与化工，2011，42（11）：57-61.

[82] 贾丽，杨涛，胡长禄.国内外渣油沸腾床加氢技术的比较[J].炼油技术与工程，2009，39（4）：16-19.

[83] 张传江，杨文，韩来喜.沸腾床加氢研究进展与工业应用现状[J].内蒙古石油化工，2017（4）：7-10.

[84] 薛倩，张雨，刘名瑞，等.煤焦油沸腾床加氢制备180号船用燃料油调合组分[J].石油炼制与化工，2015，46（10）：88-92.

[85] 孟兆会，杨圣斌，杨涛，等.减压渣油掺炼煤焦油相容性及加氢处理研究[J].石油炼制与化工，2014，45（5）：25-28.

[86] 齐跃，刘彪.沸腾床加氢工艺先进性的分析[J].精细与专用化学品，2018（7）：23-26.

[87] 钱伯章.沸腾床加氢技术工业应用成功[J].石油炼制与化工，2016（2）：125-125.

[88] 王喜彬，贾丽，刘建锟，等.沸腾床渣油加氢影响因素及催化剂失活分析[J].炼油技术与工程，2012（8）：42-45.

[89] Ancheyta J J I M，Sánchez S，Rodríguez M A. Kinetic modeling of hydrocracking of heavy oil fractions：A review[J]. Catalysis Today，2005（1）：76-92.

[90] 孙素华，王刚，方向晨，等.STRONG沸腾床渣油加氢催化剂研究及工业放大[J].炼油技术与工程，2011（12）：26-30.

[91] 焦燕，冯利利，朱岳麟，等.美国军用喷气燃料发展综述[J].火箭推进，2008（1）：30-35.

[92] 李焱.航空煤油市场供需格局及发展趋势分析[J].企业技术开发，2014（7）：21-22，79.

[93] 李娜，陶志平.国内外喷气燃料规格的发展及现状[J].标准科学，2014（2）：80-83.

[94] 金云，刘莹莹，郭飞舟，等.2013年中国航空煤油市场回顾及2014年展望[J].国际石油经济，2014（3）：89-93，122.

[95] 杨文，吴秀章，陈茂山，等.煤基喷气燃料研究现状及展望[J].洁净煤技术，2015（5）：52-57.

[96] 刘婕，曹文杰，薛艳，等.煤基喷气燃料发展动态[J].化学推进剂与高分子材料，2008（2）：24-26.

[97] 王德岩. 高热安定性喷气燃料 JP900 制备及性能 [J]. 能源研究与信息，2006（4）：232-236.

[98] Harold H Schobert，Mark W Badger，Robert J Santoro. Progress toward coal-based JP-900 [J]. Petroleum Chemistry Division Preprints，2002，47（3）：192-194.

[99] 李辉，朴英，曹文杰，等. 高热安定性煤基喷气燃料理化性能的试验研究 [J]. 煤炭学报，2016（9）：2347-2351.

[100] 范学军，俞刚. 大庆 RP-3 航空煤油热物性分析 [J]. 推进技术，2006（2）：187-192.

[101] 赵威，姚春雷，全辉，等. 中低温煤焦油加氢生产大比重航空煤油方法 [P]：CN103789034A，2014.

[102] Ochsenkuhn P M，Lampropoulou A. Polycyclic Aromatic hydrocarbons in wooden railway beams impregnated with coal tar：Extraction and Quantification by GC-MS [J]. Microchim Acta，2001，136（3-4）：185-191.

[103] Li Z T，Wu Y J，Zhao Y，et al. Analysis of coal tar pitch and smoke extract components and their cytotoxicity on human bronchial epithelial cells [J]. Journal of Hazardous Materials，2011，186：1277-1282.

[104] 冀勇斌，李铁虎. 沥青中 α、β、γ 树脂含量对中间相炭微球收率的影响 [J]. 西北工业大学学报，2006，24（3）：346-349.

[105] Mohammad M S，Ali K S，Amir M，et al. The effect of modification of matrix on densification efficiency of pitch based carbon composites [J]. Journal of Coal Science and Engineering（China），2010，16（4）：408-414.

[106] 李玉财，张文超，王丽，等. 我国针状焦的生产与应用 [J]. 炭素技术，2011，30（1）：56-60.

[107] Oskar Paris，Dieter Loidl，Herwig Peterlik，et al. Texture of PAN and pitch-based carbon fibers [J]. Carbon，2002，40：551-555.

[108] 吴建明. 一种由煤焦油生产大比重、高热值煤油的方法 [P]：CN104789260 A，2016.

[109] 郭宪厚，魏贤勇，柳方景，等. 陕北中低温煤焦油中含氧有机化合物的质谱分析 [J]. 分析化学，2018（11）：1755-1762.

[110] 煤焦油中酚类化合物的分离方法 [P]：CN107721826A，2019.

[111] 一种从中低温煤焦油粗酚中分离多种酚的方法及装置 [P]：CN107721826A，2018.

[112] 黄崇品，吕小林，陈标华，等. 络合结晶分离提纯间甲酚工艺 [P]：CN102167658A，2011.

[113] 武海涛，黄伟. 间甲酚和对甲酚的分离精制 [J]. 天然气化工（C1 化学与化工），2016，41（1）.

[114] 郭宁宁，黄伟. 间甲酚与对甲酚的分离研究进展 [J]. 天然气化工（C1 化学与化工），2013，38：84-89.

[115] 范峥，卢素红，黄风林，等. 低温煤焦油粗酚精制过程优化 [J]. 过程工程学报，2015，15（6）：1018-1022.

[116] 李文凤，王茜，董燕飞，等. 改性 Hβ 沸石上对甲酚与异丁烯的烷基化反应 [J]. 化学工业与工程，2007，24（3）：254-257.

[117] 韩莎莎. 混甲酚的分离过程研究 [D]. 西安：西安石油大学，2017.

[118] 王文霞. 6-叔丁基-3-甲基苯酚脱叔丁基制间甲酚 [J]. 石油化工，2012，41（1）：62-65.

[119] Lee K R，Tan C S. Separation of m-and p-cresols in compressed propane using modified HZSM-5 pellets [J]. Ind Eng Chem Res，2000，39：1035-1038.

[120] Vijayakumar J，Chikkala S K，Mandal S，et al. Adsorption of cresols on zinc-aluminium hydroxides-A comparison with zeolite-X [J]. Sep Sci Technol，2011，46：483-488.

第4章

热解煤气的分质利用

在低阶煤的热解过程中，由于所用原煤种类和热解工艺条件的不同，所产热解煤气的特征及组成具有较大差异。为了充分合理有效地利用煤气，就必须按照煤气质量的不同，进行分质利用。

4.1 热解煤气分质利用原理

4.1.1 影响热解煤气特征的因素

多年的研究表明，影响煤热解的因素主要有：煤的种类、煤的粒径、加热速率、加热终温、热解压力、热解气氛、停留时间等。

4.1.1.1 煤的种类

因为煤的变质程度不同，化学结构与分子间的结合形式不同，从而造成在热解过程中化学键断裂的种类及分布有所不同，进而使得热解气的组成不同。

在实验室条件下测定热解煤气产率采用铝甑干馏试验，不同原料煤的试验结果见表 4-1。由表 4-1 可见，热解煤气产率与原料煤种有关，其影响规律如表 4-2 所示。

表 4-1　不同煤种低温热解的煤气产率

煤样名称	伊春泥炭	桦川泥炭	昌宁褐煤	大雁褐煤	诺门罕褐煤	神府长焰煤	铁法长焰煤	大同弱黏煤
煤气/%	20.7	17.1	15.5	13.0	11.0	7.0	3.8	7.8

当热解温度为 600℃ 时，泥煤的煤气产率为 16%～32%，褐煤为 6%～22%，烟煤为 6%～17%，其低温热解煤气组成如表 4-3 所示。

4.1.1.2 加热终温

煤在热解过程中，其加热终温对煤气特征的影响如表 4-4 所示。

表 4-2　煤性质对热解煤气的影响规律

性质及产率	煤的种类		
	泥煤	褐煤	烟煤
炭化程度	———————————————————————————→		
煤气产率	———————→　←———————		
煤气发热量	———————————————————————————→		

表 4-3　不同煤低温热解的煤气组成

组成(体积分数)	泥炭	褐煤	烟煤
CO/%	15～18	5～15	1～6
CO_2+H_2S/%	50～55	10～20	1～7
C_mH_n(不饱和烃)/%	2～5	1～2	3～5
CH_4 及其同系物/%	10～12	10～25	55～70
H_2/%	3～5	10～30	10～20
N_2/%	6～7	10～30	3～10
NH_3/%	3～4	1～2	3～5
低热值/(MJ/m³)	9.64～10.06	14.67～18.86	27.24～33.52

表 4-4　热解煤气性质和组成

煤种	温度/℃	煤气组成(体积分数)/%									发热量/(MJ/m³)	密度/(kg/m³)
		H_2	CH_4	CO	CO_2	C_2H_4	C_2H_4	C_3H_6	C_3H_8	C_4		
褐煤	400	0.44	5.38	25.57	67.38	0.48	0.92	1.23	0.92	—	11.09	1.66
	450	0.81	10.68	21.07	61.22	0.77	1.85	2.18	1.41	—	12.26	1.64
	500	3.43	22.50	23.58	33.89	3.13	5.83	1.80	1.86	0.56	22.08	1.34
	550	9.21	25.72	24.51	29.03	2.67	5.24	1.96	1.28	0.37	23.06	1.25
	600	19.04	24.07	22.56	26.04	2.33	3.58	1.18	0.74	0.43	20.75	1.11
	650	34.15	22.95	12.20	22.27	2.68	3.41	1.12	0.79	0.42	18.90	0.98
长焰煤	550	9.92	33.26	24.31	21.60	2.10	5.38	1.46	1.97	—	23.73	1.12
	600	19.43	33.56	20.16	18.09	1.73	4.53	1.13	1.37	—	22.75	0.98
	650	31.27	30.02	13.64	16.85	1.83	4.19	1.01	1.21	—	22.54	0.90
	700	37.32	28.68	14.19	12.19	1.65	4.01	0.98	0.98	—	21.09	0.82
气煤	550	8.67	32.18	23.81	21.13	1.80	6.22	2.37	3.45	0.27	26.07	1.16
	600	19.37	37.51	14.40	15.43	2.84	5.30	1.89	3.10	0.16	26.98	0.96
	650	29.56	38.20	11.72	11.01	1.52	3.70	1.59	1.63	0.07	25.65	0.82
	700	36.92	30.76	12.75	10.98	2.96	4.50	0.94	0.19	—	23.59	0.81

（1）煤气组成

由表 4-4 可见，随煤变质程度提高，产生的煤气发热量依次升高。由于褐煤含氧官能团较多，因此其热解产物中 CO、CO_2 含量较高，而长焰煤和气煤由于氧含量比褐煤少，煤气组成以 H_2 和 CH_4 为主。对于不同煤种，煤气中 $C_2\sim C_4$ 含量变化不大。

对于同一种煤，随热解温度的不同，煤气中各成分的含量也不同。以褐煤为例，在温度为 400℃时，煤气中主要是 CO 和 CO_2，只有少量的 CH_4 和 H_2；随着温度的提高，煤气中 H_2 逐渐增加，600℃时，H_2 急剧增加；与此相反，CO 和 CO_2 含量随温度升高逐渐下降；CH_4 的含量与温度的关系是在 550℃以前温度升高其含量增加，550℃以后有所下降。

由煤气成分中 C_2 及 C_3 的变化可看出，C_2 的含量明显大于 C_3 的含量，C_2 的含量在 500℃附近有一最大值。C_3 的含量变化不大，随温度的增加，C_3 含量减少；C_2 和 C_3 的热值较高，其含量的变化对煤气热值有较大的影响。

（2）煤气热值

从表 4-4 可知，煤气热值与温度的关系。褐煤煤气热值在 500~550℃有一最大值，煤气中 H_2 含量不高，CH_4 和 C_2 含量都达到最大值，因此煤气热值高；温度在 400~600℃时，煤气成分中 H_2 含量大幅度提高，而 C_3 含量降低，因此煤气热值也随之降低。不同煤种煤气热值不同，煤气热值依次为褐煤＜长焰煤＜气煤；这是由于随着煤的变质程度提高，煤中 O 含量降低，C 含量增高，相应的煤气成分中 CO 和 CO_2 含量减少，CH_4 含量增加。若从煤气热值上考虑，热解温度为 550℃时较为合适。

（3）煤气密度

煤气密度直接反映了煤气成分的变化，如表 4-4 所示。低温时，煤气中 CO_2 含量高，煤气密度较大；高温时，因煤气成分中 H_2 成分大幅度提高，故煤气密度也大幅度下降。褐煤煤气密度要比其他 2 种煤气密度大，这主要是由于褐煤含氧官能团多，煤气中 CO_2 含量明显高于其他 2 种煤的结果。

4.1.1.3　热解压力

煤热解压力对煤气产率和组成有较大影响。热解压力增大，煤气产率增加，见表 4-5。

表 4-5　压力对低温热解煤气产率的影响

产率	压力/MPa				
	常压	0.5	2.5	4.9	9.8
煤气（体积分数）/%	7.7	11.1	11.5	12.1	15.0

　　刘学智等对煤的加压低温热解进行了系统研究。在研究中采用四种不同的煤（沈北褐煤、大同弱黏煤、山东兴隆庄气煤和山西官地贫煤），粒度为 0.5～1.0mm，升温速度为 5℃/min，终温为 600℃，并在终温恒温 30min。在进行热解时，随着压力的升高，除官地贫煤增加得较少外，其他三种煤热解煤气产率均随压力的升高而显著增加，特别是沈北褐煤增加的幅度最大，见表 4-6。常压时，煤气产率在 50.7～78.2mL/g 煤之间，当操作压力升至 2.5MPa 时，煤气增加到 52.2～84.8mL/g，平均每克煤增加了 1.5～6.6mL。

表 4-6　不同压力下四种煤热解煤气的产率

煤种	沈北褐煤				大同弱黏煤			山东兴隆庄气煤				山西官地贫煤			
压力/MPa	0.1	0.5	1.5	2.5	0.1	0.5	1.5	0.1	0.5	1.5	2.5	0.1	0.5	1.5	2.5
煤气产率/(mL/g)	65.8	72.4	76.0	82.1	76.1	76.5	83.0	78.2	78.6	80.2	84.8	50.7	51.2	51.6	52.2

　　表 4-7 所列为四种煤热解煤气组成随压力的变化情况。由表 4-7 可知，四种煤热解煤气组成随着压力的增高，煤气中 CH_4、CO_2 含量在增加，而 CO、H_2 和 H_2S 含量呈减少趋势，煤气热值增加。与常压相比，在 0.5MPa 压力时，CH_4 增加了 6.63%～10.73%，CO_2 增加了 3.74%～4.98%，H_2 减少了 8.06%～9.71%，CO 减少了 2.96%～4.48%，H_2S 减少了 0.2%～0.35%；1.5MPa 压力时，CH_4 增加了 10.36%～19.63%，CO_2 增加了 1.66%～8.0%，H_2 减少了 11.11%～18.42%，CO 减少了 0.21%～6.45%。

表 4-7　四种煤不同压力下热解煤气性质

煤种		沈北褐煤				大同弱黏煤			山东兴隆庄气煤				山西官地贫煤			
压力/MPa		0.1	0.5	1.5	2.5	0.1	0.5	1.5	0.1	0.5	1.5	2.5	0.1	0.5	1.5	2.5
煤气组成（体积分数）/%	H_2	24.46	14.75	12.05	9.23	28.39	19.50	12.21	23.71	14.74	12.58	9.84	39.16	28.19	20.74	19.15
	CO	9.79	6.30	4.88	4.29	10.11	5.65	3.66	9.23	5.94	4.57	3.32	1.00	0.80	0.79	0.46
	CO_2	26.26	31.24	33.87	34.01	15.27	19.01	21.67	9.20	14.25	17.20	18.77	3.30	2.56	4.96	6.53
	CH_4	31.21	38.17	45.40	44.23	35.97	46.70	52.99	39.87	47.24	50.23	55.29	45.01	57.44	64.64	73.50
	C_2H_6	4.21	4.86			6.47	5.29	5.33	4.37	7.12	8.85	3.84	5.54	4.65	3.64	
	C_3H_8	2.17	2.22			2.14	2.18	1.49	3.23	1.29	0.65	0.39	0.82	0.89	0.55	
	C_2H_4	0.75	0.64	0.18		0.45	0.40	0.32	1.37	0.77	0.72		0.52	0.15	0.09	
	N_2	0.86	1.25	1.90	1.90	1.0	0.95	1.94	4.24	4.24	4.24	4.24	4.49	4.49	4.49	4.49
	H_2S	0.90	0.55	0.42	0.36	0.95	0.75	0.45	1.73				2.58		2.39	1.59
煤气热值/(kJ/m³)		16980	17974	20294	19387	19420	21941	23074	20022	21393	22137	23759	23646	26601	29022	32098

4.1.1.4 热解气氛

太原理工大学杨会民等研究了不同气氛对煤热解过程中气相产物释放的影响。在研究中选用含碳量相当的西部弱还原性煤种宁夏灵武煤（LW 煤）和中部强还原性煤种山西平朔煤（PS 煤），经破碎、筛分后选取粒径为 0.136～0.165mm 的样品。

（1）不同热解气氛下瞬间释放量

图 4-1 为 N_2、体积分数为 20% 的 CO_2 及 2% 的 O_2 气氛下 LW 煤和 PS 煤热解过程中气相产物瞬间释放量随温度的变化曲线。

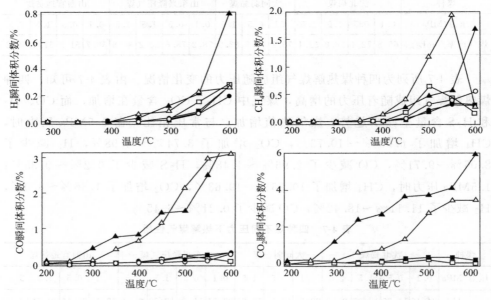

图 4-1　不同热解气氛下煤热解过程中气相产物释放量随温度的变化

■ LW-N_2; ● LW-20% CO_2; ▲ LW-2% O_2;
□ PS-N_2; ○ PS-20% CO_2; △ PS-2% O_2

从图 4-1 可知，在 N_2 气氛下，两种煤样热解形成的 H_2 都在 450℃ 左右开始逸出，随热解温度的升高逸出量迅速增大；CH_4 在 400℃ 开始析出，LW 煤在 550℃ 左右出现逸出峰，而 PS 煤在 500℃ 左右已经达到最大瞬间释放量；两种煤 CO 和 CO_2 均在 200℃ 开始释放，CO_2 的释放峰值均在 500℃ 左右，LW 煤 CO 的释放随温度的升高而增加，PS 煤则在 500℃ 时就出现一个峰值。在 CO_2 气氛下，LW 煤 H_2、CH_4 以及 CO 的释放规律与 N_2 气氛下的基本一致，只是在瞬间释放量上具有较小的变化；PS 煤 H_2 的瞬间释放量在 500℃ 以后明显高于 N_2 气氛下，CH_4 的释放在热解终温 600℃ 时仍未达最大值，CO 的释放在热解过程中持续升高，但 CH_4 和 CO 的瞬间释放量有了明显的下降。在 O_2 气氛下，煤样 H_2 和 CH_4 的初始释放温度均明显降低，分别为 350℃ 和 300℃ 左右，比 N_2 气氛下含氢气体的析出提前约 100℃，且气体生成量显著增大；LW 煤 CH_4 的逸出量持续增加，而 PS 煤在 550℃ 左右达到最大瞬间释放量；两种煤样 CO 和 CO_2 在 200℃ 的释放量就已经高于 N_2 和 CO_2 气氛，并在热解过程中随温度的升高释放量迅速增大。

不同气氛下煤样热解过程中气体的释放特征不同，600℃ 以前 CO_2 气氛对 LW 煤的影响作用较小，而对 PS 煤气体的释放具有较大的影响。比较其他两种气氛，O_2 气氛降低了煤的初始热解温度，改变了气相产物的组成，从而使气相产物瞬间释放量大幅度增加。

（2）不同热解气氛下累积产率

图 4-2 为煤样在不同热解气氛下达到热解终温 600℃ 时气体产物的累积产率，其中 CO_2 气氛下热解形成的 CO_2 气体没有参与讨论。

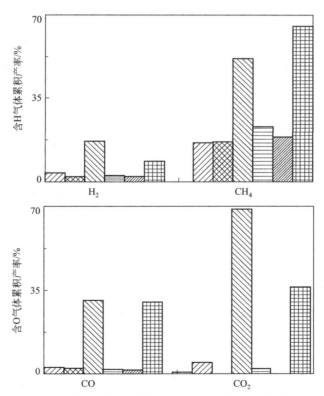

图 4-2　不同热解气氛下煤样热解过程中气相产物的累积产率

LW-N_2；　LW-20% CO_2；　LW-2% O_2；
PS-N_2；　PS-20% CO_2；　PS-2% O_2

从图 4-2 可知，N_2 气氛下两种煤样 H_2、CO 的累积产率均略高于 CO_2 气氛，但都远远低于 O_2 气氛；三种气氛下两种煤具有较高的 CH_4 产率，LW 煤在 N_2 气氛和 CO_2 气氛下 CH_4 的累积产率基本相当，PS 煤在 N_2 气氛下 CH_4 的累积产率高于 CO_2 气氛，但均低于 O_2 气氛下的产率。

同一种气氛下，LW 煤热解释放的 H_2、CO 和 CO_2 的累积产率均比 PS 煤高，而 CH_4 的累积产率比 PS 煤低。说明 CO_2 气氛对 LW 煤的影响作用较小，主要表现在 H_2 的累积产率降低和 CH_4 的累积产率升高，而对 PS 煤的影响作用较大，表现在 CH_4 累积产率的显著下降；O_2 的存在极大地促进了 H_2 和 CH_4 的生成，同条件下 LW 煤 CO_2 的累积产率远高于 PS 煤，说明 O_2 与西部弱还原性 LW 煤的反应性更强。

4.1.2　热解煤气分质利用的途径

热解煤气利用不仅是低阶煤分质利用的重要方式，也是节能减排的必要途径。按煤料加工的质量转换计算，现已运行的内热式直立炉所产煤气是仅次于兰炭的热解产品，每吨兰炭可副产 1400 多立方米的热解煤气。这些热解煤气经煤气净化工段净化和冷却后回炉燃烧使用约占煤气总量的 50% 外，每生产 1t 兰炭还富余 700 多立方米的热解煤气。目前我国兰炭产量约为 7000 万吨，每年由此而产生的数百亿立方米热解煤气的综合利用已经成为热解产业必须关注的问题。同时，随着粉煤热解技术的不断突破，所副产的煤气热值高、品质好（见表 4-8），应进一步开发出符合自身热点的应用技术，进而实现高质量煤气高附加值利用，增强低阶煤热解产业的整体竞争力。

表 4-8　不同热解工艺煤气组成（体积分数）的比较　　　　单位：%

煤加工工艺	H_2	CH_4	CO	N_2	CO_2	C_nH_m	O_2	热值 /(MJ/m³)
内热式直立炉	22.5	6.2	17.5	41.3	11.2	0.8	0.5	7.96
固体热载体	23.46	26.78	13.95	4.07	25.76	5.47	0.51	17.83

由表 4-8 可知，内热式直立炉热解煤气中的 N_2 含量高达 41.3%，其热值仅为 $7.96MJ/m^3$，属低热值煤气。固体热载体热解煤气中 CH_4、C_nH_m 的含量高，属高热值煤气。

目前，低阶煤热解煤气在发电、制氢、制合成氨，以及作为生石灰、金属镁、水泥等工业窑炉的燃料等领域已得到广泛应用，同时在煤气制天然气、制合成油、制甲醇及二甲醚、直接还原铁等领域有着巨大的发展潜力，如图 4-3 所示。

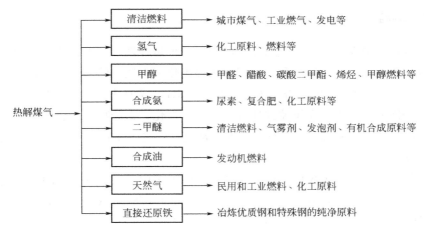

图 4-3　低温热解煤气的利用

4.2　热解煤气分质利用方向

4.2.1　热解煤气生产氢气

氢气是公认的清洁能源,目前有关氢的制备、分配、储存和利用等方面是全世界研究的热点。气候变化问题及近些年来兴起的燃料电池技术催生了"氢能经济"概念,有人甚至主张用氢气全面替代现有的能源供应。

陕西神木 50 万吨/a 中温煤焦油轻质化项目,采用长焰煤内热式直立炉热解煤气,经变换、脱硫、变压吸附后制得氢气,并将其用于煤焦油加氢生产燃料油,其工艺过程如图 4-4 所示。该热解煤气制氢的变换工段采用了 Co-Mo 系耐硫变换催化剂的全低变工艺,经过多年的满负荷运行证明:该工艺过程合理、安全、可靠、环保。

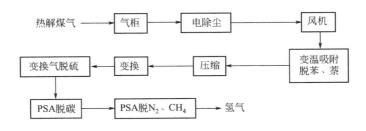

图 4-4　热解煤气制氢工艺过程

4.2.2 热解煤气制天然气

热解煤气制天然气工艺可以分为两种，一种是物理分离工艺流程，即先压缩预处理、变换、脱碳，然后利用物理方法提出热解煤气中的甲烷和多碳烃而得到合成天然气（SNG），再制得压缩天然气（CNG）或液化天然气（LNG）；另一种是甲烷化工艺流程，先压缩预处理，然后甲烷化，再分离得到合成天然气，最后进行压缩得到 CNG；当用 PSA 技术对富氢气体进一步提纯时，可以得到纯度99.99%以上的纯氢。

内蒙古某企业在褐煤低温热解生产兰炭的工艺中，采用图 4-5 的工艺过程制取 LNG，将制取的 H_2 用于煤焦油加氢生产汽油和柴油，CO_2 用于酚钠的分解生产粗酚。

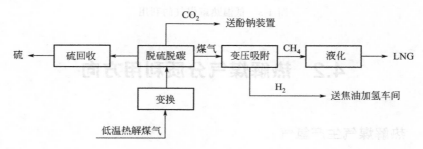

图 4-5　兰炭煤气制 LNG 工艺过程

甲烷化工艺与物理分离工艺比较，甲烷化工艺流程的优势体现在流程简捷、能耗低、资源利用率与甲烷回收率高，主要包括四点。

① 可减少脱碳装置。由于制取 LNG 进行的低温分离必须把 CO_2 脱至 0.1%以下，CNG 的国家标准要求 CO_2 小于 3%。而通过甲烷化工艺可以达到上述要求，因而不需另加脱碳装置。

② 可以提高 CH_4 产量。由于甲烷化把 CO、CO_2 变成了 CH_4，可增加 CH_4 产量约 33%。

③ 可使分离过程简化。焦炉气中有 H_2、CO、CO_2、N_2、CH_4、$C_n H_m$ 等成分，甲烷化后仅剩 H_2、CH_4、N_2 三个主要成分，因此分离过程简化，分离效率提高。

④ 由于提高了 CH_4 含量可使处理气量大大减少，提高了分离效率。生产等量的甲烷产品，其处理气量（即负荷）仅为非甲烷化流程的一半甚至更低，降低了能耗。

上述焦炉气甲烷化工艺已开始在兰炭煤气甲烷化工艺设计中得到采用。

4.2.3 热解煤气制合成油

将热解煤气转化为合成气,以合成气为原料用 F-T 技术可生产合成油。理论上合成油的最大产率为 208g/m³(CO+H₂)。

以热解煤气为原料制取合成油是近几年开发的热解煤气利用新技术,熊尚春的发明专利采用流化裂化催化剂,两级催化合成燃料油,可以得到高辛烷值(90~97)汽油和轻柴油组分的燃料油。石其贵发明了将热解煤气中甲烷转化为 CO 和 H₂,转化气用 F-T 合成法合成油的技术,其中 F-T 合成采用气流床 SynthoI 工艺,汽油产出率高达 39%,其流程如图 4-6。

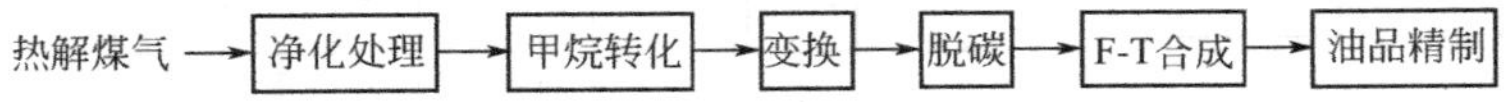

热解煤气 ──▶ 净化处理 ──▶ 甲烷转化 ──▶ 变换 ──▶ 脱碳 ──▶ F-T 合成 ──▶ 油品精制

图 4-6 兰炭煤气制取合成油工艺过程

由于煤的间接液化厂投资较高,一般 1t 油品的投资为 0.8 万~0.9 万元,而其中煤炭气化制合成气部分的投资占 40%~50%。由此可见,热解煤气转化后生产合成油的效益将十分可观。据报道,陕西金巢投资有限公司已成功开发了热解煤气制油的新技术,以热解煤气为原料,经过裂解、深度净化后,合成清洁燃料油、高纯石蜡及其他化工产品,1 亿立方米热解煤气可生产 9000t 柴油和 13500t 高纯石蜡。目前,该技术已在万吨级热解煤气制柴油工业化试验装置上获得成功。

4.2.4 热解煤气制合成氨

热解煤气具有价廉易得的显著特点,其中含氮量达 48%,为了充分利用热解煤气中的氮,可以热解煤气为原料制合成氨。2014 年 7 月,国内第一条热解煤气制合成氨的工艺装置在榆林建成并投产,该项目建设规模为:年产 5 万吨合成氨、20 万吨碳铵,其工艺过程如图 4-7 所示。

从现有煤热解装置来的尾气,经气柜缓冲后再经静电除焦塔除焦油,然后去风机增压,再经降温、进一步除焦油后进入变温吸附装置。经变温吸附除去气体中的萘及高碳烷烃组分后进入压缩机Ⅰ段进口,经Ⅰ、Ⅱ、Ⅲ段压缩到 1.2MPa(G)再经冷却分离油水后进入变换工段,变换后气体进入变换气脱硫系统,将气体中的硫化氢脱至 50mg/m³ 以下,一股进炭化装置,一股进入变压吸附(PSA)工段一段入口,经变压吸附一段脱除二氧化碳后进入变压吸附二段。炭化后气体经补压后与变压吸附一段出口气汇合进变压吸附二段。经变压吸附二段脱去少量 CO、甲烷及多余的氮气,再经精脱硫塔将总硫脱至 0.1mg/m³ 以下。原料气进入压缩机Ⅳ段入口,经Ⅳ~Ⅶ级压缩到 26MPa(G)进入甲烷化工段,将微量的 CO 和 CO₂ 转化为 CH₄,使气体得到精制。精制后的氮、氢气进入氨

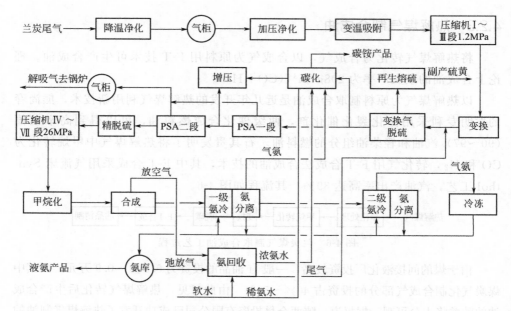

图 4-7 热解煤气制合成氨工艺过程

的合成工段，气体中的 N_2、H_2 气体在高压、催化剂的作用下反应生成氨，再经常温冷却、低温冷却，使气体中的氨变成液氨分离下来，送入氨库。合成放空气与氨储槽弛放气采用等压氨回收塔，用炭化工段来的稀氨水作为吸收液，提浓至含氨的质量分数为 16% 的氨水，再送至炭化工段。出等压氨回收塔尾气送至变换气脱硫工段入口。

氨合成工段低温冷却采用氨蒸发吸热制冷，产生的气氨经冷冻工段氨压缩机压缩、冷却后变成液氨再返回氨蒸发器。

变压吸附一段解吸的解吸气体中含 CO_2 的体积分数接近 80%，可考虑用于生产尿素或液体 CO_2；变压吸附二段解吸的气体主要是甲烷、氮气等，送解吸气柜，用于锅炉燃烧或作为石灰窑燃料。

该项目主要消耗（以生产 1t 液氨计）情况见表 4-9，单位产品（以生产 1t 液氨计）成本分析见表 4-10。

表 4-9　吨氨消耗情况

序号	名称	消耗定额
1	兰炭生产尾气/m³	4800
2	电/kW·h	1410
3	一次水/t	4.6

注：脱盐水、循环水、冷冻、压缩空气及氮气等消耗均包含在电及一次水消耗中。

表 4-10　单位产品成本分析

序号	项目	单价/元	单耗	金额/元
一	原辅材料	—	—	525.00
1	兰炭尾气(标态)	0.1	4800m³	480.00
2	各种催化剂	—	—	45.00
二	燃料动力	—	—	1000.80
1	电	0.7	1410kW·h	987.00
2	一次水	3	4.6L	13.80
三	生产工人工资	3 万元/(人·年)	0.113 人	33.90
四	制造费用	—	—	254.90
1	修理费	—	—	81.40
2	折旧费	—	—	143.00
3	其他制造费用	—	—	30.50
五	单位成本(含税)	—	—	1814.60

注：兰炭尾气价格按利用有效气体的热值估算，其中气体中甲烷回收后送锅炉或公司石灰窑作燃料，在本项目中未在合成氨生产中被消耗，因此不计算在内。

　　由于用煤热解装置副产煤气为原料，采用变压吸附技术进行分离净化，大幅降低 H_2S、NH_3 等大气污染物以及 CO_2 的排放量，年可节约标煤 9.7 万吨，可削减兰炭厂 H_2S、NH_3 等大气污染物排放量 94.7% 以上，年减排 CO_2 约 30 万吨，同时，该项目每年可上缴利税 1 亿元以上，提供 300 多个就业岗位，取得了良好的综合效益。

4.2.5　热解煤气制备有机产品

4.2.5.1　热解煤气制甲醇

　　热解煤气是由 CH_4、H_2、CO 等气体组成的混合气体，将其与甲醇合成气对比可知，若采取适当的化工处理方法，将煤气中的 CH_4 组分转化为 CO 和 H_2，即可达到制取甲醇合成气组成要求，而甲烷的转化技术目前也已经成熟，这为低温热解煤气制取甲醇创造了条件。

　　具有代表性的工艺技术为太原赛鼎工程有限公司开发的焦炉煤气加压催化部分氧化法制取合成气工艺，得到合成气后，采用气相低压工艺，在催化剂的作用下合成甲醇，焦炉煤气制甲醇工艺流程见图 4-8。

图 4-8　焦炉煤气制取甲醇工艺流程

　　自 2004 年 12 月中国第一个焦炉煤气制甲醇项目（云南曲靖大为焦化有限公

司建设）投产以来，目前已有河北建滔、山东盛隆、山东兖矿、旭阳焦化、开滦精煤、山东海化、山西潞宝、内蒙古庆华等企业的甲醇装置陆续投产。

在我国，焦炉煤气制甲醇比天然气制甲醇成本低，两者成本比较如表 4-11 所示。但焦炉煤气制甲醇同样存在 H_2 过量的问题，若要充分地利用其中的氢气资源，一是采取补碳措施，增加产率；二是生产甲醇联产合成氨，将甲醇合成弛放气（H_2 含量 80% 左右）与 N_2 反应制合成氨。

表 4-11　焦炉煤气、天然气制甲醇成本比较

原料	原料消耗量/(m^3/t)	原料成本/(元/t)	生产成本/(元/t)
天然气	850~1050	595~735(以 0.7 元/m^3 计)	987(产能 24 万吨/a)
焦炉煤气	1800~2400	360~480(以 0.2 元/m^3 计)	839(产能 12 万吨/a)

甲醇不但可以作为甲醛、烯烃、二甲醚合成的原料，而且可以掺入汽油中作为动力燃料，二甲醚也可作为城镇燃气和替代柴油作为汽车燃料使用。甲醇、二甲醚等低碳含氧燃料燃烧后产生的碳氧化物、氮氧化物和硫化物较少，具有明显的环保优势和较大的发展潜力。

4.2.5.2　热解煤气制二甲醚

二甲醚（DME）作为一种多用途的清洁环保能源，近年来受到了越来越多的关注。二甲醚对人体无毒、使用安全，对环境友好，且具有良好的燃料性能，可以部分替代液化天然气（LPG）作民用燃料以及替代柴油作清洁的汽车燃料。二甲醚具有广阔的市场前景，被誉为"21 世纪的新能源"。将热解煤气进一步加工处理后，使其成为合成二甲醚的原料气，具有一定的现实意义。

二甲醚已工业化或有工业化前景的生产工艺主要有合成气直接制二甲醚工艺（一步法）、甲醇脱水工艺（两步法）以及甲醇/二甲醚联产法。目前，工业上生产二甲醚的主要方法是甲醇气相脱水工艺，甲醇以气相在固体催化剂的弱酸性位上脱水生成二甲醚。近些年来，由合成气直接合成二甲醚的一步法技术已完成中试和小规模生产，是目前最有发展前景的二甲醚合成技术。其基本原理是先将热解煤气转化为合成气，合成气直接制二甲醚是一个连串反应，合成气先在催化剂的甲醇合成活性中心上生成甲醇，然后甲醇在催化剂的脱水活性中心上脱水生成二甲醚。因此，一步法所用催化剂是甲醇合成催化剂与甲醇脱水催化剂的组合，或者是双功能催化剂。由于连串反应过程中甲醇生成是较慢的反应步骤，所以在催化剂比例中，合成催化剂（或双功能催化剂中的合成活性中心）应多于脱水催化剂。合成甲醇催化剂通常为铜基催化剂，而脱水催化剂则是 $\gamma\text{-}Al_2O_3$ 或分子筛，因此常用的合成气直接合成二甲醚催化剂为负载在 $\gamma\text{-}Al_2O_3$ 或分子筛上的铜基催化剂。分子筛、$\gamma\text{-}Al_2O_3$ 与 Cu 基催化剂组合时各有利弊，分子筛催化剂

活性高、反应温度低（150～275℃），当与 Cu 基催化剂复合时温度较匹配（Cu
基催化剂的使用温度为 260℃），但易中毒、结焦且价格昂贵；而 γ-Al_2O_3 反应
温度高（320℃），在 Cu 基催化剂的活性温度下使用活性低，但其价格便宜，稳
定性好。一步法工艺流程简单、投资小、能耗低，从而使二甲醚生产成本得到降
低，经济效益得到提高。

国外一步法制二甲醚的固定床工艺主要有丹麦托普索公司的 TIGAS 法、日
本三菱重工与 COSMO 石油公司联合开发的 ASMTG 法及美国空气化学品公司
开发的浆态床法。在国内，中科院兰州化学物理所、中科院大连化学物理所、中
科院广州能源所、浙江大学、清华大学、中科院山西煤炭化学研究所、华东理工
大学、中国石油大学等都对其进行了广泛的工艺研究。

4.2.6 热解煤气直接还原铁

目前我国的钢铁行业遇到前所未有的发展逆势，突破钢铁生产的关键性核心
技术是实现逆势突围途径之一。推进、开发直接还原铁（DRI）生产，改变钢铁
生产方式，完善钢铁生产流程，是当今钢铁生产的典型核心技术。

我国钢铁生产长期以长流程为主导，高炉铁的产能达 10 亿吨/a，占总产量
的 99.99%，直接还原铁产量只有 40 万吨/a。而美国直接还原铁炼钢短流程的
钢产量占钢产总量的 50% 以上，印度钢产量为 4300 万吨/a，直接还原铁产量为
1900 万吨/a。可见，我国高炉铁与直接还原铁生产极不平衡，更谈不上钢铁短
流程的开发与形成。

国外直接还原铁生产工艺大致分为两种：一种为气基竖炉生产工艺；另外一
种为煤基回转窑生产工艺。生产实践证明，前者具有生产规模大、生产成本低、
生产操作方便灵活、环境友好等特点，在南美、北美、中东、东南亚等天然气比
较丰富的国家被广泛采用；后者由于生产成本高、能耗高等原因只能在特定的条
件下采用。

我国由于煤炭资源比较丰富，可为高炉铁炼钢的长流程提供碳资源，从而形
成我国单一的钢铁冶金长流程的生产模式，造成我国钢铁行业高成本、高耗能、
高二氧化碳排放量的被动局面，改变这种生产方式，节能减排势在必行。

直接还原铁生产的气源主要为焦炉气、天然气、合成气和热解煤气，直接还
原铁生产属于氢冶金过程，基本反应式为：

$$Fe_2O_3 + 3H_2 = 2Fe + 3H_2O$$

高炉铁生产属碳冶金过程，基本反应式为：

$$Fe_2O_3 + 3CO = 2Fe + 3CO_2$$

碳冶金的最终产物是 CO_2，而氢冶金的最终产物是 H_2O。因此，钢铁厂增

加直接还原铁的产量是降低 CO₂ 排放量最直接、最有效的途径。

我国有大量富余的焦炉煤气用于发电，经研究认为，用同样数量的焦炉煤气生产直接还原铁的工厂经济效益是发电的 7.1 倍。

典型的气基竖炉生产工艺 HYL-ZR，是目前工艺成熟、技术先进、经济适用、环境友好的工艺。生产工艺流程如图 4-9 所示。

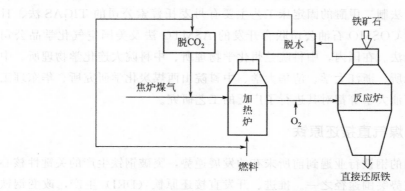

图 4-9　焦炉煤气生产直接还原铁 HYL-ZR 工艺流程

HYL-ZR 工艺主要特点：

①　产品方案多，可适用于高碳直接还原铁、冷直接还原铁、热直接还原铁和热压铁块。

②　高碳含量的直接还原铁、热直接还原铁直接用于电弧炉炼钢，适用于多种不同原料铁矿石，直接还原产品被炼钢厂认可。

③　对还原性气体要求较低，产品的金属化率高，生产成本低，还原性气体有多种选择的余地。

④　产品质量高，对环境影响小。当大量焦炉煤气或热解煤气用于生产直接还原铁，不仅可以为炼钢厂提供精料，而且大大降低炼铁工序能耗。

4.2.7　热解煤气用于工业燃料

目前，热解煤气主要作为工业燃料，在发电、石灰煅烧、金属镁冶炼、水泥煅烧等行业已得到广泛应用，并获得良好的效果。

热解煤气用于发电有 3 种方式，分别为蒸汽机发电、燃气轮机发电和内燃机发电。

（1）蒸汽机发电

热解煤气用于蒸汽机发电，是将热解煤气作为蒸汽锅炉燃料燃烧，产生高压蒸汽，蒸汽进入汽轮机驱动发电机发电（图 4-10）。此技术成熟、运行可靠、单机效率高，是我国焦化企业采用最多的发电技术。蒸汽发电机组由锅炉、凝汽式汽轮机和发电机组成。

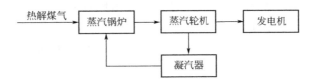

图 4-10　蒸汽机发电流程

目前在榆林市的兰炭企业，已广泛应用中低温热解煤气进行蒸汽机发电。将低温热解煤气用作发电燃料，在实际生产中 1.5m³ 热解煤气可发电 1kW·h。

（2）燃气-蒸汽联合循环发电

燃气-蒸汽联合循环发电是将燃气轮机和蒸汽轮机组合起来的一种发电方式。燃气轮机的叶轮式压缩机从外部吸收空气，压缩后送入燃烧室，同时气体燃料喷入燃烧室与高温压缩空气混合，在定压下进行燃烧，燃料的化学能在燃气轮机的燃烧器中通过燃烧转化为烟气的热能，高温烟气在燃气轮机中做功，带动燃气轮机发电机组转子转动，使烟气的热能部分转化为推动燃气轮机发电机组转动的机械能，燃气轮机发电机组转动的部分机械能通过带动发电机磁场在发电机静子中旋转转化为电能。做功后的中温烟气在余热锅炉中与水进行热交换将其热能转化为蒸汽的热能，蒸汽膨胀做功，将热能转换为机械能，汽轮机带动发电机，将机械能转化为电能，再经配电装置由输电线路送出（见图 4-11）。

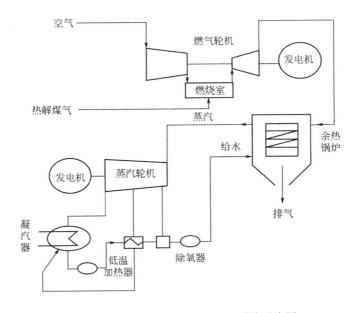

图 4-11　燃气-蒸汽联合循环发电系统示意图

该技术具有效率高、投资小、占地少、回收周期短特点，同时它还具有启动迅速、运行稳定、故障率低、维修工作量小、结构简单、灵活方便、自动化程度高、燃料适应范围广等特点。

榆林神木孙家岔焦化工业园区内，某兰炭生产厂将热解煤气用于燃气-蒸汽联合循环发电的项目基本构成见表 4-12。

表 4-12　项目基本构成

项目名称		陕西神木热解煤气燃气-蒸汽联合循环发电工程
规模	建设性质	新建
	单机容量及台数	2×46MW＋2×20MW
	总容量	132MW
	主体工程	两套 S106B 多抽型机组，每套由一台 PG6581B 型燃气轮机组（额定为 46MW），一台自除氧单压余热锅炉(70t/h)和一台凝汽式汽轮发电机组(20MW)联合组成燃气-蒸汽联合循环发电机组
配套工程	烟囱	高 30m，出口内径 3.0m
	输气管道	总长约 35km

参考文献

[1]　郭树才，胡浩权.煤化学工艺学 [M].3 版.北京：化学工业出版社，2012.

[2]　张相平，周秋成，马宝岐.榆林煤化工产业高端化发展路径研究 [J].煤炭加工与综合利用，2017(2)：21-24，38.

[3]　大连理工大学科技开发中心.1100 万吨/年大型褐煤低温热解循环经济示范项目可行性研究报告.2011.

[4]　尤先锋.煤热解产物的关联性研究 [D].太原：太原理工大学，2002.

[5]　刘学智，逄进.煤加压低温干馏的研究 [J].煤气与热力，1989(3)：14-22.

[6]　杨会民，孟丽莉，王美君，等.气氛对煤热解过程中气相产物释放的影响 [J].太原理工大学学报，2010，41(4)：338-341.

[7]　赵杰，陈晓菲，高武军，等.神府煤在 SH2007 型内热式直立碳化炉中的干馏 [J].安徽化工，2010，36(2)：36-38.

[8]　于振东，郑文华.现代焦化生产技术手册 [M].北京：冶金工业出版社，2010.

[9]　马宝岐，任沛建，杨占彪，等.煤焦油制燃料油品 [M].北京：化学工业出版社，2011.

[10]　张相平，周秋成，马宝岐，等.榆林兰炭内热式直立炉工艺现状及发展 [J].煤炭加工与综合利用，2017(4)：22-26.

[11]　姚占强，任小坤，史红兵，等.焦炉气综合利用技术新发展 [J].中国煤炭，2009，35(3)：71-75.

[12]　姚维学，付再华，刘同飞，等.焦炉煤气的综合利用 [J].河北化工，2009，32(12)：34-36.

[13]　侯梦溪，张海涛.焦炉气的循环利用 [J].上海化工，2008，33(2)：27-30.

[14]　曹育红.焦炉煤气发电在陕北焦炭行业中的应用研究 [J].能源研究与应用，2006(3)：21-33.

[15]　张新波，杨宽辉，刘玉成，等. 焦炉气高效利用技术开发进展 [J]. 化工进展，2010，29（增刊）：322-324.

[16]　大连理工大学科技开发中心. 1200 万吨/年褐煤低温热解项目可行性研究报告 [R]. 2011.

[17]　刘建卫，张庆庚. 焦炉气生产甲醇技术进展及产业化现状 [J]. 煤化工，2005，33（5）：12-15.

[18]　王柱勇，杨滨，刘旺生等. 独立焦化厂焦炉煤气综合利用方式的选择研究 [J]. 应用化工，2006，35：381-391.

[19]　杨力，董跃，张永发，等. 中国焦炉气利用现状及发展前景 [J]. 2006，（1）：2-4.

[20]　刘志凯，王国兴，雷家珩，等. 焦炉气的能源化利用技术进展 [J]. 广东化工，2010，37（209）：67-69.

[21]　石其贵. 焦炉煤气转化氢气和在焦炉煤气转化油中的应用技术 [P]：CN200710129315. 6，2009-01-07.

[22]　张建隽. 剩余焦炉煤气利用途径 [J]. 河北化工. 2009，32（6）：25-27.

[23]　郑晓斌，黄大富，张涛，等. 新型能源二甲醚合成催化剂和工艺发展综述 [J]. 化工进展，2010，29（增刊）：149-156.

[24]　蔡飞鹏，林乐腾，孙立. 二甲醚合成技术研究概况 [J]. 生物质化学工程，2006，40（15）：37-42.

[25]　章文. 二甲醚工艺研发和装置建设热点 [J]. 石油化工技术经济，2003（1）：53.

[26]　何杰. 郑永红，万海军，等. 合成气一步法制二甲醚研究 [J]. 能源工程，2007（5）：42-48.

[27]　崔晓莉，凌凤香. 合成气一步法制取二甲醚技术研究进展 [J]. 当代化工，2008，37（3）：40-41.

[28]　王丹，李文风，吴迪，等. 二甲醚合成技术及深加工利用现状及发展趋势 [J]. 广州化工，2010，38（11）：42-43，76.

[29]　田玉虎. 兰炭煤气生产合成氨工艺探究 [J]. 纯碱工业，2011（4）：17-19.

[30]　白越川. 利用焦炉气发展合成氨工业 [J]. 科技情报开发与经济，2007，17（31）：247-248.

[31]　曾喆安，铙长久. 利用焦炉气替代天然气的合成氨装置技术经济分析 [J]. 石油化工应用，2011，30（12）：81-82.

[32]　黄新会，蒋金宝，杨学智. 焦炉气替代天然气生产合成氨工艺初探 [J]. 大氮肥，2011，34（3）：145-147.

[33]　顾维，谢全安. 焦炉气制甲醇驰放气合成氨工艺研究 [J]. 河北化工，2011，34（3）：15-17.

[34]　高成亮，王太炎. 利用焦炉煤气生产直接还原铁技术 [J]. 燃料与化工，2010，41（6）：15-20.

[35]　赵宗波，应自伟，许力贤，等. 焦炉煤气竖炉法生产直接还原铁的煤气用量探讨 [J]. 材料与冶金学报，2010，9（2）：88-91.

[36]　丰恒夫，罗小林，熊伟，等. 我国焦炉煤气综合利用技术的进展 [J]. 武钢技术，2008，46（4）：55-58.

[37]　胡嘉龙，梁文玉. 迅速发展中国直接还原铁的途径 [C]. 沈阳：2006 年中国非高炉炼铁会议论文集，2006.

[38]　尚建选，马宝岐，张秋民，等. 低阶煤分质转化多联产技术 [M]. 北京：煤炭化工出版社，2013.

[39]　熊尚春. 一种焦炉煤气制造燃料油的方法 [P]：CN101298567A，2008.

[40]　汪毅衍，彭为良，田文慧，等. 合成氨工艺 [P]：CN101850988A，2010.

[41]　赵俊学，袁媛，李惠娟，等. 低变质煤富氧低温干馏试验研究 [J]. 燃料与化工，2012，43（1）：14-16.

[42]　于瑞军，李天文，魏瑞柱. 内热式直立炉兰炭煤气脱氮提质技术改造研究 [J]. 煤炭加工与综合利

用，2015（8）：61-65.

[43] 刘源，贺新福，张亚刚，等. 神府煤热解-活化耦合反应产物特性及机制研究 [J]. 燃料化学学报，2016，44（2）：146-153.

[44] 靳立军，李扬，胡浩权. 甲烷活化与煤热解耦合过程提高焦油产率研究进展 [J]. 化工学报，2017，68（10）：3669-3677.

第5章
中低温热解半焦的分质利用

低阶煤中低温热解半焦具有高化学活性、高比电阻、高固定碳、低灰、低硫、低磷、低三氧化二铝等优良特性，具有广泛的应用前景。目前，应在稳定半焦现有市场的前提下，进一步研发和拓宽其应用领域，从而实现半焦产品的高效、高附加值利用。

5.1 半焦分质利用的原理

5.1.1 半焦规格和质量

为了促进我国半焦（兰炭）产业的发展，我国于 2010 年 9 月 26 日发布了国家标准《兰炭产品品种及等级划分》（GB/T 25212—2010）。

5.1.1.1 半焦规格

半焦产品按其粒度、用途和技术要求划分为 3 类共 6 个品种。

半焦的主要产品类别和品种见表 5-1。表 5-2 给出了半焦产品的主要用途和有关参考技术指标，生产者和用户可根据预期用途选用。

表 5-1 半焦（兰炭）产品的主要类别和品种

产品类别	品种	粒度/mm
1 兰炭混	1-1 兰炭混	<50,<80
2 兰炭块	2-1 大块兰炭	>25
	2-2 中块兰炭	13~25
	2-3 小块兰炭	6~13
	2-4 混块兰炭	6~25,13~50,6~50
3 兰炭末	3-1 兰炭末	<6

表 5-2　半焦（兰炭）产品的主要用途和有关参考技术指标

产品类别	主要用途	参考技术指标
1 兰炭混	可用作燃料、气化原料、高炉喷吹原料等	(1)灰分；(2)发热量；(3)水分；(4)全硫；(5)挥发分；(6)灰熔融性温度；(7)哈氏可磨性等
2 兰炭块	可用作固定床气化原料	(1)粒度；(2)固定碳；(3)灰熔融性温度；(4)全硫；(5)热稳定性等
	可作为炭质还原剂用于铁合金或电石生产	(1)粒度；(2)固定碳；(3)灰分；(4)水分；(5)全硫；(6)磷；(7)Al_2O_3 含量；(8)电阻率等
3 兰炭末	可用作燃料、气化原料、高喷吹原料等	(1)灰分；(2)发热量；(3)水分；(4)全硫；(5)挥发性；(6)灰熔融性温度；(7)哈氏可磨性等

5.1.1.2　半焦质量

（1）挥发分（V_{daf}）

半焦产品的挥发分等级划分见表 5-3。半焦的挥发分（V_{daf}）按 GB/T 212 的方法进行测定。

表 5-3　半焦产品挥发分等级划分

等级	挥发分(V_{daf})/%
V-1	≤5.00
V-2	5.01～10.00
V-3	10.01～15.00

（2）灰分（A_d）

半焦产品的灰分等级划分见表 5-4。半焦的灰分（A_d）按 GB/T 212 的方法进行测定。

表 5-4　半焦产品灰分等级划分

等级	灰分(A_d)/%	等级	灰分(A_d)/%
A-1	≤5.00	A-7	10.01～11.00
A-2	5.01～6.00	A-8	11.01～12.00
A-3	6.01～7.00	A-9	12.01～13.00
A-4	7.01～8.00	A-10	13.01～14.00
A-5	8.01～9.00	A-11	14.01～15.00
A-6	9.01～10.00	A-12	>15.00

（3）硫分（$S_{t,d}$）

半焦产品的硫分等级划分见表 5-5。半焦的硫分（$S_{t,d}$）按 GB/T 214 规定的方法进行测定。

表 5-5　半焦产品硫分等级划分

等级	硫分($S_{t,d}$)/%
S-1	0～0.30
S-2	0.31～0.50
S-3	0.51～0.75
S-4	0.76～1.00

（4）固定碳（FC_d）

半焦产品的固定碳等级划分见表 5-6。半焦的固定碳（FC_d）按 GB/T 212 规定的方法进行测定。

表 5-6　半焦产品固定碳等级划分

等级	固定碳(FC_d)/%	等级	固定碳(FC_d)/%
FC-1	＞90.00	FC-6	80.01～82.00
FC-2	88.01～90.00	FC-7	78.01～80.00
FC-3	86.01～88.00	FC-8	76.01～78.00
FC-4	84.01～86.00	FC-9	74.01～76.00
FC-5	82.01～84.00	FC-10	≤74.00

5.1.2　半焦的反应活性

煤（焦）的反应性与煤（焦）的气化和燃烧过程有着密切关系，它直接反映了煤（焦）在炉内的作用情况。反应性强的煤（焦）在气化和燃烧过程中，反应速度快，效率高。反应性强弱直接影响耗煤（焦）量、耗氧量及煤气中的有效成分的多少等。因此，煤（焦）的反应性是评价气化或燃烧用煤（焦）的一项重要指标。此外，测定煤（焦）反应性，对于进一步探讨煤（焦）的燃烧、气化机理亦有一定的价值。

煤（焦）反应性有许多种表示方法，如反应速度法、活化能法、同温度下产物的最大百分浓度或浓度与时间作图法、着火温度或平均燃烧速度法、反应物分解率或还原率法、临界空气鼓风量法，以及挥发分热值表示法。我国采用二氧化碳的还原率表示煤（焦）的反应性。测定要点是：先将煤样干馏，除去挥发物（焦炭不需要干馏处理）；然后将其筛分并选取一定粒度的焦渣装入反应管中加热；加热到一定温度后，以一定的流速通入二氧化碳与试样反应，测定反应后气体中二氧化碳的含量；以被还原成一氧化碳的二氧化碳量占原通入的二氧化碳量的百分数（又称二氧化碳还原率）α（%）作为化学反应性指标。

$$\alpha = \frac{\text{转化为 CO 的 } CO_2 \text{ 量}}{\text{参加反应的 } CO_2 \text{ 量}} \times 100$$

或

$$\alpha = \frac{100 \times (100 - y - x)}{(100 - y) \times (100 + x)} \times 100$$

式中　α——二氧化碳还原率，以体积分数（%）表示；

　　　y——二氧化碳气体中杂质气体体积分数，%；

　　　x——反应后气体中二氧化碳体积分数，%。

不同煤（焦）在不同温度下，测得还原率，研究表明，二氧化碳还原率越高，煤（焦）的反应性越好，反应性随温度升高而增加，随煤化程度加深而减弱。这与煤（焦）的分子结构和反应表面积有关。此外，煤（焦）的加热速度、灰分等因素，对反应性也有明显的影响。

煤（焦）对 CO_2 的化学反应性与煤的变质程度、煤（焦）中灰分和灰的成分有关。

为了使质优价廉的半焦作为一种洁净燃料广泛用于民用和工业锅炉，并用半焦造气（气化）制合成气，生产一系列化工产品和液体燃料。多年来，国内外对煤焦与 CO_2、O_2 和水蒸气的气化反应进行了大量的研究，认为影响煤焦气化反应性的因素很多，其中主要包括煤阶、显微组分、矿物质、孔结构和表面积、热解条件及气化条件等。

5.1.2.1　煤阶

朱子彬等在研究煤焦与 CO_2 气化反应时，测得 9 种煤焦的活性点数，并发现：不同煤焦之间的 $R[CO_2]$（CO_2 气化反应速率）值相差约 10 倍。

煤焦的反应性一般随原煤的变质程度加深而降低，这一结果已被大多数学者所接受。一些研究者对不同煤焦与 CO_2、H_2、水蒸气和空气的气化反应性进行了研究，认为气化反应活性顺序一般为：褐煤＞烟煤及烟煤焦＞半焦和沥青焦。谢克昌等对多种煤样经过长期的实验室研究，也认为：无论是 CO_2 还是水蒸气气化的反应性，煤的变质程度越高，其反应性就越差。肖新颜等用填充热天平反应器（PBBR）系统，在压力为 0.098MPa 和温度为 750～1100℃的气化条件下，分别对褐煤焦、气煤焦和贫煤焦进行了水蒸气气化反应性研究，发现在相同的气化条件下，煤焦的 $R[H_2O]$（水蒸气气化反应速率）值的顺序为：型焦＞气煤焦＞贫煤焦，即随变质程度的增加，煤焦的 $R[H_2O]$ 值逐渐降低。向银花等发现：煤焦/水蒸气气化时，原煤的变质程度越深，其气化失重曲线越平缓，反应速率越小。

Mural 等将不同文献中的 68 种煤的气化速率数据换算成相同温度和压力下的值绘于一张图后，发现：经折算后的 $R[H_2O]$、$R[CO_2]$ 和 $R[O_2]$（O_2 气化反应速率）值分别与碳的百分率的关系均在碳含量为 80％处发生变化，低变质程度煤（碳含量＜80％）制得煤焦的 $R[H_2O]$、$R[CO_2]$ 和 $R[O_2]$ 值相差很大，而高变质程度的煤（碳含量＞80％）制得煤焦的 $R[H_2O]$、$R[CO_2]$ 和 $R[O_2]$ 值相差很小，并随碳含量的增加而呈下降的趋势。谢克昌等在不考虑制焦影响的情况下，发现煤焦的反应性与原煤的碳含量存在一定的关系：在碳含量为 84％时，其焦样的 $T_{x=0.5}$（转化率达到 50％时的温度）最小，也即反应性最好，并认为这一结果很可能与该阶段原煤的芳香缩合度有关。

Hashimoto 等研究了煤焦的水蒸气气化反应性与煤质的关系，提出了两个方程（A：$R[H_2O]=aY+b$ 和 B：$R[H_2O]=aY^b$，Y 为碳含量、燃料比或反射率），并测得了与煤变质程度相关的因子 Y，并由相关系数 γ 成功地判断其相关性。当碳含量＜80％，用 A 方程来关联时，$\gamma=0.5$，说明无相关性；而使用 B 方程来关联时，$\gamma=0.8$，尽管相关性仍较差，但对较窄范围内的煤而言，碳含量和反射率可以作为相关变量或指数。当碳含量＞80％，用 A 方程来关联时，$\gamma=0.85$，这就更证明了与煤变质程度密切相关的因子 Y 控制着高变质程度煤焦的气化反应性。

5.1.2.2　显微组分

煤是各种显微组分不均匀的混合物，一般将煤中的显微组分划分为三种主要的类型：镜质组、稳定组和惰质组。煤中各种显微组分来源于具有不同结构的植物组成，各个显微组分的分子结构不同，不同的煤种同一显微组分的物理和化学结构也不相同。而且不同煤岩显微组分的煤焦不仅具有不同内比表面积和活性中心密度，而且含有的矿物质种类及其含量不同，因此各显微组分焦样之间的反应性差异也是很大的。

Czechowski 等用立式管状热重分析仪在 900℃的条件下，研究了显微组分富集物焦样分别与水蒸气和 CO_2 的气化反应活性及气化转化率为 50％时所得产物孔结构的变化，同时测定了显微组分富集物焦样的初始比表面积。结果表明：显微组分富集物焦样与 CO_2 和水蒸气的气化反应活性从高到低顺序均为镜质组＞稳定组＞惰质组；反应开始时，镜质组富集物焦样的比表面积较大，因而其气化反应活性较高，随着气化反应的进行，镜质组富集物焦样与惰质组富集物焦样的比表面积均增加，但经过一定时间后，惰质组富集物焦样的比表面积超过了镜质组，因而其气化反应活性也高于镜质组。

张永发等在压力为 0.1MPa、CO_2 流量为 40mL/min、升温速率为 10K/min 的条件下，用热天平研究了平朔煤的 3 种脱灰显微组分富集物及其焦样与 CO_2 的气化反应活性，结果按照 CO_2 转化率与气化温度的关系曲线，得到的这 3 种显微组分富集物与 CO_2 的气化反应活性从高到低顺序为：稳定组＞惰质组＞镜质组。

Crelling 等在常压和反应温度为 900℃的条件下，研究了 7 种煤的各种有机显微组分富集物的焦样与 CO_2 的气化反应活性，结果表明：脱灰后显微组分焦样的气化反应活性随煤阶升高而降低，各显微组分气化活性从高到低顺序为惰质组＞镜质组＞稳定组。

显然，许多研究者的结果彼此是不一致的。同一煤种的显微组分的气化反应性存在差异，不同煤种的同一显微组分的气化反应性也不相同。因此可见，显微组分的含量对半焦的反应性确有影响，但其影响的形式是复杂的。

5.1.2.3 矿物质

煤中矿物质是煤的重要组成部分，无论哪种煤，都或多或少含有一定量的矿物质，只不过因地区和煤种的不同，所含矿物质的数量及成分有较大的差异。煤中主要的矿物质有高岭石、伊利石、碳酸盐、石英和硫铁矿等。这些矿物质主要是以 Si 和 Al 为主，Fe、Ca、Mg、Na 和 K 等元素为辅的化合物组成，来源于原始成煤植物含有的原生矿物质、成煤过程中进入煤层的次生矿物质和为了达到特殊目的而通过特殊方法负载到煤上的添加矿物质。长期以来，人们在对煤进行热解、气化的研究中发现这些矿物质或添加的一些无机物对热解、气化过程具有明显的催化作用。

Miura 等对前人的工作进行了分析，认为低阶煤焦的气化反应活性（气化剂为 O_2、H_2O 和 CO_2）取决于煤中矿物质的催化能力。Ye 等在气化温度为 714～892℃、压力为常压的条件下，在单颗粒反应器中考察了高活性南澳大利亚低阶煤焦与水蒸气、CO_2 的气化反应性，发现煤焦中的无机成分对煤气化有较强的催化作用，煤焦中金属离子催化活性的顺序为：Na＞K＞Ca＞Ni。Jenkins 等发现用碳含量＜80％的煤制得的 21 种焦炭在 500℃和氧气中气化时的反应性 R $[O_2]$ 值高，且不同煤焦间相差很大，$R[O_2]$ 值的差别高达 2 个数量级，他们认为：主要是由于煤焦中的 CaO 和 MgO 具有催化作用。Morales 等的研究表明，几种褐煤焦的 $R[CO_2]$ 与焦中的 Ca 含量具有良好的相关性。Knight 等发现煤焦中 Ca、Na 和 K 的含量多则 $R[CO_2]$ 值高。Fujita 等的研究发现：在反应温度为 900～1200℃时，$R[CO_2]$ 值与煤焦中的 Fe_2O_3、CaO、MgO、Na_2O 和 K_2O 含量有关，并与 Fe_2O_3 和 K_2O 量总和密切相关。Walker 等依据对脱除矿物质的煤焦加 Ca 或 Mg 后的气化反应研究指出：褐煤焦的反应性主要受与碳氧基团结合的 Ca 的催化作用控制。Cope 等研究了褐煤焦在高、低温氧化反应过程中矿物质的催化作用，结果表明：焦的氧化反应性与 CaO 的表面积密切相关，而焦的表面积随转化率的提高呈现下降的趋势，并认为这是由于：在 1630～1800K 的高温下氧化，CaO 的表面积随转化率的增加而减少（可能是由于烧结），从而导致 CaO 的催化作用大大削弱。

黄戒介等用热重分析法研究了各种煤焦在水蒸气或 H_2O/H_2 混合气氛中的气化反应性及动力学参数，并对煤焦中矿物质组成进行了分析。结果表明：褐煤焦反应性明显大于烟煤焦或无烟煤焦的反应性。而脱除矿物质后煤焦反应性随煤化度提高呈平缓的线性下降。矿物质的脱除，对于褐煤焦表观活化能提高，而对于无烟煤焦表观活化能降低。同时发现：矿物质中 Ca 组分是起催化作用的主要组分，尤其对褐煤焦，Fe 组分只在 H_2O/H_2 混合气中气化才表现出较强的催化作用；而 Al 组分则起负作用。Radovic 等发现：如果灰在煤焦颗粒内部熔融或烧结，不仅堵塞焦炭内部空隙，使反应可接触的面积减少，而且还会使煤中的矿物质的分散程度降低、聚集程度增加，使得矿物质对煤焦的催化能力下降。唐黎华等对低灰熔点煤的高温气化反应性能进行了研究，发现：高温下煤焦气化反应的规律与低温不同，其特性与煤焦的灰熔点密切有关；由低温区向中温区过渡的转折温度与相应煤灰的 T_2（软化温度）有关，一般比 T_2 温度低 $200\sim300℃$。朱子彬等在 $900\sim1500℃$ 灰分的熔融温度范围内和常压下，研究了 4 种煤焦与二氧化碳的气化反应，研究发现：活化能随气化过程而变化，高温下的煤焦气化存在一个特性温度，特性温度与煤灰分熔融性质等因素有关。

5.1.2.4　孔结构和表面积

在气化过程中，煤焦孔结构的变化对煤焦整个气化过程的传质行为和煤焦的比表面积有很大的影响。不同孔径的孔对内部传质作用的抑制程度是不一样的，直接影响气体内扩散的快慢。此外，煤的所有内比表面积几乎都存在于微孔之中，内表面是提供反应所需的活性位，因此不同孔径的孔所具有的反应活性是不同的。

Beesting 等以煤焦的物理结构变化来反映煤焦的 $R[CO_2]$，结果表明：直径大于 10^4 nm 的孔在气化过程中会扩大，许多微孔都被扩张，而且 $R[CO_2]$ 与孔壁厚度和微孔直径之比有良好的相关性。徐秀峰等对不同炭化条件下制得的 8 个样品，在 $-78℃$ 下采用 CO_2 物理吸附法测定焦炭的比表面积，并对焦炭的比表面与 CO_2 的气化反应性的关系进行了研究，结果表明：焦炭的 CO_2 气化活性与其 BET 比表面积之间有较好的关联，即比表面积越大，气化活性越高。谢克昌等用快速升温高温高压热重分析装置和 ST-03 表面孔径测定仪，在温度为 $1203\sim1423K$ 和压力为 $0.1\sim3.0MPa$ 条件下，研究了东山煤焦的 CO_2 气化反应动力学和孔结构在气化过程中的变化，结果表明：气化过程中煤焦的微孔表面积与转化率的关系满足 Bhatia 的随机孔模型。

部分研究者还考察了 $R[H_2O]$ 值和煤焦的孔结构的关系。Hashimoto 发现对高变质程度煤和脱矿物质的低变质程度煤制得的煤焦，其 $R[H_2O]$ 与煤焦的孔表面积和石墨状结构尺寸均有良好的相关性，也有学者发现对低变质程度煤的煤焦无良好的相关性。

朱子彬等在常压和 $1000 \sim 1500 ℃$ 温度范围条件下，测定了 3 种煤焦的孔结构和煤焦与 CO_2 的气化反应速率，并且研究了反应过程中煤焦的孔结构和内表面积的变化及它们与气化速率间的关系，结果表明：高温下煤焦气化反应在细孔内表面上进行，细孔对气化反应速率起主要作用。Hurt 等研究了次烟煤的微孔表面积在煤焦与 CO_2 气化反应中的作用，结果发现：气化反应主要发生在大孔表面微孔网状物的外部。

程秀秀等研究了煤焦与水蒸气气化过程中的孔隙结构变化及其与 $R[H_2O]$ 值的关系，结果发现：无论是年轻的褐煤焦还是年老的无烟煤焦，其比表面积随转化率的变化都出现一最大值，$R[H_2O]$ 值与转化率的关系也是如此。在气化初期，即转化率 $<10\%$ 时，两种煤焦的比表面积随转化率的增加而急剧增加，但达到最大比表面积的值不同；在转化率 $>10\%$ 时，褐煤焦用 N_2 和 CO_2 两种吸附质测得的比表面积很接近，而无烟煤用 N_2 测得的比表面积小于用 CO_2 测得的比表面积，表明两种煤焦在气化过程中的孔结构变化及其特征是不相同的。同时还对两种除灰煤焦进行了同样的研究，发现结果与未除灰的类似。

Yasyerli 等认为，一种固体反应介质由于工作活性位的数量和孔结构的变化所引起的反应性的变化可以用失活模型表示，该模型可以很好地表示不同褐煤焦的气化实验数据；表面积是由高活性位和低活性位组成，首次提出了固体反应介质单位表面积的反应性快速下降是由于初期更多活性位的数量减少，然后达到最初的 1/4。

Adschiri 利用比表面积作为参数，考察了褐煤经不同的制焦过程后的反应性，但更多的学者指出：煤焦的比表面积并不是评价煤焦反应性的理想参数，认为在气化过程中仅有部分比表面积可以与焦的反应性建立关系。因为参与气化反应的气体首先是在碳表面离解后而被化学吸附的，而吸附是发生于微晶结构的边缘，由于微晶的基面实际上活性很小，所以在考虑比表面积的影响时，就有必要把比表面积分成活性和非活性的，只有微晶结构边缘的表面才被认为是对气化反应有活性的。于是对比表面积进行修正后，引入了反应比表面积（RSA）和活性比表面积（ASA）的概念。首先将 ASA 引入气化研究的是 Laine，他运用低温 O_2 的吸附量来定义 ASA，并成功地解释了石墨的气化动力学数据间的差异。Lizzio 等利用 TPD 装置用不同的方法定义了反应比表面积（RSA），认为用 RSA 来描述气化反应性的差异是比较合适的。通过对比表面在气化过程中所起作用的研究，人们认识到半焦表面的碳氧复合物才是气化的活性中心，Lizzio 等认为 RSA 在 TSA（总比表面积）中所占的比例，应等于不稳定碳氧复合物占总碳氧复合物数量的比例。

5.1.2.5　热解条件

煤的气化一般分成两个阶段：第一阶段是煤的热解；第二阶段是煤热解生成的煤焦的气化。热解阶段条件的不同，所得煤焦的气化反应性也是不同的。

Marsh 等在对脱灰煤经热处理后煤焦活性的研究中发现热解条件是影响纯碳反应活性的主要因素。Takarada 等认为煤种不同，热解过程对煤焦反应活性的影响程度也不同，如煤焦在氧化性气氛中的反应活性随着煤阶的下降而升高。Miura 等、Radovic 等和 Cai 等认为热解后煤焦反应活性有所降低，而且热解强度越大（如较高的热解温度、较长的热解时间及较小的升温速率），降低的幅度越大，低阶煤受热解强度的影响程度甚于高阶煤。Blake 等认为煤焦中存在着不同的稳定位和活性位，热处理后有的活化能低的活性位会失去活性或活性降低，而且其活性并不能恢复。Nieskens 等认为热处理后煤焦的反应活性受煤种和煤焦的化学、物理性质的影响，如煤中的矿物质、碳组分、H 与 C 原子比和 O 与 C 原子比、煤焦的表面积等。Blackwood 等将反应活性的降低归因于碳结构在热处理过程中失去电子而形成了更稳定的芳香结构，并推测活性位的性质与煤焦无关，只是其数量受到了热处理的影响，但是他们都没有将热处理后煤焦的失活归因于碳乱层结构的重排或矿物质存在形式的变化。

Khan 研究了用高挥发分烟煤在 500℃制得的煤焦比高温制得的煤焦反应性好，煤焦的反应性高于煤的反应性，这种低温煤焦的优良反应性依存于煤焦中氢含量较高，煤焦的富氢区优先被氧化，留下新的高反应性碳位。

Heek 等在 700～900℃制得的烟煤焦的反应性相差仅 2 倍，他们还发现在700～900℃制得的无烟煤焦的反应性无差别。Kasaoka 等研究了 12 种煤焦经热处理后其反应活性的变化，发现热解温度在 1100℃以下的煤焦和水蒸气的气化反应活性与煤种有关，几乎与热处理过程中加热速率、气氛及脱挥发分程度无关，在热解温度为 1100～1400℃时方能对煤焦的反应活性产生显著的影响，其反应活性降低的程度与煤种有关。

Shang 等的研究表明制焦时间延长，虽然半焦质量损失相差仅 2％，但反应性却降低了 63％。关于热解温度对气化反应性的影响，Muhlen 等指出，在最终的制焦温度下停留的时间越长，半焦的气化反应性越低，这可能是因为苛刻的制焦条件使半焦表面的活性中心的数量减少而造成的。可见，煤焦的生成条件显著影响着煤焦内表面发展过程及活性中心数目，因此需加强这方面的研究。

唐黎华等研究了高温下扎莱诺尔、后布连、东胜、西山和沈阳 5 种煤焦的碳转化率和气化速率与制焦温度的关系，并考察了气化温度对不同制焦温度下所制得扎莱诺尔煤焦气化活性的影响，结果表明制焦温度对煤的气化活性的影响不尽相同：在较低的制焦温度1000℃下，5种煤焦表现出很大的气化速率和碳转化率的差距，但随制焦温度的提高煤焦的气化活性下降；制焦温度1200℃时，除沈阳煤外，4种煤焦的气化速率逐步接近；当制焦温度达到1400℃时，除沈阳煤外，4种煤焦的气化反应速率与碳转化率分别趋于相同。研究认为在高温下灰分的熔融是制焦温度影响煤焦气化速率的最重要原因之一。

谢克昌在制焦温度相同、制焦时间分别为5min和1h的条件下，对法国烟煤的两种焦样与CO_2的气化动力学进行了研究，结果发现，制焦时间为1h的焦样转化率达50%时的温度（1318K）比制焦时间为5min的焦样高（1306K），而且活化能也比制焦时间为5min的焦样高17.3kJ/mol。由此可见，延长制焦时间使焦的反应性下降了。同时，在制焦温度分别为873K和1273K的条件下，对大同无烟煤的CO_2气化反应性进行了研究，结果发现，在873K下获得的焦样气化转化率为50%的温度为1398K，在1273K下获得的焦样的温度为1499K，比前者高约100K，其气化反应性也比前者差。制焦温度越高，焦样的反应性越差。研究认为，同一煤种经历不同的制焦过程后在反应性上表现出的差异是由于热解过程中焦样形成的碳层微晶结构的区别所致。温度越高，制焦的时间越长，越有利于煤中的侧链烃间的缩聚反应，形成焦的微晶结构越大，因此焦的反应性也越差。

Lin等在气化温度为1273～1873K的范围内，研究了快速热解时间对煤焦的CO_2气化反应性的影响，结果表明：热解时间越长，煤焦的反应性越低。当热解时间小于10min时，随热解时间的增加，煤焦反应性下降幅度较大；当热解时间大于10min时，随热解时间的增加，煤焦反应性下降幅度变得越来越小。

杜铭华等分析了3种低阶煤热解半焦CO_2反应性与热解温度、反应温度的变化关系，分析计算了半焦CO_2反应动力学参数。研究结果表明：①不同热解温度的半焦CO_2反应性能相近。②半焦的CO_2反应速率随反应温度提高而增大。③煤化度越高的煤，其半焦的反应活性越小。④动力学分析表明，褐煤半焦的CO_2反应活化能约为60～70kJ/mol，长焰煤半焦约为105～115kJ/mol，气煤半焦约为130～140kJ/mol。

吴鹏等的研究结果表明：①褐煤与型煤经过中低温热解后所得半焦具有较高的CO_2反应活性，当气化温度较低时，热解温度对煤焦的反应活性影响明显；气化温度超过950℃后，由于褐煤本身具有较高的化学活性，各煤焦对CO_2还原率均接近100%。同一热解温度所得型煤半焦的反应活性稍高于原煤半焦，因此型煤半焦在作为气化原料时可以适当降低气化温度。②通过1000℃气化实验计算碳转化率，确定了当热解温度在650～750℃之间时，型煤半焦的气化反应活性最高，最高碳转化率所对应的温度与原煤半焦相比提前50℃。

顾菁等在制焦温度为 1223～1773K 内，制备了慢速和快速神府煤焦，采用程序升温热重法研究了煤焦-CO_2 高温气化反应性。主要研究了升温速率、制焦温度和热解速率对煤焦反应性的影响，并对一种高温慢速热解焦（制焦温度为 1573K）的程序升温和等温动力学进行了比较。结果表明：升温速率对煤焦-CO_2 气化反应有明显影响；制焦温度较高的煤焦反应性较低；快速热解有利于提高煤焦的反应性；由程序升温法和等温法所得活化能随转化率变化呈现不同的趋势，但所得活化能的平均值分别为 160.13kJ/mol 和 163.21kJ/mol，十分接近。

吴诗勇等用热天平等温热重法研究了 6 种不同热解速率和热解终温的神府煤焦在反应温度 1200～1400℃ 的 CO_2 气化反应性。研究了高碳转化率下，反应温度、热解终温和热解速率对快速和慢速热解焦高温反应性的影响。结果表明，快速热解焦比慢速热解焦的反应性好；随气化温度的提高，煤焦反应性的总体趋势增强，反应温度 1300～1400℃ 时，3 种快速热解焦的反应速率出现重叠；碳转化率为 90%～98% 时，慢速和快速热解焦的平均表观活化能为 59.64～105.92kJ/mol 和 34.47～40.87kJ/mol，且气化反应以扩散控制步骤为主。

由上述可知，热解对煤焦气化反应性影响的原因主要可归结为两点：不同的热解条件使得煤焦的孔隙率不同，煤焦中的碳结构排列的有序化不同，煤焦表面的活性位数量不同；不同的热解条件下煤焦中矿物质烧结或熔融情况不同，使得矿物质对反应的催化情况也不同。

5.1.3　半焦的燃烧特性

半焦是一种和煤炭、焦炭等传统燃烧性质相差很大的固体物质，它含有一定的热量，因此必须合理地利用。但是，由于其高灰分、高燃点等不利于燃烧的特性又给半焦的利用带来了一定困难。为此，国内外研究者对其进行了一系列研究。

5.1.3.1　常压下半焦的燃烧特性

傅维标等认为，煤焦的表面反应活化能 E 与煤种无关，而只取决于温度；但其反应指前因子 A 与煤种有密切关系。在此基础上，他们给出了一种确定煤焦燃烧反应动力学参数的新方法。依据他们给出的计算方法，只要知道煤的工业分析基参数，即可算出 K_0 值。此外，他们还认为，K_0 不仅与煤种有关，而还与煤焦的燃烧状态有关，并给出了它们之间的定量关系。

沈胜强等，在电加热炉中对褐煤在 550℃ 下干馏半焦颗粒的着火与燃烧过程进行了研究，测定了 4 种尺寸的半焦颗粒在不同环境温度下的着火温度、着火滞燃期、燃尽时间及燃烧过程中颗粒温度等与燃烧过程相关的参数变化，试验结果表明：随颗粒直径的增大，滞燃期明显延长，环境温度在 770℃ 以下时，颗粒难以着火，高于此温度时粒子发生着火，且随着温度升高，粒子滞燃期缩短很快，温度很高时，滞燃期受环境温度的影响逐渐变缓；随着颗粒直径增大，着火温度有所降低；半焦颗粒在无气体流动、周围温度恒定的环境中燃烧时，燃尽时间与颗粒半径近似呈线性关系增长，且外界温度较高时，燃尽时间相应缩短；在燃烧过程中，颗粒达到着火温度后，颗粒表面温度快速上升，在一段时间内保持稳定，快速燃尽时温度下降。另外，半焦粒子温度的变化取决于粒子燃烧产生的热量和粒子的周围环境交换的热量之差。在整个燃烧过程中，半焦粒子的温度大致呈上升→大致稳定→下降的趋势。

刘典福等的研究表明，对 4 种煤在 600℃ 条件下热解制得的半焦，其着火温度由低到高的排列依次为：神木烟煤半焦 438℃ ＜大同烟煤半焦 496℃ ＜日照烟煤半焦 662℃ ＜京西无烟煤半焦 671℃，4 种半焦的燃烧动力学参数如表 5-7 所示。

表 5-7　4 种半焦的燃烧动力学参数

半焦品种	神木	大同	日照	京西
指前因子 A/min^{-1}	16.04	109.43	451.48	7633.92
活化能 $E/(\text{kJ/mol})$	41.13	55.19	69.06	92.92
相关系数	0.996	0.992	0.998	0.997

余斌等的研究结果是：①随着干馏温度的升高，多联产半焦的可燃物含量减少、燃烧失重率和最大燃烧速率均降低；且干馏温度对三者的影响存在一个最适宜影响区间 600～650℃，在此区间外影响较小。②随着干馏温度的升高，半焦的着火性能、整体燃烧性能和燃烧稳定性均变差，而燃尽性能变佳。可以认为：干馏温度越高的半焦，其燃烧性能越差。对于产物半焦，若不结合热重图，仅用半焦燃烧特性指数 S 来反映燃料的燃烧特性并不合适。③多联产半焦的燃烧反应可用一级反应来描述，随着干馏温度的升高，燃烧反应的活化能逐渐增加，4 种半焦的活化能在 88.72～112.83kJ/mol 范围内。

Cai 等研究了 5 种半焦的燃烧反应活性，给出了煤焦燃烧反应活性与热解温度的变化关系为：

$$\ln R_{\max}=a-bT$$

式中　$R_{\max}$——半焦在 500℃ 时的最大反应速率；

　　　T——热解温度；

　　　a, b——与煤种有关的常数。

显然，过高的热解温度会导致半焦燃烧活性的下降；另外，煤焦的反应活性会随加热速率的增加而增加，但大于 1000K/s 时增加趋缓。这表明高的环境温度有利于提高煤焦的燃烧反应活性。

向银花等针对目前提倡的煤部分气化、燃烧集成方式联合生产煤气和热能的新概念，分析了部分气化煤焦的燃烧特性，考察了煤种、气化率、脱灰、不同的气化剂等对部分气化焦燃烧特性的影响。研究结果表明，煤种不同，部分气化焦的燃烧特性不同；脱灰后的神木焦燃烧峰推后，其可燃性比未脱灰焦差，说明未脱灰焦中的灰分起到了部分催化作用；CO_2 气氛下气化所得焦的最大燃烧速率随着气化率的增加而减小，同时二次峰越来越明显。此外向银花等还运用两段分布活化能模型分析了神木、彬县和王封 3 种烟煤的部分气化煤焦的燃烧动力学，3 种煤焦的燃烧试验在热天平上完成，加热速率为 20℃/min，加热终温为 850℃。对所得 DTG 曲线，利用两段分布活化能模型进行模拟，采用阻尼最小二乘法进行求解，并利用平均方差进行模型检验。研究结果表明：对神木、彬县和王封 3 种烟煤的部分气化煤焦，随着部分气化煤焦气化率的增加，其燃烧活化能与指前因子增加，说明部分气化煤焦中的难反应物质所占百分数增加；部分气化煤焦燃烧的 DTG 曲线具有明显的二次峰特性，利用两段分布活化能模型可以较好地模拟试验结果。

盛宏至等对日照烟煤和京西无烟煤在不同温度下所得的部分气化半焦的特性进行了研究，包括工业分析、元素分析及燃烧试验。试验用半焦是将粒径小于 0.2mm 的煤样在马弗炉内隔绝空气的条件下分别快速加热到 550℃、600℃、650℃、700℃，并保持 30min，制得半焦后，对所得半焦进行了工业分析、元素分析及在管式沉降炉中进行了燃烧试验，根据燃烧试验所得数据分别计算了不同半焦的燃烧动力学参数。研究结果表明，随制备温度升高，不同煤种制得的半焦挥发分含量降低、灰分和固定碳含量略微上升。不同煤种制得的活化能差别很大，而同一种煤制得半焦的活化能随制备温度的变化很少变化，说明半焦活化能与煤种有关。不同煤种制得的半焦指前因子差别很大，同种煤的半焦的指前因子随制备温度升高而下降，说明指前因子不仅与煤种有关，而且与半焦的制备温度有关。

刘艳霞等对中温下热解半焦的燃烧反应性进行了研究。用热天平和粉末 X 射线衍射方法分别测量了两种低变质程度烟煤和一种无烟煤在 400～1400℃热解过程中燃烧反应性及其结构的变化，探讨了低变质煤在燃烧过程中半焦反应性变化的原因。研究发现，半焦反应性下降主要与热解过程中半焦晶格化和矿物质催化作用的逐渐消失有关，热解温度低于 900℃，原煤脱去大部分挥发分形成的半焦进一步热解时，晶格化现象不很显著，但反应性明显下降，这与煤种矿物质在热解过程中的失活有关。

Werner 等分别采用收缩颗粒模型和收缩核模型来模拟循环流化床锅炉中煤焦的燃烧特性，并计算了煤焦颗粒的碳转化率分布。模拟结果表明：两种模型均能够准确地描述循环流化床锅炉中煤焦的燃烧过程。同时模型中还考虑了煤的磨损、一次破碎、气相质量输运等基本物理化学现象。这对于工业循环流化床锅炉中煤焦的燃烧特性的预测具有一定的指导意义。

仝晓波等以粒度小于 $180\mu m$ 的大同烟煤为原料，用喷动载流床热解实验装置模拟煤拔头工艺条件，在 550℃、650℃、750℃ 和 850℃ 温度下对大同烟煤进行热解得到拔头半焦，采用非等温热分析方法对原煤及拔头半焦的燃烧特性进行了研究，由热分析实验数据归纳提出了表征煤和半焦着火、燃烧及燃尽性能的无量纲综合燃烧指数 Z，Z 值越大，煤样综合燃烧性能越佳。结果显示，大同烟煤在 2℃/min 升温速率下 Z 值为 0.41；4 个热解温度（由低到高）下所得拔头半焦的 Z 值分别为 0.39、0.35、0.31、0.21，且拔头半焦的燃烧性能均低于原煤，但高于阳泉无烟煤，且随热解温度升高 Z 值降低，燃烧反应性降低，研究结果表明：①用修正的 TG-DTG 切线法计算了煤样的着火温度。大同烟煤拔头半焦的着火温度随热解温度的上升而上升，且均高于原煤，低于挥发分含量更低的阳泉无烟煤。②用 Freeman-Carroll 法计算了拔头半焦的表观反应动力学参数。在热天平燃烧条件下，大同烟煤在 550℃、650℃、750℃、850℃ 四个温度下热解的拔头半焦的表观反应级数约为 0.6～0.9，表观反应活化能为（1.7～2.8）× 10^5 J/mol，随着热解温度升高，二者均有增加的趋势，且高于原煤而低于阳泉无烟煤，这与综合燃烧指数 Z 和着火温度表现出的反应性是一致的。

尧志辉等采用热天平研究了福建龙岩和加福的两种煤焦的单颗粒燃烧过程。探讨其燃烧过程中的气体扩散、灰层以及反应阻力的影响，建立了单颗粒煤焦燃烧过程分析方法，并由此建立了单颗粒煤焦热天平测定化学反应本征动力学常数的新方法。研究结果表明：同一温度下，不同煤焦颗粒的本征动力学阻力均在一定范围内变化，并且随着温度的升高，本征动力学阻力呈现规律性的逐渐减少（见表 5-8）。随着单颗粒煤焦燃烧的进行，燃烧总阻力逐渐减少，当反应趋于结束时，燃烧阻力不再随反应时间变化，而是趋于稳定，此时燃烧阻力即为化学反应本征动力学的阻力，由此可测定化学反应本征动力学常数（见表 5-9）。通过对不同温度、不同粒径煤焦以及不同空气流量下的实验与分析，表明该测定方法稳定性好，且测得的煤焦燃烧本征动力学常数和活化能与文献报道一致。

表 5-8　龙岩和加福无烟煤焦本征动力学阻力变化范围

温度/℃	本征动力学阻力/(s/m)	
	龙岩煤焦	加福煤焦
800	20～24	20～24
850	13～17.5	13～15
900	8.5～12	7～11
950	5～7	4.5～7

表 5-9　龙岩和加福煤焦本征动力学常数平均值

温度/℃	本征动力学常数/(m/s)	
	龙岩煤焦	加福煤焦
800	0.0458	0.0454
850	0.0653	0.0171
900	0.0921	0.1140
950	0.1698	0.1755

于广销等采用热天平研究了贵州褐煤、三江原煤及其拔头半焦的燃烧行为，考察了粒径和升温速率对样品着火点和燃烧稳定性的影响。减小样品的粒径可显著降低样品的着火点，改善样品的燃烧性能，在粒径 100～120 目和升温速率 25℃/min 下，样品的燃烧稳定性最好。根据 Coats-Redfern 方法求解燃烧反应动力学参数。燃烧反应动力学分析表明，三种样品的热天平燃烧反应均为一级反应，并得到了实验样品的燃烧反应动力学参数表观活化能 E 和指前因子 A。实验结论得出，粒径越小，燃烧失重率越高，越利于颗粒的燃烧，但失重率和升温速率的关系不明显。Y 与 X 呈较好的线性关系，相关系数 R^2 接近于 1，表明由一级反应来描述煤样的燃烧反应过程是合理的。通过线性拟合得到样品的表观活化能 E 和指前因子 A，贵州褐煤的表观活化能为 100.0～163.6kJ/mol，三江原煤的表观活化能为 73.4～161.2kJ/mol，三江煤半焦的表现活化能为 68.3～178.1kJ/mol。三种样品的表观活化能都随颗粒粒径的减小而减小，表观活化能随升温速率的增大呈减小的趋势。

孙锐等针对工业气化炉二级旋风分离器的气化后半焦（JC），同时选取京能烟煤在 1173K、1273K 和 1373K 三个温度下快速热解焦炭（JN-1，JN-2，JN-3）作为比较，在 TGA/SDTA851e 型热重分析仪上，对 4 种经历不同热过程的焦炭进行等温热重实验，实验温度范围为 773～1032K，研究煤焦燃烧反应动力学特性及其影响因素。煤焦制取方式和热解温度的不同决定了煤焦反应的不同，在这 4 种煤焦中，气化半焦 JC 的反应性最小，而京能烟煤三种热解煤焦的反应性随着热解温度的升高而减小。随着燃烧温度和氧含量的升高，煤焦的反应速率在增大。同时，用半转化率法确定了煤焦燃烧的转捩温度和各个反应区域的活化能，在化学反应动力区，JC、JN-1、JN-2 和 JN-3 活化能分别为 115kJ/mol、57kJ/mol、70kJ/mol 和 97kJ/mol，与等转化率法所求得的平均活化能相近。随着煤焦转化率的增大，反应越来越困难，活化能也在增大，而且煤焦燃烧反应离开化学反应动力区的转捩温度也在升高。随后又针对工业气化炉二级旋风分离器捕集的气化后半焦，利用高温携带流反应器进行高温燃烧反应特性实验。对 1273K 和 1573K 两个温度，5% 和 20% 两个烟气含氧量，在反应器轴向不同停留时间下采得半焦样。采用自动吸附仪（ASAP 2020）测定半焦样氮吸附等温线，对氮吸附等温线形态、BET 比表面积及 BJH 孔容积等孔结构参数进行了分析，并结合分形维数测量和扫描电镜对燃烧过程中气化半焦孔隙结构变化规律进行研究分析。研究表明所采集的半焦样吸附等温线为典型 Ⅱ 类吸附等温线，高温和较高烟气含氧量对半焦孔隙结构变化有促进作用，半焦燃烧反应中比表面积变化趋势与半焦燃烧反应速率变化趋势相似，后期燃尽速率主要由焦炭本征反应活性决定。

Uzun 等利用热分析法和质谱分析法对原始的及脱除矿物质的褐煤及其半焦的燃烧特性进行了研究，并采用积分法计算动力学参数。结果显示，脱除矿物质的褐煤具有很高的燃烧反应性，燃尽温度和活化能都降低。原始的和脱除矿物质的褐煤及半焦燃烧中 SO_2 排放的差异主要是由于 SO_2 通过矿物母体中氧化钙的吸附或化学吸附作用。

Mori 等研究了焦炭颗粒在层状气流中燃烧的传递现象，并建立了数学模型。结果表明，单个焦炭粒子的表面燃烧性质可以通过体积控制法计算得到。通过模型预测得到的温度曲线和颗粒质量损失与实验数据和体积控制法分析得到的结果相一致，并得到焦炭颗粒的燃烧属于边界层扩散控制。

此外，Scala 等研究了流化床中单个半焦颗粒在高浓度 CO_2 气氛下的燃烧特性。结果表明碳的燃烧速率随氧气浓度和半焦粒度的增大而增加。当氧浓度为 2％时，颗粒温度近似等于床层的温度，当氧浓度增大时，颗粒温度明显升高。在燃烧过程中半焦的 CO_2 的气化和 CO 的均相氧化不可忽略，且反应过程中气化速率很慢并受本征动力学控制。

桑小义等以云南东风褐煤为实验原料，通过固定床热解实验，在 440～560℃范围内，考察了热解温度对东风褐煤热解产物的影响，然后利用热重分析仪，对热解得到的东风半焦的燃烧特性进行了实验研究，考察了各个实验条件下东风半焦燃烧过程中燃烧特性温度的变化、动力学参数的变化及 SO_2 和 NO 气体排放规律的变化情况，得到如下结论：

① 在 440～560℃范围内，随着热解温度的升高，东风褐煤热解所得焦油产率先增大后减小，热解温度为 520℃时焦油产率达到最大值为 11.46％（干基），东风半焦产率从 65.84％降低到 55.39％（干基）；水产率从 8.26％升高到 9.99％（干基）。

② 随着热解温度升高，东风褐煤半焦的灰分从 18.08％增加到 22.11％（干基），挥发分从 40.09％降低到 25.06％（干基）；C 从 73.83％增加到 84.05％（干基），H 从 4.07％降低到 2.94％（干基），H/C 原子比从 0.66 降低到 0.42。

③ 东风褐煤半焦的燃烧特性温度变化情况：不同升温速率下，随着升温速率的提高，东风半焦的 T_i（着火温度）、T_m（最大燃烧速率峰温）和 T_f（燃尽

温度）都逐渐升高；在不同氧浓度条件下，随着氧浓度的增加，东风半焦的 T_i、T_m 和 T_f 降低；东风褐煤与半焦在不同比例下混合时，随着东风半焦比例的增加，混合物的 T_i、T_m 和 T_f 都逐渐增加；东风半焦与神木烟煤混合时，随着东风半焦比例的增加，混合物的 T_i、T_m 和 T_f 降低；东风半焦与太西无烟煤的混合情况和神木烟煤相同，区别在于整个燃烧过程分为低温段和高温段两个阶段。

④ 东风褐煤半焦燃烧的动力学参数变化情况：不同升温速率下，动力学机理符合幂函数法则，为 1/2 级反应，反应活化能 E 随着升温速率的增加而降低；贫氧条件下符合幂函数法则，当氧浓度为 4% 时为 1/3 级反应，E 为 13.79kJ/mol，其他条件下为 1/2 级反应，E 随氧浓度的增加从 16.69kJ/mol 增加到 22.05kJ/mol；富氧条件下，氧浓度为 30% 和 40% 时符合幂函数法则，为 1/2 级反应，其他条件下符合反应级数法则，为 2 级反应，E 随着氧浓度的增加先增加后降低，当氧浓度为 70% 时 E 达到最大值为 39.35kJ/mol；东风褐煤与半焦的混合物符合幂函数法则，反应级数为 1/2，E 随东风半焦比例的减少从 20.44kJ/mol 降低到 18.84kJ/mol；东风半焦与神木烟煤的混合物也符合幂函数法则，反应级数为 1/2，E 随东风半焦比例的增加从 35.03kJ/mol 降低到 22.16kJ/mol；东风半焦与太西无烟煤的混合物在低温段符合 Avrami-Erofeev 方程，反应级数为 3/4，E 随着东风半焦比例的增加从 10.46kJ/mol 升高到 21.48kJ/mol，高温时符合幂函数法则，反应级数为 1/2，E 随着东风半焦比例的增加从 50.28kJ/mol 降低到 33.34kJ/mol。

⑤ 在 O_2/N_2 气氛下，东风半焦在燃烧过程中 SO_2 和 NO 释放规律：在不同升温速率下，随着升温速率的增加，SO_2 和 NO 开始释放和释放结束的时间逐渐提前，浓度最大时所对应的时间逐渐提前，生成气体总量也有少量增加；在不同氧浓度条件下，随着氧浓度的增加，SO_2 和 NO 开始释放和释放结束时间提前，生成的气体总量也逐渐增加；东风褐煤与半焦混合时，随着东风褐煤比例的增大，SO_2 和 NO 最大生成浓度逐渐升高，开始释放和释放结束的时间逐渐提前，生成的气体总量逐渐增加；东风半焦与神木烟煤混合物时，随着东风半焦比例的增加，SO_2 的最大生成浓度和生成总量逐渐降低，NO 的最大生成浓度和生成总量逐渐升高；东风半焦和太西无烟煤的混合与神木烟煤变化相同。

⑥ 在 O_2/Ar 气氛下，东风半焦燃烧过程中，NO 的生成规律和生成的气体总是与 O_2/N_2 气氛下基本相同，说明燃烧反应中生成的 NO 主要来自东风半焦中的氮。

黄爱霞的研究认为，半焦的燃烧特性受制焦温度影响，随着热解终温的升高，半焦的燃烧特性变差。将热解终温为 1273K 的半焦以不同比例与原煤（锡林郭勒褐煤）掺混燃烧时由表 5-10 可知，原煤的 R_w 和 S 值最高，即原煤的燃烧稳定性和燃烧特性最好，发现随着半焦在混合燃料的燃烧稳定性相差不大，表明虽然掺混料的燃烧性能有很大影响，但由于褐煤原煤的存在，其燃烧稳定性依然较好。

表 5-10　平朔煤焦、不同掺混比例褐煤与半焦混合燃料的燃烧特性参数

样品	T_i/K	T_f/K	W_{mean} /(mg/min)	W_{max} /(mg/min)	T_{max}/K	R_w	$S \times 10^{-10}$ /[mg²/(min²·℃³)]
原煤	599	808	0.192	0.357	685	3.39	12.03
10%半焦	610	888	0.216	0.302	693	3.29	9.33
20%半焦	614	908	0.184	0.305	685	3.30	7.47
40%半焦	606	922	0.149	0.264	686	3.33	5.47
100%半焦	803	970	0.249	0.390	890	2.22	4.96
平朔煤焦	843	1049	0.300	0.523	884	2.23	6.32

注：T_i 为着火温度；T_f 为燃尽温度，是样品失重占总失重 99% 时所对应的温度；W_{mean} 为平均燃烧速率；W_{max} 和 T_{max} 分别为最大燃烧速率及其对应的温度；R_w 为着火稳燃特性指数；S 为燃烧特性指数。

由表 5-11 可知，随着煤焦比例的增加，混合燃料的活化能逐渐增大，且随着活化能的增加，指前因子也逐渐增加，但是都远远低于平朔煤焦，由此可见活化能和指前因子之间存在动力学补偿效应，燃烧动力学参数与煤种有一定的关系。一般高煤阶的煤种对应的活化能和指前因子都高于低煤阶的，这也是低阶煤易于反应的一个原因。与原煤相比，掺混半焦的混合燃料的指前因子都比原煤大，且活化能都大于原煤的活化能，可见掺混半焦对混合燃料的燃烧产生了一定的影响。由上述可知，表观活化能的大小可以表征煤焦的反应性，由此可知随着半焦掺混比例的增加，混合燃料的反应活性逐渐变差。

表 5-11　煤焦与原煤混烧的燃烧动力学参数

样品	温度范围 T/K	活化能 E/(kJ/mol)	指前因子 A/min⁻¹	相关系数 R
平朔煤焦	843～950	199.920	1.1888×10^{11}	0.9965
原煤	599～625	55.447	1364.49	0.9975
10%半焦	610.0～680.03	57.276	1890.49	0.9998
20%半焦	614.0～714.2	62.593	4455.58	0.9997
40%半焦	606.0～645.2	64.368	5062.41	0.9998
100%半焦	803.0～869.6	118.210	1454709.61	0.9991

白宗庆等在固定床反应器中进行了 3 种褐煤在惰性及合成气气氛下的热解实验，研究了不同气氛下褐煤热解的产物分布及产物性质（包括气体组成，半焦性质等），并对所得半焦的燃烧特性进行了对比，见表 5-12。

由表 5-12 可以看出，相对于原煤，两种气氛下所得半焦的着火点、最大燃烧峰温都有所增加，这是因为褐煤在热解过程中部分挥发分会以焦油或气体的形

式逸出，而这部分挥发分在燃烧过程中的反应活性要高于残余半焦，导致半焦中的活性组分降低。因此半焦的着火点即燃烧反应性要高于原煤，且着火点温度升高的程度随着热解温度的提高而增加。这是因为热解温度越高，褐煤转化率提高，残余半焦中的活性组分越低。但是从表 5-12 中也可以看出，半焦着火点温度相对于原煤的提高都在几十度范围内，不会对整个半焦燃烧利用过程的能量效率不利。对同一煤种来说，相同温度下，合成气气氛下所得半焦的着火点温度和最大燃烧峰温相对于惰性气氛下所得半焦都要低，这说明合成气下所得半焦的燃烧反应性要优于惰性气氛下的。

表 5-12　惰性及合成气气氛下所得热解半焦的燃烧特性分析

气氛		内蒙古（褐煤）				新疆（褐煤）				西蒙（褐煤）			
		原煤	500℃半焦	550℃半焦	600℃半焦	原煤	500℃半焦	550℃半焦	600℃半焦	原煤	500℃半焦	550℃半焦	600℃半焦
氩气	着火点/℃	316	332	356	358	368	391	393	412	302	322	334	341
	最大燃烧峰温/℃	398	389	417	428	417	461	480	480	352	343	366	375
	燃尽温度/℃	618	638	660	670	545	561	573	585	609	616	627	639
合成气	着火点/℃	—	334	339	357	—	374	386	406	—	303	327	360
	最大燃烧峰温/℃	—	377	365	405	—	421	433	445	—	320	377	403
	燃尽温度/℃	—	620	641	649	—	530	543	545	—	610	616	633

陆津津对云南两种典型的褐煤，昭通褐煤（高灰分，高水分）、曲靖褐煤（中等灰分，中等水分）进行固体热载体法热解实验，考察了 460～560℃ 范围内不同热解温度对云南昭通褐煤和曲靖褐煤热解的影响，并对半焦的燃烧特性进行了热重法研究。研究结果表明：①升温速率对 TG 和 DTG 曲线影响很大。随着升温速率的增大，两种半焦燃烧的 TG 和 DTG 曲线都向高温区移动，半焦的着火温度及燃尽温度均呈上升趋势，燃尽温度相对于着火温度上升的速度更快，着火时间滞后，燃烧时间延长，最大失重速率也随升温速率的增大而增大并且移向高温区。随着升温速率的增加，所得半焦燃烧的活化能逐渐减小，指前因子也逐渐减小（见表 5-13）。②氧气浓度对 TG 和 DTG 曲线影响也很大。随着氧气浓度的增加，两种半焦的 TG 和 DTG 曲线都向低温区移动，煤样的着火温度及燃尽温度均呈下降趋势，燃尽温度相对于着火温度降低的速度更快，着火时间提前，燃烧时间缩短，最大失重速率也随氧气浓度的增大而增大并且移向低温区，半焦的反应活性增强。随着氧气浓度的增加，半焦燃烧的活化能逐渐增大，指前因子也逐渐增大（见表 5-14）。

李先春等对印度尼西亚褐煤半焦（S1）和由其褐煤压制而形成的型煤半焦（S2）的燃烧特性作了研究，见表 5-15。

表 5-13　不同升温速率下昭通半焦燃烧的动力学参数

升温速率 /(℃/min)	温度区间 /℃	活化能 E /(kJ/min)	指前因子 A /min^{-1}	反应级数 n	拟合系数
5	336~450	86.07	392063.07	1	0.9904
10	338~470	79.19	146678.20	1	0.9938
20	339~578	49.22	472.68	1	0.9951
30	340~663	36.79	45.14	1	0.9940
40	345~680	34.85	41.42	1	0.9963

表 5-14　不同氧气浓度下昭通半焦燃烧的动力学参数

氧浓度 /%	温度区间 /℃	活化能 E /(kJ/min)	指前因子 A /min^{-1}	反应级数 n	拟合系数
4	370~420	48.91	141.80	1	0.9958
8	367~565	54.54	549.21	1	0.9975
12	359~514	68.09	10666.69	1	0.9992
16	350~489	76.22	64241.15	1	0.9984
20	338~470	79.19	146678.20	1	0.9938

表 5-15　不同条件下半焦的燃烧特征参数

项目	原煤半焦(S1)		型煤半焦(S2)	
	O_2/N_2	O_2/CO_2	O_2/N_2	O_2/CO_2
着火温度 T_i/℃	367	372	408	416
燃尽温度 T_f/℃	563	572	629	643
最大失重速率点温度 T_{max}/℃	490	507	561	547
最大失重速率 $(dw/dt)_{max}$	0.2648	0.2805	0.2853	0.1851
平均失重速率 $(dw/dt)_{mean}$	0.1731	0.1833	0.1865	0.1210
后半宽峰宽 ΔT_h/℃	44	59	48	46
DTG 总峰宽 ΔT/℃	148	167	161	125
可燃性指数 $C_b(\times 10^{-6})$	1.97	1.91	1.71	1.07
燃尽指数 $H_i(\times 10^{-6})$	4.95	4.21	3.38	2.21
综合燃烧特性指数 $S(\times 10^{-9})$	0.65	0.60	0.51	0.20

　　由表 5-15 的研究结果可知，S1 的着火温度和燃尽温度低于 S2，可燃性指数、燃尽指数和综合燃烧特性指数大于 S2。半焦是煤热解后剩余的固定碳和灰分的混合物，半焦的燃烧是煤的燃烧各阶段中最长的阶段，煤粒的燃烧速率、温度及燃尽时间主要由半焦决定。因此，S1 的燃烧特性优于 S2。由表 5-15 还可以看出，S1 和 S2 在 O_2/CO_2 条件下 T_i 和 T_h 的值要高于 O_2/N_2 条件下，C_b、H_i 和 S 的值要低于 O_2/N_2 条件下。实验结果说明，S1 和 S2 在 O_2/CO_2 条件下的燃烧特性要劣于 O_2/N_2 条件下。

　　半焦在不同气氛下燃烧行为的差异主要是由于：①O_2 在 CO_2 中扩散系数小于在 N_2 中的扩散系数，因此影响了 O_2 向半焦表面的扩散，导致了燃烧速率降低；②CO_2 的定压比热容大于 O_2，因此，半焦在 O_2/CO_2 气氛中燃烧的绝热火焰温度要低于在空气气氛中；③尽管半焦在 CO_2 气氛中会发生气化反应，但是半焦与 CO_2 的气化反应很弱，无法改变其在 O_2/CO_2 气氛中的燃烧特性。

刘明强利用热重分析仪对内蒙古锡林郭勒盟褐煤（原煤）和褐煤半焦进行燃烧热重实验，通过热分析法研究原煤和半焦的燃烧特性，得到如下结论：

① 样品燃烧经历了失水、挥发分析出、着火燃烧和燃尽阶段。原煤的失水阶段很明显，褐煤半焦因为水分含量少，没有明显的失水阶段，在 DTG 图上没有失水峰。

② 随着热解终温的提高，半焦的燃烧 TG 和 DTG 曲线有向高温区平移的趋势，即燃烧失重开始温度和燃烧反应结束温度升高。

③ 低温热解后，褐煤半焦的热特征值点比原煤都提高了，随着热解终温的升高、终温停留时间的延长，半焦的着火温度升高、燃尽温度及最大失重速率点的温度都逐渐提高，各燃烧特性指数都逐渐减小，褐煤半焦着火、燃烧、燃尽性能变差，反应活性降低，热稳定性提高。

④ 褐煤半焦的燃烧反应可用反应级数（$n=7/6$）模型来描述。褐煤半焦的活化能比原煤有所升高，半焦的活化能随着热解终温和停留时间的增加而升高，说明褐煤半焦的反应活性随着热解程度的加深而逐渐降低，热稳定性逐渐提高。

赵世永对选用的半焦粉和神木煤样按照不同的比例进行混合，考察煤焦混粉发热量的变化规律，并利用热重分析法对各煤焦混粉样品的着火温度、最大反应温度、燃尽率及燃尽温度等燃烧特性进行了研究。试验结果表明，随着掺焦比的增加，煤焦混粉的着火温度略有升高，发热量增大，最大反应温度升高，燃尽率下降，而燃尽温度变化不大。

5.1.3.2　加压下半焦的燃烧特性

煤的部分气化及气化后半焦的加压燃烧是第二代增压流化床蒸汽燃气联合循环（PFBC-CC）发电技术的重要组成部分。半焦在压力下的燃烧特性则是该领域主要研究方向之一。在国外，美国杨百翰大学的先进燃烧工程研究中心（ACERC）建立了高压温控型反应器（HPCP），对半焦进行了一系列加压燃烧试验的研究。国内东南大学、浙江大学等单位也进行了系统研究。

Monson 等对两种粒径的 Utah 和 Pittsburgh 烟煤焦进行了总压分别为 0.1MPa、0.5MPa、1.0MPa、1.5MPa 的近 100 个燃烧试验，反应器温度在 1000～1500K 之间变化，氧气浓度在 5%～21% 之间变化。试验结果表明：半焦颗粒燃烧处于动力控制和扩散控制的过渡区，在燃烧过程中半焦颗粒的密度和半径都会发生变化，半焦颗粒表面的温度取决于燃烧系统的总压和氧分压；总压一定时，增加氧分压颗粒表面温度明显增加，而氧分压一定时增加总压，则颗粒表面温度明显降低；在一定的气体组成下，总压从 0.1MPa 增加到 0.5MPa 可适当增加颗粒的燃烧反应性，而进一步增加总压则燃烧反应性会降低。

Richard 等用加压热天平对三种不同的煤研究了总压、氧分压、气体流速等参数对其半焦总的燃烧时间 t_r、最大失重速率 $(dm/dt)_{max}$ 和样品最高温度 T_{smax} 的影响。发现最大失重速率 $(dm/dt)_{max}$ 与影响因素之间存在如下关系式：

$$\lg(dm/dt)_{max} = A + B\lg P + CT + D\lg P_{O_2} + F f_{tot}$$

式中，A、B、C、D、F 为常系数；P 为总压；P_{O_2} 为氧分压；T 为气体温度；f_{tot} 为总气体流量，并认为 T_{smax} 和 t_r 与 $(dm/dt)_{max}$ 有相似的变化规律，只是各系数有所不同。试验结果表明：随氧气流速和氧分压的增加燃烧速率显著增加；总压在 0.5～2.1MPa 时，压力对燃烧过程影响很小；半焦的种类会影响到燃烧速率；在各因素中初始温度对燃烧速率的影响较弱，总气体流量对燃烧速率的影响最弱。

MacNeil 等在小型增压流化床中，对 850℃ 下热解煤得到了半焦样做加压燃烧试验，试验结果表明：半焦燃烧速率随系统压力升高而增大，当压力为 0.5MPa 时达到了最大值，之后压力增加，燃烧速率下降；氧气浓度高，反应速率也高，这时压力对燃烧速率的影响更为显著；半焦粒径增大，反应速率也增大，随着压力升高存在一个极大值。燃烧试验表明：半焦的指前因子与活化能都会随系统压力的增加而减小，特别是在系统压力<0.5MPa 的情况下变化明显，压力再增加指前因子与活化能则有增加的趋势，如表 5-16 和表 5-17 所示。表 5-16 床温 750℃，表 5-17 床温 700℃，表观气速 0.2m/s，半焦粒径 1200μm，氧气含量 21%。

表 5-16　反应级数 $N=0.22$ 得出的动力学参数（过渡区）

压力/MPa	活化能 E/(kJ/mol)	指前因子 A/kg·(m²·s·kPa/n)
0.1	21869	0.0043
0.3	14348	0.0018
0.5	8601	0.0009
0.7	14761	0.0014

表 5-17　反应级数 $N=0.22$ 得出的动力参数（动力区）

压力/MPa	活化能 E/(kJ/mol)	指前因子 A/kg·(m²·s·kPa/n)
0.1	21678	6.851×10^{-9}
0.3	14237	2.756×10^{-9}
0.5	8487	1.333×10^{-9}
0.7	14568	2.069×10^{-9}

Lin 等利用一台小型固定床研究了在不同速度控制区下压力对初始燃烧速率

的影响。其试验用半焦颗粒粒径为 0.25～0.50mm，燃烧温度为 559～1273K，压力范围 0.1～1.6MPa。其试验研究结果表明：在动力控制区，半焦的燃烧速率随着压力的增加而呈线性增加；在动力-扩散控制区，随着压力的增加，半焦的燃烧速率呈非线性增加；而在扩散控制区，随着压力的增加，半焦的燃烧速率基本不再变化。Liakos 等建立了一个二维两相粉煤 CFB 半焦燃烧模型。模型的计算结果表明，压力的升高对半焦燃烧的化学反应和扩散均有影响，且对前者的影响更加明显。Banin 等利用一个激波管（shock tube）在 1500～3000K 温度范围内研究了氧分压对半焦反应活性的影响。

　　Everson 等在高压热重分析仪中研究了适合于增压流化床燃烧系统的高灰分煤焦大颗粒的燃烧特性（其 $A_d = 37.19\%$，$d_p = 3mm$），并采用收缩反应核模型（shrinking reacted core model，SRCM）描述了高灰分煤焦大颗粒的燃烧特性。模拟结果表明，收缩反应核模型比收缩未反应核模型具有更高的准确性，能更好地符合试验结果。同时发现，在高温（温度大于 950℃）状况下，收缩反应核模型模拟结果与收缩未反应核模型模拟结果基本接近。这对于工业上大型增压流化床燃烧器内高灰分煤焦大颗粒燃烧特性的预测具有一定的参考价值和指导意义。

　　熊源泉等利用自制的加压热重分析仪在加压条件下，对韩桥烟煤半焦和阳泉无烟煤半焦进行燃烧试验，研究结果表明：①压力提高韩桥烟煤半焦和阳泉无烟煤半焦的着火温度和燃尽时间均降低，在较低压力下（0.5MPa 之前）这种影响效果明显，但随着压力的进一步提高影响效果越小。②在相同压力下，韩桥烟煤半焦随着颗粒粒径的增大着火环境温度降低，但其降低的趋势随压力的提高而变小。在压力为 0.9MPa 时，着火环境温度与颗粒粒径基本无关。韩桥烟煤半焦随着颗粒粒径的增大燃尽时间增加，但燃尽时间增加趋势随压力的提高而变小。③在相同颗粒粒径下（1.25～1.6mm），韩桥烟煤半焦和阳泉无烟煤半焦的着火温度和燃尽时间均随着压力的提高而降低，其降低的趋势随压力的提高而变小。但阳泉无烟煤半焦的着火温度降低较韩桥烟煤半焦多些。而韩桥烟煤半焦的燃尽时间降低较阳泉无烟煤半焦随压力的不同而各异。

　　谷小兵等在自制的加压热重分析仪上对气化半焦的加压燃烧特性进行了较为系统的研究，为了描述半焦的燃烧特性，在此使用平均质量反应性指数 R_m 对半焦的反应性加以评价：

$$R_m = \frac{\int_0^{t_b} \left(-\frac{1}{m}\frac{dm}{dt} \right) dt}{t_b}$$

　　式中，m 为半焦燃烧过程中的瞬时质量分数，%；t 为时间，s；t_b 为总的燃烧时间，s。

（1）半焦种类的影响

在 0.1MPa、0.7MPa 两种压力条件下，对 5 种半焦（粒径：0～0.2mm）进行热重分析（氧浓度：21%，加热速率：20℃/min），发现半焦由于其本身性质的不同，它们的最大失重速率、最大失重峰温度和燃尽时间都有很大的不同，说明半焦的成焦条件以及半焦本身特性对其燃烧反应性有很大的影响。5 种半焦在两个压力条件下的燃烧平均质量反应性指数 R_m 列于表 5-18。

表 5-18　5 种半焦的燃烧平均质量反应性指数 R_m

压力/MPa	焦样 1	焦样 2	焦样 3	焦样 4	焦样 5
0.1	0.00576	0.00375	0.00301	0.00405	0.00402
0.7	0.00639	0.00461	0.00371	0.00472	0.00463

对焦样 2 和焦样 3 进行了 0.1MPa、0.5MPa、0.7MPa、1MPa 4 种压力下的热重分析（氧浓度：21%，加热速率：20℃/min），发现随着压力的升高，最大失重速率增加，在 0.7MPa 之前，增加量较多，最大失重峰所对应的温度随压力的升高而降低。

焦样 2 和焦样 3 的燃烧平均质量反应性指数 R_m 如图 5-1 所示。随着总压力的升高，燃烧平均质量反应性指数增大，在 0.1～0.7 MPa 时尤其明显，而在 0.7MPa 之后，增长趋势较为缓慢。这是由于氧气向半焦颗粒的扩散系数随着压力的升高而减小，而氧与碳的化学反应速度随着压力的升高而增加，两方面共同的作用导致了半焦颗粒表面氧浓度降低，从而改变了反应模式，即反应从动力控制向动力-扩散联合控制和扩散控制过渡。

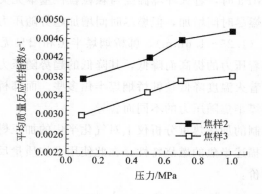

图 5-1　压力对半焦平均质量反应性指数的影响

试验条件同图 5-2

随着压力的升高，最大失重速率增加，在 0.7MPa 之前，增加量较多。最大失重峰所对应的温度随压力的升高而降低。

随着总压力的升高，燃烧平均质量反应性指数增大，在 0.1～0.7MPa 时尤其明显，而在 0.7MPa 之后，增长趋势较为缓慢。这是由于氧气向半焦颗粒的扩散系数随着压力的升高而减小，而氧与碳的化学反应速率随着压力的升高而增加，两方面共同的作用导致了半焦颗粒表面氧浓度降低，从而改变了反应模式，即反应从动力控制向动力-扩散联合控制和扩散控制过渡。

（2）粒径的影响

分别对焦样 3 和焦样 4 在 4 组粒度范围内进行加压下半焦燃烧特性的试验研究。焦样 4 的 TG 曲线如图 5-2 所示。

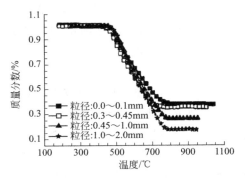

图 5-2　不同粒径半焦燃烧反应的 TG 曲线试验

焦样 4，压力：0.7MPa，氧浓度：21%，加热速率：20℃/min

半焦中残炭的含量和粒径有很大关系，从图 5-2 可以看出，粒径越大，半焦的失重率越大，说明半焦样品中残炭含量越高。随着粒径的增大，半焦的最大失重速率增加，最大失重峰温无太大变化。

焦样 3 和焦样 4 的平均质量反应性指数随粒径的变化趋势如图 5-3 所示：随着粒径的增大，两种半焦的平均质量反应性指数相应降低。

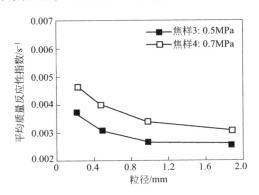

图 5-3　不同粒径半焦燃烧反应性变化曲线

试验条件同图 5-2

谷小兵等在单炉膛双吊篮加压热重分析仪上对气化半焦的加压着火特性和燃烧稳定性进行了较为系统的试验和理论研究。研究结果表明：①半焦的挥发分含量和固定碳含量是影响半焦着火温度的主要因素。对于由同一种煤得到的半焦，固定碳含量越高，其着火温度越低。②半焦的着火温度随压力的增加明显下降，但下降趋势随压力的增加而减缓，总压增加导致半焦着火温度下降的主要原因是由于氧分压的提高。在 0.7MPa 以前，随着压力的升高，半焦燃烧稳定性显著增强；0.7MPa 以后，燃烧稳定性几乎不再随压力发生变化。③随着粒径的增大，半焦的着火温度缓慢升高。半焦的燃烧稳定性在粒径为 0.3～0.45mm 的范围内最好，此粒径范围之外的半焦燃烧稳定性都有所有降低。④随着氧浓度的增加半焦的着火温度下降，燃烧稳定性指数 R_w 逐渐增加。当氧浓度高于 45％ 以后，氧浓度对着火温度和燃烧稳定性的影响趋于减少。⑤增大加热速率导致半焦的着火温度升高。

李社锋等在 Cahn TherMax 500 型加压热重仪上，对煤的热电气焦油多联产半焦的燃烧特性进行了系统研究。研究结果认为：①在压力环境下，煤和半焦的热解、着火、燃烧进程提前，整体燃烧速率升高。随着压力的升高，半焦和制焦原煤的燃烧速率呈现了明显的不规则波动现象。②随着燃烧压力的升高，半焦和原煤的燃烧产物释放特性、燃烧稳定性均增强，但煤较半焦的变化趋势更加明显。③在压力环境下，半焦易于燃尽。压力越高，半焦的综合燃烧性能越好。增压燃烧是多联产半焦的一种清洁、高效的利用途径。

5.1.4　半焦分质利用途径

5.1.4.1　半焦的利用方法

多年来，国内外对半焦的利用技术进行了一系列研究。由于煤质和工艺条件的不同，使其半焦的性质及组成具有一定的差异，依据不同质量的半焦产品，目前已进行生产或研究的主要方法是：

① 直接利用：将半焦用于高炉喷吹燃料、工业锅炉燃料、塑料填充剂等。

② 物理加工：水焦浆、型焦、催化剂等。

③ 化学加工：制半焦基吸附材料、芳香羧酸、生产电石、制合成气等。

在上述方法中，以半焦的直接利用最为简单，但由于是以<6mm 的粉焦为原料，其储存和运输难度大，应以就地转化或在本生产系统进行多联产为宜。以半焦为原料生产精细化工产品，使半焦产业实现高端化、高值化、清洁化应是今后发展的主要方法和方向。

5.1.4.2　半焦的主要用途

目前已实现工业化生产或正在研究的半焦主要用途如图 5-4 所示。

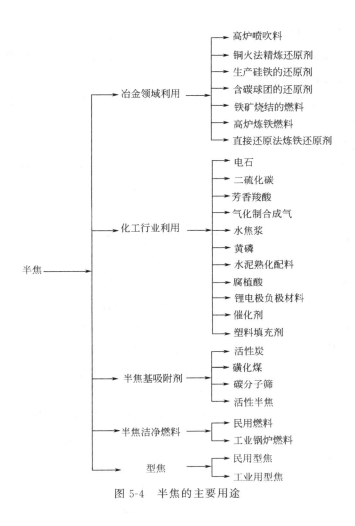

图 5-4　半焦的主要用途

5.2　半焦的冶金应用技术

多年来，我国对半焦的冶金应用技术进行了一系列研究，尤其是半焦在硅铁生产中的广泛应用，对提高硅铁产品质量、降耗增产、提升企业的经济效益发挥了重要作用。但由于目前半焦用于硅铁的市场已趋于饱和，就必须在稳定现有市场的基础上，进一步开拓半焦在其他行业中的应用，促进半焦产业的稳步发展。

5.2.1　含碳球团还原剂

中钢集团鞍山热能研究院有限公司对神木半焦粉作为含碳球团还原剂进行了

系统研究，在实验研究中，主要考虑如下两个问题：

①目前含碳球团中使用的还原剂通常为无烟煤粉或焦粉，实验中采用鞍钢焦粉、大安山无烟煤粉和神木半焦粉进行对比；

②还原后的含碳球团用户主要是电炉炼钢，故含碳球团采用高品位国产铁精矿粉为原料。

5.2.1.1 实验原理

铁矿含碳球团系指由含铁粉料配以固体还原剂（煤粉和焦粉等）与适当的黏结剂经充分混合后，经造球机造球或压球机压制而成的一种含碳含铁的小球或含碳含铁的冷压块，简称为含碳球团。

含碳球团具有如下特点：取消了高温氧化球团生产环节；内配碳可自还原，只需外部提供很少的热量；反应速度快，因此生产效率高；突破了铁矿石直接还原的温度障碍，还原温度可提高到 1200℃ 以上仍能正常生产；原料适用广，含碳原料可以是木炭、焦粉、煤粉，含铁原料可以是普通铁矿，也可以是难选贫铁矿，还可以是高炉、转炉等生产过程中产生的粉尘。含碳球团由于其多种优越的特性已被广泛使用在直接还原、熔融还原和高炉冶炼中。

还原剂对含碳球团还原过程的影响主要表现在还原温度和还原耗热量。在采用神木半焦粉为铁矿含碳球团固体还原剂的实验研究中，分别采用两种实验技术，一种是综合热分析技术，另一种是含碳球团还原热重实验技术。研究内容主要为还原剂种类以及还原剂配比对含碳球团还原过程的影响。

5.2.1.2 实验内容

实验采用的原料为大磁铁精矿粉，化学成分见表 5-19。还原剂为神木半焦粉、焦粉和大安山无烟煤粉，其工业分析见表 5-20。

含碳球团还原性与还原剂粒度有关，粒度越细，表面活性越大，还原性越好。为了评价不同还原剂的还原性能，在还原剂制粉时控制不同的还原剂的粒度及其组成，使其尽可能相近。采用激光粒度分布测量仪（GSL-101BⅡ）测得的半焦粉、焦粉和无烟煤粉的粒度检测结果见表 5-21。半焦粉、焦粉和无烟煤粉的粒度在 $0.2 \sim 0.5 \mu m$ 的比例分别为 90.39%、84.68% 和 82.51%，粒度组成基本相近。

表 5-19 铁精矿化学成分　　　　　　　　　　单位：%

TFe(全铁)	FeO	CaO	SiO_2	MgO	Al_2O_3	I_g
67.88	29.51	0.17	5.4	0.26	0.1	−3.27

表 5-20　还原剂工业分析　　　　　　　单位:%

燃料	工业分析			
	A_d	V_{daf}	FC_{ad}	$S_{t,d}$
焦粉	14.10	1.98	83.49	0.75
神木半焦粉	10.48	11.24	73.46	0.61
无烟煤粉	18.30	6.46	73.79	0.16

表 5-21　原料粒度分布　　　　　　　单位:%

原料	粒度范围	
	$0.2\sim0.5\mu m$	$0.5\sim1.0\mu m$
焦粉	84.68	15.32
无烟煤粉	82.51	17.49
半焦粉	90.39	9.61
铁精矿	87.34	12.66

按还原剂中固定碳与铁精矿中与铁氧化物结合的氧的摩尔比 CFC/O（mol/mol）进行配料，人工混合后进行热分析还原实验和含碳球团造球与还原实验。CFC/O 为 1.1 时不同还原剂的质量配比见表 5-22，CFC/O 分别为 1.1、1.0、0.9、0.8 时半焦粉作还原剂的质量配比见表 5-23。

表 5-22　碳氧比为 1.1 时含碳球团的不同还原剂质量配比　　　单位:%

碳氧比	还原剂			
	焦粉	无烟煤粉	半焦粉	半焦粉＋焦粉
1.1	20.32	22.40	22.47	21.40

表 5-23　半焦粉作还原剂不同碳氧比时含碳球团的还原剂质量配比 单位:%

还原剂	碳氧比			
	1.1	1.0	0.9	0.8
半焦粉	22.47	20.85	19.17	17.41

含碳球团的制备：将还原剂、铁精粉和水玻璃（6%）根据实验所需要的配比进行混料，在直径为 500mm 的圆盘造球机上对混合料进行造球；从中筛取出直径为 11~13mm 的球团，在干燥箱内干燥 12h，干燥温度为 110℃。

5.2.1.3　实验结果

（1）热分析实验结果

① 还原剂的气化特性。三种不同还原剂气化特征参数见表 5-24。

表 5-24 不同还原剂的气化特征参数

气化	焦粉	半焦粉	无烟煤粉
气化开始温度/℃	816	723	936
气化最高温度/℃	1136	1033	1120
气化最大速率/s⁻¹	0.044	0.063	0.059
气化结束温度/℃	1279	1085	1252
气化温度区间/℃	463	362	316

由表 5-24 可见：

a. 半焦粉的气化开始温度和结束温度均低于焦粉和无烟煤粉；

b. 半焦粉的气化温度区间小于焦粉，但大于无烟煤粉；

c. 半焦粉最大气化速率对应的温度 1033℃，比焦粉和无烟煤的分别低 103℃和 87℃，表明半焦粉的气化性能明显好于焦粉和无烟煤粉。

② 还原剂的还原特征。不同还原剂的还原特征参数见表 5-25。

表 5-25 不同还原剂还原铁矿粉的特征参数

还原	焦粉	半焦粉	无烟煤粉	焦粉＋半焦粉
还原开始温度/℃	871	753	881	778
第一次峰值温度/℃	1026	1012	1053	975
第三次峰值温度/℃	1214	—	1172	1176
还原结束温度/℃	1280	1283	1280	1273

由表 5-25 知：半焦粉作为还原剂时的还原开始温度低于焦粉和无烟煤粉，还原最大速率与焦粉和无烟煤粉第一个峰值速率基本相同，低于焦粉和无烟煤粉第二个峰值速率，还原最大速率对应的温度为 1012℃，与焦粉最大气化速率对应的温度 1026℃也基本相近，比焦粉和无烟煤粉第二个还原峰值速率对应的温度分别低 202℃和 160℃，还原结束温度基本相同。

（2）含碳球团还原实验结果

① 还原剂的还原性。还原剂配比为 C/O＝1.1、还原温度为 1250℃时还原后试样的化学分析结果和失重率见表 5-26。

表 5-26 采用不同还原剂时还原后球团的化学分析结果（质量分数）

还原剂	化学分析/%				金属化率/%	还原度/%	最大失重率/%
	含碳量	Fe^{2+}	TFe	MFe(磁性铁)			
无烟煤粉	8.26	6.39	75.26	64.34	85.49	84.62	32.32
焦粉	4.53	3.35	80.13	75.38	94.07	93.79	36.06
半焦粉	5.05	5.46	77.90	72.40	92.94	93.47	34.84

由表 5-26 可见，半焦粉作还原剂时还原后球团的金属化率与焦粉基本相同，

比无烟煤粉的高，表明半焦粉的还原性与焦粉基本相同，好于无烟煤粉。

② 半焦粉的配比。还原温度为 1250℃、不同半焦粉配比时还原后试样的化学分析结果和失重率见表 5-27。

表 5-27　半焦粉作还原剂时还原后球团的化学分析结果（质量分数）

碳氧比	化学分析/%				金属化率/%	还原度/%	最大失重率/%
	含碳量	Fe^{2+}	TFe	MFe			
1.1	5.05	5.46	77.90	72.40	92.94	93.47	34.84
1.0	3.32	3.07	79.85	73.61	92.19	92.29	35.07
0.9	2.66	8.93	79.01	67.56	85.51	86.44	34.44
0.8	0.77	7.82	81.11	69.43	85.60	84.56	33.01

由表 5-27 可见，碳氧比为 1.1 时的金属化率为 92.94%，比碳氧比为 1.0 时的高 0.75%，还原度为 93.47%，比碳氧比为 1.0 时的高 1.18%，明显高于碳氧比为 0.9 和碳氧比为 0.8 的金属化率和还原度。因此，用半焦粉作还原剂时，合理的碳氧比为 1.0。

③ 半焦粉作还原剂时的还原温度。半焦粉作还原剂，碳氧比为 1.0 时不同还原温度还原后试样的化学分析结果和失重率见表 5-28。

表 5-28　半焦作还原剂时不同还原温度下还原后球团的化学分析结果（质量分数）

温度/℃	化学分析/%				金属化率/%	还原度/%	最大失重率/%
	含碳量	Fe^{2+}	TFe	MFe			
1250	3.32	3.07	79.85	73.61	92.19	92.29	35.07
1200	4.07	0.56	78.39	68.68	87.61	84.77	33.32
1150	5.35	18.43	73.13	53.05	71.56	76.11	27.28

由表 5-28 可见，当温度为 1250℃ 时，球团的金属化率为 92.19%，比温度为 1200℃ 和 1150℃ 时分别高出 4.58%、20.63%；温度为 1250℃ 时还原度为 92.29%，比温度为 1200℃ 和 1150℃ 时分别高出 7.52% 和 16.18%。由此可见，半焦含碳球团的适宜还原温度是 1250℃。

半焦粉代替焦粉或无烟煤粉与铁矿粉混合物的还原热分析实验和含碳球团的还原实验结果得出，用神木半焦粉作为含碳球团还原剂是可行的，并具有如下优势：

a. 半焦粉气化性优于焦粉和无烟煤粉，与焦粉和无烟煤粉比较，还原开始温度和达到最高还原速率的温度低，还原过程由焦粉和无烟煤粉作还原剂时的二步还原转变为一步还原。

b. 半焦粉含碳球团中还原剂配比可按碳氧比 1.0 设置, 还原温度为 1250℃。

c. 含碳球团内铁氧化物的碳热还原是通过碳气化和铁氧化物间接还原两个反应耦合完成的。还原前期, 含碳球团的还原速率主要由碳气化速率控制, 半焦粉与焦粉和无烟煤粉比较, 因其具有良好的还原性, 还原反应一步完成, 还原最大速率对应的温度区域比焦粉和无烟煤粉的低 150℃。因此, 半焦含碳球团在还原前期的耗热可用低品质的热源提供。但是, 还原后期含碳球团还原速率由碳气化转变为铁氧化物还原, 为了保证还原后球团有较高的金属化率, 还原最高温度不能降低, 仍然为 1250℃左右。

d. 用半焦粉作还原剂的含碳球团, 因在还原过程中可用低品质的热源, 是一种优良的还原剂。

5.2.2 高炉喷吹燃料

高炉喷吹燃料是增产节焦的一项重大措施。由于各国资源状况不同, 高炉喷吹燃料的种类也有所差别。一些工业发达国家刚开始以喷油和天然气为主, 20世纪 70 年代末, 第二次石油危机后, 则转向喷煤。我国由于石油和天然气供应不足, 自 1965 年推广喷吹无烟煤技术以来, 无烟煤成为许多钢铁企业的高炉喷吹料。随着喷吹量的不断增加, 符合喷吹要求的无烟煤已供不应求。近些年来, 许多钢铁企业正积极致力于喷吹烟煤, 如鞍钢、宝钢等企业。但喷吹烟煤有一个安全问题, 为了防火防爆, 喷吹需在惰性气体中进行, 设备复杂, 建设与操作费用高, 而且喷吹高挥发分烟煤有烧掉化工副产品和煤气的缺点, 因此应该首先提取化工产品, 剩余的半焦作高炉喷吹料, 实现综合利用。

高炉喷吹料基本上都用无烟煤粉, 质量要求高, 特别是对硫分要求要低于冶金焦。京西侏罗纪无烟煤、宁夏太西煤、山西阳泉煤都是很好的喷吹燃料。但符合高炉喷吹质量要求的并不多, 而且价格高, 所以宝钢、鞍钢采用烟煤喷吹。1998 年神木县神通西部能源开发有限责任公司用神木半焦粉在首钢进行了 2000余吨规模的试验, 取得了满意效果。我国半焦完全可以加工为高炉喷吹燃料。神木半焦与京西、太西喷吹煤理化性能对比见表 5-29, 煤灰成分对比见表 5-30。

表 5-29 神木半焦与京西、太西喷吹煤理化性能对比

名称	工业分析/%			元素分析/%					灰熔点/℃			可磨性	着火点/℃
	A_d	V_{daf}	FC_d	C	H	O	N	S	T_1	T_2	T_3		
京西煤	14.65	4.61	80.74	79.40	1.53	0.98	0.85	0.18	1150	1170	1210	57	509
太西煤	9.45	6.70	83.76	83.80	1.92	1.34	1.01	0.16	1210	1240	1290	50	461
神木半焦	9.38	5.43	85.19	85.77	1.13	3.19	0.32	0.21	1140	1150	1180	40	490

表 5-30　神木半焦与京西、太西喷吹煤灰成分对比　　　　　单位:%

名称	SiO$_2$	Al$_2$O$_3$	Fe$_2$O$_3$	CaO	MgO	K$_2$O	Na$_2$O	TiO$_2$
京西煤	46.00	20.00	7.30	15.10	2.15	2.36	0.92	0.70
太西煤	41.20	19.90	11.90	10.80	3.20	1.68	1.48	0.70
神木半焦	55.20	11.50	7.96	12.89	1.06	0.42	0.85	

　　试验表明,神木半焦灰分明显低于京西煤接近太西煤,固定碳高于京西煤和太西煤,挥发分在二者之间。从元素分析可以看出神木半焦全碳高于京西煤和太西煤,含氢低于二者,含硫与二者相近,适于高炉喷吹。神木半焦挥发分和着火点介于京西煤和太西煤之间,不存在喷吹安全问题。在相同条件下神木半焦燃烧性明显高于现用高炉煤粉,从燃烧的性能考虑,神木半焦比京西煤、太西煤更适于高炉喷吹。但神木半焦可磨性明显低于京西煤和太西煤,会给喷吹制粉带来一定影响。

　　首钢技术中心经过试验认为,从化学成分和燃烧性考虑,神木半焦优于现用高炉煤粉,从制粉角度考虑神木半焦比现用喷吹煤粉差,但制备半焦粉在技术上是可行的。

　　神木半焦可磨性明显偏低的主要原因是:①在煤热解生产过程中采用的是内热式直立炉,热解温度高达 800℃,属中温热解。②中温半焦采用直接水熄焦降温(水捞焦)。

　　酒钢炼铁厂于 2010 年 3 月,首次在 1000m^3 高炉中开始实施半焦粉代替部分无烟煤喷吹,有效降低了生铁燃料成本,吨铁成本降低 3.25 元。截至 5 月份炼铁厂各高炉共配加半焦粉近 15000t,1000m^3 高炉半焦粉最高配比达到 20%,全厂 6 座高炉平均配比达 8%,达到技术攻关的目标。按照炼铁厂目前所用无烟煤价格计算,采用半焦粉替代无烟煤喷吹后,每吨原煤价格降低 400 元,仅此一项可直接节约采购资金 600 万元。在半焦粉替代无烟煤喷吹,取得阶段性成果后,该厂经过反复测试、论证,用热值高、固定碳含量高且成分稳定的半焦块代替无烟煤喷吹,5 月下旬在 450m^3 高炉中全面推广,并且逐步增加配比,其喷吹比例已达到 65%,喷煤成本及生铁燃料成本明显下降。

　　内蒙古包钢喷煤新系统 2007 年投产,按全烟煤生产设计,制粉系统采用 2台上海重型机械厂生产的 HP1103 中速磨煤机,全负压一级收尘,喷吹系统采用荷兰涅利的技术,是供 4# 、 6# 高炉的直接喷吹模式。包钢技术中心通过实验室研究认为,低温半焦的可磨性指数为 58.22～62.56,爆炸性与现有配比煤相当,燃烧性要高于现有配比煤,从理论上讲能满足高炉喷吹用煤的要求。用低温半焦代替现有烟煤配比的原煤,每吨价格便宜 50 元。另外,包头周边低温半焦生产量大，如果试验成功拓宽了喷吹煤种的选择，是一项技术储备。

试验用低温半焦工业分析见表 5-31。

表 5-31 试验用低温半焦工业分析

项目	M_t/%	A_d/%	V_{daf}/%	FC_d/%	$S_{t,d}$/%
工业试验期	16.95	9.21	18.65	73.82	0.29

因老系统采用尾气自循环技术，布袋箱出口氧质量分数在 17% 左右，煤粉挥发分要求控制在 17.5% 以下，不适合磨制低温半焦。新系统按全烟煤设计，使用热风炉废气，布袋箱出口氧含量（质量分数）为 15% 左右，能安全磨制挥发分为 20% 的低温半焦，故试验选择在新系统进行。

试验自 2010 年 3 月 26 日 1:15 开始，试验时间 23d，使用半焦原煤 25701t。

（1）煤粉质量波动

① 煤粉水分偏高（见表 5-32）。六、七系列混合煤粉的水分一直在 2% 以下，半焦试验后煤粉水分上升。

表 5-32 六、七系列混合煤粉水分、粒度统计（选 3d）

日期	时间	六系列		七系列	
		水分/%	粒度/%	水分/%	粒度/%
4 月 9 日	0:00	2.08	79.2	2.4	55.3
	6:30	1.84	71.7	2.47	38.1
	10:00	1.92	71.7	2.39	23.8
	14:00	1.84	73.1	2.25	73.5
	18:00	2.49	42.5	2.51	34.8
	21:30	2.82	66.1	2.22	73.5
4 月 12 日	6:00	2.41	78.9	3.07	41.3
	10:00			2.95	42.4
	14:00			3.09	32.2
	19:00			2.59	72.4
4 月 16 日	0:00	2.38	63.6		
	10:00			2.46	31.9
	14:00	2.35	23.5	2.15	25.9
	19:00			2.8	29

（注：日期与时间左侧合并单元格为"试验期"）

② 煤粉粒度较粗且不稳定（见表 5-32）。基准期混合煤分−200 目平均能达到 74.96%，水分 1.52%，试验期半焦煤粉−200 目六、七系列平均分别为 58.54%、56.29%，较基准期分别降低 16.42 个、18.67 个百分点。

（2）制粉系统参数变化情况

① 磨机入口温度升高。在给煤量和磨机出口温度相同的情况下，试验期与基准期相比磨机出口温度升高约 100℃。

② 废料排出量和布袋压差异呈周期性波动，台时产量降低明显。刚启车 2h 废煤排出量在正常范围，系统负压逐渐升高，2h 后废煤排出量大幅度增加。此时关闭排煤调节阀，磨机空甩完后生产参数又恢复正常，系统负压和废煤排出量呈周期性循环。对废料中许多很轻类似于焦炭的颗粒进行化验：挥发分 4.0%、灰分 6.0%、固定碳 90%，废料的可磨性指数为 46，说明低温半焦的生产工艺有缺陷，没有完全达到质量要求。这些颗粒悬浮在磨机内既抽不走也磨不碎，越积越多，导致生产不稳定，台时产量降低。

③ 无挂布袋现象，布袋表面黏附细煤粉多。2010 年 4 月 2 日、4 月 22 日，六、七系列停车检查布袋，没有挂布袋现象，但布袋表面黏附的细煤粉较多，原因为煤粉水分高导致细煤粉黏结在布袋上，沉积不到煤粉仓中所致。

（3）对喷吹系统的影响

① 喷吹顺畅。$4^{\#}$、$6^{\#}$ 高炉喷吹顺畅，喷吹操作参数试验前后没有太大变化。

② 磨损严重。喷吹混合煤粉时，喷枪使用寿命一般是 90d，喷吹半焦煤粉时喷枪磨损严重，$4^{\#}$ 高炉共磨损 24 支枪，$6^{\#}$ 高炉共磨损 64 支枪。

（4）高炉技术指标情况

低温半焦工业试验期间，$6^{\#}$ 高炉处于恢复当中，故选取 $4^{\#}$ 高炉指标变化对比分析。

① 操作参数：风量、富氧率、热风温度、生铁［Si］（质量分数）、铁水物理温度基本持平；

② 技术经济指标：平均日产、焦比、焦丁比基本持平；

③ 试验期较基准期煤比、燃料比上升 7kg/t，综合负荷降低 0.09 个百分点，这与煤粉水分上升 1.15 个百分点、固定碳降低 0.91 个百分点、－200 目降低 6.3 个百分点有关。

（5）结论

① 试验所使用的半焦煤水分高、废煤量大，严重影响台时产量，无法保证 $4^{\#}$、$6^{\#}$ 高炉正常生产。

② 半焦煤粉较混合煤粉轻，喷吹顺畅，但由于粒度组成变化大和喷吹量的不稳定使喷枪、软连接、支管等设备元件磨损加剧，同时增加了一定的安全生产隐患。

③ 半焦煤中含有轻质颗粒，在磨机内呈悬浮状，不能进入磨盘工作区域，

无法磨碎,且不能及时排出磨机,造成系统负压升高。当轻质颗粒富集到一定量后,必须通过关排煤调节阀磨机空转,把悬浮物甩出磨机系统又恢复正常。因此半焦煤中轻质颗粒是造成系统负压和废煤量呈周期性波动的主要原因。

④ 半焦煤粉粒度较粗且不稳定;磨机入口温度升高,布袋压差升高,无挂布袋现象,但布袋表面黏附的细煤粉多。

⑤ 4# 高炉试验期与基准期相比,焦比、焦丁比无明显变化,煤比及燃料比略有增加,燃烧效果无明显示变化。

为了解决半焦粉的合理利用,受陕西省神木县政府委托,中钢集团鞍山热能院有限公司和鞍钢股份炼铁总厂共同研究,根据目前鞍钢高炉喷吹现场通常采用烟煤和无烟煤作为喷吹原料的实际状况,在鞍钢股份炼铁总厂进行"3200m³ 高炉喷吹神木半焦粉"的现场试验。

(1) 试验方案

本次工业试验分三个阶段共 3d;2011 年 5 月 11 日~13 日为基准期,5 月 14 日~17 日为试验期。

考虑到鞍钢炼铁总厂生产任务较紧及喷吹半焦粉可能给高炉运行带来一些不确定性,同时兼顾考虑本次试验结果的可靠性及通用性,经研究探讨,决定同时在两座 3200m³ 高炉上进行试验,试验 3d。由于 3200m³ 高炉喷煤量较大,每天需要 1500t 左右的无烟煤,因此本次试验配加半焦焦粉占总用煤量的 10%(第一天配比 5%,第二天配比 10%,第三天配比 15%),即平均一座高炉使用半焦粉量为 150t/d,共实际需要 900t 半焦粉,考虑一定的损耗,共需半焦粉 1000t。

(2) 试验用半焦粉物化性能

表 5-33 为试验用半焦粉试样工业分析。从表 5-33 可看出,试验用半焦粉的灰分较高,固定碳含量偏低,挥发分偏低,硫含量尚可,总体各成分波动较大。

表 5-33 半焦粉试样工业分析　　　　　　　　单位:%

半焦焦粉	灰分	挥发分	固定碳	硫含量
1#	16.00	9.46	74.34	0.38
	16.21	9.29	74.20	0.37
	17.68	9.90	72.32	0.38
	17.68	9.39	72.77	0.47
	9.66	9.26	80.49	0.57
	14.94	4.22	80.44	0.63
	14.55	8.48	76.92	0.37
	16.69	7.54	75.73	0.64
均值	15.43	8.44	75.90	0.48
极值差	8.02	5.68	8.17	0.27

(3) 试验前后高炉运行情况的对比(以 2# 高炉为例)。

① 生铁和炉渣。成分分析见表 5-34。

表 5-34　半焦粉喷吹前后生铁和炉渣成分分析　　单位：%

生铁分析			炉渣分析								
日期		铁水温度/℃	Si	SiO_2	CaO	S	MgO	FeO	Al_2O_3	TCa	CaO/SiO_2
基准期	5 月 11 日	1509	0.598	36.587	40.923	0.990	8.623	0.130	12.263	42.650	1.119
	5 月 12 日	1520	0.605	36.263	40.323	1.040	8.653	0.157	12.313	42.140	1.112
	5 月 13 日	1502	0.462	36.943	40.153	0.967	8.503	0.203	12.313	41.850	1.087
	均值	1510	0.555	36.598	40.467	0.999	8.593	0.163	12.297	42.213	1.106
试验期	5 月 14 日	1503	0.480	36.590	40.380	0.933	8.450	0.257	12.357	42.010	1.104
	5 月 15 日	1517	0.544	36.367	40.153	1.003	8.367	0.273	12.650	41.910	1.104
	5 月 16 日	1495	0.411	36.413	39.217	0.940	8.413	0.323	12.677	40.860	1.077
	5 月 17 日	1501	0.415	35.823	39.500	1.050	8.780	0.273	12.740	41.130	1.103
	均值	1504	0.463	35.932	39.566	0.978	8.522	0.271	12.646	41.247	1.101
差值		−6	−0.093	−0.666	−0.901	−0.021	−0.071	0.108	0.349	−0.966	−0.005

由表 5-34 可知，试验期与基准期相比：

a. 生铁［Si］质量分数略有下降，铁水温度下降 6℃，但都在 1500℃以上，应属正常波动。

b. 炉渣成分普遍有所改变。造成的原因是，半焦试样的灰分较大，但从各成分的数值看，对高炉炉渣的黏度及脱硫能力无大的影响。

c. 试验期高炉喷吹半焦粉，应有利于对高炉脱硫。

半焦粉具有低灰、低硫、低磷、低三氧化铝的优良特性。灰分低、硫低，在入炉碱度不变的情况下对炉渣脱硫是有利的；低的三氧化铝含量，对炉渣的黏度有降低的作用，这也对炉渣脱硫有利。

在试验期间，炉渣中 S 降低 0.021%（见表 5-34），而生铁中 S 却升高 0.005%（见表 5-35），原因在于本次试验采用的全部是＜5mm 的半焦粉，＜5mm 的半焦粉灰分含量大，且波动也较大。因此，若进行半焦粉喷吹采购原料时应当考虑＜15mm 以下的粒度级别。

② 吹半焦粉对高炉运行的影响。运行基本指标见表 5-35。

由表 5-35 可知：

a. 从风量、风压及风温状况看，半焦粉喷入前后，高炉运行基本稳定。

b. 半焦粉的喷入对高炉的焦比下降 2kg/t，利用系数有所增加，产量增加 1.85%；在试验中 2# BF 煤比按 190kg/t 计，工业试验期间半焦粉替代比为 10%，替代量为 19kg/t；试验期间增加煤比为 1.5kg/t，煤粉与焦炭的置换比按

0.8 计，则半焦粉的置换比为 0.842，置换比增加 5.2%。

    c. 生铁含硫量稍有增加，但属正常波动范围，即生铁质量基本稳定。

    ③ 喷吹半焦粉对制粉系统磨煤功的影响。统计见表 5-36。

表 5-35　试验期与基准期高炉运行基本指标

项目		风量 /(m³/h)	风温 /℃	风压 /kPa	煤比 /(kg/t)	焦比 /(kg/t)	产量 /t	利用系数 /[t/(m³·d)]	生铁 含硫/%
基准期	5 月 11 日	5158	1207	383	200.7	315	6527.4	2.094	0.013
	5 月 12 日	5248	1208	390	175.1	312	8146.5	2.375	0.015
	5 月 13 日	5283	1213	390	196.2	309	7383.8	2.313	0.022
平均		5230	1209	388	190.7	312	7352.6	2.261	0.018
试验期	5 月 14 日	5353	1207	394	193.9	317	7848.3	2.406	0.023
	5 月 15 日	5113	1205	380	185.6	307	7108.4	2.281	0.018
	5 月 16 日	5246	1212	391	193.1	313	7507.5	2.344	0.025
	5 月 17 日	5217	1210	387	196.0	303	7490.9	2.328	0.024
平均		5232	1209	388	192.2	310	7488.8	2.340	0.023
二期差		2	0	0	1.5	−2	136.2	0.079	0.005

表 5-36　西区制粉 2009 年试验期磨煤功统计　　单位：kW·h/t

时间	1 月	2 月	3 月	4 月	5 月 1~13 日	5 月 14 日	5 月 15 日	5 月 16 日	5 月 17 日
磨煤功	42.76	43.54	42.15	44.08	43.09	42.70	43.15	42.04	41.94
统计		43.13			43.09		42.46		

    由表 5-36 可知，试验期磨煤功比基准期降低 0.63kW·h/t。

    半焦粉应用于高炉喷吹，制粉系统能耗降低的原因分析：由于生产半焦所用的原煤是高挥发分的低变质烟煤，在生产半焦的低温干馏过程中，由于挥发分的大量溢出而在半焦体内留下了大量的孔，这不但大大提升了半焦的化学活性，同时也造成了其强度和抗碎性相对较差。因此，将半焦应用于高炉喷吹，制粉系统的能耗应不会升高。

    （4）工业试验结论

    ① 从工业试验的实际效果看，试验期磨煤功比基准期降低 0.63kW·h/t，说明半焦粉的加入对整个制粉系统的磨煤功有降低的作用，对产率应有提高的可能。

    ② 半焦粉不同的加入量对高炉操作参数、产量及铁水质量、炉渣成分等均无大的影响。

    ③ 根据试验期相关数据计算得，半焦粉的置换比为 0.842，置换比增加 5.2%。因此，半焦粉不同的加入量对煤焦的置换比、混合燃料的发热量及风口

前的理论燃烧温度等均无不利的影响。

④本次试验未发现高炉渣的黏度、脱硫能力或碱度出现明显的变化。

⑤ 半焦粉的喷入对高炉顺行无不利影响。

（5）技术经济效益

用半焦粉替代 10％的无烟煤进行高炉喷吹，在价格上即可获得效益。

① 半焦样粒度分析。根据半焦行业通行分级标准，参考半焦的用途，半焦一般可分为＜5mm（也有＜3mm）、5～15mm、15～25mm、＞25mm 四个粒级。这四个级别既是粒度级别，又是销售的价格等级，见表 5-37。

表 5-37　半焦筛分结果及各级加权平均价格计算

粒度范围 /mm	百分含量 /％	近似百分含量 /％	各级单价 /元	加权平均 价格/元
＞25	29.70	30	800	
15～25	48.97	50	700	690
5～15	12.66	10	700	
＜5	8.69	10	300	

② 本项效益计算。统计表明，鞍钢高炉喷吹用无烟煤（不含贫煤）年消耗量约 180 余万吨，综合单价约 940 元。若用半焦粉仅替代 10％的无烟煤（不含贫煤），年效益：

$$180 \times 10\% \times (940 - 690) = 4500 \text{（万元）}$$

（若用半焦粉替代 50％的无烟煤，年效益就是 2.25 亿元以上）

③ 高炉喷吹半焦粉后，可增加烟煤配比的效益。若增加烟煤配比至 50％，即增加 50％－34.4％＝15.6％，贫煤配比不变，无烟煤配比降低 13.6％，同时维持半焦的替代比例 10％不变，即无烟煤配比变为 46.8％－10％－13.6％＝23.6％，又可获得效益：

$$940 \times 180 \times 13.6\% - 691 \times 160 \times 13.6\% = 7975 \text{（万元）}$$

④ 合计。加上半焦粉按 10％替代无烟煤可获效益 4500 万元，

$$4500 + 8000 = 12500 \text{（万元）}$$

总计可获效益 1.25 亿元。

另，若只购买＜15mm 的半焦，用半焦仅替代 10％的无烟煤，年效益：

$$180 \times 10\% \times (940 - 540) = 7200 \text{（万元）}$$

这里尚未考虑"省去由高粒级到＜15mm 粒级的磨制能耗"。

为了进一步推广半焦作为高炉喷吹料的应用，在国标（GB/T 25211—2010）半焦产品技术条件中，对用作高炉喷吹原料的半焦提出了具体要求，见表 5-38。

表 5-38　用作高炉喷吹原料的半焦产品技术要求和试验方法

项目	符号	单位	级别	技术要求	试验方法
粒度	—	mm		<6 <13 <25	
灰分	A_d	%	Ⅰ级 Ⅱ级 Ⅲ级 Ⅳ级	≤8.00 >8.00～10.00 >10.00～12.00 >12.00～14.00	GB/T 212
全硫	$S_{t,d}$	%	Ⅰ级 Ⅱ级 Ⅲ级	≤0.30 >0.30～0.50 >0.50～1.00	GB/T 214
哈氏可磨性	HGI	—	Ⅰ级 Ⅱ级 Ⅲ级	>70 >50～70 >40～50	GB/T 2565
磷	P_d	%	Ⅰ级 Ⅱ级 Ⅲ级	≤0.010 >0.010～0.030 >0.030～0.050	GB/T 216
钾和钠总量	$w(K+Na)$	%	Ⅰ级 Ⅱ级 Ⅲ级	<0.12 >0.12～0.20	GB/T 1574
全水分	M_t	%	Ⅰ级 Ⅱ级 Ⅲ级	≤8.0 >8.0～10.0 >10.0～12.0	GB/T 211

5.2.3　半焦制铸造型焦

中钢集团鞍山热能研究院有限公司对神木粉状半焦制备大块铸造型焦进行了工业试验，试验结果表明：以粉状半焦为主要原料所制得的型焦整块率高、初始强度好；型焦经隧道窑炭化所得型焦的整块率高、落下强度高、固定碳含量高、热值高；经炭化后的型焦应用于冲天炉，冲天炉风压降低、炉内透气性得到明显改善，熔化的铁水温度较高，化铁效果好，完全能满足铸造的要求。研究结果认为：以神木粉状半焦为主要原料制备铸造型焦的工业试验所选工艺是完全可行的，制备的型焦是适用于冲天炉生产的优质燃料。该工艺技术将为扩大神木粉状半焦的应用范围、节约优质炼焦煤资源提供了可商业化的技术方案。

5.2.3.1　型焦炭化试验

型焦炭化试验在隧道窑内进行，配有煤气发生炉、排烟管道、余热回收及尾气排放系统。

（1）型焦炭化试验过程简述

① 装煤。入窑小车简称"窑车"，长 1.5m、宽 0.8m、高 0.7m；为提高隧道窑内的填充系数及提高炉体的热效率，对窑车进行改造。改造方法为：在窑车上铺盖高 0.28m 的盖板，使窑车整体高度为 0.98m。在窑车上摆放 4 层型焦，底层 6×11 个、第二层 6×10 个、第三层 6×9 个、第四层 5×8 个，共计 220 个型焦。

② 预热。将装满废砖的窑车陆续推入隧道窑中，在炭化段的烧嘴处通入煤气及空气使之燃烧，根据型焦炭化试验对炉温的要求，将隧道窑炭化段中心温度预热至 1200℃ 左右。

③ 型焦炭化。将型焦码放到窑车上，按照每 20min 入窑 1 车的速度推入隧道窑中。随着窑车的不断进入，型焦温度逐渐升高并在炭化段被炭化，窑车通过炭化段后型焦炭化结束。

④ 出焦。型焦通过炭化段后进入冷却段，此时红热的型焦遇到空气极易烧损，为减少烧损，人工将窑车迅速拖出隧道窑，用耙子将红热的型焦推到熄焦车中。

⑤ 熄焦。使用高压水枪迅速将熄焦车中红热的型焦熄灭。

将煤气发生炉所产煤气与助燃空气混合经隧道窑喷嘴点燃并燃烧，将窑内炭化段温度由常温加热至约 1200℃，用顶车机将摆放好型焦的窑车顶入窑内（速度：1 车/20min）。型焦通过预热段预热和部分炭化，窑内温度由 T_1（20℃）上升至 T_4（800℃）（升温速度约 3.9℃/min），此时型焦的水分蒸发，并伴有大量挥发性物质逸出，型焦中的焦煤和黏结剂沥青部分炭化。当型焦进入炭化段后，窑内的温度由 T_4（800℃）上升至 T_6（1120℃）（升温速度约 2.5℃/min），通过控温仪表监测，适当调节进入喷嘴的煤气量和空气量，保持炭化段（T_6～T_8）的温度控制在 1100℃ 左右。此时型焦中剩余挥发性物质继续大量析出，型焦中黏结性物质经高温加热后炭化，型焦被炭化成型焦产品。由于隧道窑工艺条件要求在烧制耐火材料时冷却段（T_9～T_{11}）需鼓入大量冷空气使物料冷却及保护窑体本身，致使该段密封不良，尽管采取停止向该段鼓风并适当密封的技术措施，但当炭化后的型焦进入冷却段后，虽然型焦表面的温度降低，但炽热的型焦与大量空气相接触，极易发生氧化反应，从而导致型焦表面的烧损。为避免型焦的烧损，根据现场实际情况，用人工将窑车从窑内快速拖出（窑内温度 T_{11} 约 330℃），将型焦推入熄焦车内用水将其熄灭。因此，在未来采用隧道窑炭化型焦时，炭化隧道窑应按炭化工艺要求重新设计，以解决目前存在的问题。型焦窑车从入口进入隧道窑到炭化后出窑大约 10h。整个炭化试验总计用时约 21h，试验运行平稳，各段温度控制稳定，外加煤气量逐步降低，在工业化运行时有望不用外加燃气。

（2）型焦质量检测及分析结果

型焦 1 及型焦 2 经炭化后得到产品型焦 1 和型焦 2，取样对其进行检测，检测结果见表 5-39。

表 5-39 型焦质量、成焦率、整型焦率及型焦强度检测结果

型焦种类	型焦总量 /t	单个型焦质量/kg	成焦率 /%	烧损率 /%	整型焦率 /%	块度 /mm	SI_4^{50} /%	M_{40} /%
型焦 1	8.0	1.0	76.2	5.1	99.5	110	91.0	26.9
型焦 2	5.7	1.0	76.0	5.2	99.5	110	93.5	29.4

由表 5-39 可见：生产型焦 1 约 8.0t（单个型焦质量约 1.0kg），型焦 2 约 5.7t（单个型焦质量约 1.0kg）；成焦率分别为 76.2% 和 76.0%；烧损率分别为 5.1% 和 5.2%；整型焦率均为 99.5%；块度为 110mm。从型焦强度检测结果可以看出：型焦 1 落下强度（SI_4^{50}）和转鼓强度（M_{40}）分别为 91.0% 和 26.9%，与实验室炭化试验所得型焦的强度相比，落下强度（SI_4^{50}）基本一致，转鼓强度略有降低；型焦 2 落下强度（SI_4^{50}）和转鼓强度（M_{40}）分别为 93.5% 和 29.4%，与实验室炭化试验所得型焦的强度相比，落下强度（SI_4^{50}）基本一致，转鼓强度也略有降低。由此可见，使用隧道窑炭化型焦所获得型焦的落下强度与实验室基本一致，而转鼓强度略有下降。转鼓强度下降的原因可能是由于型焦经过近 9 个月存放及整个冬季的冻结及春季融化，使其内部结构受到一定程度的破坏所致。炭化过程型焦的烧损较大是由于烧制耐火材料的隧道窑密封不良所致。今后工业化时需对隧道窑进行重新设计使之适用于大块型焦的炭化，减小型焦的烧损，进一步提高型焦的收率和强度。

表 5-40 型焦质量分析检测结果

型焦种类	A_d/%	V_{daf}/%	$S_{t,d}$/%	FC_d/%	Q/(kJ/g)	气孔率/%
型焦 1	11.88	2.95	0.71	86.52	27.8	34.7
型焦 2	9.35	2.78	0.69	88.16	27.8	35.4

由表 5-40 可见：型焦 1 与型焦 2 的灰分（A_d）分别为 11.88% 和 9.35%；挥发分（V_{daf}）分别为 2.95% 和 2.78%；硫（$S_{t,d}$）分别为 0.71% 和 0.69%；固定碳（FC_d）分别为 86.52% 和 88.16%；热值（Q）均为 27.8kJ/g；气孔率分别为 34.7% 和 35.4%。

上述试验结果表明：以半焦粉为主要原料制得的型焦采用隧道窑炭化工艺是完全可行的。型焦经隧道窑炭化后可制取合格的铸造型焦产品，产品具有整型焦率高、块度均匀、强度好、低灰分、低硫等特点，为冲天炉化铁提供了优质的燃料。

5.2.3.2　型焦化铁试验

为适应铸造型焦块度大的特点，通过对国内多家铸造厂冲天炉考察，最终选择河北泊头艺通铸造厂的冲天炉进行化铁试验。

① 冲天炉参数。炉体高：13m，入料口高：8m，炉膛高：3m，直径：900mm；排风口，每排 8 个，风口直径：30mm。

② 设计产量。7t/h，每批铁量：500kg，每批焦量：60kg，层焦比：1∶8.3。

③ 开炉。将冲天炉底门封闭，在炉底铺一层沙子，再装入一定量的底焦。将底焦引燃，封住侧炉门，将生铁、废钢、机铁、锰铁、硅铁、焦炭、石灰石等原料、燃料按生产配比每次 600kg 装入冲天炉中，直至将炉料添至与加料口平齐。启动离心鼓风机，开始化铁生产。

④ 化铁。送风后随着焦炭燃烧，加入的铁料被熔化成铁水，炉内的料柱不断下降，同时不断地向炉内添加原料、燃料、熔剂，使炉内料柱高度保持与加料口平齐。被熔化的铁水经由过桥流入到前炉储存，当前炉的铁水储存到一定数量时，打开出铁口，铁水由出铁槽流入铁水包，在铁水包中加入铸造所需的硅、锰等元素，再用铁水包浇铸铸件。

⑤ 打炉。生产结束后将冲天炉底门打开，将未烧尽的焦炭以及未熔化的铁块排出冲天炉，用水将红热的炉料熄灭。待冲天炉温度降至常温后修补冲天炉内壁，为下一次铸造生产做好准备。

(1) 冲天炉熔炼对焦炭的要求

铸造型焦作为冲天炉熔炼燃料应满足冲天炉对燃料的要求。研究结果表明：在冲天炉熔炼过程中，焦炭的作用不仅是热量的主要提供者（占 95% 以上）而且是铁水过热区中的主要传热介质，过热的热量绝大部分是由焦炭直接传递给铁水滴（占 85% 以上）；同时焦炭也是铁水增碳和增硫的来源；除此之外，在熔炼过程中，焦炭在高温燃烧状态下承受上部料柱的压力，以保持整个熔炼过程的正常、稳定、连续进行。根据冲天炉熔炼过程中焦炭的作用，同时考虑到冲天炉结构及操作特点，对焦炭提出如下要求。

① 固定碳含量较高。为了获得高温铁水，要求炉内高温区的最高温度达到 1800℃ 左右。要求焦炭中固定碳含量较高（即相应焦炭中灰分含量较低）。研究结果表明，焦炭中灰分降低 1%，铁水温度提高 10℃ 左右。我国铸造焦标准中，主要按焦炭中灰分含量的多少，分为三个级别，以适应不同生产的需要。

② 块度较大、强度较高。为保证在冲天炉内焦炭燃烧区域内形成一定的高温区，断面温度分布均匀，以利于铁水滴充分过热，获得高温铁水，要求铸造焦的块度较冶金焦大。在投炉后，焦炭承受铁料块度的冲击而破碎，炉内焦炭实际块度还会降低一些，因此要求焦炭强度较高。冲天炉焦炭的破碎主要是由于金属

料块冲击所致,故铸造焦采用落下强度,落下强度为考察铸造焦质量的重要指标。与此对应的是冶金焦主要承受摩擦作用而破碎,故采用转鼓强度。

③含硫量较低。焦炭中的硫,在燃烧时一部分以 SO_2 的形式随烟气排出,而大部分的硫(主要是矿物硫和硫化铁硫)都转移到铁水和炉渣中,大量生产统计结果是,焦炭中的硫有 $60\%\sim70\%$ 转移到铁水中。对于铸铁件生产而言,硫是有害元素,尤其是球铁铸件生产危害更大。冲天炉内不可能脱硫,因此,铸造焦要求硫尽可能低,考虑到我国实际条件,国家标准中要求硫含量低于 0.8%(特级焦小于 0.6%)。

表 5-41   型焦 1、型焦 2、常规铸造焦质量分析对比

焦炭种类	A_d/%	V_{daf}/%	$S_{t,d}$/%	FC_d/%	Q/(kJ/g)
型焦 1	11.88	2.95	0.71	86.52	27.84
型焦 2	9.35	2.78	0.69	88.16	27.79
常规铸造焦	13.48	1.15	0.60	85.53	28.41

由表 5-41 分析结果可知,型焦 1 与型焦 2 的灰分均低于常规铸造焦,挥发分和硫分略高于常规铸造焦,固定碳和热值与常规铸造焦相近。通过上述指标对比结果表明:型焦 1 与型焦 2 可以替代常规焦作为冲天炉的燃料进行化铁试验。

(2)使用型焦 1 替代常规铸造焦的冲天炉化铁试验

使用 700kg 常规铸造焦作为底焦,试验开始时使用 70 批常规铸造焦作为层焦,进行化铁试验,所生产出的铁水平均温度为 1405℃,最高温度为 1437℃,此时冲天炉炉况平稳、操作顺行。然后,确定采用 50% 型焦 1 替代常规铸造焦进行冲天炉化铁试验:投入 20 批 50% 型焦 1 替代常规铸造焦后,所得铁水平均温度为 1402℃,最高温度为 1412℃,满足铸造用铁水温度要求,且炉况平稳、操作顺行。在试验的最后阶段使用 100% 型焦 1 替代常规铸造焦进行化铁试验,一共投入 24 批 100% 的型焦 1 进行化铁试验,得到铁水平均温度为 1421℃,最高温度为 1432℃,炉况运行平稳、操作顺行。

表 5-42   使用型焦 1 替代常规铸造焦化铁试验结果

型焦 1 配入量/%	常规铸造焦配入量/%	加入焦炭批数/批	化铁量/t	风压/MPa	层焦比	铁水平均温度/℃
0	100	70	34.7	14.0	1:8.26	1405
50	50	20	11.8	13.5	1:7.81	1402
100	0	24	13.5	12.5	1:7.80	1421

通过对表 5-42 中试验结果的分析认为:使用型焦 1 替代常规铸造焦在冲天炉进行化铁是完全可以获得较高温度的铁水,满足铸造的要求,且可以有效降低

风压，改善冲天炉内透气性，是适用于冲天炉化铁的燃料，由于型焦 1 耐磨性略差，导致一部分型焦颗粒被鼓风机吹出炉外，燃烧不完全。但为了保证出炉铁水的温度，提高了型焦 1 的投入量，从而导致层焦比略有增加。

（3）使用型焦 2 替代常规铸造焦的冲天炉化铁试验

使用型焦 2 替代常规铸造焦进行冲天炉化铁试验时，底焦 1000kg（由于不同操作人员的操作方式不同），在试验开始阶段，使用常规铸造焦作为层焦进行冲天炉化铁生产，待炉况平稳、操作顺行后使用 20％型焦 2 替代常规铸造焦。一共投入 20 批 20％型焦 2 进行化铁试验，所得铁水平均温度为 1396℃。使用 50％型焦 2 进行化铁试验，一共投料 39 批，所得铁水平均温度为 1404℃。当使用 100％型焦 2 进行化铁试验时，一共投料 19 批，所得铁水平均温度为 1418℃。

表 5-43　使用型焦 2 替代常规铸造焦进行化铁试验结果

型焦 2 配入量/％	常规铸造焦配入量/％	加入焦炭批数/批	化铁量/t	风压/MPa	层焦比	铁水平均温度/℃
0	100	58	30.0	13.5	1：8.31	1393
20	80	20	10.0	11.0	1：8.14	1396
50	50	39	20.0	11.0	1：7.92	1404
100	0	19	10.0	11.0	1：7.85	1418

由表 5-43 可知，使用型焦 2 替代常规铸造焦进行冲天炉化铁试验时，当两种焦炭的层焦比接近时，可以得到相近的铁水温度。使用型焦 2 可以有效降低风压，改善冲天炉内的透气性。

5.2.3.3　效益分析

我国是一个铸造大国，根据资料显示，2016 年我国铸件年产量约为 4560 万吨，约需要 545 万吨的铸造焦，需消耗约 680 万吨优质炼焦煤。若使用铸造型焦替代常规铸造焦每年将为我国节约优质炼焦煤 545 万吨。

表 5-44　铸造型焦成本分析（按年产 5 万吨型焦计算）

名称	原料	配比/％	原料价格/(元/t)	原料(型焦)成本/(元/t)	总成本/(元/t)	税后成本/(元/t)
铸造型焦	半焦粉 焦煤 沥青	67 25 8	520 2000 3000	1447	1567	1888

由表 5-44 可见，以年产 5 万吨型焦厂为例，半焦粉配入量为 67％、焦煤配入量为 25％、沥青配入量为 8％，生产 1t 铸造型焦原料成本为 1447 元、人工成本 20 元/t、动力成本 100 元/t（主要包括煤、汽、水、电等消耗），总成本约为 1567 元/t，税率按照 17％计算，每吨型焦出厂成本为 1888 元，以市场售价 2200 元/t 计算（注：常规铸造焦的价格为 2450 元/t），每吨净利润 310 元。按 5 万吨/年

生产能力再配合相应的备料和成型设备及附属设施，建设一座 5 万吨/a 以半焦粉为主要原料的铸造型焦厂，投资约 2000 万元，铸造型焦以市场售价 2200 元/t 计算，年产值可达 11000 万元，每年可实现利税约 1850 多万元，1 年半左右可收回全部投资。

5.3 半焦的高效气化技术

半焦气化制合成气，是生产合成氨、甲醇、乙二醇、醋酸、低碳烯烃、燃料及燃料添加剂等的基础原料。半焦是一种洁净的气化原料，与无烟煤直接气化相比，半焦气化降低了合成气中焦油含量，提高了有效气含量，减轻了气体净化单元的负担，且物料不易黏结成块。尤其在合成氨工业中，半焦取代价格较高的无烟煤作为气化原料成为必然趋势。多年来，国内外对半焦气化进行了系列研究和生产试验，为半焦的大规范利用，开拓了巨大的潜力市场。

5.3.1 半焦干法气化的工业试验

陕西榆林天然气化工有限责任公司，是一座以天然气为原料的合成甲醇厂，由于天然气价格的调整和生产装置的扩建，该公司从长远的经济利益和当地的资源优势出发，拟采用固定床气化技术，以本地丰富的低价半焦为原料生产合成甲醇气。利用神木半焦作固定床气化的原料生产水煤气，因尚未有先例和经验可借鉴，为此西北化工研究院和该公司共同合作进行了半焦的工业试烧试验，以探索半焦气化制取合成甲醇原料气的可行性、制气工艺条件、操作控制参数及技术经济指标，为大型工业生产装置的设计和操作提供可靠的依据，半焦的焦质分析结果见表 5-45。

表 5-45 半焦焦质分析结果

名称	符号或条件	数值
工业分析（质量分数）/%	M_{ad}	3.00
	A_{ad}	11.62
	V_{ad}	8.59
	FC_{ad}	76.79
元素分析（质量分数）/%	C_{ad}	77.30
	H_{ad}	2.86
	O_{ad}	4.10
	N_{ad}	0.29
	$S_{t.ad}$	0.20
灰熔点/℃	DT	1050
	ST	1070
	FT	1090

续表

名称	符号或条件	数值
发热量/(kJ/g)	$Q_{h,ad}$	28560
抗破碎强度/%	SS	76.54
热稳定性/%	$TS+6$	70.26
化学反应活性(a 值)/%	800℃	11.5
	900℃	37.0
	1000℃	78.7
	1100℃	90.2
灰组成/%	SiO_2	40.15
	Al_2O_3	15.40
	TiO_2	0.08
	Fe_2O_3	13.02
	CaO	18.07
	MgO	6098
	SO_3	3085
结渣性/%	0.1m/s	20.0
	0.2m/s	19.1
	0.3m/s	19.5

焦质分析的结果表明：半焦质量较差，其理化特性是挥发分含量高，灰熔点温度低，抗破碎机械强度和热稳定性差，反应活性较高。这种半焦的特点决定了它用于常压固定床间歇气化，无法沿用常规的制气工艺条件和操作控制手段，如何稳定炉况、提高气化强度、保证合格的煤气组分是试烧中需要解决的关键技术问题，也是解决半焦能否作为固定床气化的原料在工业生产过程中长期、稳定、连续、经济运行的关键所在。

半焦气化试验是在西北化工研究院固定床气化小型工业生产装置上进行的。整个试烧过程分为三个阶段：预试烧、制气工艺条件优化试验、连续运行考核试验。

（1）预试烧

预试烧参照已用于工业化生产的同类煤种的制气工艺操作条件进行。试验中发现，由于半焦灰熔点较低，在低吹风空气量的情况下，气化强度和产气量较低，炉底灰层成渣性差，煤气中 CO_2 含量偏高 2%～3%。由此证明，在气化低灰熔点的半焦时，为了防止炉内结疤，吹风量过低将会导致反应层蓄热量过少，难以满足制气要求，对于特定的原料应有特殊的制气工艺条件。

（2）制气工艺条件优化试验

为了探求半焦的较佳制气工艺条件，对半焦分别进行了不同制气工艺条件的对比试验，试验结果见表 5-46～表 5-48。

表 5-46　工艺条件试验结果一

项目		A-1	A-2	A-3
原料半焦量/(kg/h)		497	503	507
空气量/(m³/h)		2270	2475	2430
蒸汽量/(kg/h)		590	552	650
煤气量/(m³/h)		621	650	673
粗煤气组成	CO_2/%	12.6	12.0	13.4
	CO/%	26.8	30.7	26.8
	H_2/%	50.1	46.2	50.1
	CH_4/%	3.1	2.9	2.5
	N_2/%	7.0	6.6	6.8
	O_2/%	0.2	0.4	0.2
	H_2S/(mg/m³)	255.0	236.0	270.0
	COS/(mg/m³)	20.0	24.0	20.0
主要气化指标	气化强度/[m³/(m²·h)]	434	455	471
	产气率/(m³/kg)	1.24	1.30	1.35
	冷煤气效率/%	42.9	44.9	45.7
	飞灰率/%	2.7	3.4	3.5

表 5-47　工艺条件试验结果二

项目		B-1	B-2	B-3
原料半焦量/(kg/h)		511	509	513
空气量/(m³/h)		2750	2725	2730
蒸汽量/(kg/h)		590	590	603
煤气量/(m³/h)		762	658	700
粗煤气组成	CO_2/%	14.2	13.6	14.0
	CO/%	29.4	25.8	26.2
	H_2/%	47.3	49.9	49.2
	CH_4/%	2.7	2.6	3.6
	N_2/%	6.0	7.7	6.4
	O_2/%	0.4	0.2	0.4
	H_2S/(mg/m³)	265	245	291
	COS/(mg/m³)	20.2	20.2	19.0
主要气化指标	气化强度/[m³/(m²·h)]	533	461	489
	产气率/(m³/kg)	1.49	1.29	1.37
	冷煤气效率/%	50.9	43.3	47.4
	飞灰率/%	4.8	4.7	4.7

表 5-48　工艺条件试验结果三

项目		C-1	C-2	C-3
原料半焦量/(kg/h)		517	522	515
空气量/(m³/h)		2965	3000	3200
蒸汽量/(kg/h)		604	655	665
煤气量/(m³/h)		769	781	733
粗煤气组成	CO_2/%	12.2	13.2	13.4
	CO/%	30.2	30.4	29.6
	H_2/%	49.0	48.8	49.6
	CH_4/%	2.3	2.5	1.5
	N_2/%	5.9	5.1	5.5
	O_2/%	0.2	0.2	0.2
	H_2S/(mg/m³)	367	364	358
	COS/(mg/m³)	20.2	11.8	15.2
主要气化指标	气化强度/[m³/(m²·h)]	538	546	513
	产气率/(m³/kg)	1.48	1.50	1.42
	冷煤气效率/%	50.9	52.2	50.3
	飞灰率/%	4.7	5.0	6.2

① 吹风强度试验。考虑到半焦灰熔点低，机械强度和热稳定性差，入炉半焦样粒度偏小等因素，通过预试烧阶段工艺条件的探索，吹风强度试验由低向高进行，分三个过程进行试验，第一个过程吹风量为 $2200 \sim 2500m^3/h$，第二个过程吹风量为 $2500 \sim 3000m^3/h$，第三个过程吹风量为 $3000 \sim 3200m^3/h$，同时相应调整蒸汽用量。对三个过程的煤气产量、粗煤气的组成、成渣形态、飞灰带出物量、气化炉况等进行综合对比分析；低风量时，成渣较差，煤气产量较低，粗煤气中 CO_2 偏高，说明炉温较低时，不利于整个制气过程。对比第二个过程和第三个过程，高风量时煤气产量和组成反而较中风量时差，从三个过程的吹风强度对比试验看来，半焦在所试验的气化炉的适宜吹风量为 $2800 \sim 3000m^3/h$。

② 制气循环时间及百分比分配。鉴于半焦较低的灰熔点特性和适宜的吹风强度，为保证炉内足够的蓄热量以利于提高制气效果，分别对制气循环时间进行了对比试验。两种制气循环时间分别为 3min 和 2.5min，制气循环时间长，炉内温度变化大，吹风气中一氧化碳偏高，下吹制气量低，水蒸气分解率低，不利于稳定炉况。制气循环时间短，炉温变化小，吹风气中一氧化碳含量降低，水蒸气分解率提高。根据半焦高反应活性的特点，宜采用短循环制气更为有利，两种制气循环时间的对比试验充分说明半焦短循环制气时间比长循环制气时间的技术指标较优。

对于半焦低灰熔点的特性，通过吹风强度试验证明，高风量不利于稳定炉况和提高制气效果。考虑到物热平衡，保证制气阶段炭层有足够的蓄热量，在中等吹风强度的情况下，必须相应地延长吹风时间。通过对吹风时间的试验探索表明，半焦适宜的吹风量和吹风时间是保证炭层有足够蓄热量的关键条件。

在工艺条件试验过程中，其上、下吹蒸汽量的调节和控制是根据吹风强度、吹风时间和蒸汽分解率的测定结果而改变的。一般保持蒸汽分解率在 40%～50% 的范围为宜。

（3）连续运行考核试验

连续运行考核试验是在制气工艺条件优化试验的基础上进行的，选取较佳的制气工艺条件，经连续 15d 的制气考核试验，气化炉运行稳定，气化强度和产气量、煤气组分、飞灰量和碳转化率等各项气化指标比较理想，连续运行考核试验有代表性的操作数据列于表 5-49。

表 5-49　工艺条件试验结果四

项目		D-1	D-2	D-3
原料半焦量/(kg/h)		507	515	524
空气量/(m³/h)		2850	2800	3000
蒸汽量/(kg/h)		577	627	611
煤气量/(m³/h)		786	790	809
粗煤气组成	CO_2/%	11.8	13.3	13.6
	CO/%	30.4	29.0	27.4
	H_2/%	49.5	48.7	50.2
	CH_4/%	1.7	2.3	2.4
	N_2/%	6.4	6.5	6.1
	O_2/%	0.2	0.2	0.4
	H_2S/(mg/m³)	402.2	311.5	333.0
	COS/(mg/m³)	18.3	24.0	27.3
主要气化指标	气化强度/[m³/(m²·h)]	549	552	566
	产气率/(m³/kg)	1.55	1.53	1.54
	冷煤气效率/%	54.9	53.2	53.8
	飞灰率/%	5.3	5.5	5.3

通过半焦气化试验认为：a. 以半焦为原料，采用固定床间歇气化技术制取合成氨或合成甲醇原料气在技术上是完全可行的。由此可见，只要采用特殊的制气工艺条件，半焦完全可以作为生产合成气的良好原料。b. 半焦属于低灰熔点、高挥发分、机械强度和热稳定性差的焦炭，用于固定床气化难以采用大风量高炉温的制气工艺，为保证制气反应炭层所需的足够蓄热量和稳定的炉况，应采用弱

风长吹的工艺条件强化制气过程，即特殊的制气循环时间和百分比分配。对于不同炉径的气化炉，其制气工艺条件还需进一步探索和优化。c. 半焦用于固定床气化制取合成气，既解决了当地无烟煤短缺的问题，又为廉价半焦的综合利用开拓一条出路，具有较高的能源利用效率和显著的经济效益。

除上述试验外，邹亮等采用固定流化床反应器研究了 3 种低阶煤的常压热解及其热解半焦的气化特性，探究了样品粒度、反应温度、反应时间及流化气中 O_2 含量对上述过程的影响，确定了循环流化床热解气化耦合工艺适宜的反应条件。结果表明：样品的粒度基本不会影响热解过程；在水蒸气气氛下，温度越高，热解气体产率越高，半焦产率越低；在热解温度为 600℃、热解时间为 20min 时能够获得最高的焦油产率；循环流化床热解气化耦合工艺碳的有效利用率高于原煤固定流化床反应器气化工艺，同时副产煤焦油；温度越高，有效气产率和有效碳转化率越高；O_2 含量对气化反应的影响较小，但可以调节 H_2 和 CO 的相对含量；在气化温度为 900℃、O_2 体积分数为 20%、半焦气化时间为 15min 的条件下即可获得较理想的合成气产率及有效碳转化率。

景旭亮等从加氢气化半焦的性质出发，分析了加氢半焦对干粉煤气化技术的适应性，研究结果认为，加氢气化的半焦产量达到进煤量的 50% 左右，其高效利用直接关系到加氢气化工艺的碳转化率和经济性，半焦干粉气化制氢不仅可以实现半焦的高效转化，同时可为加氢气化提供氢气来源；开发该技术对于利用低阶煤资源意义重大，技术发展前景广阔。

5.3.2 半焦湿法气化的工业试验

用低价煤低温热解半焦为原料制备的水焦浆，是在现有水煤浆基础上研发的一种新型浆体燃料。通常，水煤浆是由质量分数为 70% 的干煤粉、29% 的水和 1% 的化学添加剂组成的。优良的水煤浆应具有高浓度、低黏度、良好流动性及稳定性等特点。由于水焦浆具有水煤浆的一系列特点，因此对提升国内褐煤的利用，具有重要的现实意义。

陕西煤业化工集团内蒙古建丰煤化工有限责任公司（简称建丰公司）与浙江丰登化工股份有限公司（简称丰登公司）进行合作，以神木半焦为原料，采用西北化工研究院的多元料浆气化技术，通过实际试烧后，获取神木半焦在高温部分氧化条件下实际气化数据，为工业示范提供基础数据。丰登公司根据现场分析数据和实际情况，决定采用神木半焦粉与神府煤混配后试烧的方案。

（1）试烧原料、装置和工艺流程

① 试烧试验主要考察指标。通过工业化示范装置试烧试验，了解神木半焦粉（焦粉）与神府煤按照不同比例混合后的成浆性能和气流床气化特性，完成稳

定试烧运行，获取工业示范试烧实际数据。2011 年 11 月 17～29 日在丰登公司进行试烧，试烧期间主要考察指标包括：a. 焦粉灰熔融特性；b. 焦粉灰含量；c. 焦粉与神府煤按照不同比例混合后混合物的灰熔融特性、灰含量、制浆浓度、料浆特性、气化指标、气化炉操作工况和合成氨产量等。

②试烧原料分析。试烧原料分析数据列于表 5-50。

表 5-50　试烧原料分析数据

原料	工业分析/%				元素分析/%					发热量 $Q_{h,ad}$ /(kJ/kg)	可磨性指数 HGI	灰熔融性温度/℃		
	M_{ad}	A_{ad}	V_{ad}	FC_{ad}	C_{ad}	H_{ad}	N_{ad}	$S_{t,ad}$	O_{ad}			变形温度 DT	软化温度 ST	流动温度 FT
焦粉样	5.90	15.65	5.41	73.04	73.62	1.29	0.68	0.34	2.52	29025	62	1160	1180	1220
神府煤	22.00	5.01	27.99	45.00	59.05	3.62	0.65	0.61	9.07	26420	54	1120	1180	1210

原料	灰组成分析/%							化学反应活性 a/%							可制浆质量分数/%
	SiO_2	Al_2O_3	Fe_2O_3	CaO	MgO	SO_3	TiO_2	800℃	850℃	900℃	950℃	1000℃	1050℃	1100℃	
焦粉样	44.86	17.59	6.99	18.00	1.01	4.62	0.81	6.0	12.3	25.5	42.2	59.3	66.5	72.0	约 57
神府煤	17.54	7.68	17.52	33.74	5.07	15.22	0.19	2.1	6.0	9.5	21.7	38.2	56.9	73.4	约 60

从表 5-50 可看出，焦粉的灰含量指标、可制浆质量分数指标均与神府煤存在较大的差距。而焦粉本身质量的不稳定性可能会进一步增加两者间的差距。

③试烧装置概况。丰登公司现有 1 套以多元料浆气化技术为基础的年产 3 万吨合成氨的装置，该装置于 2001 年投入运行，经济技术指标良好，已平稳运行多年。经过扩能改造后，该装置实际生产能力已经达到年产 5 万吨合成氨。该公司气化系统气化炉的规格为 φ2400mm，炉膛内径为 φ1430mm，原料处理能力为 135t/d，氧气消耗量约为 3200m³/h，气化炉正常操作压力为 1.3MPa。

④气化装置工艺流程。煤、焦粉按照一定比例混合均匀后，与水、添加剂、pH 调节剂一起送入磨机共磨制浆，制成质量分数约 57% 的料浆。料浆经高压料浆泵，进入气化炉后，在 1.3MPa 左右、1250～1350℃ 的条件下，发生剧烈的反应，生成以 CO、CO_2、H_2 为主的粗合成气。多元料浆气化反应生成的粗煤气中夹带有气化原料，该气化原料中的未转化组分和非熔融灰一起并流进入气化炉下部的激冷室。激冷水与出气化炉渣口的高温气流接触，部分激冷水气化，对粗煤气和夹带的固体进行冷却、降温。进入气化炉的激冷水来自变换冷凝液及洗涤塔。粗煤气与水直接接触进行冷却，大部分细灰留在水中。粗煤气经激冷室分离出部分粗煤气中夹带的水分，从气化炉旁侧的出气口引出，经气液分离器、文丘里管、洗涤塔洗涤除尘后，送往下游工段。从气化炉激冷室排出的黑水送往沉淀池澄清。

(2) 焦粉与原煤掺烧试验

① 煤/焦（干基）质量比＝88/12 试烧试验。2011 年 11 月 22 日 8 时，制浆系统开始以煤/焦（干基）质量比＝88/12 的比例为原料进行制浆，替代以神府煤为原料的单一原料。经过 8h 左右的置换后，混料进入气化炉并产出了合格的粗煤气。由于混料的灰熔融特性与神府煤的灰熔融特性相比差距较大，操作人员花费了较长时间，寻求合适的气化炉操作温度，在保证顺利排渣的前提下，尽可能取得较好的气化指标。该阶段试验持续进行至 11 月 24 日 10 时，由于掺入焦粉较少，总体气化指标和操作工况都比较好，煤/焦（干基）质量比＝88/12 试烧运行数据列于表 5-51。

表 5-51　煤/焦（干基）质量比＝88/12 试烧运行数据

入炉料浆流量 /(m³/h)	入炉料浆质量分数 /%	入炉料浆密度 /(kg/m³)	入炉氧气流量 /(m³/h)	入炉氧/浆比	气化炉热电偶温度 /℃	出洗涤塔粗煤气流量 /(m³/h)
6.2～6.6 6.4	55.8～57.5 56.7	1180～1220 1200	3237～3276 3250	478.0～486.7 482.7	1250～1300 1280	9406.42～9612.48 9500

出洗涤塔有效气体积分数/%	出洗涤塔 CO_2 体积分数/%	出洗涤塔 CH_4 体积分数/%	粗渣含碳质量分数/%	细渣含碳质量分数/%	23 日合成氨累计产量/t
75.0～78.0 76.6	18.6～20.0 19.4	0.7 0.7	4.7～8.6 6.4	48.6～52.8 50.4	85.2

注：第 1 行数据为范围值；第 2 行数据为平均值。

通过对上述运行数据加权平均值进行全系统物料衡算，得出煤/焦质量比＝88/12 时的气化指标和消耗量，指标为：$CO+H_2$ 体积分数 75%～78%、碳转化率 96%～98%、每生产 1000m³（$CO+H_2$）需氧耗 430.6～450.9m³、每生产 1000m³（$CO+H_2$）需煤耗 553.1～570.8kg、冷煤气效率＞69.5%、产气率＞2.0m³/kg。

② 煤/焦（干基）质量比＝77/23 试烧试验。11 月 24 日 10 时，制浆系统开始以煤/焦（干基）质量比＝77/23 的比例为原料进行制浆，经过 8h 左右的置换后，混料进入气化炉并产出了合格的粗煤气。该阶段试验持续进行至 11 月 28 日 8 时，掺入焦粉较第一次配比有所增加，气化指标略有下降，操作工况比较稳定，煤/焦（干基）质量比＝77/23 试烧试验运行数据列于表 5-52。

通过对上述运行数据加权平均值进行全系统物料衡算，得出煤/焦质量比＝77/23 时的气化指标和消耗量，指标为：$CO+H_2$ 体积分数 73.3%～77.7%、碳转化率 96%～98%、每生产 1000m³（$CO+H_2$）需氧耗 432.5～454.3m³、每生产 1000m³（$CO+H_2$）需煤耗 558.1～574.5kg、冷煤气效率＞69.3%、产气率

$>2.0m^3/kg$ 干煤。

表 5-52 煤/焦（干基）质量比＝77/23 试烧运行数据

入炉料浆流量/(m³/h)	入炉料浆质量分数/%	入炉料浆密度/(kg/m³)	入炉氧气流量/(m³/h)	入炉氧/浆比	气化炉热电偶温度/℃	出洗涤塔粗煤气流量/(m³/h)	出洗涤塔有效气体体积分数/%
6.0~6.5 6.3	56.4~58.0 56.8	1180~1220 1200	3225~3300 3250	478.0~486.7 482.7	1270~1320 1290	9510.60~9712.84 9600	73.3~77.7 76.2

出洗涤塔CO₂体积分数/%	出洗涤塔CH₄体积分数/%	粗渣含碳质量分数/%	细渣含碳质量分数/%	24日合成氨累计产量/t	25日合成氨累计产量/t	26日合成氨累计产量/t	27日合成氨累计产量/t
18.9~20.4 19.8	0.7~0.8 0.7	4.7~8.2 6.2	48.8~52.5 50.4	86.70	88.20	85.80	85.86

注：第1行数据为范围值，第2行数据为平均值。

③ 煤/焦（干基）质量比＝69/31 试烧试验。11月28日8时，制浆系统开始以煤/焦（干基）质量比＝69/31 的比例为原料进行制浆，经过7~9h的置换后，混料进入气化炉并产出了合格的粗煤气。该阶段试验持续进行至11月29日10时，掺入焦粉较上一次配比有所增加，气化指标略有下降，操作工况比较稳定，煤/焦（干基）质量比＝69/31 试烧试验运行数据列于表 5-53。

表 5-53 煤/焦（干基）质量比＝69/31 试烧运行数据

入炉料浆流量/(m³/h)	入炉料浆质量分数/%	入炉浆密度/(kg/m³)	入炉氧气流量/(m³/h)	入炉氧/浆比	气化炉热电偶温度/℃	出洗涤塔粗煤气流量/(m³/h)
6.1~6.6 6.3	56.4~58.3 56.6	1180~1220 1200	3180~3280 3230	478.0~486.7 482.7	1130~1190 1160	9400.6~9572.9 9480.0

出洗涤塔有效气体体积分数/%	出洗涤塔CO₂体积分数/%	出洗涤塔CH₄体积分数/%	粗渣含碳质量分数/%	细渣含碳质量分数/%	28日合成氨累计产量/t	28日合成氨累计产量/t
76.3~77.7 76.8	18.6~20.5 20.1	0.7~0.8 0.7	4.6~8.0 6.1	48.5~52.7 50.3	84.50	79.34

注：第1行数据为范围值，第2行数据为平均值。

通过对上述运行数据加权平均值进行全系统物料衡算，得出煤/焦（干基）质量比＝69/31 时的气化指标和消耗量，指标为：$CO+H_2$ 体积分数 76.3%~77.7%，碳转化率 96%~98%；每生产 1000m³（$CO+H_2$）需氧耗 436.5~458.6m³，每生产 1000m³（$CO+H_2$）需煤耗 559.1~576.5kg，冷煤气效率＞69.1%，产气率＞$2.0m^3/kg$。

（3）结论及建议

① 试烧结论

a. 以固体热载体热解工艺生产出的热解焦粉作为湿法料浆气化的原料是可行的。

b. 固体热载体热解焦粉与神府煤按照不同的比例掺烧，可以获取较为理想的气化指标。

c. 以固体热载体热解焦粉与神府煤为原料，可以制取料浆质量分数平均值大于 56.6% 的料浆，可满足湿法料浆气化的使用要求；制浆时以试烧时采用的煤焦油加氢装置含油污水等有机废水代替新鲜水，还能起到节能减排、废水综合利用的目的。

d. 热解焦粉与神府煤按照不同比例掺烧，气化主要指标 $CO+H_2$ 体积分数达 76% 以上，氧耗在 $500m^3/1000m^3$（$CO+H_2$）以下，煤耗小于 $600kg/1000m^3$（$CO+H_2$）。

② 建议。焦粉湿法气流床气化工业试烧的成功，对于国家"十三五"提出的"煤炭分质清洁高效利用"意义深远。尽管热解焦粉气化试验取得了阶段性的成果，达到了预期的目的和要求，但由于送至试验现场的热解焦粉质量相对较差，而且焦粉质量差别较大，因此进入气化炉的原料特性不能保持稳定，以至于料浆的浓度、黏度、流动性等波动较大，影响气化炉的操作。

对于以后工作的建议是：

a. 热解装置运行稳定后，能够保证生产的焦粉质量，再运一定量的焦粉至工业示范装置，进行高比例焦粉试烧，直到 100% 焦粉试烧。

b. 焦粉粒度较细的情况下，制浆时所采用的以煤为原料的研磨体级配对料浆制浆浓度影响较大，建议针对焦粉做一次研磨体级配试验，以确定最合适的焦粉粒度的研磨体级配。

除上述试验外，盛明采用分级研磨工艺，对半焦与褐煤的配煤制浆进行了试验。通过单独制浆、添加剂的选择、配煤试验的结果表明，内蒙古锡林郭勒盟半焦和褐煤在分级研磨、粗细粉质量比为 80∶20 的制浆条件下，褐煤样品最高成浆浓度为 46.22%，半焦样品最高成浆浓度为 57.32%。通过褐煤与半焦以 2∶8 混配后，辅以萘系添加剂，配煤制浆的最高成浆浓度为 55.30%，有效地改善了褐煤的成浆性能，流动性和稳定性均明显变好。

何红兴等人为了提高半焦的成浆浓度，以半焦与褐煤为原料，采用传统工艺，分级研磨工艺和间断级配工艺进行成浆性试验，并进行了半焦与褐煤的配煤制浆试验。结果表明，半焦和褐煤在传统工艺下的最高成浆浓度分别为 55.58%、47.38%。采用分级研磨制浆工艺，在粗细粉质量比为 85∶15 的条件下，半焦和褐煤的最高成浆浓度分别为 58.13%、51.59%。采用间断级配制浆工艺，对半焦和褐煤以 7：3 进行配煤制浆试验，在半焦的粗细粉质量比为 6：4 条件下，配煤制浆的最高成浆浓度为 61.36%，浓度满足设计要求，所制煤浆的流动性和稳定性都明显变好。

5.4　半焦制备吸附剂技术

吸附剂是能有效地从气体或液体中吸附其中某些成分的固体物质。吸附剂一般有以下特点：大的比表面、适宜的孔结构及表面结构；对吸附质有强烈的吸附能力；一般不与吸附质和介质发生化学反应；制造方面，容易再生；有良好的机械强度等。吸附剂可按孔径大小、颗粒形状、化学成分、表面极性等分类，如粗孔和细孔吸附剂，粉状、粒状、条状吸附剂，碳质和氧化物吸附剂，极性和非极性吸附剂等。

常用的吸附剂有以碳质为原料的各种活性炭吸附剂和金属、非金属氧化物类吸附剂（如硅胶、氧化铝、分子筛、天然黏土等）。

衡量吸附剂的主要指标有：对不同气体杂质的吸附容量、磨耗率、松装堆积密度、比表面积、抗压碎强度等。

近些年来，随着半焦产业的发展，半焦基吸附剂的研究和生产已在国外引起人们的日益关注和应用。将半焦直接用于处理废气和污水，具有原料来源丰富、成本低廉、工艺简单、易操作、易推广应用等特点。目前，以半焦为原料制备活性半焦产品已实现工业化生产和应用。

5.4.1　活性炭

经过 100 多年的发展，目前全世界活性炭产量已达 70 万吨/a，中国的活性炭产量为 26 万吨/a，位居世界第二。

活性炭是一种以石墨微晶为基础的无定形结构，其中微晶是二维有序的，另一维是不规则交联六角形空间晶格。石墨微晶单位很小，厚度约 0.9~1.2nm（3~4 倍石墨层厚），宽度约 2~2.3nm。这种结构注定活性炭具有发达的微孔结构，微孔形状有毛细管状、墨水瓶形、V 形等。

活性炭孔径为 10^{-1}~10^4nm，根据 Dubinin 提出并为国际纯粹与应用化学联合会（IUPAC）采纳的分类法，孔径小于 2nm 为微孔，2~50nm 为大孔。在高比表面积活性炭中，比表面积主要由微孔来贡献，中大孔在吸附过程中主要起通道作用。因此，在制备时应充分发展微孔，尽量减少中大孔的数量。

制造活性炭的原料有煤系原料、植物原料、石油原料、高分子和工业废料及其他。当前世界上 2/3 以上的活性炭是以煤为原料的。我国煤基活性炭总产量已超过 10 万吨，是我国产量最大的活性炭品种。原则上几乎所有的煤都可以作为活性炭的原料，但是不同煤阶的煤制得的活性炭性能不同，煤化程度较高的煤制的活性炭具有发达的微孔结构，中孔较少；而煤化程度较低的煤种制成的活性炭中孔结构一般较发达。活性炭的比表面积通常在 $1500m^2/g$ 左右，随着科学技术的发展，市场对高比表面积活性炭的需求量越来越大，尤其是比表面积大于 $2000m^2/g$ 的高比表面积活性炭在双层电容器的成功应用，使得对高比表面积活性炭的制备与应用的研究得到广大科学工作者的极大关注。

除了传统的粉末状和颗粒状活性炭外，新品种开发的进展也很快，如球状活性炭、纤维状活性炭、活性炭毡、活性炭布和具有特殊表面性质的活性炭等。另外，在煤加工过程中得到的固体产物或残渣，如热解半焦、废弃的焦粉、超临界抽提残煤和煤液化残渣等也可加工成活性炭或其代用品，它们的生产成本更低，用于煤加工过程的"三废"治理更加适宜。

目前世界各国生产活性炭的制造方法有三种（见表 5-54）：一是物理活化法（气体活化法），二是化学活化法（药品活化法），三是催化活化法（物理化学活化法）。

表 5-54　活性炭的制造方法

方法	分类
物理活化法	直接炭化法、破碎活化法、压伸法、压块法、造球法、液相造球法
化学活化法	浸渍法、浸渍挤压法
催化活化法	化学与物理活化法相结合

刘长波以陕西省神木县的半焦末（见表 5-55）为原料，采用物理活化法和化学活化法制备活性炭，并对其产物活性炭的性能作了分析比较。

表 5-55　神木县半焦末的特性（质量分数）　　　　单位：%

工业分析			粒度分布		
M_{ad}	A_{ad}	V_{daf}	6~3mm	3~1mm	<1mm
0.95	32.36	18.41	9.74	43.03	47.23

5.4.1.1　生产工艺路线

以半焦末为原料，经过酸碱洗涤预处理后，加入酚醛树脂黏结剂混合均匀，干燥后粉碎至 0.071mm，制成粉末成型料，然后用模具冷压成型得到颗粒成型体，成型工艺如图 5-5 所示。以水蒸气为活化气体分别用物理活化法、化学活化法制备活性炭。

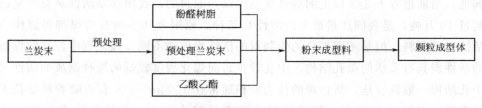

图 5-5　成型工艺过程

（1）物理活化法

将上述活性炭的颗粒成型体置于自制保护气氛活化炉中，以水蒸气作为活化剂进行物理活化，工艺流程如图 5-6 所示。

图 5-6　物理活化法的工艺过程

（2）化学活化法

活化前利用化学试剂进行改性处理，改性后再活化。两种改性活化方案的工艺流程如图 5-7 所示。

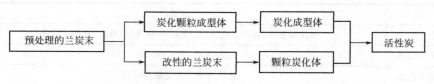

图 5-7　两种改性活化方案的工艺过程

5.4.1.2　物理化学法

筛选 0.28～0.8mm 的半焦末 1000g，用 3000mL 浓度为 3mol/L 的 HCl 溶液（盐酸体积：半焦末质量为 3∶1）搅拌浸泡 2h 后蒸馏水洗涤至中性，再用 3000mL 浓度为 3mol/L 的 NaOH 溶液（氢氧化钠体积：半焦末质量为 3∶1）搅拌浸泡 12h 后蒸馏水洗涤至中性，干燥备用。按此方法对半焦末分别洗涤除灰 1 次、2 次、3 次得到预处理料 1、2、3，原料和预处理料 3 的工业及元素分析见表 5-56。

表 5-56　原料和预处理料 3 的工业及元素分析质量分数　　　　单位：%

样品	M_{ad}	A_{ad}	V_{ad}	FC_{ad}	$S_{t,ad}$	H_{ad}	C_{ad}	N_{ad}
原料	0.95	32.36	18.41	48.28	2.20	1.06	57.82	0.56
预处理料 3	1.59	6.13	7.19	85.09	0.60	1.40	82.69	0.80

由表 5-56 可见，半焦末经洗涤除灰后，灰分和挥发分含量明显降低，固定碳和碳元素含量升高，因为半焦末所含的碳性和酸性物质（如氧化物、碳氧化物等）分别与 HCl 和 NaOH 反应，通过洗涤使这类杂质溶解脱除。

利用原料半焦末及预处理料 1、2、3 三种材料，将其加入 20% 酚醛树脂黏结剂制成混合料，称取 2.5g 在 8t 压力下压制成颗粒，在 500℃ 炭化 30min 后，用水蒸气（60mL/h 蒸馏水汽化产生）于 850℃ 活化 60min 的相同条件下，制出活性炭产品 1、2、3、4，对产品性能进行测试，结果见表 5-57。

表 5-57　4 种活性炭产品的性能

活性炭产品编号	抗压强度/MPa	收率/%	亚甲基蓝吸附值/(mg/g)	碘吸附值/(mg/g)
1	1.9	63.60	65.55	165.38
2	11.5	60.96	84.90	343.22
3	8.4	60.02	100.65	543.67
4	7.4	56.00	117.60	573.82

由表 5-57 可见，4 种活性炭的抗压强度先增加后减小，收率递减，亚甲基蓝和碘吸附值递增。活性炭的中孔和微孔分别决定其亚甲基蓝和碘吸附值，由此可见半焦末洗涤次数越多，产品的孔隙越发达，吸附能力越强。

半焦末中的低挥发物质在炭化时可以形成孔隙为后续活化反应提供通道，固定碳在此通道上与水蒸气接触部分烧蚀生成活性炭孔隙，直接决定活性炭产品性能，灰分在此过程基本不变，结合表 5-56 可知，半焦末经洗涤除灰后，灰分减少，所以 4 种产品的收率逐渐降低；挥发分含量降低和固定碳含量增加有利于活性炭产品孔隙的生成，且洗涤后的半焦末中固定碳含量大于碳含量，说明固定碳中除碳元素外还有大量其他元素，这对活化造孔有极大的促进作用，所以产品的吸附性能逐渐增强；灰分在高温反应后强度降低，其含量越高活性炭抗压强度越低，挥发分高温反应时对成型体的破坏作用较强，含量越高活性炭的抗压强度越低，半焦末洗涤后灰分含量降低，挥发分增加（黏结剂与固定碳质量之比增加），所以制出活性炭的抗压强度先增大后减少。

5.4.1.3　化学活化法

（1）先浸渍后造粒

先对半焦末（经三次洗涤预处理）进行化学浸渍改性，再按物理活化法的最佳工艺制备活性炭。

① 堆浸。按 4:1 质量比称取 KH_2PO_4 和 NH_4Cl 药品研磨混合均匀，以不同质量比 0.5、1.0、2.0、4.0 与半焦末混合均匀堆积起来，从堆顶定时滴加适量蒸馏水润湿物料，浸渍改性 48h 后洗涤干燥后，按物理活化法的最佳工艺制备

活性炭。试验结果表明，除浸渍比的增大产品收率逐渐增加，抗压强度先增加后减少，碘吸附值先增大后减小再急剧增大。不同浸渍比对半焦末的改性效果不同，使其与水蒸气的活化反应程度不同，所以产品性能差异较大。对比物理活化法最佳工艺参数产品收率明显提高，抗压强度变化较小，碘吸附值大幅下降，这是因为改性后的半焦末化学活性降低，与水蒸气活化反应程度降低，碳烧蚀形成的孔隙明显减少。

② 液浸。称取 40g NH_4Cl 和 60g KH_2PO_4 溶于 900mL 水中配成浸渍液，分别以不同浸渍比 1.0mL/g、2.0mL/g、3.0mL/g、4.0mL/g、5.0mL/g 加入浸渍液浸泡半焦末（经三次洗涤预处理）改性 120h，然后按物理活化法的最佳工艺制备活性炭。

由试验结果可知，随浸渍比的增大，产品收率、抗压强度基本增大，碘吸附值先增加后减小，其中浸渍比为 4.0mL/g 时产品性能最优收率为 40.98%，抗压强度为 9.0MPa，碘吸附值为 917.5m/g。因为改性的主要目的是降低半焦末化学活性，使炭烧蚀量降低，浸渍比越大，改性作用越明显，半焦末的烧蚀量越小，收率和抗压强度相应增大，浸渍比为 1.0～4.0mL/g 时炭被烧蚀生成的孔隙中大孔和中孔减少微孔增加，活化不完全，浸渍比为 5.0mL/g 时可能出现活化过度的现象。

（2）先造粒后浸渍

按物理活化法进行活化前的工艺得到炭化颗粒，对炭化颗粒进行浸渍改性处理后，再进行活化制得活性炭产品。

① 堆浸。按 4:1 质量比称取 KH_2PO_4 和 NH_4Cl 药品研磨混合均匀，以不同质量比 0.5、1.0、2.0、4.0 与炭化颗粒混合均匀堆积起来，从堆顶定时滴加适量蒸馏水润湿物料，浸渍改性 48h 后洗涤干燥后，按物理活化法工艺制备活性炭。由试验结果可见，随浸渍比增大产品收率、抗压强度先增加后减小，碘吸附值先减小后增加，浸渍比 1.0 都出现极值，三种性能指标的关系说明 4 种产品的活化反应都未活化过度，即微孔过度烧蚀变为中孔或大孔的反应较少，浸渍比为 1.0 时炭化颗粒的改性效果最明显，其活化反应程度低，生成的孔隙较少，收率和抗压强度大，碘吸附值小。

② 液浸。称取 40g NH_4Cl 和 60g KH_2PO_4 溶于 900mL 水中配成浸渍液，分别以不同的浸渍比 1.0mL/g、2.0mL/g、3.0mL/g、4.0mL/g、5.0mL/g 浸渍炭化颗粒改性 120h，然后按物理活化法的活化工艺制备活性炭。由得到的产品性能可知，随浸渍比增大产品收率、抗压强度和碘吸附值都先增加再减小，综合考虑活性炭产品的三项性能指标，确定最优浸渍比为 3.0mL/g，产品收率 45.62%，抗压强度 14.5MPa，碘吸附值 1145.8mg/g。

5.4.1.4　研究结果分析

① 半焦末经酸碱洗涤除灰后，固定碳含量增加，制出活性炭产品的灰分含量降低，吸附能力增加。最佳的成型工艺为：三次洗涤预处理的半焦末添加 20％黏结剂，称取 3.0g 粉末成型料用 6t 压力在直径为 2.0cm 的模具中成型制得成型体，采用物理活化法制得的活性炭产品收率为 52.95％，抗压强度为 12.54MPa，碘吸附值为 650.46mg/g。

② 物理活化法的工艺条件对活性炭产品抗压强度和碘吸附值两性能指标的影响大小为：活化温度＞活化时间＞炭化温度＞水蒸气用量，当炭化温度 450℃、活化温度 900℃、活化时间 1.5h、水蒸气用量 50mL/h 时，制得的活性炭产品收率为 34.15％，抗压强度为 9.9MPa，碘吸附值为 1157.4mg/g，BET 比表面积达 448.70m²/g，表面含有大量对吸附有重要影响的官能团，属于中孔发达的活性炭。

③ 采用化学活化法，先造粒再炭化（浸渍比 3.0，液浸 120h）后活化，制得的活性炭产品收率为 45.62％，抗压强度为 14.5MPa，碘吸附值为 1145.8mg/g，BET 比表面积达 488.75m²/g，表面含有大量对吸附有重要影响的官能团，属于中孔发达的活性炭。

④ 活性炭产品的 X 射线衍射分析表明，物理活化法制备的活性炭产品石墨化程度、无定形碳含量、微晶结构不规则程度大于化学活化法所制得的产品。孔径分布数据表明，两种方法制备的活性炭孔径均介于中孔直径范围，属于中孔发达的活性炭，但化学活化法制备的活性炭产品孔径更小一些。FT-IR 分析表明，两种方法制备的活性炭产品中均含有大量吸附性能有重要影响的羟基、羧基等官能团，但化学活化法制备的活性炭产品中自由羟基数减少，不饱和官能团增加。

5.4.2　活性半焦

活性半焦是我国研究人员在活性炭的基础上研发的一种新型碳基吸附材料。活性半焦与常规活性炭不同，活性半焦是一种结合强度（耐压、耐磨损、耐冲击）比活性炭高、比表面积比活性炭小的吸附材料。与活性炭相比，活性半焦具有更好的脱硫、脱硝性能，且在使用过程中，加热再生相当于对活性半焦进行再次活化，使其脱硫、脱硝性能还会有所增加。由表 5-58 的研究结果可知，活性半焦和半焦活性炭中孔（$V_{10\sim40}$）特别发达，先锋活性半焦中孔值最高，可达 0.1808m²/g，半焦活性炭次之为 0.1722m²/g，显著高于椰壳活性炭和无烟煤活性炭。电镜下观察先锋活性半焦的孔结构发现，活性半焦的孔壁较薄、孔与孔之间相互连通，形成吸附通道及网络，因而吸附性能好。如果以这几种吸附剂的保鲜效果加以比较发现，它们脱除 CO_2 的效率大小按下列顺序排列：先锋活性半焦＞半焦活性炭＞美国椰壳活性炭＞无烟煤活性炭，活性半焦脱除 CO_2 的效果最佳，半焦活性炭次之。

表 5-58　几种吸附剂的孔结构分析结果

指标	先锋活性半焦	半焦活性炭	美国椰壳活性炭	无烟煤活性炭
$S/(m^2/g)$	790.15	550.27	1087.65	986.84
$V_t/(m^3/g)$	0.5921	0.7607	0.7472	0.5053
$V_{10\sim40}/(m^3/g)$	0.1808	0.1722	0.1560	0.1550

注：S 为吸附剂的比表面积；V_t 为吸附剂的总孔容积；$V_{10\sim40}$ 为孔半径为 $10\sim40\text{Å}$ 的孔容积。

　　以半焦粉为原料制备活性半焦的方法如图 5-8 所示，其制备方法具有半焦粉来源充足、价廉、生产工艺简单、投资低、综合效益显著的特点。

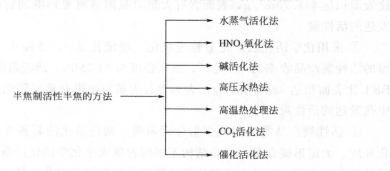

图 5-8　半焦制活性半焦的方法

　　目前，有北京国电富通科技发展有限责任公司以褐煤半焦粉为原料，采用水蒸气活化法生产的活性半焦产品，具有比表面积大、吸附性强的特点。适于半焦生产、煤气化等煤化工污水的处理。生产实践表明，以活性半焦为基础的 LAB 处理工艺净化技术，可使出水的 COD 小于 50mg/L，总酚能被完全吸收，对氨氮的吸附能达到 50%。处理后的污水完全达到回用标准，实现无污水排放。

5.5　半焦的清洁燃烧技术

5.5.1　半焦减霾

　　我国霾成因机制研究表明，北京市 2013 年冬季燃煤对霾污染的贡献率为 26.1%，全年平均值为 22.4%。由此可见，用清洁固体燃料替代传统的煤炭燃料，是降低大气霾污染的主要措施之一。

我国半焦具有低灰、低硫、低磷，高发热值的显著优点，是一种"质优价廉"的固体洁净燃料。近年来，将半焦用于锅炉燃料和民用燃料，获得了显著的减霾效果。2016 年 10 月，国家环保部在《民用煤燃烧污染综合治理技术指南》中要求，"煤炭资源丰富、经济条件较好且污染严重的地区应优先选用低硫、低挥发分的优质半焦等"。对加快我国半焦的推广应用，具有重要的作用。

为了促进半焦作为固体洁净燃料用于民用和工业锅炉，我国于 2010 年制定了国家标准《半焦产品技术条件》（GB/T 25211—2010），对半焦提出了具体要求，见表 5-59。

表 5-59　用作工业及民用燃料的半焦产品技术要求和试验方法

项目	符号	单位	级别	技术要求	试验方法
挥发分	V_{daf}	%	Ⅰ 级	≤10.00	GB/T 212
			Ⅱ 级	>10.00	
发热量	$Q_{net,ar}$	MJ/kg	Ⅰ 级	>24.00	GB/T 212
			Ⅱ 级	>21.00~24.00	
灰分	A_d	%	Ⅰ 级	≤10.00	GB/T 212
			Ⅱ 级	>10.00~15.00	
			Ⅲ 级	>15.00	
全硫	$S_{t,d}$	%	Ⅰ 级	≤0.50	GB/T 214
			Ⅱ 级	>0.50~1.0	
全水分	M_t	%	Ⅰ 级	≤8.0	GB/T 214
			Ⅱ 级	>8.0~12.0	

5.5.2　半焦型焦

以半焦粉为原料生产型焦，可使其在电石、硅铁、冶金、民用洁净燃料等领域得到广泛应用，对提高半焦生产企业经济效益和环境效益具有重要意义。在此以年产 60 万吨型焦为例进行论述。

5.5.2.1　原材料及产品

本项目以半焦粉为原料，年产 60 万吨型焦。年操作时间为：330d。

（1）原材料

① 半焦：半焦粉含水分≤3.0%（质量分数）。半焦粉粒度分布为<1mm，45%；1~2mm，35%；>2mm，20%。

② 黏结剂：GY 型半焦球团干粉黏结剂，该黏结剂可直接按比例与半焦混合即可压成型，1t 黏结剂可生产 21d 半焦球团；成型率高达 98%，湿球 2m 高

下落不散，自然干燥或烘干均可，干燥后强度为 100kgf/球（1kgf＝9.8N），耐高温 1000℃不散不粉，添加剂中不含镁、磷、铝、铁等化学成分，不需原料加热搅拌，整个生产过程没有污染。

（2）产品

生产的产品为半焦型焦，主要用于电石、铁合金生产，其主要技术指标与半焦主要技术指标对比如表 5-60 所示。

表 5-60　主要技术指标

名称	半焦型焦指标	半焦指标
外形结构	球状	粉状
颜色	浅黑色	浅黑色
粒度/mm	≤35	15～30
水分(质量分数)/%	≤1.5	≤10
灰分(质量分数)/%	≤10	≤6
固定碳(质量分数)/%	≥80	≥82
冷强度/(N/个)	≥400	—
热强度/(N/个)	≥400	—

5.5.2.2　生产工艺过程

半焦粉生产型焦的工艺过程如图 5-9 所示。将半焦粉与黏结剂分别计量后，按比例送入高速混合机内混合均匀，经轮碾机对混合料进行混捏后，再送入压球机压出焦球，最后经过烘干和冷却就制得产品型焦。

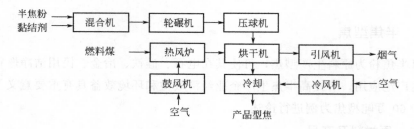

图 5-9　半焦粉生产型焦的工艺过程

5.5.2.3　主要生产设备

根据生产工艺要求和设备的价格、安全性、可靠性，对设备进行了选择，主要生产设备如表 5-61 所示。

5.5.2.4　技术经济指标

本项目主要技术经济指标如表 5-62 所示。

表 5-61　年产 60 万吨半焦型焦主要设备

序号	设备名称	型号规格	功率/kW	数量/台	装机总功率/kW
一		配料混合系统			
1	1 号皮带给料机	B500,输送长度 8m	3.3	1	3.3
2	2 号皮带给料机	B500,输送长度 8m	3.3	1	3.3
3	3 号皮带给料机	B500,输送长度 8m	3.3	1	3.3
4	振动筛	ZW-150	1.5	3	4.5
5	磁选机		1	3	3
6	粉碎机	WL80,10～15t/h	22	1	22
7	下螺旋输送机	螺旋直径 400mm,螺距 355mm,输送量 41t/h	15	2	30
8	1 号计量罐	50m³		2	
	2 号计量罐	35m³		2	
	3 号计量罐	20m³		2	
9	黏结剂料仓	20m³		2	
	黏结剂计量罐	4m³		2	
10	黏结剂给料机	B300	1.1		2.2
11	配料仓	80m³		6	
12	配双轴搅拌机		37	6	222
13	袋式除尘器	过滤面积 64m²,处理风量 3600m³/h	15	2	30
14	4 号皮带输送机	B650	4	6	24
15	5 号皮带输送机	B650	4	6	24
16	轮碾搅拌机	S118D(混料盘直径 1800mm)	45	6	270
17	缓冲仓	4000mm×3000mm		6	
	小计				641.6
二		主要成型加工设备			
1	斗式提升机		1.1	6	6.6
2	中压对辊成型机	YCXJ13	55	4	220
3	6～9 号皮带机	B500	6.0	8	48
	小计				274.6
三		烘干系统			
1	热风炉	MBZ-75	3.5	2	7
2	型焦烘干机	KSH3.2×8m,35t/h	44	2	88
3	除尘器		12	2	24
4	冷却料仓	35m³		2	

序号	设备名称	型号规格	功率/kW	数量/台	装机总功率/kW
三			烘干系统		
5	冷风机		15	2	30
6	包装机		3.5	2	7
	小计				156
四			公用工程系统		
1	余热锅炉	2t,供回水温度60～90℃		2	
2	热风机	$H=3960Pa,Q=13000m^3/h$	15	2	30
3	供水泵	$H=22m,Q=7.5m^3/h$	2.2	2	4.4
4	热泵	$H=28m,Q=90m^3/h$	11	2	22
5	开关控制柜	TGGD型		10	
6	中控系统			2	
7	通信设备			1	2.5
8	化验设备			2	9
9	维修设备				11.5
10	办公照明				55
	小计				134.4

表 5-62　主要技术经济指标

序号	项目名称	数量	备注
一	生产规模		
	半焦型焦/(万吨/a)	60	球状
二	年操作日/d	330	
三	主要原材料消耗		
	半焦焦粉/(t/a)	699067	含水3.0%
	其中:1mm以下/(t/a)	317434	
	1～2mm/(t/a)	246629	
	>2mm/(t/a)	135004	
	黏结剂/(t/a)	30000	
	包装袋/(个/a)	12000000	
四	公用工程消耗		
1	水/(m³/a)	10566.9	
2	电/(10⁴kW·h/a)	660.43	
3	燃料煤/(t/a)	12672	

续表

序号	项目名称	数量	备注
四	公用工程消耗		
4	汽、柴油/(t/a)	120	
五	运输量/(10^4t/a)	125.29	
1	运入量/(10^4t/a)	65.29	
2	运出量/(10^4t/a)	60	
六	定员/人	191	
七	总图及运输指标		
1	厂区占地面积/亩	100	66660m²
2	建、构筑物建筑面积/m²	19982	
3	道路占地面积/m²	12352	
4	硬化占地面积/m²	9500	
5	围墙占地面积/m²	522	
6	绿化占地面积/m²	5800	
7	建筑系数/%	30	
8	场地利用系数/%	72.24	
八	工程总投资/万元	15009.00	
1	固定资产投资/万元	11597.54	
(1)	建设投资/万元	11031.24	
(2)	建设期贷款利息/万元	566.30	
2	流动资金/万元	3411.46	
九	年销售收入/万元	48000.00	
十	年总成本/万元	43495.25	平均
十一	年销售税金及附加/万元	89.15	
十二	增值税/万元	1114.32	
十三	年均利润总额/万元	2677.33	
十四	年均税后利润/万元	2008.00	
十五	财务评价指标		
1	总投资收益率/%	17.84	
2	资本金净利润率/%	46.34	
3	投资回收期		
(1)	税前/年	6.3	含建设期
(2)	税后/年	7.3	含建设期
4	财务内部收益率		

序号	项目名称	数量	备注
十五	财务评价指标		
(1)	税前/%	21.64	
(2)	税后/%	17.24	
5	盈亏平衡点/%	66.9	

注：1亩＝666.7m²。

5.5.3 锅炉燃料

目前，中国的燃煤电厂以煤粉燃烧和循环流化床燃烧技术为主，因此基于循环流化床燃烧技术和煤粉燃烧技术的煤热解气化燃烧分级转化技术应该是以发电为主的煤炭分级转化技术的主要发展方向。这种新的煤炭发电方式投资低，投入产出比高，可对现有燃煤电厂进行升级换代，更适用于新建电厂，有望改变煤炭单一用于燃烧发电的产业结构，形成基于煤炭资源化利用发电的新产业链。

5.5.3.1 半焦在煤粉锅炉的燃烧试验

为了验证贺斯格乌拉露天矿原煤和褐煤低温热解项目最终副产品之一的半焦燃烧特性，国电内蒙古电力有限公司将半焦（带式干馏炉低温热解半焦）和褐煤样品送至西安热工研究院有限公司进行半焦和半焦与褐煤掺烧的两种燃烧条件下的燃烧试验。据西安热工研究院有限公司燃料与燃烧实验室提交的《国电乌拉盖电厂2×1000MW新建工程项目锅炉燃用半焦煤粉1MW燃烧试验研究报告》，贺斯格乌拉煤矿半焦具有如下性质：

① 着火稳定性：贺斯格乌拉煤矿半焦与褐煤掺烧（8:2）试验结果为，虽然半焦挥发分较低，但在给定试验条件下，贺矿半焦和半焦与褐煤掺烧的着火稳定性远高于贫煤，其着火稳定性较好，与国内典型（大同，神华）烟煤接近。为防止结焦烧损燃烧器喷口于盆口结渣，建议燃烧器一次风速应大于25m/s，并且不必考虑采用稳燃烧措施。

② 燃尽性能：试验证明煤的最终燃尽率主要受氧量及煤粉细度的影响较大。不同煤粉细度及运行氧量条件下，试验煤燃尽性能在"中等燃尽"与"极易燃尽"之间变化，综合考虑提高半焦和半焦与褐煤掺烧煤的燃尽率以及实现低NO_x燃烧的要求，建议炉膛出口氧气量维持在3.0%，入炉煤粉细度R_{90}为15%左右。

③ 燃烧温度与结渣性：半焦试验着火性能优异，热值较高，灰熔融性较低，为防止尾部受热面出现严重结渣预积灰，建议炉膛出口烟温不大于1000℃，同

时屏式受热面区域应配置数量足够的吹灰器。

④ 掺烧特性：半焦煤与褐煤掺烧后锅炉燃烧的稳定性与经济性不会有明显的变化，由于燃烧温度降低，结渣性将会略为降低。褐煤水分高、可磨性差，磨煤机出力以及机组带负荷能力将是制约褐煤掺烧比例的主要因素

从上述试验结果证实，乌拉盖电厂燃用贺矿褐煤加工成的半焦和半焦与褐煤掺烧对于煤粉锅炉经济和稳定运行是有保障的。

5.5.3.2　半焦在循环流化床锅炉多联产技术应用

北京蓝天新源科技有限公司研发的多联产煤制气技术的应用，对煤的高效转化，提高煤的综合利用率作出了有益的实践。多联产煤制气技术的实质是：原料煤在送入锅炉之前先将煤中的挥发分提出，产出煤气、焦油和其他副产品。提出挥发分的煤变成了半焦。半焦作为锅炉的主要燃料送入炉膛燃烧。锅炉产出蒸汽，用于发电、供热，从而实现热、电、煤气及焦油等副产品的多联产。该技术以热电厂循环流化床锅炉的循环热灰作为热载体对煤进行快速、中低温热解。工艺简单，无需特殊的制氧设备，运行费用低。

赤峰富龙热电厂二期工程装有 2 台由广西梧州锅炉厂制造的 WZ-75/5.3-M2型循环流化床锅炉和 1 台 C12-4.9/0.98 型抽汽冷凝机组。锅炉按燃烧褐煤设计，能适应燃烧烟煤、无烟煤、掺烧石灰石脱硫。锅炉为热、电、气"三联产"工艺的循环流化床锅炉，在不生产煤气时锅炉与常规循环流化床锅炉相同。该工艺中关键设备是循环流化床锅炉和鼓泡床气化炉（北京蓝天新源科技有限公司技术）。这 2 个设备紧密相连构成一个整体，它不仅保留了流化床燃烧和气化时煤种适应性广、效率高和污染物排放低的优点，而且它利用流化床的大量循环热物料将其送至鼓泡床气化炉内，作为气化过程的热源。此时气化炉用过热蒸汽作为流化介质，当给煤进入气化炉时，在流态化下迅速和高温循环物料混合，快速热解和部分气化，产生中热值煤气。在气化炉中产生蒸汽，蒸汽可用于供热和发电，从而实现了煤气-蒸汽-电力"三联产"工艺过程。

该项目实际投入试验时，进行了工艺简化，即煤气由一次加压机出来后进入室外燃烧器，后续设备暂缓配套。该试验刚投入运行时，发现煤气带出物多，并且随着煤气的冷却，煤气中焦油析出、蒸汽冷凝，使冷却套管堵管。随后，将冷却套管间接冷却系统改为直接冷却系统，将水夹套去掉，增设喷嘴，将煤气中的大部分粉尘除去，保证后续系统煤气相对洁净。

通过工业性试验证明了该"三联产"煤气生产系统工艺本身是先进合理的。在锅炉正常运行时，锅炉和干馏器的循环环节及煤的干馏、产气、半焦输送环节能够很快建立起来，验证了产煤气系统与锅炉之间匹配合理。产气系统运行、启停车及变工况都能做到与锅炉调配适应，基本上不会对锅炉造成负面影响，并从

中取得了调配的经验。产气系统的辅机设备基本运转正常，并经过了一定时间的连续运行考验。装置的测控系统设计合理，在锅炉正常运行时产气系统能做到稳定运行，不用操作人员干预。

5.5.4　民用燃料

5.5.4.1　半焦与煤的性质对比

将半焦型焦与半焦、各种煤的工业分析、元素分析、硫含量及灰成分等相关指标进行对比（结果见表 5-63～表 5-67）。

（1）半焦型焦与各种煤的工业分析对比

表 5-63　半焦型焦与各种煤的工业分析结果

样品编号	水分 $M_{ad}/\%$	挥发分 $V_d/\%$	灰分 $A_d/\%$	固定碳 $FC_d/\%$	热值 $Q_{gr,d}/(MJ/kg)$
半焦型焦	5.97	8.02	14.48	77.50	25.65
半焦	8.45	7.99	11.17	80.84	26.87
榆林烟煤	11.40	37.28	7.80	54.92	28.16
晋城无烟煤	2.22	6.16	11.26	82.58	21.90
宁夏无烟煤	1.18	9.51	6.45	84.04	33.26

从表 5-63 可以看出，半焦型焦与半焦、其他煤相比，具有挥发分低、灰分低、固定碳高、热值高的特点。

（2）半焦型焦与各种煤的元素分析对比

表 5-64　半焦型焦与各种煤的元素分析结果

样品	C/%	H/%	O/%	N/%	S/%
半焦型焦	68.33	2.86	8.45	0.48	0.29
半焦	69.43	3.15	7.83	0.61	0.30
榆林烟煤	64.17	4.11	12.33	0.78	0.30
晋城无烟煤	80.31	2.61	2.46	0.99	0.40
宁夏无烟煤	84.67	3.27	3.5	0.65	0.36

从表 5-64 可以看出，和其他煤相比，半焦型焦的硫含量相对较低。

（3）半焦型焦与各种煤中硫形态分析对比

从表 5-65 可以看出，半焦型焦不仅总硫含量较低，而且其中的有机硫不足 30%，无机硫含量大于 70%，主要以硫酸盐的形式存在于灰分中，燃烧时排放的 SO_2 较少。

表 5-65　半焦型焦与各种煤中硫形态的分析结果

样品	总硫/%	硫酸盐/%	硫化物/%	有机硫/%
半焦型焦	0.29	0.12	0.09	0.08
半焦	0.30	0.06	0.11	0.13
榆林烟煤	0.30	0.02	0.18	0.10
晋城无烟煤	0.40	0.02	0.08	0.30
宁夏无烟煤	0.36	0.01	0.14	0.21

（4）半焦型焦与半焦、烟煤的灰成分分析对比

表 5-66　半焦型焦与半焦、烟煤的灰成分分析结果　　　　单位：%

样品	SiO_2	Al_2O_3	Fe_2O_3	CaO	MgO	TiO_2	SO_3	P_2O_5	K_2O	Na_2O
半焦型焦	31.54	14.36	11.85	31.57	2.74	0.36	6.38	0.03	0.38	0.79
半焦	27.72	12.24	12.16	33.86	1.94	0.50	7.37	0.03	0.41	0.81
烟煤	23.15	13.46	15.62	27.21	2.96	1.28	13.57	0.47	0.30	1.98

从表 5-66 灰成分分析数据可以看出，半焦型焦中的氧化钙含量高，这就使其燃烧时发生自脱硫反应生成硫酸钙，硫留在灰中。

（5）半焦型焦与半焦、烟煤的比表面积分析对比

表 5-67　半焦型焦与半焦、烟煤的比表面积分析结果

分析项目	榆林烟煤	半焦型焦	半焦
比表面积/（m^2/g）	3.5	152.0	160.0

从表 5-67 比表面积分析数据可以看出，半焦型焦比表面积大（与原煤相差40 多倍），有利于进行物理吸附的自脱硫反应，降低 SO_2 排放。

由表 5-63～表 5-67 中的数据可知，半焦和半焦型焦的质量优于表 5-68 京津冀地区民用洁净型煤地方标准的要求。

5.5.4.2　半焦型焦与各种煤现场试烧排放数据分析

分别选用榆林民用燃煤炉、北京民用燃煤炉和灶台炉，将半焦型焦和各种煤进行现场试烧，对比其燃烧性能以及燃烧过程中的颗粒物、有害气体排放数据（表 5-68、表 5-69）。

（1）半焦型焦与各种煤现场试烧颗粒物排放数据对比

以榆林民用燃煤炉为例，使用半焦型焦燃烧过程中排放的 $PM_{2.5}$ 和总颗粒物浓度是榆林烟煤的 1/33 和 1/7，远低于烟煤，略低于无烟煤。

表 5-68 半焦型焦与各种煤现场试烧颗粒物排放数据对比

炉型	燃料	$PM_{2.5}$/($\mu g/m^3$)	总颗粒物/($\mu g/m^3$)
榆林民用 燃煤炉	半焦型焦	25	332
	半焦	35	625
	晋城无烟煤	50	786
	宁夏无烟煤	106	1026
	榆林烟煤	842	2442
北京民用 燃煤炉	半焦型焦	98	427
	半焦	141	812
	晋城无烟煤	378	3060
	内蒙古准格尔煤	740	6579
	新疆乌东烟煤	1175	3586
	榆林烟煤	1146	4371
灶台炉	半焦型焦	256	4225
	半焦	382	10772
	晋城无烟煤	462	6358
	榆林烟煤	1413	61622

表 5-69 半焦型焦与各种煤现场试烧有害气体排放数据对比

炉型	煤种	NO_x/($\mu g/g$)	SO_2/($\mu g/g$)
榆林民用 燃煤炉	半焦型焦	48	27
	半焦	54	30
	榆林烟煤	173	108
	晋城无烟煤	339	39
	宁夏无烟煤	115	28
北京民用 燃煤炉	半焦型焦	116	55
	半焦	140	82
	榆林烟煤	164	790
	宁夏石炭井烟煤	194	735
	新疆乌东烟煤	241	738
	晋城无烟煤	243	88
灶台炉	半焦型焦	67	35
	半焦	92	56
	榆林烟煤	355	124
	晋城无烟煤	262	170

（2）半焦型焦与各种煤现场试烧有害气体排放数据对比

以榆林民用燃煤炉为例，半焦型焦燃烧后排放的 NO_x、SO_2 是烟煤的约 $1/3.5$，与无烟煤接近。

（3）半焦型焦与各种煤农户试烧性能对比

以北京民用燃煤炉为例，在北京郊区随机选取 4 家农户，分别试烧半焦块、半焦型焦、无烟煤块和无烟煤型焦（4 种燃料加入量均为 10kg），重点考察不同煤的点火时间、燃烧时间和灰样残碳率（确定燃尽率）。半焦型焦和不同煤的点火时间对比如表 5-70 所示，半焦型焦和不同煤的燃烧时间对比如表 5-71 所示。

表 5-70　半焦型焦和不同煤的平均点火时间

煤种	半焦块（≥20mm）	半焦型焦	无烟煤块（≥20mm）	无烟煤型焦
点火时间/min	23.00	24.75	25.00	29.25

从表 5-70 数据可以看出，半焦块及半焦型焦的平均点火时间均小于无烟煤块和无烟煤型焦，说明其化学活性好，容易燃烧。

表 5-71　半焦型焦和不同煤的平均燃烧时间

煤种	半焦块（≥20mm）	半焦型焦	无烟煤块（≥20mm）	无烟煤型焦
燃烧时间/min	297.25	435.50	303.25	347.75

从表 5-71 数据可以看出，半焦型焦燃烧时间最长，达 7h 以上，且燃烧过程中火力稳定，耐烧；半焦块与无烟煤块燃烧时间相近，平均燃烧时长约 5h。

（4）半焦型焦和不同煤燃烧后的残碳率对比

表 5-72　半焦型焦和不同煤种的平均残碳率

煤种	半焦块（≥20mm）	半焦型焦	无烟煤块（≥20mm）	无烟煤型焦
残碳率/%	6.75	2.50	67.75	27.75

从表 5-72 数据可以看出，半焦型焦燃烧后灰中残碳率还不足无烟煤块的 1/30，燃烧彻底，浪费少，无二次污染，这主要是因为半焦型焦比表面积大、孔隙率高、透气性好。

5.5.4.3　结论

① 半焦型焦具有挥发分低（<8%）、灰分低（<15%）、硫含量低（<0.3%）、固定碳高（>75%）、发热量高（>25.1MJ/kg）、化学活性高等特点（三高三低），各项指标均优于烟煤，部分指标优于无烟煤。

② 半焦型焦燃烧过程中排放的颗粒污染物 $PM_{2.5}$ 和总颗粒物浓度远低于榆林烟煤，略低于宁夏无烟煤和晋城无烟煤。

③ 半焦型焦点火时间比无烟煤短，容易着火和燃烧。半焦型焦作为高效清洁燃料应用到民用燃煤炉中，具有易燃优势。

④ 半焦型焦的燃烧性能优于无烟煤。在农户试烧试验中，半焦型焦平均燃烧时长超过 7h，而无烟煤的燃烧时长只有 5h 左右。

⑤ 半焦型焦有效利用率远远高于无烟煤。半焦型焦残碳率不足无烟煤的 1/30，利用率高，燃烧后产生的灰渣污染物少，具有无烟煤无法比拟的优势。

⑥ 半焦型焦具有资源优势。我国无烟煤资源有限，仅占全国煤炭资源的 10%；而用于制备半焦型焦的原煤资源丰富，我国半焦产能达到 1 亿吨/a。

⑦ 京津冀地区民用燃煤消费量约 3600 万吨/a，如果利用半焦型焦代替，京津冀地区就少向大气中排放约 26 万吨 SO_2、18 万吨 NO_x。

⑧ 半焦型焦作为民用燃料在降低环境污染的同时，还具有价格优势：在京津冀地区，无烟煤售价 1200 元/t 左右，半焦型焦售价为 900 元/t 左右，按照每年 3600 万吨的市场需求计算，仅京津冀地区就可节约资金 108 亿元左右。

参考文献

[1] 周晨亮，宋银敏，刘全生，等. 胜利褐煤提质及其表面形貌与物相结构研究 [J]. 电子显微学报，2013，32 (3)：237-243.

[2] Benfell K E. Assessment of char morphology in high pressure pyrolysis and combustion [D]. Newcastle：Univ of Newcastle，2001.

[3] 高晋生. 煤的热解、炼焦和煤焦油加工 [M]. 北京：化学工业出版社，2010.

[4] 段钰锋，周毅，陈晓平，等. 煤气化半焦的孔隙结构 [J]. 东南大学学报（自然科学版），2005，35 (1)：135-139.

[5] 周毅，段钰锋，陈晓平，等. 半焦孔隙结构的影响因素 [J]. 锅炉技术，2005，36 (4)：34-36.

[6] 刑德山，阎维平. 用压汞法分析工业半焦的孔隙结构特性 [J]. 华东电力大学学报，2007，34 (5)：57-63.

[7] 邢德山，阎维平. 典型工业半焦的孔隙分形结构分析 [J]. 环境科学学报，2007，27 (12)：2014-2018.

[8] 王俊琪，方梦祥，骆仲泱，等. 热解半焦孔隙特性研究 [J]. 热力发电，2008，37 (7)：6-9，14.

[9] 付志新，郭占成. 焦化过程半焦孔隙结构时空变化规律的实验研究——孔隙率、比表面积、孔径分布的变化 [J]. 燃料化学学报，2007，35 (2)：273-279.

[10] 王明敏，张建胜，张守玉，等. 热解条件对煤焦比表面积及孔隙分布的影响 [J]. 煤炭学报，2008，33 (1)：76-79.

[11] Lin S Y，Hirato M. The characteristics of coal char gasification at around ash melting temperature [J]. Energy & fuels，1994 (8)：598-606.

[12] 吴诗勇，顾菁，李莉，等. 高温下快速和慢速热解神府煤焦的理化性质 [J]. 煤炭学报，2006，31 (4)：492-496.

[13] Lee C W，Jenkins R G，Schobert H H. Structure and reactivity of char from elevated pressure pyroly-

sis of Illinois No. 6coal [J]. Energy & fuels, 1992 (6)：40-47.

[14]　刘辉，吴少华，孙锐，等. 快速热解褐煤焦的比表面积及孔隙结构 [J]. 中国电机工程学报，2005，25 (12)：86-90.

[15]　周毅，段钰锋，等. 部分气化后半焦的孔隙结构 [J]. 能源研究与利用. 2004 (4)：24-28.

[16]　邱介山，郭树才. 褐煤及其干馏半焦的微孔结构分析 [J]. 高校化学工程学报，1990，4 (2)：173-180.

[17]　乔晋红，赵炜，谢克昌. 煤半焦吸附性的实验研究 [J]. 太原理工大学学报，2003，34 (6)：635-637.

[18]　赵宏彬，马志超，马燕星，等. 粉-粒流化床半焦结构及气化活性 [J]. 化工进展，2011，30 (增刊)：112-114.

[19]　张琦，解京选，田江漫，等. 热解条件对白音华褐煤半焦孔隙结构的影响 [J]. 煤炭转化，2013，36 (3)：1-4.

[20]　申春梅，吴少华，林伟刚，等. 煤拔头中低温快速热解半焦的孔隙结构 [J]. 过程工程学报，2010，10 (3)：522-529.

[21]　王毅. 块状褐煤高温蒸汽热解的宏细观特性分析及应用 [M]. 徐州：中国矿业大学出版社，2012.

[22]　陈鹏. 中国煤炭性质、分类和利用 [M]. 北京：化学工业出版社，2005.

[23]　朱子彬，张成芳，古泽键彦，等. 活性点数对煤焦气化速率的评价 [J]. 化工学报，1992，43 (4)：401-408.

[24]　谢克昌. 煤的结构与反应性 [M]. 北京：科学出版社，2002.

[25]　张永发，谢克昌，凌大琦. 显微组分焦样的 CO_2 气化动力学和表面变化 [J]. 燃料化学学报，1991，19 (4)：359-364.

[26]　唐黎华，王建中，吴勇强，等. 低灰熔点煤的高温气化反应性能 [J]. 华东理工大学学报，2003，29 (4)：341-345.

[27]　谢克昌，王永刚，凌大琦. 东山煤焦的 CO_2 加压气化动力学研究 [J]. 煤炭学报，1991，16 (2)：103-109.

[28]　朱子彬，马智华，林石英，等. 高温下煤焦气化反应特性 (Ⅱ) 细孔构造对煤焦气化反应的影响 [J]. 化工学报，1994，45 (2)：55-161.

[29]　程秀秀，黄瀛华，任德庆. 煤焦微观特征与反应性 [J]. 燃料化学学报，1987，15 (8)：261-268.

[30]　唐黎华，吴勇强，朱学栋，等. 高温下制焦温度对煤焦气化活性的影响 [J]. 燃料化学学报，2002，30 (1)：16-20.

[31]　Liu H, Kaneko M, Luo C, et al. Effect of pyrolysis time on the gasification reactivity of char with CO_2 at elevated temperatures [J]. Fuel, 2004, 83 (2)：1055-1061.

[32]　吴鹏，朱书全，王娜，等. 热解温度对型煤半焦气化反应活性的影响 [J]. 煤炭转化，2010，33 (4)：35-39.

[33]　顾菁，李莉，吴诗勇，等. 程序升温热重法研究神府高温煤焦-CO_2 气化反应性 [J]. 华东理工大学学报 (自然科学版)，2007，33 (3)：354-358.

[34]　吴诗勇，李莉，顾菁，等. 高碳转化率下热解神府煤-CO_2 高温气化反应性 [J]. 燃料化学学报，2006，34 (4)：399-403.

[35]　傅维标，王庆华. 煤焦还原气化反应动力学参数与煤种的通用关系 [J]. 燃烧科学与技术，2000 (6)：96-100.

[36] 沈胜强，李素芬，石英. 半焦粒子着火与燃烧过程实验研究 [J]. 燃烧科学与技术，2000（6）：66-69.

[37] 刘典福，魏小林，盛宏至. 半焦燃烧特性的热重试验研究 [J]. 工程热物理学报，2007，28（2）：229-232.

[38] 余斌，李杜锋，方梦祥. 多联产半焦燃烧特性的热重研究 [J]. 动力工程学报，2010，30（3）：214-218.

[39] 余斌. 循环流化床半焦燃烧特性研究 [D]. 杭州：浙江大学，2010.

[40] 向银花，汪洋，张建民. 部分气化煤焦燃烧特性的研究 [J]. 煤炭转化，2002，25（4）：35-38.

[41] 向银花，汪洋，张建民，等. 部分气化煤焦燃烧动力学的活化能分布模型研究 [J]. 燃烧科学与技术. 2003，9（6）：566-570.

[42] 盛宏至，刘典福，魏小林，等. 煤部分气化后生成半焦的特性 [J]. 燃烧科学与技术，2004，10（2）：187-191.

[43] 刘艳霞，吕俊复，黎永，等. 中温下热解对半焦燃烧反应性的影响 [J]. 热能动力工程，2005，20（5）：509-512.

[44] 仝晓波，申春梅，吴少华，等. 煤拔头半焦燃烧特性 [J]. 过程工程学报，2009，9（5）：897-903.

[45] 尧志辉，旷戈，林诚，等. 单颗粒煤焦燃烧反应动力学研究方法 [J]. 化工学报，2009，60（6）：1442-1451.

[46] 于广锁，祝庆瑞，许慎启，等. 煤及其拔头半焦的燃烧反应特性研究 [J]. 燃烧化学学报，2012，40（5）：513-518.

[47] 孙锐，廖坚，Kelebopile L，等. 等温热重分析法对煤焦反应动力学特性研究 [J]. 煤炭转化，2010，33（2）：57-63.

[48] 孙锐，张鑫，Kelebopile L，等. 燃烧中气化半焦孔隙结构特性变化实验研究 [J]. 中国电机工程学报，2012，32（11）：35-40.

[49] Uzun D, Ozdogan S. Combustion characteristics of the original demineralized afsin-elbistan lignite and irs char [J]. Energy sources part A-recovery utilization and environmental effects，2011，33（4）：283-297.

[50] Mori T, Miyavcri K, Maeno Y. A numberical study on the combustion of a low temperature- carbonized semi-coke particle [J]. Energy sources part A-recovery utilization and environmental effects，2011，33（4）：283-297.

[51] 桑小义. 东风褐煤半焦的燃烧特性研究 [D]. 大连：大连理工大学，2011.

[52] 董爱霞，张守玉，王分健，等. 煤焦燃烧特性及反应活性研究 [J]. 洁净煤技术，2013，19（1）：87-91，120.

[53] 白宗庆，李文，尉迟唯，等. 褐煤在合成气气氛下的低温热解及半焦燃烧特性 [J]. 中国矿业大学学报，2011，40（50）：726-732.

[54] 陆津津. 云南褐煤固体热载体法热解及其半焦燃烧特性的研究 [D]. 大连：大连理工大学，2010.

[55] 李先春，余江龙，Tahmasebi A，等. 印尼褐煤无黏结剂型煤自燃与燃烧特性研究 [J]. 煤炭转化，2012，35（2）：66-70.

[56] 李先春. 褐煤提质及其燃烧行为特性的研究 [D]. 大连：大连理工大学，2011.

[57] 刘明强. 褐煤低温热解及半焦燃烧、成浆特性的试验研究 [D]. 杭州：浙江大学，2013.

[58] 赵世永. 神木煤与半焦混合燃烧特性的热重分析 [J]. 煤炭科学技术，2007，35（7）：80-82.

[59]　Everson R，Neomagus H，Katitano R. The modeling of the combustion of high-ash coal-char particles suitable for pressurized fluiduzed bed combustion：shrinking reacted ore mode [J]. Fuel，2005，84 (9)：1136-1143.

[60]　熊源泉，郑守忠，章名耀. 加压条件下半焦燃烧特性的试验研究 [J]. 锅炉技术，2001，32 (11)：12-14，25.

[61]　谷小兵. 半焦加压燃烧特性研究 [D]. 南京：东南大学，2003.

[62]　陈晓平，谷小兵，段钰锋，等. 半焦加压燃烧特性研究 [J]. 工程热物理学报，2004，25 (2)：345-347.

[63]　陈晓平，谷小兵，段钰锋，等. 气化半焦加压着火特性及燃烧稳定性研究 [J]. 热能动力工程，2005，20 (2)：153-157.

[64]　李社锋，方梦祥，李先旺. 多联产半焦的加压着火及燃烧特性 [J]. 燃烧科学与技术，2012，18 (1)：27-32.

[65]　向银花，房倚天，黄戒介，等. 煤焦的燃烧特性和动力学模型研究 [J]. 煤炭转化，2000，23 (1)：10-15.

[66]　Zhang M C，Yu J，Xu X C. A New flame sheet model to reflect the Influence of the oxidation of CO on the combustion of a carbon partiele [J]. Combustion and flame，2005，143 (3)：150-158.

[67]　Everson R C，Neomagus H W J P，Kasaini H，et al. Reaction kinetics of pulverized coal-chars derived from inertinite-rich coal discards：Characterisation and combustion [J]. Fuel，2006，85 (7-8)：1067-1075.

[68]　Jayanti K S，Saravanan M V. Assessment of the effect of high ash content in pulverized coal combustion [J]. Applied mathematical modelling，2007，31：934-953.

[69]　中钢集团鞍山热能研究院有限公司，神木县煤化工产业发展领导小组办公室. 神木半焦（粉状半焦）作为铁矿烧结燃料试验研究报告 [R]. 2011-09.

[70]　付林林，孙涛，方俊杰，等. 烧结过程用半焦作为燃料替代焦粉的生产试验 [J]. 河南冶金，2012，20 (4)：6-8，16.

[71]　中钢集团鞍山热能研究院有限公司，神木县煤化工产业发展领导小组办公室. 神木半焦（粉状半焦）作为含碳球团还原剂试验研究报告 [R]. 2011-09.

[72]　李永镇，吴炽. 高炉喷吹半焦合理性的分析 [J]. 炼铁，1982 (1)：42-46.

[73]　李文萃，郭树才. 高炉喷吹的现状及进展 [J]. 燃料与化工，1996，27 (4)：188-191，215.

[74]　马国君，戴和武. 年轻煤热解半焦作高炉喷吹燃料的研究 [J]. 煤炭分析及利用，1992 (1)：4-7.

[75]　张秋民，李文翠，郭树才，等. 扎赉诺尔褐煤制取高炉喷吹料和中热值煤气研究：(Ⅱ) 半焦作高炉喷吹料的性能分析 [J]. 煤炭转化，1997，20 (4)：63-68.

[76]　杜刚，杨双平. 高炉喷吹用煤的配煤及使用半焦的试验 [J]. 钢铁钒钛，2013，34 (1)：64-67

[77]　酒钢炼铁厂用半焦粉、半焦块替代无烟煤喷吹，有效地降低了生铁燃料成本 [OL]. http//www.Cokeic. com，2010-09-19.

[78]　李爱军，贾西明. 包钢新系统喷吹低温半焦试验分析 [J]. 包钢科技，2011，37 (6)：32-29.

[79]　中钢集团鞍山热能研究院有限公司，神木县煤化工产业发展领导小组办公室. 鞍钢 3200m³ 高炉喷吹神木半焦（半焦）粉试验研究报告 [R]. 2011-09.

[80]　孙鹏. 半焦在乌化固定层间歇造气中的应用 [J]. 内蒙古石油化工，2006 (5)：29.

[81]　高志勇. 半焦在造气炉中试验小结 [J]. 化肥工业，2011，38 (1)：63-65.

[82] 门长贵，黄晔，胡斌. 铁合金焦气化制合成气 [J]. 煤化工，2002 (2)：20-23.

[83] 翟玉伟，刘道文. 半焦掺烧技术在我公司的应用 [J]，化工设计通讯，2012，38 (1)：20-22.

[84] 辛收良. 半焦掺烧技术的研究与应用 [J]. 化肥设计，2013，51 (1)：53-55.

[85] 闵庆绍，徐祥军. 连续富氧造气炉掺烧半焦运行总结 [J]. 中氮肥，2012 (5)：16-17，59.

[86] 薛良福. 热解焦粉（半焦）湿法气流床气化工业试烧总结 [J]. 煤化工，2013 (2)：26-29.

[87] 李晶. 神府半焦催化活化及多联产研究 [D]. 西安：西安科技大学，2010.

[88] 侯影飞，周洪洋，祝威，等. 褐煤半焦 KOH 活化剂制备含油污水除油吸附剂 [J]. 化工进展，2009，28 (增刊)：134-137.

[89] 张建，侯影飞，周洪洋，等. 活性半焦用于油田含油污水除油的研究 [J]. 环境工程学报，2010，4 (2)：355-359.

[90] 胡龙军，李春虎，王林学，等. 改性半焦脱除 FCC 汽油中含硫化合物的研究 [J]. 精细石油化工进展，2006，7 (10)：20-23.

[91] 王林学，李春虎，胡龙军，等. 改性褐煤半焦用于脱除汽油中含硫化合物的研究 [J]. 现代化工，2006，26 (12)：34-37.

[92] 杨林，李春虎，冯丽娟，等. 活性半焦在 FCC 柴油吸附脱硫中的应用研究 [J]. 工业催化，2007，15 (1)：24-28.

[93] 马宝岐，张秋民. 半焦的利用 [M]. 北京：冶金工业出版社，2014.

[94] 黄慧君，阮立军，申联星. 洁净型煤技术在散烧煤治理中的作用及建议 [J]. 煤炭加工与综合利用，2016 (12)：1-5.

[95] 苗文华，林红，张旭辉. 半焦型焦用于民用燃料的研究 [J]. 煤炭加工与综合利用，2016 (8)：65-68.

[96] 张鑫. 半焦替代无烟煤高效清洁利用的研究 [J]. 洁净煤技术，2015，21 (3)：103-106.

[97] 刘家利，杨忠灿，王志超，等. 半焦作为动力用煤的燃烧性能研究 [J]. 洁净煤技术，2016，22 (2)：84-88.

[98] 金辉，张功多，孟庆波，等. 神木半焦制备大块铸造型焦的工业试验 [J]. 煤炭转化，2016，39 (2)：47-50.

[99] 侯吉礼，尚文智，刘军利，等. 半焦（半焦）替代原煤清洁燃烧的排放对比研究 [J]. 煤炭技术，2016，35 (8)：287-289.

[100] 缪育聪，郑亦佳，王姝，等. 京津冀地区霾成因机制研究进展与展望 [J]. 气候与环境研究，2015，20 (3)：356-368.

[101] 王东升，刘明锐，白向飞，等. 京津冀地区民用燃煤使用现状分析 [J]. 煤质技术，2016 (3)：47-49，46.

[102] 杨双平，郭栓全，王苗，等. 基于扩展的 TOPSIS 法对高炉喷吹半焦的可行性研究 [J]. 冶金能源，2016，35 (3)：38-41.

[103] 徐晨阳，董洁. 半焦冶金性能试验研究 [J]. 资源信息与工程，2016，31 (3)：91-94.

[104] 王跃思，姚利，刘子锐，等. 京津冀大气霾污染及控制策略思考 [J]. 中国科学院院刊，2013，28 (3)：353-363.

[105] 吴波，张进成，魏凤玉，等. 改性半焦末对对硝基苯酚的吸附平衡和动力学 [J]. 化工进展，2016，35：321-326.

[106] 艾沙江·斯拉木，王永刚，林雄超，等. 三道岭半焦粉制备冶炼用型焦的工艺研究 [J]. 煤炭转

化，2016，39（2）：51-57.

[107] 王思同，杨志远，赵敏捷，等. 神木半焦粉改性制浆的试验研究 [J]. 西安科技大学学报，2016，36（5）：680-684.

[108] 董梅，周惠良，郭玉琼，等. 改性半焦末对硝基苯生产废水的吸附处理 [J]. 化工环保，2016，36（3）：288-292.

[109] 蒋绪，侯党社，张蕾，等. 半焦粉末活化制备活性炭的实验研究 [J]. 当代化工，2016，45（7）：1375-1378，1575.

[110] 杨双平，张攀辉，郭拴全，等. 内配半焦生产球团矿的试验研究 [J]. 烧结球团，2016，41（1）：33-35，51.

[111] 蔡超，胡奇林，郭玉琼，等. 半焦处理硝基苯类有机废水的研究 [J]. 广东化工，2016，43（19）：129-130.

[112] 刘皓，邓保炜，陈娟，等. 半焦基中孔活性炭的制备及性能表征 [J]. 材料导报 B：研究篇，2016，30（5）：87-90.

[113] 张相平，马宝岐，周秋成，等. 榆林兰炭产业升级版的研究 [M]. 西安：西北大学出版社，2017.

[114] 张相平，周秋成，马宝岐. 榆林煤化工产业高端化发展路径研究 [J]. 煤炭加工与综合利用，2017（2）：21-24，38.

[115] 张相平，周秋成，马宝岐，等. 榆林兰炭内热式直立炉工艺现状及发展趋势 [J]. 煤炭加工与综合利用，2017（4）：22-26.

[116] 盛明. 半焦配煤制备气化水煤浆试验研究 [J]. 煤质技术，2018（04）：6-9.

[117] 何红兴，杜丽伟，张桂玲，等. 半焦制备气化水煤浆试验研究 [J]. 洁净煤技术，2017，23（06）：38-41.

[118] 邹亮，王鹏飞，吴治国，等. 低阶煤固定流化床热解及半焦气化实验研究 [J]. 石油炼制与化工，2018，49（06）：5-11.

[119] 方顺利，姚伟，刘家利，等. 乌拉盖褐煤半焦气化特性试验 [J]. 热力发电，2017，46（12）：75-79，128.

[120] 景旭亮，马志超，张正旺，等. 加氢气化半焦干粉气化可行性研究 [J]. 煤炭加工与综合利用，2018（02）：49-52.

第6章

低阶煤分质利用过程的环境保护

近10多年来，虽然我国低阶煤热解产业的生产技术工艺得到不断改进和提升，但与国家对清洁化生产的要求相比仍有一定差距。

目前，我国工业发展已进入环境治理的强制期，为促进我国低阶煤热解产业"科学、有序、稳定"地发展，就必须强力执行和落实国家和地方各项环保政策与法规，尽快实现低阶煤热解产业的清洁化生产。

6.1 污染来源及治理原则

6.1.1 污染来源

在陕西省质量技术监督局公布的《兰炭工业竣工环境保护验收技术规范》（DB61/T 1057—2016）明确指出，低阶煤内热式直立炉热解过程包括备煤、炭化（干馏）、煤气净化、筛焦储焦及干馏煤气脱硫五大工段，其工艺流程如图6-1所示。

由图6-1可知，在低阶煤内热式直立炉热解过程中，主要产生大气污染、水污染、废渣污染和噪声污染。

（1）大气污染

主要是原煤、半焦堆场和破碎、筛分、上料工序的粉尘无组织排放；烘干系统和循环氨水池的酚、氨等无组织排放。研究表明：半焦生产仅在烘干系统排放 SO_2、NO_x，平均排放量分别达到 0.0209kg/t 半焦和 0.1262kg/t 半焦。目前，低阶煤热解过程中产生的粉尘和废气，已对环境造成不可低估的污染。

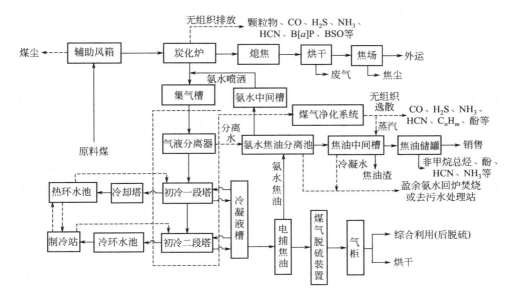

图 6-1　低阶煤内热式直立炉热解系统工艺流程

（2）水污染

主要是在荒煤气净化过程中凝结下来的盈余循环水，因有氨的气味，俗称含氨废水或剩余氨水，产生量为半焦的 0.11～0.13 倍，主要污染物为 COD、氨氮、挥发酚等，污染物浓度分别为 $4 \times 10^4 \sim 6 \times 10^4 \, \text{mg/L}$、2000～4000mg/L、3000mg/L 左右，废水中焦油含量为 5%～10%；目前有部分低阶煤热解企业将未经处理的含氨废水直接用于熄焦不外排，循环氨水池中的含氨废水直接排放，这是造成水环境污染的主要原因。

（3）废渣污染

主要是焦油渣，焦油渣中含有多种芳香族化合物（苯族烃、萘、蒽）、含氧化合物（酚、甲酚）、含硫化合物（噻吩、硫代环烷）和含氮化合物（吡啶、氮杂萘、氮杂芴）等对环境有害的物质。年产 100 万吨兰炭企业会产生焦油渣约 1200t，可通过加工处理后回收利用。

（4）噪声污染

主要来源于鼓风机、引风机、筛焦机、上料系统及循环水泵等。噪声对操作人员身体健康会带来伤害，对此必须采取有效措施进行防护治理。

6.1.2　主要特点

低阶煤热解产业污染问题主要是氨水处理难度大和无组织排放突出。无组织排放由于排放环节多、企业规模小、环保投资不到位，使其未能得到彻底解决。

废水处理是当前低阶煤热解产业污染治理的难点，也是低阶煤热解产业能否实现可持续发展的关键。

中低温热解废水不同于传统焦化厂的高温热解废水，一是成分复杂，废水中既有无机污染物也有有机污染物，特别是有机物除酚类化合物外，还包括脂肪族化合物、杂环类化合物和多环芳烃等；二是水质变化幅度大，氨氮变化系数有的高达 2.7，COD 变化系数达 2.3，酚、氰化物浓度变化系数分别为 3.3 和 3.4；三是可生化性差，由于有机物多为芳香族化合物和稠环化合物及吲哚、吡啶、喹啉等杂环化合物，其 BOD_5/COD 值低，一般为 0.3～0.4，有机物稳定，微生物难以利用；四是废水毒性大，氰化物、芳环、稠环、杂环化合物都对微生物有毒害作用，有些甚至在废水中的浓度已超过微生物可耐受的极限；五是单厂废水产生量小，一个年产 100 万吨半焦厂废水量不到 16 万吨/a，单位处理成本高。

由于中低温热解废水处理难度大，与传统焦化行业废水处理有着本质的区别，不能直接套用焦化行业的环境保护方法和标准处理低阶煤热解产业的煤气脱硫和剩余氨水处理问题。

6.1.3　防治标准

（1）废气

低阶煤内热式直立炉热解工段大气污染物排放执行《炼焦化学工业污染物排放标准》（GB 16171—2012）表 5、表 7 规定的排放浓度限值及《恶臭污染物排放标准》（GB 14554—93）表 1 中的二级和表 2 的规定；其他废气等执行《大气污染物综合排放标准》（GB 16297—1996）表 2 的二级标准。

（2）废水

全厂生产废水和生活污水经处理后全部回用，做到废污水零排放。

（3）噪声

生产过程中厂界噪声执行《工业企业厂界环境噪声排放标准》（GB 12348—2008）3 类的标准。

（4）固体废物

一般固体废物：执行《一般工业固体废物贮存、处置场污染控制标准》（GB 18599—2001）及其修改单（环境保护部公告 2013 年第 36 号）；危险废物执行《危险废物贮存污染控制标准》（GB 18579—2001）及其修改单（环境保护部公告 2013 年第 36 号）；生活垃圾执行《生活垃圾填埋场污染控制标准》（GB 16889—2008）中的有关规定。

低阶煤内热式直立炉热解生产过程中，污染防治具体标准限值见表 6-1～表 6-3。

表 6-1　大气污染物排放标准限值

排放	类别	污染源	污染物	排气筒高度/m	标准限值		标准来源
					最高允许排放浓度/(mg/m³)	最高允许排放速率/(kg/h)	
有组织	兰炭	备煤筛分粉尘	粉尘	20	≤30	—	GB 16171—2012
		炉顶含尘废气	粉尘	20	≤30	—	GB 16171—2012
		筛焦工段	粉尘	20	≤30	—	GB 16171—2012
	公辅	污水处理	H_2S	15		≤0.33	GB 14554—93
			NH_3			≤4.9	
			VOCs				
无组织		备煤工段煤棚无组织排放	粉尘	—	≤1	—	GB 16297—1996
		炭化、净化工段无组织排放	粉尘	—	≤1		GB 16171—2012
			H_2S	—	≤0.01		
			NH_3	—	≤0.2		
			B[a]P	—	≤0.01μg/m³		
		焦油罐无组织排放	NMHC	—	≤4.0		GB 31571—2015
		焦场无组织排放	粉尘	—	≤1		GB 16171—2012
		污水处理站	H_2S	—	≤0.06		GB 14554—93
			NH_3	—	≤1.5		
			VOCs	—	—		

表 6-2　噪声污染排放标准限值

厂(场)界噪声	标准限值	单位	标准名称及级(类)别
昼间	≤65	dB(A)	《工业企业厂界环境噪声排放标准》(GB 12348—2008)3 类
夜间	≤55		

表 6-3　固体废物污染排放控制标准

污染物	标准名称及级(类)别
一般固体废物	《一般工业固体废物贮存、处置场污染控制标准》(GB 18599—2001)及其修改单(环境保护部 2013 年第 36 号)
危险废物	《危险废物贮存污染控制标准》(GB 18597—2001)及其修改单(环境保护部 2013 年第 36 号)
生活垃圾	《城市生活垃圾管理办法》(建设部第 157 号令)和《生活垃圾填埋场污染控制标准》(GB 16889—2008)

6.1.4 治理原则

在低阶煤分质利用过程中所产生的污染物，主要有废气、废水、废渣。其污染物的利用原则是：

① 对污染物的治理应遵守国家现行的有关法律、法规和标准的规定；

② 污染物治理的项目建设，应依据当地或工业园区的总体规划和要求，合理确定处理设施的布局和规模；

③ 应根据废物的组成，采用科学、先进和可靠的技术对其有效成分进行分级回收和资源化利用，使其变废为利，同时避免二次污染；

④ 污染物治理项目建设，在满足当前需要的同时，还应当充分考虑升级改造的可能；

⑤ 污染物治理项目建设，应遵循综合治理、再生利用、节能降耗、总量控制的原则；

⑥ 在项目建设时，应采用技术成熟可靠、科学合理、行之有效的新技术、新工艺、新材料和新设备。

6.2 大气污染与防治措施

6.2.1 无组织排放的污染

6.2.1.1 原煤堆场煤尘污染

低阶煤热解企业原料煤一般采用汽车运入厂区，100 万吨/a 的兰炭生产企业，贮煤场面积约为 30000m²，贮煤量约 70000t，每年原煤输入量 160 万吨。研究表明：露天贮煤粉尘在装卸过程中的产污系数为 3.53～6.41kg/(t·a)。煤场扬尘和风速成高次方比例增长，煤场起尘量和风速及表面含水率的关系见图 6-2。

6.2.1.2 破碎、筛分及上料的煤尘污染

煤在破碎、筛分、胶带转运点处产生大量煤尘。由于无法对落下的煤尘进行清扫，煤尘二次飞扬严重，以破碎、筛分及其清理等产生粉尘最多。造成系统污染严重的原因有：来煤含水量低（当煤的含水量低于 6% 时，煤尘飞扬严重）；转载点、栈桥地面和一些卫生死角落煤堆积，产生二次粉尘飞扬；胶带机运行不正常（跑偏、密闭不严）造成胶带落煤严重。产尘点没有通风除尘设施，粉尘不能得到有效控制。

干馏炉上料系统也是产生煤尘的重要污染源。较规范的低阶煤热解企业上料

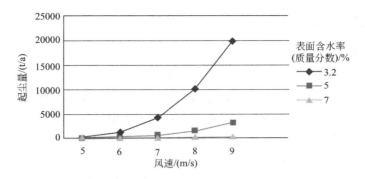

图 6-2　煤场起尘量和风速及表面含水率的关系

采用封闭的输煤廊道，多台干馏炉为一组，在炉顶建封闭的加料室，用皮带将原料煤送至每一个干馏炉的加料斗，这样可有效控制加料过程的扬尘产生。

干馏炉一般采用微正压操作，其目的是为了防止空气从炉顶进入煤气系统，发生爆炸。但是微正压操作会在炉顶产生黄烟，其中含有煤气、焦油及苯并芘等多种有害物质，炉顶正压操作是产生苯并芘的主要污染源，对环境影响较大，是低阶煤热解过程中产生苯并芘的主要污染源之一。

6.2.1.3　干馏及煤气净化过程中无组织逸散的煤气

原煤在干馏过程中，发生热解反应，会产生 CO、CH_4、H_2、B[a]P（苯并芘）、H_2S、NH_3、BSO（苯可溶物）、吡啶、氰化物、苯、酚及萘等多种化学物质，产生的这些物质通过干馏煤气带出来，煤气通过洗涤、降温后，在常温下为气态的 CO、CH_4、H_2 等留在净化煤气中，其他在常温下为固态、液态或溶于水的物质被水带出，通过固液分离大多数进入焦油中，H_2S、NH_3、氰化物、酚等溶于水或微溶于水的物质，由于其在水中的溶解度不同，分别以不同的浓度存在于循环水中，饱和后就不再被水溶解而被煤气带出，如 H_2S、NH_3 等。

干馏、煤气洗涤的工段没有固定废气排放口，主要通过炉顶辅助煤箱周围、炉底排焦时逸出，以及煤气输送管道不严密导致的泄漏及煤气放散，冷热循环水池随水蒸气带出的挥发性污染物等。污染物基本上呈面源无组织排放。

6.2.1.4　半焦筛分和半焦堆场的污染

半焦筛分和原煤筛分的粉尘污染相似，但由于一般情况下半焦筛分时其含水率较高，一般超过 15% 以上，扬尘量较小。半焦采用皮带输送，一些企业将输送系统架设较高，半焦跌落高差较大（超过 10m），遇风时产生的扬尘较大。

半焦在料场堆放一段时间后，其表面水分蒸发，含水率降低，特别是粉焦，若露天堆放，扬尘较大。其污染状况和原煤堆场相似。

6.2.2　大气污染防治措施

（1）备煤、破碎转运、筛贮焦工段

该工段主要污染物为煤尘和焦尘。采用袋式除尘器除尘，除尘效率≥99％。袋式除尘器是一种干式滤尘装置，适用于捕集细小、干燥、非纤维性粉尘。滤袋采用纺织的滤布或非纺织的毡制成，利用纤维织物的过滤作用对含尘气体进行过滤，当含尘气体进入袋式除尘器后，颗粒大、密度大的粉尘，由于重力的作用沉降下来，落入灰斗，含有较细小粉尘的气体在通过滤料时，粉尘被阻留，使气体得到净化。适应性强，能处理不同类型的颗粒物，处理容量可大可小；操作弹性大，入口气体含尘浓度变化较大时，对除尘效率影响不大。根据《大气污染防治先进技术汇编》，袋式除尘器除尘效率最高可达 99.99％，可将粉尘排放浓度控制在 30mg/m³ 以下。

（2）炭化工段及煤气净化工段

该工段废气主要是炉顶辅助煤箱周围、炉底排焦、熄焦时逸出，煤气输送管道不严密导致的泄漏及煤气放散，冷热循环水池随水蒸气带出的挥发性污染物等。

应采取如下控制措施：装煤应采用双室双闸给料器，杜绝煤尘外逸，大大减轻炉体内烟尘、有害气体无组织逸散量。炉体采用护炉铁皮密封，杜绝煤气外逸。兰炭排出采用干法出焦，彻底解决粉尘外冒。通过文氏塔、旋板塔及电捕焦净化，能有效地防止煤气逸出。采用静电捕焦油器将煤气中的焦油、粉尘吸附回收。兰炭炉产生的荒煤气中含有 H_2S、酚、氨、焦油等，在进入桥管和集气槽经喷洒洗涤后，大部分转入洗涤液中，煤气中的污染物含量大大降低。此外，静电捕焦油器的回收率可达 98％，能有效净化煤气。煤气二次冷却采用间接冷却，避免了造成的煤气中有害气体进入冷却水后向空气的挥发，对焦油氨水分离池等污水池采取封闭措施。对于煤气净化系统的各类设备、管道，设计上考虑其密闭性，防止其放散及泄漏。

（3）焦油储罐的呼吸损失量

焦油罐呼吸排放的污染物主要为烃类，焦油储罐均采用高效密封固定拱顶罐，可减少挥发性有机物的损耗，另外，可将呼吸气用管道引至炭化炉燃烧室燃烧，对环境影响较小。

（4）煤场无组织排放

主要污染物为煤尘、焦尘，主要污染源为贮煤场、贮焦场及原煤装卸过程。该工段产生的污染物基本呈面源无组织排放，煤尘、焦尘量主要和风速、原煤湿度、原煤储量、存储方式等有关。采用煤棚和焦棚存储煤炭和焦炭，设置喷雾除尘设施，属于《兰炭行业清洁生产标准》中推荐的措施，可有效降低无组织排放。

6.3　废水污染与防治措施

6.3.1　热解废水性质及特点

（1）热解废水与焦化废水的异同

半焦与焦炭都是原煤在一定温度下干馏后得到的产物，因此，所产生废水的主要污染物在组成上有很多相似之处，故目前对热解废水的处理，主要借鉴焦化废水的处理方法。

然而，生产半焦和焦炭的煤种的不同以及干馏温度的差异造成了半焦废水与焦化废水有很大的差异。原料煤种类的不同是造成热解废水和焦化废水差别的一个重要原因。半焦生产以干馏温度在 600～800℃ 的中低温干馏为主，而焦炭生产以 1000℃ 左右高温干馏为主，故热解废水中除含有一定量的高分子有机污染物外，还含有大量的未被高温氧化的中低分子污染物；在高温条件下，中低分子有机物经化学反应进行选择性结合后形成了大分子有机质，这些有机质或留存于焦油、或留存于焦炭。由表 6-4 可知，热解废水的浓度要比焦化废水高出 10 倍左右，热解废水成分比焦化废水更加复杂，在废水的处理上，热解废水要比焦化废水更难处理，方法也应该有所不同。

表 6-4　热解及焦化废水水质

水质指标	油/(mg/L)	挥发酚/(mg/L)	COD/(mg/L)	NH_3-N/(mg/L)	色度/倍
热解废水	1000～1500	3000～5000	30000～40000	2500～3000	10000～30000
焦化废水	50～70	600～900	1500～4000	300～600	230～600

（2）热解废水的组成

目前，典型热解废水的水质如表 6-5 所示。姚珏对陕北地区热解废水进行了 GC-MS 分析，分析其所含有机物质，其结果如表 6-6 所示。

表 6-5　陕北地区典型热解废水主要来源及水质　　　单位：mg/L

主要排水点	pH 值	挥发酚	氰化物	石油类	氨氮	COD
油水分离排水（剩余氨水）	8～9	2000～4000	90～110	570～700	2650～3200	40000～60000
煤气水封槽排水		50～100	10～20	10	60	1000～2000

续表

主要排水点	pH 值	挥发酚	氰化物	石油类	氨氮	COD
泵房地平排水		1500～2500	10	500		1000～2000
化验室排水		100～300		400		1000～2000
循环冷却水排水		10	0	20	10	50

表 6-6 热解废水的有机物成分分析

有机物名称	含量/%	出峰时间/min
苯酚	36.67334	13.784
2-甲基苯酚	7.0087	17.279
3-甲基苯酚	21.43015	18.396
2,3-二甲基苯酚	1.10649	21.727
2,4-二甲基苯酚	2.08012	21.816
4-甲基苯酚	2.65751	22.843
3,4-二甲基苯酚	1.22305	24.57
1,2-苯二酚	2.98872	25.373
3-甲基-1,2-苯二酚	2.77471	28.432
4-甲基-1,2-苯二酚	2.99212	29.732
2,5-二甲基氢醌	0.98488	32.53
4-甲基儿茶酚	2.59621	33.924

由表 6-6 可知,热解废水的主要有机物质为苯酚类物质。

张智芳等对榆林某厂的热解废水进行了 GC-MS 分析,其热解废水中主要有机物及其相对含量见表 6-7。在表 6-7 中 $C_{乙醚}$、$C_{异戊醇}$、$C_{正庚烷}$、$C_{二氯甲烷}$ 分别表示萃取剂为乙醚、异戊醇、正庚烷或二氯甲烷时,萃取相所含有机污染物的质量分数。

表 6-7 热解废水中主要有机物及其相对含量

峰号	化合物	保留时间 t/min	$C_{二氯甲烷}$ /%	$C_{异戊醇}$ /%	$C_{正庚烷}$ /%	$C_{乙醚}$ /%
1	乙苯	3.352	0.82	—	—	—
2	1,3-二甲基苯	3.464 3.833	1.45 0.59	— —	— —	— —
3	环乙酮	3.878	8.28			
4	乙酸乙酯	3.989				2.86
5	异戊醇	3.703 3.756		5.10 3.94		
6	2-氨基异丙醚	4.208				0.98
7	苯酚	5.373 5.558	17.58 —	— 9.73	9.14 —	27.62 —
8	2-羟基丙酸戊酯	5.708				1.31

续表

峰号	化合物	保留时间 t/min	$C_{二氯甲烷}$ /%	$C_{异戊醇}$ /%	$C_{正庚烷}$ /%	$C_{乙醚}$ /%
9	异戊醚	5.742 5.926	— —	11.64 10.48	1.87 —	
10	3-甲基苯酚	6.835 6.935 7.273 7.362	12.11 29.76 	— 9.56 23.02	17.35 28.06 	9.71 24.23
11	2,6-二甲基苯酚	7.947 8.836	— 	— 4.58	1.42 —	
12	2-乙基苯酚	8.587 9.241 9.442 9.760	0.88 4.82 0.87 1.45	— 	1.89 	
13	2,3-二甲基苯酚	8.794 9.261 9.228 9.438 9.754	5.95 — 5.95 	 3.20 	12.85 8.86 1.82 2.55	4.52 3.83 1.37
14	3-乙基苯酚	9.183	1.96	—	3.11	1.31
15	邻苯二酚	9.889 9.929	2.85 —	— 8.14	— —	6.91
16	2-乙氧基-4-甲基苯酚	11.208		2.41		
17	草酸-2-异丙基苯基戊酯	10.469 10.690 10.780	— — —	— — —	0.80 1.03 0.63	
18	1,5,5-三甲基-6-亚甲基-1-环乙烯	11.127			1.84	
19	3-甲醇苯酚	11.194	3.02		—	
20	4-庚氧基-1-乙醛基苯	11.300			1.00	
21	4-甲基邻苯二酚	11.187 11.774	 3.27			1.09 1.84
22	对苯酚	11.640	—	2.46	—	3.35
23	2-乙氧基-4-甲基苯酚	11.795		3.52		
24	2-甲基-1,3-苯二酚	11.874 12.565	 3.02			1.91 1.22
25	对丙烯苯酚	12.366	—	—	0.78	—
26	1-羟基茚满	12.802			1.07	
27	4-丙烯苯酚	12.817	1.10			
28	2,6-二甲基-1,4-苯二酚	13.046	0.82			
29	4-乙基-1,2-苯二酚	13.649	1.40			
30	3-羟基-D-酪氨酸	13.707				0.83
31	9-十八烯-2-苯基-1,3-二氧戊环甲酯	13.784				1.16
32	丁酸-4-辛酯	13.858		0.97	—	—

由表 6-7 可知：热解废水中的有机污染物约 30 多种，其中主要污染物为酚类及其衍生物，占检测到有机物的 74.92%，其中苯酚和甲基酚的浓度最高；其次是烷烃类、酯类化合物，所占比例为 23.58%；此外还含有少量的酸、茚满等化合物。

（3）热解废水的特点

由表 6-5 和表 6-6 可知，热解废水的主要特点是：

① 成分复杂。废水中所含的污染物可分为无机污染物和有机污染物两大类。

无机污染物一般以铵盐的形式存在，包括 $(NH_4)_2CO_3$、NH_4HCO_3、NH_4HS、NH_4CN、$NH_4(COO)NH_4$、$(NH_4)_2S$、$(NH_4)_2SO_4$、NH_4SCN、$(NH_4)_2S_2O_3$、$NH_4Fe(CN)_3$、NH_4Cl 等。

有机物除酚类化合物以外，还包括脂肪族化合物、杂环类化合物和多环芳烃等。其中以酚类化合物为主，占总有机物的 85% 左右，主要成分有苯酚、邻甲酚、对甲酚、邻对甲酚、二甲酚、邻苯二甲酚及其同系物等；杂环类化合物包括二氮杂苯、氮杂联苯、氮杂苊、氮杂蒽、吡啶、喹啉、咔唑、吲哚等；多环类化合物包括萘、蒽、菲、苯并［a］芘等。

② 水质变化幅度大。废水中氨氮变化系数有些可高达 2.7，COD 变化系数可达 2.3，酚、氰化物浓度变化系数分别为 3.3 和 3.4。

③ 含有大量难降解物，可生化性差。废水中有机物（以 COD 计）含量高，且由于废水中所含有机物多为芳香族化合物和稠环化合物及吲哚、吡啶、喹啉等杂环化合物，其 BOD_5/COD 值低，一般为 0.3～0.4，有机物稳定，微生物难以利用，废水的可生化性差。

④ 废水毒性大。废水中的氰化物、芳环、稠环、杂环化合物都对微生物有毒害作用，有些甚至在废水中的浓度已超过微生物可耐受的极限。

6.3.2 热解废水处理技术

6.3.2.1 热解废水处理基本工艺

热解废水处理一般分预处理除油单元、蒸氨脱酚单元及污水处理单元等工艺处理单元。

（1）除油单元

剩余氨水的总油含量为≤4000mg/L，废水中含油量高会造成工艺换热器和蒸氨塔及相关设备堵塞严重，缩短设备的使用寿命，增加生产成本，恶化处理效果，因此，在剩余氨水脱酚和脱氨之前应先进行除油。

① 除油技术。除油技术主要有重力分离法、气浮法、粗粒化法、凝聚法、纤维球过滤法、膜过滤法，这些方法是去除水中浮油、重油的传统方法，因设备

构造简单、维护容易、能耗低、使用方便、不产生二次污染，得到了广泛应用。实践表明，这些技术用于热解废水处理效果较差。

② 除油工艺的确定。我国的相关科研院所及设计单位经过不断的生产性试验，开发出"旋流分离除油罐＋破乳混凝沉淀＋多相气浮＋序进双效气浮设备"工艺。该技术采用旋流分离除油罐作为前置除油工艺段，分离效率是传统的静置分离和斜板分离的几十倍，能够去除废水中的乳化油、分散油等。将破乳、混凝、多相气浮及双效气浮技术相结合，可大大提高除油效率，改善污水出水水质，且实际运用成熟、操作简单、易于控制。

③ 工艺流程。剩余氨水通过提升泵进入旋流分离除油罐的内罐，除油罐采用"罐中罐"技术对油水进行再次分离，分离后的油上浮到内罐的顶部，由设置在内罐中的自动撇油装置将油排至外部污油收集罐。分离后的污水通过四周均布的虹吸管进入外罐，在外罐内再通过布水折流、碰撞聚合，实现流动状态下的油水分离。

旋流分离除油罐的出水进入"破乳混凝沉淀＋多相气浮"系统处理，该系统是除油单元的核心技术单元，承担主要除油任务。为进一步用于脱除剩余氨水中溶解性焦油，减轻对后续蒸氨脱酚装置的影响，在多相气浮处理基础上增加1套序进双效气浮设备，确保进蒸氨塔废水含油在 100mg/L 左右。各级除油工艺处理后的出水由泵送至蒸氨脱酚处理单元。

④ 预期处理效果。各装置除油效果见表6-8。

表6-8　各装置设计出水水质指标　　　　　　　　单位：mg/L

项目	剩余氨水	旋流分离除油器	破乳混凝沉淀槽	气浮器	序进双效气浮设备
总油	≤4000	≤3000	≤1500	≤1000	100

(2) 蒸氨脱酚单元

蒸氨脱酚单元主要包括：脱酸、脱氨、萃取、溶剂汽提、溶剂回收、溶剂贮存、废液系统等装置。本单元副产品粗酚、焦油等送罐区，稀氨水经泵送至脱硫单元，处理后废水送至后续污水处理单元进行处理。

① 工艺流程

a. 脱酸脱氨。来自油水分离装置的原料污水进入脱酸脱氨系统，脱除酸性气体和氨。塔顶出来的酸性气体经处理后送入焚烧装置，脱氨塔塔底废水经换热器冷却后进入后续萃取装置。

b. 萃取。脱氨塔塔底废水经冷却后进入萃取系统，与溶剂萃取剂在萃取系统中逆流接触，完成萃取。萃取后的溶剂相由萃取塔的上部溢流口溢流入萃取物贮槽，再经泵送至溶剂回收系统分离溶剂和粗酚。水相由萃取塔塔底经泵送至溶剂汽提塔回收溶剂。

c. 溶剂回收。萃取溶剂相进入萃取物贮槽，由泵经换热器预热后，送至溶剂回收塔进行精馏分离。其中溶剂作为轻组分从塔顶采出，经塔顶冷凝器冷却后进入溶剂循环槽。粗酚、焦油等分别从塔下部采出，经冷却器冷却后进入罐区。溶剂回收塔的塔顶回流来自溶剂循环槽。

d. 溶剂提纯。根据溶剂污染情况，可间歇或连续地对溶剂循环槽萃取溶剂进行提纯操作。油及其他杂质组分被分离出来。

e. 溶剂汽提。萃取脱酚后的废水中既有溶解溶剂，也有夹带溶剂。萃取后废水自萃取塔塔底经泵排出，经换热器预热后送至溶剂汽提塔，脱除水中溶解和夹带的溶剂。脱溶剂后的净化水由塔底净化水泵经换热器冷却至 35～45℃后，泵入后续污水处理单元。

② 预期处理效果。蒸氨脱酚单元出水：总酚 $\leqslant 900mg/L$，$COD_{Cr} \leqslant 5500mg/L$，氨氮 $\leqslant 200mg/L$。

（3）污水处理单元

热解污水处理装置一般由预处理、一段生化、二段生化、后混凝处理及深度处理等系统组成，该生物处理系统属于 O/A/O＋O/A 工艺流程。

① 预处理系统。预处理系统由调节池、超声波除油池、气浮器等装置组成。通过物理或化学的方法去除少量的 COD_{Cr}，其中以附着于水中悬浮物、油滴表面的非溶解性 COD_{Cr} 为主，以减少其对生化处理系统的影响。

蒸氨废水经泵加压送到超声波除油池，池内投加絮凝剂进行破乳后去除轻油、重油，接着进入调节池使得废水均质均量，再经泵加压送至气浮器，通过气浮去除油类、大部分 SS 及胶体，气浮后废水自流至生化系统。

② 生化处理系统。生化处理系统由一段生化系统和二段生化系统组成。一段生化系统包含预曝气池、沉淀池、复合脱氮池、一段好氧池、一段沉淀池等装置。二段生化系统包含缺氧池、二段好氧池、二段沉淀池及中间沉淀池等装置。预处理沉淀池出水依次通过上述装置，进行各类污染物的降解处理。

预处理系统出水自流进入预曝气池，可对生化处理段来水进行水质调控，保证良好脱碳功效，同时可大量去除对生物有抑制作用的污染物，保证后续系统的稳定运行。预曝气池出水经过沉淀分离后自流进入复合脱氮池。

复合脱氮池的主要作用：将废水中的有机氮在厌氧状态下发生水解氨化为无机氮，便于脱除总氮；将 NH_4^+ 和 NO_2^- 同时转化为氮气，实现厌氧氨氧化；将一段好氧系统回流的 NO_3^--N 和 NO_2^--N 反硝化为氮气。

复合脱氮池出水自流入一段好氧池，去除废水中大量抑制脱氮菌属生长的

SCN$^-$、CN$^-$、酚类等物质，同时完成氨氮的硝化反应。一段好氧池出水经沉淀池分离后进入缺氧池，完成脱总氮的任务。缺氧池出水进入二段好氧池，主要是去除残留在废水中的少量有机污染物质，确保二段沉淀池出水 COD$_{Cr}$ 尽可能降低。

生化装置最终出水可以达到：总氮≤10mg/L，氨氮≤5mg/L，COD$_{Cr}$≤250mg/L，氰化物≤0.5mg/L，挥发酚≤0.5mg/L。

③ 后混凝处理系统。一般根据污水处理装置出水水质要求，确定后混凝处理系统的工艺流程及投加化学药剂的类别。后混凝处理系统一般包括混凝反应池、混凝沉淀池、高密度沉淀池等。

生化系统出水自流至混凝反应池，在反应池内加入符合工艺要求的相关化学药剂，同时进行机械搅拌，然后自流入混凝沉淀池进行沉降分离，混凝沉淀池出水再提升至高密度沉淀系统，在反应区中二次投加混凝剂、高效 COD 去除剂、pH 调整剂，进行混凝反应，反应后混合液进入沉淀区，进一步去除废水中的 COD、SS 和色度等，高密度沉淀池出水进入清水池，再经泵提升至深度处理单元处理。

后混凝处理系统出水主要指标可以达到：COD$_{Cr}$ 100～120mg/L，氰化物≤0.2mg/L，挥发酚≤0.2mg/L。

④ 深度处理系统。若对处理后水质有特殊要求，需对混凝系统处理后达标水进行深度处理，而深度处理后水基本作为回用水系统的原水。深度处理系统主要有 BAF 滤池、臭氧催化氧化、芬顿试剂高级氧化、流化床反应器、活性炭再生与吸附系统及多介质过滤器等装置。以上这些技术的适当组合，对各类污染物都有稳定的去除效果，可以保证处理后的废水水质满足达标排放。

深度处理系统出水主要指标可以达到：COD$_{Cr}$ 50～80mg/L，氰化物≤0.2mg/L，挥发酚≤0.2mg/L。

6.3.2.2　活性焦吸附生化降解耦合技术

（1）系统概况

北京国电富通科技发展有限公司开发的活性焦吸附生化降解耦合技术，在陕西榆林陕北乾元能源化工有限公司内建成 5m^3/h 煤热解废水处理工程（见图 6-3），处理废水为低阶煤中低温热解废水。

结合陕北地区兰炭炉废水和锡林浩特褐煤干馏炉酚水的水质特性和处理工艺，本项目设计水质如表 6-9 所示，设计水量 5m^3/h。

（2）处理标准

本项目处理后的出水水质执行《炼焦化学工业污染物排放标准》（GB 16171—2012）。

图 6-3　废水处理车间

表 6-9　设计进水水质

编号	指标	数值
1	pH 值	6~9
2	COD_{Cr}/(mg/L)	35000
3	BOD_5/(mg/L)	3000
4	NH_3-N/(mg/L)	2600
5	SS/(mg/L)	500
6	挥发酚/(mg/L)	4000

（3）工艺过程

采用的工艺为"酚氨回收＋前吸附＋水解酸化＋AO 池＋BAF＋吸附"，生化总停留时间约为 140h，其工艺过程如图 6-4 所示。

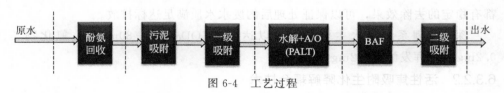

图 6-4　工艺过程

（4）运行情况（60d）

① COD_{Cr} 变化情况。系统各个单元出水的 COD_{Cr} 指标的具体变化情况如表 6-10 所示。

表 6-10　系统及各单元 COD_{Cr} 去除统计

项目	进水/(mg/L)	出水/(mg/L)	去除量/(mg/L)	去除率/%
酚氨回收	36254	5702	30552	84.27
前吸附	5702	5104	598	10.48
水解酸化	5104	4418	686	13.44

项目	进水/(mg/L)	出水/(mg/L)	去除量/(mg/L)	去除率/%
AO 池	4418	566	3852	87.18
曝气生物滤池	566	481	85	15.01
后吸附	481	76	405	84.20

由表 6-10 可见，原水浓度为 36254mg/L 左右，系统出水为 76mg/L 左右，总体去除率达到了 99.79%。其中，前吸附 COD_{Cr} 去除量为 598mg/L，去除率为 10.48%；水解酸化 COD_{Cr} 去除量为 686mg/L，去除率为 13.44%；AO 池去除量为 3852mg/L，去除率达到 87.18%；BAF 去除量为 85mg/L，去除率达到 15.01%；后吸附去除量为 405mg/L，去除率达到 84.20%，效果显著。本项目采用活性焦处理，在有效降低水中有机污染物的同时，维持生化段进水水质在合理范围内，并在满足生化处理所需碳源的同时，减轻后续生化处理的负荷，利于生化段的运行。

② 氨氮变化情况。各个单元出水的氨氮指标的具体变化如表 6-11 所示。

表 6-11 系统及各单元氨氮去除统计

项目	进水/(mg/L)	出水/(mg/L)	去除量/(mg/L)	去除率/%
酚氨回收	6259	160	6099	97.44
前吸附	160	126	34	21.25
水解酸化	126	112	14	11.11
AO 池	112	6.5	105.5	94.19
曝气生物滤池	6.5	6.3	0.2	3.07
后吸附	6.3	5.9	0.4	6.35

注：表中数据为平均值。

由表 6-11 可知，前吸附 $NH_3\text{-}N$ 去除量为 34mg/L，去除率为 21.25%；水解酸化 $NH_3\text{-}N$ 去除量为 14mg/L，去除率为 11.11%；AO 池 $NH_3\text{-}N$ 去除量为 105.5mg/L，去除率达到 94.19%；BAF 的 $NH_3\text{-}N$ 去除量为 0.2mg/L，去除率为 3.07%。

由上述统计结果可以看出，基于活性焦的"吸附＋生化＋吸附＋生化"工艺出水 COD_{Cr} 和 $NH_3\text{-}N$ 均达到了设计要求，整体工艺运行稳定、可靠。现场出水如图 6-5 所示。

陕北乾元能源化工化验室于 2018 年 5 月 19～21 日进行现场取样监测，监测结果见表 6-12～表 6-14。

图 6-5　现场各处理装置出水照片

从左至右依次为：酚氨回收出水、前吸附出水、AO池出水、曝气生物滤池出水、二级吸附出水

表 6-12　监测结果（Ⅰ）　　　　　　　　　单位：mg/L

项目	5月19日			
	入口1#（上午）	出口2#（上午）	入口3#（下午）	出口4#（下午）
pH 值	9.24	7.85	9.59	8.47
化学需氧量	36410	80	35260	62
氨氮	4557	8	4521	5.1

表 6-13　监测结果（Ⅱ）　　　　　　　　　单位：mg/L

项目	5月20日			
	入口1#（上午）	出口2#（上午）	入口3#（下午）	出口4#（下午）
pH 值	9.60	8.39	9.58	8.36
化学需氧量	35900	59	34960	75
氨氮	5928	2.2	5842	3.7

表 6-14　监测结果（Ⅲ）　　　　　　　　　单位：mg/L

项目	5月21日			
	入口1#（上午）	出口2#（上午）	入口3#（下午）	出口4#（下午）
pH 值	9.49	8.68	9.66	8.52
化学需氧量	35400	79	35110	76
氨氮	4412	4.4	4568	3.2

6.3.2.3　半焦废水资源化回收及深度处理技术

针对高浓度、难降解半焦废水，采用中钢集团鞍山热能研究院有限公司的复合除油-强化脱酸脱氨-离心脱酚-高级氧化-高效菌种生化处理-膜处理这一系列组合工艺，实现对半焦废水中焦油、氨水以及工业酚类产品的资源化回收，同时实

现深度净化废水的目的；经生化处理后出水水质指标达到《炼焦化学工业污染物排放标准》（GB 16171—2012）要求，与膜处理技术组合使用最终出水水质满足《工业循环冷却水处理设计规范》（GB 50050—2017）要求。

（1）废水水质

半焦废水普遍具有污染物浓度较高，油类含量较大，色度深，并常伴有刺激性气味等特点。半焦废水水质详见表 6-15。

表 6-15　半焦废水水质

项目名称	指标
COD/（mg/L）	25000
pH 值	9～10
BOD_5/（mg/L）	2800
NH_3-N/（mg/L）	3000～5000
挥发酚/（mg/L）	5000
石油类/（mg/L）	1000
色度	100000

由表 6-15 可知半焦废水中的污染物大致组成，其中油类、氨及酚类污染物都具有一定的经济价值，可进行回收同时大幅度降低污染物浓度。另外，废水的 BOD_5 数值较低，在实施生化法处理之前必须进行预处理，提高其可生化性。

（2）系统概述

半焦废水处理工艺主要分为预处理、生化处理和深度处理三大工艺段。其中，预处理工艺利用复合除油技术消除油类污染，同时回收废水中绝大部分的焦油类物质；采用脱酸脱氨技术去除废水中氨氮污染，同时回收副产品氨水；通过离心萃取脱酚技术实现酚类污染物的去除，同时回收大量工业粗酚；引入高级氧化技术处理废水中残余的难降解复杂环链有机物，实现分子结构层面的破坏，甚至完全矿化为 H_2O 及 CO_2，进而大幅度提高废水可生化性能。应用技术成熟、成本低廉的生化处理工艺结合煤化工废水专用高效菌种进一步去除废水中污染物，以满足排放标准。

为了实现半焦行业废水零排放，与膜处理技术相结合，实现最终出水达到循环冷却水标准，具体工艺流程如图 6-6 所示。

（3）复合除油

半焦废水中常含有大量重质焦油、轻质焦油及乳化油。如果不能对它们进行妥善处理，会对生化系统中的微生物造成巨大危害，显著降低生化处理效率，一旦乳化焦油破乳化，会形成黏稠状固形物，在后续工序中堵塞管道，严重影响污

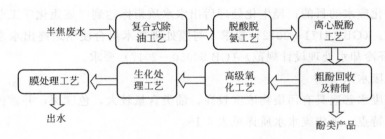

图 6-6　半焦废水资源化回收及深度处理组合技术工艺过程

水处理系统的运行。

采用重力沉降与化学破乳相结合的复合式除油工艺,一方面实现废水中重质焦油渣等固体颗粒或胶状杂质的分离回收;另一方面通过添加专用破乳剂去除水中的乳化油和悬浮在水面的轻质油并回收。经过大量的试验研究,确定了两种效果较好的煤化工废水专用除油药剂,添加量为 300～500mg/L,除油效果达到 90% 以上,COD 去除率达到 30% 左右,具体数据见表 6-16。

表 6-16　煤化工废水专用除油药剂除油效率

破乳剂	除油效率/%	COD 去除率/%
RDTE-Ⅰ	90	29
RDTE-Ⅱ	93	33

（4）脱酸脱氨

半焦废水中氨氮含量较高,若直接进入生化系统,会严重超出生化系统的脱氮能力,系统出水氨氮污染物浓度会超出排放标准的限值,进而会对环境造成严重的破坏。采取脱酸脱氨工艺,目的是将废水中含有的大量氨回收,产生附加值较高的浓氨水,并且为后续生物脱氮处理做准备。高效的两段式脱酸脱氨比传统的蒸氨技术蒸汽消耗量更低、氨氮去除率更高,而且可以回收得到高浓度的氨水。氨水可以作为企业氨法脱硫或者 SCR 脱硝的原料,进行回收利用。同时,脱酸脱氨后,废水的 pH 降低,有利于后续脱酚效率的提高。经过该工艺过程,废水中的氨氮去除率可达 90%～99%。

（5）离心脱酚及粗酚精制

当废水中酚类化合物质量浓度大于 300mg/L 时,生化处理将受到影响,然而半焦废水中酚类质量浓度高达 3000～5000mg/L。如图 6-7 所示,从 GC-MS 分析可以证明这类废水中污染物主要以简单酚类化合物（苯酚、甲酚、二甲酚）为主,且含量惊人。采用离心萃取方式既可以实现降低废水中酚类污染物的目的,又能回收具有较高经济价值的粗酚。

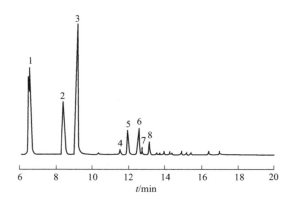

图 6-7 半焦废水 GC-MS 谱

1—苯酚；2—2-甲基苯酚；3—4-甲基苯酚；4—2-乙基苯酚；5—3,5-二甲基苯酚；

6—3-乙基苯酚；7—2,3-二甲基苯酚；8—3,4-二甲基苯酚

离心萃取在液-液高速离心机内进行，利用酚类物质在水中与在有机溶剂中的溶解度不同，将酚类物质从水中转移到有机溶剂中，两相快速充分混合并利用离心力（离心力可以达到 580GN）代替重力实现快速分离。与传统脱酚工艺相比，具有停留时间短、分离精度高、适应能力强等特点，并且脱酚效率高达 92％～98％，萃取剂损耗低。完成离心萃取工艺后，再利用酚类物质与有机溶剂沸点不同，通过一系列精馏操作即可实现酚的分离及有机溶剂的循环再利用。

经过离心萃取工艺后获得的工业粗酚继续采用连续、间歇相结合的减压蒸馏，继续进行精制，可以生产苯酚、邻甲酚、间对甲酚、二甲酚、吡啶等高附加值的化工原料，延长产品产业链，产品附加值高。以年产 120t 半焦企业为例，采用离心萃取工艺每年可以回收 1500t 工业粗酚，可以产生 600 万元左右的经济价值。如果与粗酚精制工艺组合使用，每年可产生 1700 万元以上的经济价值。

（6）高级氧化

通过选取合适的催化剂激发各种氧化剂生成·OH，从而破坏污染物分子结构的氧化技术统称为高级氧化技术（AOPs）。经过前面的酚氨回收处理后，废水中污染物浓度虽然大幅度降低，但仍然残留部分难降解的环链化合物，特别是稠环类污染物，它们的生物毒性依然较高，通过高级氧化技术产生的·OH 进攻难降解污染物，实现污染物分子结构层面的破坏（开环断链），甚至完全矿化为 H_2O 及 CO_2，从而提高其可生化性。如图 6-8(a) 所示，半焦原水中含有大量的酚类污染物，经过除油、酚氨回收及氧化后的出水中主要污染物为极性有机物，所以在 HP-5MS 的色谱柱上未检测到明显的吸收峰；如图 6-8(b) 所示，采用

DB-FFAP 色谱柱检测极性污染物，可以看出水中主要污染物为乙酸。

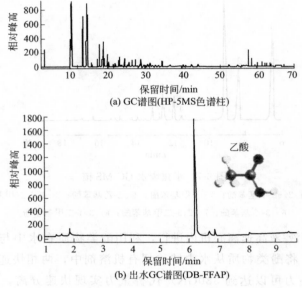

(a) GC谱图(HP-5MS色谱柱)

(b) 出水GC谱图(DB-FFAP)

图 6-8　进出水主要污染物分析

采用半焦废水专用高效催化剂在 80~150℃、0.1~3MPa 的温和条件下激发空气、氧气及双氧水等常见氧化剂迅速产生大量·OH，对残余污染物进行高强度氧化，从而保证出书 COD 在 1500mg/L，BOD_5/COD 由 0.1 提高至 0.5 左右，控制酚类化合物浓度低于 300mg/L，确保油类含量低于 50mg/L，并且有效消除氰化物和硫化物的影响。进出水 BOD_5 变化见图 6-9。

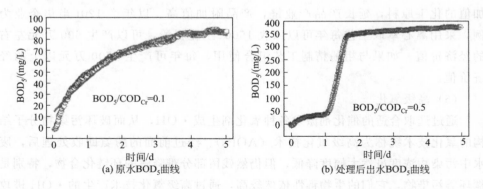

(a) 原水BOD₅曲线

(b) 处理后出水BOD₅曲线

图 6-9　进出水 BOD_5 变化

（7）生化处理

通过前述处理工艺后，半焦废水中污染物浓度明显降低，并且可生化性大幅度提高，但仍需经济高效的好氧-厌氧组合生化处理工艺才能满足排放标准要求。

通过选取特定菌种进行培养与驯化，从而筛选出适合处理组合工艺出水的高效菌种。试验证明，该菌种对高级氧化后主要产物简单羧酸具有很强的适应性，生长繁殖迅速。采用高效菌种结合厌氧-好氧工艺降解预处理后的半焦废水，控制进水 COD 在 1000～1500mg/L，COD 的去除率高达 90％以上，对氨氮的去除率达80％以上。生化处理菌种照片见图 6-10。

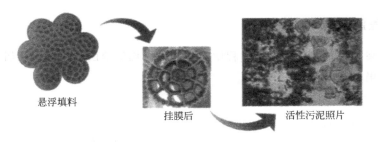

悬浮填料　　挂膜后　　活性污泥照片

图 6-10　生化处理菌种照片

（8）膜处理

为了进一步实现半焦废水"零排放"及资源化回用，采用组合膜工艺对生化出水继续进行深度处理，进一步控制废水中盐含量，以超滤和纳滤作为反渗透的预处理工艺，之后采用高压反渗透进一步控制浓盐水产量，实现对半焦废水的高精度过滤，使最终出水水质满足工业循环冷却水处理设计规范要求。

6.4　废渣污染与加工利用

6.4.1　废渣的来源和危害

6.4.1.1　废渣的来源

在低阶煤热解过程中产生的废渣主要是焦油渣。从焦炉中输出的荒煤气在集气管和初冷器冷却的条件下，高沸点的有机化合物被冷凝形成煤焦油，与此同时煤气中夹带的煤粉、半焦、石墨和灰分及清扫上升管和集气管带入的多孔性物质也混杂在煤焦油中，形成大小不等的团块，这些团块称为焦油渣。

焦油渣与煤焦油依靠重力的不同进行分离，在机械化澄清槽内沉淀下来，机械化澄清槽内的刮板机，连续地排出焦油渣。焦油渣的数量与煤料的水分、粉碎程度等有关。一般焦油渣占干煤的 0.1％～0.2％，焦油渣内的固定碳含量约为60％，挥发分含量约为 33％，灰分约为 4％，气孔率 63％，真密度为 1.27～1.3kg/L。年产 100 万吨低阶煤热解企业会产生焦油渣约为 1200t。

6.4.1.2 废渣的危害

焦油渣中含有许多芳香族化合物（苯族烃、萘、蒽）、含氧化合物（酚、甲酚）、含硫化合物（噻吩、硫代环烷烃）和含氮化合物（吡啶、氮杂萘、氮杂芴）等对环境有害的物质。焦油渣对人体具有很大的危害性，可对人的眼睛和皮肤引起刺激，长期接触可引起流清涕、腹部疼痛、体重减轻、无力和皮疹。

6.4.2 焦油渣的加工利用

多年来，我国对焦化生产过程中产生的大量焦油渣的利用进行了研究，获得良好的效果。

6.4.2.1 焦油渣制型煤技术

（1）焦油渣的组成

由于各厂生产工艺的不同，其所产焦油渣的组成也有较大差异，典型的焦油渣组成如表 6-17 所示。

表 6-17　焦油渣的组成　　　　　　　　　　单位：%

项目	灰分	固定碳	硫	挥发分	水分	甲苯不溶物	焦油	β-树脂
样品 1	4.33	—	0.92	53.23	9.4	43.50		
样品 2	11.16	48.64		40.20				
样品 3	4.0	35.0	—	32.8	9.5	35.2	55.5	10.3
样品 4	5.67	61.03	0.76	35.28	2.2	—	—	—

（2）基本原理

利用焦油渣中的长链烷烃和芳香烃组分的黏结功能，将其用作型煤生产的黏结剂，通过与煤粉的充分混合，使得黏结组分均匀分布在煤颗粒之间，并起到搭桥作用，最后通过机械压力将黏结组分与煤粉压实，靠分子间的范德华力使物料间紧密结合，形成块状物料，即高强型煤。型煤作为炼焦配煤的一部分配入焦炉炼焦，通过焦炉高温炭化，将焦油渣转化为焦炭、焦油和煤气，实现焦化有机固体废物的无害化处理和资源化利用。研究和生产实践表明，在焦油渣制型煤过程中，焦油渣的加入量为 2%～4%。

（3）生产工艺流程

焦油渣制型煤的工艺流程如图 6-11 所示，用叉车将超级离心机和机械澄清槽等设备排到焦油渣箱中的焦油渣运到斗式提升机，提升到一定高度后翻卸入焦油渣储槽并通蒸汽加热熔化成流体，经电液阀门、螺旋输送机从皮带机上将煤卸入储煤槽，再经圆盘给料机、皮带输送机将煤送入双轴搅拌机；二者经充分搅拌混匀后，进入成型机挤压制成型煤。

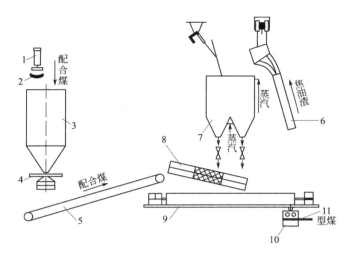

图 6-11　焦化废渣制备型煤工艺流程

1—犁式卸料机；2—M14 皮带机；3—储煤槽；4—圆盘给料机；5—皮带输送机；6—斗式提升机；
7—焦油渣储槽；8—螺旋输送机；9—双轴搅拌机；10—挤压成型机；11—小皮带机

6.4.2.2　焦油渣改质制燃料油

（1）焦油渣性质

焦油渣中固相部分即甲苯不溶物约占 40%～50%，其余为煤焦油。焦油渣水分为 5%～11%，灰分为 4%～6%，全硫为 1.6%～2.5%，无水焦油渣的密度为 1.29～1.35g/cm³。焦油渣收率和组成各焦化厂有所差别，主要与炼焦煤煤质及炼焦工艺有关。焦油渣的固体物含量很高，甲苯不溶物高达 50.53%；发热量为 29.78MJ/kg；水分、灰分、挥发分含量分别为 8.4%、4.2% 和 50.1%。

（2）改质方法

通过降低焦油渣黏度，降低其中焦粉、煤粉等固体物的粒度，溶解其中的沥青质，避免油水分离及油泥沉淀等，达到泵送要求，使之具有良好的燃烧性能。可采用以下方法对焦油渣进行改质处理：

① 添加降黏剂，以降低焦油渣的黏度，溶解其中的沥青质；

② 添加稳定-分散剂，使之均质乳化，防止油泥沉淀和油水分离等；

③ 采用研磨设备对焦油渣进行机械改质。

试验选用 4 种降黏剂，均系经过实验室多次研究试验、对沥青质具有优良溶解性能的有机溶剂。稳定-分散剂选择两种高效表面活性剂。这两种稳定-分散剂均具有较强的扩散、渗透能力，既能溶解于油中，又能吸附胶质、沥青质、油泥及水分子，具有均质乳化、防止油泥沉淀和油水分离的作用。

机械改质采用专用研磨设备，将焦油渣中的固体物研磨至 200 目左右，同时加入降黏剂和稳定-分散剂于其中，使之充分混合均质，所制备的焦油渣燃料油能满足工业炉窑的要求。

（3）焦油渣燃料油的质量标准

采用不同的添加剂及添加量制备 4 种燃料油，其燃料油质量指标见表 6-18。

表 6-18　燃料油质量指标

燃料油	动力黏度（80℃）/mPa·s	密度(20℃)/(g/cm³)	发热量/(MJ/kg)	水分/%	灰分/%	硫分/%	甲苯不溶物/%	闪点（开口）/℃
1 号	230	1.278	31.65	8.0	5.0	0.95	39.29	119
2 号	330	1.161	32.81	7.1	3.5	0.66	36.32	118
3 号	140	1.174	32.50	6.8	4.0	1.06	39.69	120
4 号	250	1.170	33.29	6.5	3.3	0.53	40.84	160

从表 6-18 可以看出，4 种成品燃料油的黏度在 140～330mPa·s；闪点在 118～160℃之间，均大于 100℃。水分 6.5%～8.0%，灰分 3.3%～5.0%，硫分 0.53%～1.06%，密度 1.2g/cm³ 左右，发热量 31.65～33.29MJ/kg，甲苯不溶物在 36.32%～40.84%之间。

通过调整添加剂的品种、用量，可以将焦油渣燃料油制成冷喷油或热喷油。

（4）稳定性

黏度和温度对稳定性的影响最大，油的黏度越小，稳定性越差。因此试验选择黏度最小的 3 号油为研究对象，水浴温度 80～85℃，稳定性试验结果见表 6-19，空白样为未加任何稳定-分散剂和油样。

表 6-19　3 号燃料油稳定性试验（80～85℃水浴）

稳定-分散剂		甲苯不溶物含量/%							
		5d		10d		15d		20d	
种类	用量/%	上层	下层	上层	下层	上层	下层	上层	下层
—	0	42.46	45.64	42.52	48.08				
		+3.18		+5.56					
A	0.5	44.58	45.08	44.20	44.07	46.75	45.41	45.43	44.49
		+0.5		−0.13		−1.34		−0.94	
B	0.1	42.84	42.00	44.47	44.35	44.49	44.82	45.79	44.76
		−0.84		−0.12		+0.03		−1.03	

试验结果表明，加入稳定-分散剂 A 0.5%或稳定-分散剂 B 0.1%后，可以保证焦油渣燃料油在 80～85℃的温度下，20d 或更长时间不发生沉淀及油水分离

现象。

（5）燃烧性能

制取燃烧油 1～3 号各 250～300kg，在鞍山热能研究院斜底试验炉上分别进行燃烧试验，通过测定和观察等考察燃烧性能。试验结果见表 6-20。

表 6-20　燃烧试验结果

燃烧油	油温/℃	油压/MPa	风压/Pa	喷油量 /(kg/h)	喷油时间 /h	火焰温度 /℃	点火方式
1 号	110	0.25～0.30	5000	约 180	1	1500～1860	火把
2 号	105	0.16～0.25	5000	约 170	1	1500～1950	火把
3 号	90	0.06～0.09	5000	约 110	2	1400～1760	火把

试验采用火把点火，点火容易。试验过程中喷出的燃料油流量稳定，未出现断流及烧嘴堵塞现象；燃烧火焰明亮、稳定，火炬长度随油压大小长度不等，火焰温度高，最高达 1950℃ 以上。从烟囱冒烟情况观察，烟气呈微白色，说明燃烧比较完全。

（6）结论

① 焦油渣通过改质处理后可以加工成为工业燃料油。所生产的焦油渣燃料油发热量达 31.65MJ/kg 以上，水分小于 8%，灰分小于 5%，黏度小于 330mPa·s（80℃），闪点大于 100℃。

② 焦油渣燃料油燃烧稳定、完全，燃烧温度高，雾化效果好，无断流及烧嘴堵塞现象。

③ 所选用的 4 种降黏剂均具有良好的降黏效果，通过调整添加量，可以将焦油渣加工成冷喷油或热喷油。

④ 加入稳定-分散剂 A 0.5% 或稳定-分散剂 B 0.1%，可保证焦油渣燃料油在 80～85℃ 的温度下，存放 20d 或更长时间不沉淀、不分层。

6.4.2.3　焦油渣热解分离

将煤焦油渣在无氧或缺氧的条件下，高温加热使有机物分解。将有机物的大分子裂解成为小分子的可燃气体、液体燃料和焦炭，从而获得可燃气体、油品和焦炭等化工产品。在专利 CN102977905A 中公开了一种煤焦油渣的处理方法。该方法首先将煤焦油渣进行离心分离得到焦油、水和渣，然后将渣加热到 400～500℃，进一步分离焦渣中的焦油和水，最后将剩渣再加热到 600～900℃ 进行炭化制成焦炭，并与炼焦配煤混合燃烧，解决了其直接与配煤混合使用引起的焦炉干馏热量上升的问题。

此外，煤焦油渣作为固体废物，成本可以忽略不计，由于含有大量的烃类化合物，所以通过热解分离得到的分离产物进一步处理可制成其他高附加值的化工品。在专利 CN101927253A 中，采用煤焦油渣炭化炉并在负压 0.3MPa 和 350℃的条件下对煤焦油渣进行热解，使之分离成焦油和渣。然后焦油与加入的添加剂作用生成焦油树脂，而剩渣则与加入的添加剂生成型煤或碳棒用作燃料使用。该方法有效地回收了有用物质，达到了资源的再利用。也有将煤焦油渣经高温加热分离为焦油和焦炭，然后将得到的焦炭进一步处理制成活性炭或通过高温热解将焦油渣在强碱的作用下得到石墨烯，效果较好。这些结果足以证明煤焦油渣在制备高附加值化工材料上具有很大应用潜能。

热解分离方法对煤焦油渣成分的适应能力强，几乎不会造成二次污染，但缺点是耗能较高。

6.4.2.4 焦油渣制活性炭

煤焦油渣具有天然多孔性结构，比表面积较大，含有大量的煤粉和炭粉，可用来制备吸附性能较好的活性炭。Gao 等进行了以磷酸为催化剂活化煤焦油渣制备活性炭的研究，考察了炭化的温度和时间、磷酸添加比例等对活性炭的吸收和孔隙结构的影响。结果表明：当煤焦油渣与磷酸（质量分数 50%）的比例为 1：3、炭化或活化的温度为 850℃、时间为 3h 的条件为最佳。所制备的活性炭孔隙结构主要是大孔和中孔，孔隙的大小集中分布在 50～100nm，比表面积为 245m^2/g，总孔体积为 1.03m^3/g。与煤焦油渣直接活化制备活性炭相比，添加适量的磷酸有助于活性炭形成更多的孔隙和提高它的吸附能力。当以氢氧化钾为活性剂时，在适宜的条件下可制备出比表面积更大、吸附能力更强的多孔活性炭。

6.5 噪声污染与防护措施

6.5.1 噪声的来源及危害

6.5.1.1 噪声的来源

（1）风机、粉碎机、泵等设备的噪声

低阶煤热解过程中产生的噪声主要来自各种风机产生的气体动力噪声及粉碎机、泵、电机的机械噪声等，主要操作工序的噪声级及频率特性见表 6-21。

（2）凉水塔噪声

循环水系统的冷却水多半采用凉水塔，其噪声主要来自风扇噪声和落水噪声，它对厂区环境影响是不可忽视的。

表 6-21 主要操作工序的噪声级及频率特性

噪声源	噪声频率特性	噪声级/dB(A)	噪声源	噪声频率特性	噪声级/dB(A)
粉碎机	低频	88～97	氨水泵	中频	88～92
转运站	低中频	90～100	管道	中频	90
半焦冷却器	中频	92～99	焦油泵	低中频	92～95
鼓风机	中高频	91～93	操作室	低频	70～80

（3）调节阀噪声

调节阀在低阶煤热解企业中大量使用，其产生的噪声可达 95～100dB(A)，主要是以高频为主，刺耳难受。阀门噪声是由于喷口差压形成的"空穴"气泡的不断崩溃和流体喷射湍流产生的，也是对厂区环境影响较大的噪声源。

（4）管道噪声

在生产装置中，采用管道较多，当管道内介质流速为 100m/s 时，在距管线 1m 处的噪声一般是不超过 90dB(A) 的。管道噪声也来自上游设备，如风机和调节阀等。由于管道分布较广，其影响范围也较广。

（5）火炬噪声

在距地面大约 100m 处所测得的火炬噪声为 78～83dB(A)，由于其在高空中燃烧并发出低频的咆哮声，对周围环境影响较大。

（6）放空噪声

气体放空在生产中是常见的，目的是稳定操作和操作失常时紧急排气。当工艺气体和蒸汽通过排放口向大气放空时，会产生很大噪声。其噪声级一般在 90～120dB(A)，有的甚至高达 130dB(A)，放空口一般均在厂区高空，不但影响厂内，而且影响周围环境。

（7）电动机噪声

电动机作为驱动设备在低阶煤热解生产工艺中得到广泛的使用，其噪声主要由冷却风扇高速旋转而引起。防爆电机和封闭式电机噪声可达 90～105dB(A)。电动机功率越大，转速越高，噪声也越大，对车间环境有较大的影响。

6.5.1.2 噪声的危害

① 干扰人们的睡眠和工作。人们休息时，要求环境噪声小于 45dB(A)，若大于 63.8dB(A)，就很难入睡。噪声分散人的注意力，容易疲劳，反应迟钝，神经衰弱，影响工作效率，还会使工作出差错。

② 对听觉器官的损伤。人听觉器官的适应性是有一定限度的，一般噪声不超过 120dB(A) 以上，事后只产生暂时性的听力损失，经过休息可以恢复。但如果长期在强噪声下工作，每天虽可恢复，但经过一段时间后，听觉器官会发生

器质性病变，出现噪声性耳聋，俗称噪声聋。

③ 噪声对心血管系统有影响。它可使交感神经紧张，从而出现心跳加快、心律不齐、心电图 T 波升高或缺血性改变，传导阻滞、血管痉挛、血压变化等症状。

④ 噪声对视力也有影响。可造成眼疼、视力减退、眼花等症状。

⑤ 噪声会使人胃功能紊乱。出现食欲不振、恶心、肌无力、消瘦、体质减弱等症状。

⑥ 噪声对内分泌系统有影响。使人体血液中油脂及胆固醇升高，甲状腺活动增强并轻度肿大，人尿中 17-酮类固醇减少等。

⑦ 噪声影响胎儿的发育成长。

6.5.2 噪声控制

噪声是由声源、声的传播途径和接收者三部分组成。因此，可以从以下三方面控制噪声。

6.5.2.1 从声源上降低噪声

降低噪声源的噪声这是治本的方法。如能既方便又经济地实现，应首先采用，主要是靠减少噪声源和合理布局来实现。

① 减少噪声源。用无声的或低噪声的工艺和设备代替高噪声的工艺和设备，提高设备的加工精度和安装技术，使发声体变为不发声体，这是控制噪声的根本途径。无声钢板敲打起来无声无息，如果机械设备部件采用无声钢板制造，将会大大降低声源强度。在选用设备时，应优先选用低噪声的设备。如电机可采用低噪声电机；采用胶带机代替高噪声的振动运输机；采用气流干燥法代替振动干燥粉煤；选用噪声级低的风机等。

② 合理布局。在厂区布置时考虑地形、厂房、声源方向性和车间噪声强弱、绿化植物吸收噪声的作用等因素进行合理布局，起到降低工厂边界噪声的作用，如把高噪声的设备和低噪声的设备分开；把操作室、休息间、办公室与嘈杂的生产环境分开；把生活区与厂区分开，使噪声随着距离的增加自然衰减。

在许多情况下，由于技术上或经济上的原因，直接从声源上控制噪声往往是不可能的。因此，还需要采用吸声、隔声、消声、隔振等技术措施来配合。

6.5.2.2 控制噪声的传播途径

控制噪声的传播途径主要有以下几种。

（1）吸声处理

多孔吸声材料的特点是在材料中有许多微小间隙和连续气泡，因而具有适当的通气性。当声波入射到多孔材料时，首先引起小孔或间隙的空气运动，但紧靠孔壁或纤维表面的空气受孔壁影响使其不易运动，由于空气的这种黏性，一部分声能就转变为热能，从而使声波衰减。多孔吸声材料的厚度、堆密度及使用条件都对吸声性能有影响。常用的吸声材料有玻璃棉、毛毡、泡沫塑料和吸声砖等。

采用吸声结构降低噪声的主要途径有薄板振动吸声结构和穿孔结构。薄板吸声结构在声波作用下将发生振动，板振动时由于板内部和木龙骨间出现摩擦损耗，使能转变为机械振动，最终转变为热能而起吸声作用。由于低频声波比高频声波容易激起薄板产生振动，所以它具有低频吸声特性。当入射声波的频率与薄板振动的固有频率一致时，将发生共振。在共振频率附近吸声系数最大，约在0.2～0.5。影响吸声性能的主要因素有薄板的质量、背后空气层厚度以及木龙骨构造和安装方法等。

穿孔板结构是在石棉水泥板、石膏板、硬质板、胶合板以及铝板、钢板等金属上穿孔，并在其背后设置空气层，吸声特性取决于板厚、孔径、背后空气层厚度及底层材料。

经过吸声处理的房间，降低噪声的量根据处理面积的多少而定，一般可降低7～15dB(A)。由于吸声处理技术效果有限，一般是与隔声处理技术综合应用。

（2）隔声处理

隔声处理是将噪声源和人们的工作环境隔开，以降低环境噪声。典型的隔声设备有隔声罩、隔声间和隔声屏。

隔声罩是由隔声材料、阻尼材料和吸声材料构成，主要用于控制机器噪声。隔声材料多用钢板，将钢板做成罩子并涂上阻尼材料，以防罩子共振。罩内加吸声材料，做成吸声层，以降低罩内的混响，提高隔声效果。如用2mm厚的钢板加5cm厚的吸声材料，可以降低噪声10～30dB(A)。

隔声间分固定隔声间与活动隔声间两种。固定隔声间是砖墙结构，活动隔声间是装配式的。隔声间不仅需要有一个理想的隔声墙，而且还要考虑门窗的隔声以及是否有空隙漏声。门应制成双层，中间充填吸声材料。隔声窗最好做成双层不平行不等厚结构。

门窗要用橡皮、毛毡等弹性材料进行密封。较好的隔声间可降低噪声量达25～dB(A)。

隔声屏主要用在大车间内以直达声为主的地方，将强噪声与周围环境适当隔开。隔声屏对减低电机的高频噪声是很有效的，可减噪声5～15dB(A)。在生产车间各工序的操作室或工人休息室应采取隔声措施以减少噪声的危害。将噪声较大的机械设备尽可能置于室内防止噪声的扩散与传播，同时对煤粉碎机室、煤焦转运站的操作室、除尘地面站操作室、泵房操作室等处设置隔声门窗，各除尘风机及前后管道也应隔声。

例如在鼓风机室的屋顶和墙面采用了超细玻璃棉吸声板，厚度为 80mm，外层为高穿孔率纤维护面层，穿孔率为 25.6%；隔声窗为双层 5mm 玻璃，连空气层厚度为 10mm；隔声门由 2mm 厚钢板和 100mm 厚超细玻璃棉及穿孔率为 20%的穿孔薄钢板构成；煤气管道用阻尼浆和玻璃纤维布包扎。采取上述措施后，机房内噪声可降低 20dB(A)。

（3）消声处理

消声处理的主要器件是消声器，消声器是降低空气动力性噪声的主要技术措施，主要应用在风机进、出口和排气管口。目前采用的消声器有阻性消声器、抗性消声器、阻抗复合式消声器和微孔板消声器四种类型。

阻性消声器是借助镶饰在管内壁上的吸声材料或吸声结构的吸声作用，使沿管道传播的噪声能量转化为热能而衰减，从而达到消声目的。其作用类似于电路中的电阻，故称为阻性消声器。阻性消声器的优点是对处理高、中频率噪声有显著的消声效果，制作简单，性能稳定。其缺点是在高温、水蒸气以及对吸声材料有腐蚀作用的气体中使用寿命短，对低频噪声效果差。

抗性消声器是利用管道内声学特性突变的界面把部分声波向声源反射回去，从而达到消声的目的。扩张室消声器、共振消声器、干涉消声器以及穿孔消声器，都是常见的抗性消声器。该形式消声器对处理低、中频噪声有效。若同时采用吸声材料，对高频也有明显效果。抗性消声器的优点是具有良好的低、中频消声性能，结构简单，耐高温、耐气体腐蚀。缺点是消声频带窄，对高频消声效果差。

阻抗复合式消声器是将阻性和抗性消声器结合起来，使其在较宽的频带上具有较好的消声效果。例如大型风机上用的阻抗复合式消声器由两节不同长度的扩张室串联而成。第一扩张室长 1100mm，扩张比 6.25；第二扩张室长 400mm，扩张比 6.25。每个扩张室内，从两端分别插入等于它的各自长度的 1/2 和 1/4 的插入管，以改善消声性能。为了减少气动阻力，将插入管用穿孔管（穿孔率为 30%）连接。该消声器在低、中频范围内平均消声值在 10dB(A) 以上。

微孔板消声器的结构是将金属薄板按 2.5%～3.0%的穿孔率进行钻孔，孔径 0.5～1mm，作为消声器的贴衬材料。并根据噪声源的强度、频率范围及空气动力性能的要求，选择适当的单层或双层微孔板构件来作为消声器的吸声材料。微孔板消声器适用于各种场合消声，压力降比较小，如高压风机、空调机、轴流式与离心式风机等。优点是质量轻、体积小、不怕水和油的污染。

（4）采取个人保护措施

由于技术和经济的原因，在用以上方法难以解决的高噪声场合，佩戴个人防护用品，则是保护工人听觉器官不受损害的重要措施。理想的防噪声用品应隔声值高，佩戴舒适，对皮肤没有损害作用。此外，最好不影响语言交谈。常用的防噪声用品有耳塞、耳罩和头盔等。这些措施可以降低噪声级 20～30dB(A)。

参考文献

[1]　安路阳，张立涛，潘雅虹，等. 兰炭废水处理技术的研究与进展 [J]. 煤化工，2016，44 (1)：27-40.

[2]　李兵兵，姜明，刘文茂. 兰炭废水处理技术 [J]. 燃料与化工，2017，48 (2)：50-52.

[3]　谷丽琴，王中慧. 煤化工环境保护 [M]. 北京：化学工业出版社，2009.

[4]　刘江红，潘洋. 除尘技术进展 [J]. 辽宁化工，2010，39 (5)：511-513.

[5]　谢金安，薛利平. 煤化工安全与环保 [M]. 北京：化学工业出版社，2009.

[6]　单明军，吕艳丽，丛蕾. 焦化废水处理技术 [M]. 北京：化学工业出版社，2007.

[7]　薛新科，陈启文. 煤焦油加工技术 [M]. 北京：化学工业出版社，2007.

[8]　陕西省冶金设计研究院. 60 万 t/a 半焦综合利用工程初步设计说明书. 2009.

[9]　李娟. 半焦 (兰炭) 产业清洁化生产技术方案研究 [D]. 西安：长安大学，2011.

[10]　于振东，郑文华. 现代焦化生产技术手册 [M]. 北京：冶金工业出版社，2010.

[11]　卢毅，袁进，卢中华，等. 兰炭生产过程中固体废物的产生与利用现状分析 [J]. 新疆环境保护，2014，36 (3)：15-19，30.

[12]　马宝岐，苗文华. 煤化工废水处理技术发展报告 [R]. 北京：中国煤炭加工利用协会，2015-07.

[13]　罗雄威，马宝岐. 煤制兰炭废水处理技术的进展 [J]. 煤炭加工与综合利用，2015 (2)：28-36.

[14]　马启翔，卢立栋，杨建军. 陕西省兰炭行业 SO_2、NO_x 产排污系数核算研究 [J]. 环境保护科学，2014，40 (6)：64-67.

[15]　黄西川. 兰炭生产污染现状及治理措施 [R]. 2013-10.

[16]　卫学玲，李超，孟庆波. 应用 MBR 处理焦化废水的中试试验研究 [J]. 有色矿冶，2010，26 (2)：53-54.

[17]　赵晓亮，魏宏斌，陈良才，等. Fenton 试剂氧化法深度处理焦化废水的研究 [J]. 中国给水排水，2010，26 (3)：93-95.

[18]　牛永生. 氧化法处理工业含酚废水的研究 [J]. 化学工程师，2000，77 (2)：22-23.

[19]　杨彩玲，魏瑞霞. 含酚废水处理技术的研究进展 [J]. 河北理工大学学报. 自然科学版，2010，31 (1)：102-105.

[20]　刘楚宁. 微电解法预处理高浓度含酚废水的研究 [J]. 化工技术与开发，2010，39 (7)：44-47，19.

[21]　柏景方. 污水处理技术 [M]. 哈尔滨：哈尔滨大学出版社，2006.

[22]　买文宁，刑传宏，徐洪斌. 有机废水生物处理技术及工程设计 [M]. 北京：化学工业出版社，2008.

[23]　张林生. 水的深度处理与回用技术 [M]. 2 版. 北京：化学工业出版社，2009.

[24]　何章莉. 焦化厂焦化废水处理的工程实践 [J]. 广东化工，2010，37 (5)：286-287，290.

[25]　康晓静，周建民，端木合顺. 焦化废水处理工程实例 [J]. 水处理技术，2010，36 (3)：128-132.

[26]　安路阳，李超，孟庆锐，等. 半焦废水资源化回收及深度处理技术 [J]. 煤炭加工与综合利用，2014 (10)：42-46.

[27] 魏松波,戴华勇.焦化生产工艺废渣的综合利用 [J].武钢技术,2006,44 (1):6-8.

[28] 彭雁宾.焦油渣的性质与综合利用 [J].环境科学丛刊,1990,11 (2):48-50.

[29] 韩晓玲.南钢联焦油渣回收技术改造浅析 [J].江苏冶金,2008,36 (2):53-55.

[30] 尹维权,李庆奎.焦油渣回收利用的研究与应用 [J].酒钢科技,2007 (3-4):118-123.

[31] 刘淑萍,曲雁秋,李冰.焦油渣改质制燃料的研究 [J].冶金能源,2003,22 (4):40-42.

[32] 王颖.焦油渣处理方法 [P]:CN102977905A,2013-03-20.

[33] 徐田.煤焦油渣负压低温分离利用法 [P]:CN101927253A,2010-12-29.

[34] 王雄雷,牛艳霞,刘刚,等.煤焦油渣处理技术的研究进展 [J].化工进展,2015,34 (7):2017-2022.

第7章
低阶煤分质利用系统集成

低阶煤分质利用涉及的技术多，上下游连接紧密。要实现整个系统的清洁高效，必须对全流程的物质流、能量流进行深入分析，对技术充分整合，优化集成。

7.1 系统集成原理

煤炭分质转化利用系统是通过分质利用技术集成优化，实现根据不同煤炭种类所具有的不同的"质"——组分、质量、性质等，对煤炭资源进行区别转化、梯级利用，其核心理念是"物质的循环利用"及"能量的梯级利用"。对于低阶煤，是指通过中/低温煤炭热解技术，将煤炭热解为气体（热解气）、液体（中/低温煤焦油）和固体（块状或粉状半焦/兰炭），再根据各类热解产物不同的物理化学性质，结合周边原料供给和项目布局状况，进行分质转化利用，并不断地进行梯级分质转化利用，最终实现对低阶煤转化利用全过程的"分质转化、梯级利用"。

以热解为龙头的低阶煤分质利用体系可实现与混合发电、炼铁工业、燃料电池、制备电石、天然气化工以及石油化工以及热电等多行业的耦合衔接，然而为了进一步提高分质利用体系的能效，则需要依靠分质利用技术的最优化集成来实现，本节通过物质循环和能量利用的原理，阐述分质利用技术集成的方法与思路。

7.1.1 全系统物料高效循环利用

7.1.1.1 基本原理

在生态足迹中的无数种物质，在其生命周期内时刻都在发生运动或能量的转化，而物质本身在此动态过程中既不会产生也不会消失，生态系统中这种物质循环状态，称为物质流。物质流根据分析对象的不同，又分物料流和元素流。物料流是从自然界的输入端开始，物质进入人类经济系统中不断发生状态的改变或转移，演变成混合物或大宗物资；再由人类劳动过程将物料流转换成新物质输出，或称为物质隐藏流；最后通过各种产品、能量或副产出物质输出。例如，煤炭从自然界中被开采后，生命周期内不断转变成能量、煤化工产品和排放物等过程，在此过程中，碳物料无疑是煤化工产业物质流的主要转移对象，其中又是 C 元素流的转移过程。元素流是指某种特定物质的物理或化学变化过程，例如，煤炭中的 C 元素在物质代谢和环境之间不断发生各种状态或能量的转变过程。

低阶煤中常见的官能团包括氢键、甲基侧链、乙基侧链、乙烯基桥链、氮化芳香族、双键桥键、链状双键、环状碳链、酚羟基和醚氧键等。低阶煤的热解气和焦油中的低分子化合物，是由结构中缩合芳环周围的桥键、脂肪族侧链和上述官能团的裂解而产生的。半焦则是由断键之后的缩合芳环缩聚产生的。热解过程中存在一系列化学键的断裂，这些键的含量和键能大小决定了煤炭转化过程的物质转化特征和能量利用的规律。

传统以气化为龙头的煤炭转化利用系统，将煤的大分子结构彻底破坏，生成小分子，再重新组合成为目标产品。煤炭中低温热解在反应过程中并没有破坏核心的芳香结构，在热解反应前期，脂肪侧链、含氧官能团受热裂解，生成气态烃和小分子物质，最终生成煤气和煤焦油，各个芳香结构单元间的桥键受热发生断裂，形成自由基碎片；在反应后期，自由基碎片缩聚生成半焦。

在评价化工系统物质转化时，物料衡算模型是最常用的。系统中的单元操作和全系统的物流特征均应满足物料平衡，其计算式为

$$\sum m_{fs} = m_{fs,in} - m_{fs,out} \tag{7-1}$$

式中，m_{fs} 表示系统质量累积项；$m_{fs,in}$ 和 $m_{fs,out}$ 分别表示流入和流出体系的物流的质量。对于稳态系统，系统质量的累积项为零。

对于大部分化工原料或产品，尤其是煤基清洁燃料与化学品，主要由碳氢元素组成。在物料衡算中，物质的转化过程实质上是原料中碳氢元素向不同产品中迁移的过程，这种迁移过程受原料自身的热力学性质和化学反应过程工艺条件的影响。因此，在评价物质转化效率时，除了常用的收率、产率和转化率等评价指标外，评价系统的碳氢元素会更加有效，不仅能反映物质转化过程中的原子经济特征，而且能部分反映转化过程中的直接碳排放特征。

有效原子收率定义为：原料通过化学反应转化为目的产物时，目的产物中碳氢元素的总质量与原料中碳氢元素总质量的比值。其计算式为：

$$Y = \sum_i (m_{p,i}^C + m_{p,i}^H) / \sum_j (m_{p,j}^C + m_{p,j}^H) \tag{7-2}$$

式中, i 和 j 分别表示产品和原料的种类; $m_{m,j}^C$ 和 $m_{m,j}^H$ 分别为原料 j 中碳元素和氢元素的质量; $m_{p,i}^C$ 和 $m_{p,i}^H$ 分别为分级联产系统的所有目标产品 i 中碳元素和氢元素的质量。有效原子收率越高, 则原料中有更多的碳氢元素转移至产品中, 即系统的物质转化效率更高。

陈小辉基于 Bateman 公司和 Convert Coal 公司的技术报告, 构建了低阶煤热解联产煤气、轻质油和半焦的联产系统, 并通过模拟计算, 分析了过程的物质转化和能量利用。该工艺分为干燥单元、热解单元、冷却分离单元、脱水单元、常压蒸馏单元和减压蒸馏单元六个部分, 如图 7-1 所示。

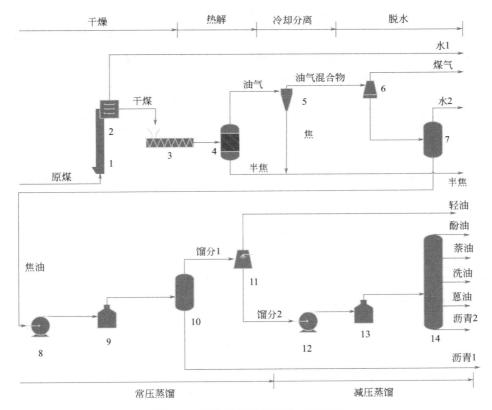

图 7-1 低阶煤基联产系统工艺流程

1—原煤提升器; 2—干燥器; 3—螺旋给料器; 4—热解反应器; 5—旋风分离器;

6—冷却分离塔; 7—脱水塔; 8—泵1; 9—锅炉1; 10—常压蒸馏塔;

11—急冷塔; 12—泵2; 13—锅炉2; 14—减压精馏

联产系统中的主要工艺流程和六个操作单元的相关操作参数来自 Convert Coal 公司的低阶煤热解技术。原煤通过提升器进入干燥器, 在 200℃ 的情况下脱水干燥。干煤通过螺旋给料器被送入热解反应器, 干煤在 550~660℃ 的温度下进行干馏。在热解反应器里,干煤被分解为热解气、焦油和半焦,其中热解气和焦油以油气混合物的形式输出反应器,半焦则从反应器底部以固体形式输出。油气混合物冷却后实现焦油与热解气的分离,分离出来的焦油进入焦油脱水单元,焦油脱水之后进入常压蒸馏塔,离开精馏塔塔顶的油气馏分进入冷却塔,分离出轻油和重油馏分,沥青则从塔底输出。重油馏分被输送至减压蒸馏塔进一步分离,在减压蒸馏塔中,酚油(Phe-oil)、萘油(Nap-oil)、洗油(Was-oil)和蒽油(Ant-oil)由于它们的沸点不一样,分别从减压蒸馏塔的侧线出料输出系统,沥青则从塔底输出系统。

表 7-1 为原煤的工业分析和元素分析在干基情况下的数据,其中 FC、V、M 分别表示煤的工业分析中固定碳、挥发分和湿度。煤的工业分析数据决定了煤阶的高低,含水量和挥发分越高,煤阶越低。表 7-2 为联产工艺中干燥器、热解反应器、冷却器、脱水塔、常压蒸馏塔和减压蒸馏塔的操作条件。

表 7-1　原煤的工业分析与元素分析

工业分析(干基)/%				元素分析(干基)/%				
FC	V	A	M	C	H	N	S	O
44.0	47.5	8.5	41.0	65.3	5.1	0.9	1.0	19.2

表 7-2　各单元的操作条件

操作单元	干燥器	热解反应器	冷却器	脱水塔	常压蒸馏塔	减压蒸馏塔
温度/℃	200	550	25	120	385(塔底)	365(塔底)
压力/MPa	0.1	0.1	0.1	0.1	0.1	<0.1

对于热解联产系统的碳氢元素,其质量平衡模型为:

$$m_C(煤) = m_C(煤气) + m_C(半焦) + m_C(轻质油) + m_C(沥青) \tag{7-3}$$

$$m_H(煤) = m_H(煤气) + m_H(半焦) + m_H(轻质油) +$$
$$m_H(沥青) + m_H(水\ 1) + m_H(水\ 2) \tag{7-4}$$

通过模拟计算,得出联产系统的质量平衡见表 7-3。

表 7-3　联产系统的质量平衡

物流	物料平衡/(kg/h)	
	输入	输出
煤	1000	0
半焦	0	423.04
煤气	0	84.70
水 1	0	390.96

物流	物料平衡/(kg/h)	
	输入	输出
水 2	0	1.59
轻质油 1	0	0.51
轻质油 2	0	40.46
沥青 1	0	39.66
沥青 2	0	19.02
总计	1000	999.94

联产工艺过程的 C/H 元素衡算见表 7-4。

表 7-4　联产工艺过程的 C/H 元素衡算　　　　　　　　单位：kg

元素	输入	输出						
	煤	煤气	半焦	水 1	轻质油	沥青	水 2	总计
C	494.24	35.72	365.21	0	38.15	55.86	0	494.94
H	74.49	6.71	19.97	42.24	2.45	2.89	0.18	74.44

基于表 7-4 计算各单元碳氢元素的利用与损失情况。碳元素损失最大的单元为常压蒸馏单元（7.62%），而氢元素损失最大的单元为干燥单元（56.71%）；干燥单元、热解单元和冷却分离单元的碳元素的利用率为 100%，干燥单元氢元素的损失是由于水蒸气的损失而导致的；而对于常压蒸馏单元和减压蒸馏单元，由于废弃物沥青的排出，使得碳氢元素均存在损失。分质利用系统中可通过配套废水处理回收单元、产出沥青产品等措施，进一步提高系统碳氢元素利用率。

7.1.1.2　典型方案

在专利 CN102584527A 中，对一种煤盐综合利用方案做了详细描述。该方案包含了以煤和有机废水为主要原料的合成气生产、原盐加工、煤盐联合加工三部分。煤与甲醇合成工段、甲醇制烯烃工段、煤热解工段、PVC 聚合产生的有机废水制取多原料浆，该多元料浆与氧气在高温高压下气化，生成的粗煤气经变换与净化，洁净的煤气送至合成工段，用于生产合成氨、甲醇，甲醇经过转化后可以生产二甲醚、烯烃、醋酸等。原盐精制得到的精盐饱和后通过电解得到烧碱，副产的 H_2、Cl_2 合成 HCl。精盐、合成氨及副产的 CO_2 联合用于生产纯碱；煤干馏得到的焦炭、石灰石烧制成的生石灰通过电热法生产电石，利用电石与水反应生成乙炔，乙炔与烧碱生产副产的 HCl 经过合成、聚合后生成 PVC。该方法通过煤盐资源联合综合循环利用，具有产业链长、资源利用率高、产品丰富、产品附加值高、环境友好、配套技术成熟等明显的优点,同时该方法也实现了煤、盐替代石油生产化学品。

图 7-2 为一种煤盐化工综合利用方案工艺流程框图,其步骤如下:

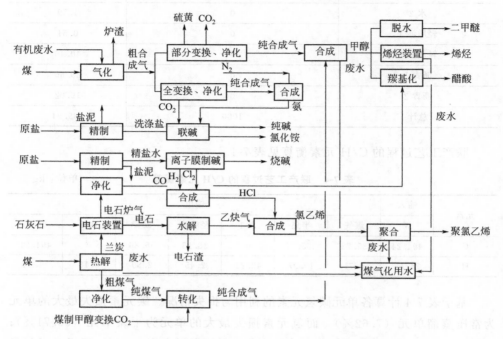

图 7-2 煤盐化工综合利用工艺流程框图

（1）合成气生产

在煤气化单元中,使用煤粉与来自煤气化用水的有机废水进行湿法制浆,得到含有以重量计 55%～70% 有机碳氢化合物的多元料浆,该多元料浆在反应压力 4.0～6.5MPa 与温度 1350～1400℃ 的条件下进行氧化还原反应,生成含 CO、H_2、CO_2、H_2O 和少量 H_2S、COS、CH_4 的气体,该气体经过水激冷饱和、洗涤后,得到含有以该粗合成气干基体积计 45%～47% CO、35%～37% H_2、15%～17% CO_2 主要成分和≤2% 其他化合物的粗合成气,它再送往部分变换与净化装置和全变换与净化装置。

在部分变换与净化装置中,粗合成气经过气液分离除去该合成气夹带的水分后,其中一部分将经过部分变换,使部分 CO 与自身携带的水蒸气变换成 CO_2 和 H_2,同时进行除去 H_2S、COS、CO_2 的净化处理,得到含有 CO、H_2 和少量 CO_2 的纯合成气;在全变换与净化装置中,粗合成气的另一部分将经过全部变换,使全部的 CO 变换成 CO_2 和 H_2,同时进行除去 CO_2、硫化物的净化处理,得到含有 H_2 的纯合成气。

由部分变换与净化装置得到的纯合成气在甲醇合成单元中合成出甲醇，排出的废水送到煤气化用水装置；甲醇再经过脱水得到二甲醚，或者经过烯烃制备装置得到烯烃，将排出的废水送到煤气化用水装置；由全变换与净化装置得到的纯合成气在氨合成单元中与 N_2 合成出氨。

（2）原盐加工

原盐通过精制得到精盐水，这种精盐饱和水溶液在离子膜制碱单元中制备出烧碱，还得到副产物 H_2 和 Cl_2，它们在氯化氢合成装置中合成出 HCl；原盐通过精制得到一种洗涤盐，这种洗涤盐饱和水溶液在联碱装置中，和全变换与净化装置除碳过程中得到的 CO_2 以及氨合成单元得到的合成氨制备出纯碱，其副产物氯化铵生产复合肥。

（3）煤盐联合加工

煤经过热解得到兰炭，其废水送到煤气化用水装置，而粗煤气送到净化单元，通过除油、脱硫净化处理，得到纯煤气。该纯煤气，经过加入部分蒸汽和部分变换与净化装置副产的 CO_2，在转化装置中使 CH_4 气体全部转化为 CO 和 H_2，同时调节 H/C 化学当量比，得到含有 CO、H_2、CO_2 的纯合成气，纯合成气加压后，送往甲醇合成单元。

在电石装置中，由煤热解得到的兰炭与生石灰生产出电石和电石炉气，电石在电石水解装置与水反应生成乙炔气；电石炉气经过净化得到 CO，它与在甲醇合成单元合成的甲醇经羰基化合成出醋酸；由电石水解得到的乙炔气与氯化氢合成得到的 HCl 在氯乙烯合成单元中通过加成反应生成氯乙烯，然后在氯乙烯聚合单元中将氯乙烯聚合成聚氯乙烯；电石水解得到的电石渣排出；氯乙烯聚合排出的废水送到煤气化用水装置。

该煤盐化工综合利用方案的特点是：

① 本方案的煤炭深加工装置不同于传统工艺，采用多元料浆气化、煤盐联合加工过程相结合的方法，利用系统有机废水代替新鲜水、煤热解副产的粗煤气代替煤制合成气，减少了废物排放，提高了产品的产量。

② 本方案产业链长、产品品种多，附加值高，除了生产甲醇、氨、兰炭、电石、盐等基础化学品，还可生产二甲醚、烯烃、乙炔、醋酸、纯碱、烧碱、PVC、水泥、复合肥等延伸化学品。产品生产可根据市场需求转化和调整，保证装置长周期运行，降低了投资风险，同时增加了经济效益。

③ 本方案生产的甲醇、二甲醚、烯烃可替代石油生产燃料甲醇、合成油、二甲醚、烯烃等新能源，实现了煤盐联合代替石油生产化学品，节约了石油资源，特别适合我国的能源利用。

④ 本方案大大降低了环境的污染，降低了废物的处理成本。甲醇合成、烯

烃制取、煤热解、PVC生产装置产生的有机废水不需处理或只需简单处理就可代替原水作为多元料浆气化的原料。有机废水处理工艺复杂，且处理成本很高，有机废水用作气化原料可以全部转化为合成气。电石生产产生电石炉气和煤热解产生的粗煤气一般作为燃料燃烧，本方案通过对电石炉气、热解粗煤气处理后用于醋酸、甲醇合成，对环境无污染。煤气化产生的炉渣、电石水解产生的电石渣、卤水制盐产生的盐泥联合生产水泥。该方法整个系统的废水、废气、废渣都得到了循环或综合利用，降低了资源消耗，实现了零排放，减轻了环境污染。

⑤ 多种技术综合利用，降低了装置投资。采用不同的煤盐转化工艺联合生产的方法，减少了单一技术生产过程中"三废"处理的投资。

本方案利用煤、盐、石灰石，在各个工艺单独生产的基础上，通过不同工艺组合，资源循环、综合利用，生产多种高附加值的化学品，实现了资源高效利用，节能环保，为我国化工行业资源高效、洁净利用提供了一种新的方法，对节能减排、环境保护作出重要贡献。

7.1.2 全系统能量梯级循环利用

7.1.2.1 基本原理

1988年，吴仲华教授在他主编的《能的梯级利用与燃气轮机总能系统》专著中，从能量转化的基本定律出发，提出了著名的"温度对口、梯级利用"原则，包括：通过热机把能源最有效地转化成机械能时，基于热源品位概念的"温度对口、梯级利用"原则；把热机发电和余热利用或供热联合时，大幅度提高能源利用率的"功热并供的梯级利用"原则；把高温下使用的热机与中低温下工作的热机有机联合时，"联合循环的梯级利用"原则等。吴仲华教授倡导的能（物理能）的梯级利用原理，奠定了传统狭义总能系统的集成理论基础。但是，随着能源动力系统不断突出领域渗透和学科交叉发展趋势与特点，传统的物理能梯级利用原理已不足以解决超出热力循环范围的科学问题。

金红光从化学能的品位思路出发，探索化学反应过程与常规热力循环的有机整合对提高燃料化学能有效利用的本质，拓展传统热力循环物理能梯级利用的基本原理，提出化学能与物理能综合梯级利用的新原理，创建了广义总能系统集成理论基础。

（1）燃料化学能梯级利用原理

能源动力系统的直接燃烧过程中，燃料化学能的品位直接降低为热能的品位，导致化学反应做功能力的损失过大，也就是说燃料化学能做功能力尚未梯级利用。

图7-3从能的品位的观点反映了燃烧过程燃料化学能的利用。图中纵坐标A

表示能的品位，通常燃料化学能的品位都比较高，例如 CH_4 在燃烧时化学能品位 A 约为 1.0。由于目前燃烧过程物理能的品位 A_{th} 可达到 0.6～0.8 左右，由此燃烧过程中燃料化学能与物理能之间存在较大的品位差（A_1～A_{th}），这一现象是造成燃烧反应损失大的根本原因。为了减小燃料化学能与物理能之间的品位差，真正实质性的突破应着眼于有效降低燃料燃烧侧化学能的品位。

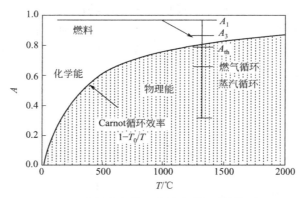

图 7-3　化学能与物理能综合梯级利用概念

金红光团队研究并揭示了燃料化学能梯级利用机理，即燃料先作为原料适度转化（不是全转化）为二次燃料或化工产品，难以转化的组分再燃烧，依据能的品位高低有序地利用燃料化学能，从而降低燃料化学能释放的不可逆损失（图 7-4）。这种燃料先转化再燃烧的方式可以实现燃料化学能的梯级释放。

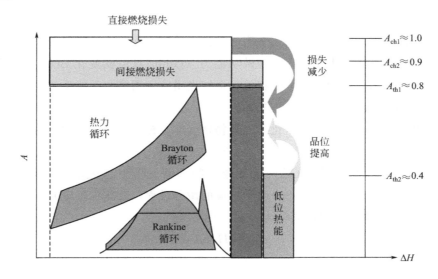

图 7-4　燃料化学能梯级利用原理示意图

以煤基甲醇与动力多联产为例（图 7-5），煤基甲醇合成过程的反应气是煤气化产生的合成气，反应气中 H_2/CO 为 2.7，甲醇合成出口的未反应气体中的 H_2/CO 提高到 4.9，氢气浓度增加。从品位来看，甲醇的品位为 A_{ch}（$A_{ch} \approx 1$），合成气的品位为 A_1，氢的品位为 A_2（$A_2 = 0.83$），合成气一部分转化为品位更高的甲醇，化学㶲从 A_1 上升到 A_{ch}，另一部分由于氢气浓度增加则化学㶲从 A_1 降低到 A_2。如果合成气直接作为热力循环的燃料则品位损失为（$A_1 \sim A_{ch}$）。而用甲醇合成后的富含氢气的未反应气体作为燃料，品位损失减少到（$A_2 \sim A_{ch}$）。这样，合成气的化学㶲在高品位区有效利用产出甲醇，实现了反应气体化学㶲的梯级利用。

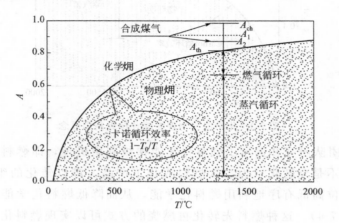

图 7-5　煤基甲醇与动力多联产系统能的梯级利用

（2）物质能的梯级利用原理

在能源动力系统中，物质化学能通过化学反应实现其能量转化。因此，物质能的转化势必与其发生化学反应的做功能力（Gibbs 自由能变化 ΔG）和物理能的最大做功能力（物理㶲）紧密相关。金红光团队应用热力学体系一般㶲函数和 Gibbs 自由能函数的概念，建立物质能、化学反应 Gibbs 自由能和物理能的品位关系的基本方程，以描述燃料化学能与物理能综合梯级利用过程中能的品位变化规律。

① 物质㶲、化学反应 Gibbs 自由能、物理㶲关联性。根据热力学 Gibbs 自由能和㶲的一般函数，对于一个化学反应的微分过程，其化学反应 Gibbs 自由能变化 dG 和㶲变化 dE 可以表达为

$$dG = dH - TdS \tag{7-5}$$

$$dE = dH - T_0 dS \tag{7-6}$$

式中，dH 表示过程的总能量变化，kJ/mol；TdS 表示过程中以热形式出

现的能量，kJ/mol；dS 表示过程熵变化，kJ/K·mol；T 表示反应温度，K；T_0 表示环境温度，K。

将式(7-5)代入到式(7-6)中，得到

$$dE = dG + T dS \left(1 - \frac{T_0}{T}\right) \tag{7-7}$$

式中，$T dS(1 - T_0/T)$ 代表了过程中以热形式出现的热㶲，热㶲是物理㶲的一种表现形式；$(1 - T_0/T)$ 表示 Carnot 循环效率 η_c，即 $\eta_c = 1 - T_0/T$。由此，式(7-7)可以写为

$$dE = dG + T dS \eta_c \tag{7-8}$$

式(7-8)描述了物质㶲、化学反应 Gibbs 自由能和物理㶲的普遍关系。对于物质能转化利用的体系，物质能的最大做功能力 dE 由两部分组成：一部分是化学反应的做功能力 dG，另一部分是过程产生的热㶲 $T dS \eta_c$。可见，物质能的最大做功能力的有效转化利用涉及与 Gibbs 自由能变化紧密联系的化学反应和与热利用相关的热力循环。值得注意的是，Gibbs 自由能变化 dG 不再单纯是化学反应的推动力，而是更注重其在化学反应过程中对外的做功能力。

② 物质能、化学反应 Gibbs 自由能和物理能的品位基本方程。通常，热的品位用 Carnot 循环效率来表征。对于化学反应 Gibbs 自由能的品位，又如何表征？在物质能转化利用过程中，物质能、化学反应 Gibbs 自由能和物理能三者之间的品位有何种关联？它们对化学能与物理能综合梯级利用会产生如何作用？

对于物质能转化利用过程，将式(7-8)两侧同时除以过程总焓变化 dH，可以得到如下的无量纲化的表达式：

$$\frac{dE}{dH} = \frac{dG}{dH} + \frac{T dS \eta_c}{dH} \tag{7-9}$$

式中，左边项 dE/dH 表示物质能的品位 A；右边第一项 dG/dH 表示了化学反应体系每单位能量总焓变化 dH 的 Gibbs 自由能变化的大小。本文定义 dG/dH 为无量纲量 B，

$$B = \frac{dG}{dH} \tag{7-10}$$

B 的物理意义表征了化学反应 Gibbs 自由能的品位。B 与特定化学反应过程有关，对于同一物质，因不同的化学反应过程，其化学 Gibbs 自由能的品位 B 也不尽相同。式(7-9)右边第二项 $T dS/dH$ 反映了过程中以热形式出现的能量占过程总焓值变化 dH 的份额，即令 $Z = T dS/dH$；右边第二项 Carnot 循环效率 η_c 表征了热流 $T dS$ 的品位。因此，式(7-9)可以改写为

$$A = B + Z \eta_c \tag{7-11}$$

从公式(7-11)可以清楚地看出，物质能的品位 A 等于化学反应 Gibbs 自由能的品位 B 和反映物理能品位的 Carnot 循环效率 η_c 与 Z 的乘积之和。该式将物质能的转化利用以无量纲的形式表达，建立了物质能、化学反应 Gibbs 自由能和物理能的三者之间品位基本方程。式(7-11)与式(7-8)一样，对于任何物质能通过化学反应进行有效转化利用过程是普遍适用的。它可以使我们清楚地探讨如何分别通过化学反应过程和热物理过程以实现物质能的总品位 A 的有效转化与利用，从而揭示出实现物质㶲 dE 梯级利用的机制。图 7-6 形象地表示了物质能总品位 A 被分解为化学反应 Gibbs 自由能品位 B 和热能品位（Carnot 循环效率）η_c。

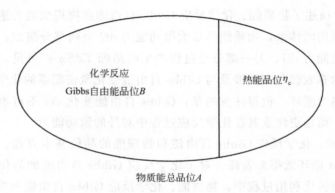

图 7-6　物质能、化学反应 Gibbs 自由能、热能三者品位关系示意图

③ 燃烧反应过程能的品位特性方程。一般在能源动力系统中，燃料化学能的转化和利用首先是通过燃烧过程进行的。燃烧反应是一类重要的化学反应。燃烧反应的特点是：燃烧过程不对外输出功，反应放出的热量 Q 等于反应体系的总能量变化 ΔH_f。为了简化分析，燃烧过程可以假定为温度为 T 的定温放热反应过程和反应释放出的热与工质之间的传热过程。基于式(7-5)和式(7-6)，可以得到定温放热反应的 Gibbs 自由能变化 ΔG 和㶲变化 ΔE：

$$\Delta G = \Delta H_f - T\Delta S \tag{7-12}$$

$$\Delta E_f = \Delta H_f - T_0 \Delta S \tag{7-13}$$

由式(7-12)可得过程的熵变 ΔS：

$$\Delta S = \frac{\Delta H_f - \Delta G}{T} \tag{7-14}$$

将其代入式(7-13)，可得

$$\Delta E_f = \Delta H_f \left(1 - \frac{T_0}{T}\right) + \Delta G \frac{T_0}{T} \tag{7-15}$$

由于 $T_0/T = 1 - (1 - T_0/T) = 1 - \eta_c$，式(7-15)可以简写为

$$\Delta E_{f} = \Delta H_{f} \eta_{c} + \Delta G (1 - \eta_{c}) \tag{7-16}$$

式(7-16) 表明,对于燃料燃烧反应体系,燃料㶲 ΔE_{f} 包含 $\Delta H_{f} \eta_{c}$ 和 ΔG $(1 - \eta_{c})$ 两部分。式中右边第一项 $\Delta H_{f} \eta_{c}$ 表示了热㶲;右边第二项 $\Delta G (1 - \eta_{c})$ 从传统观点看,它代表放热反应燃烧过程中的㶲损失。这一点从式(7-16) 可以看到, ΔE_{f} 表示输入㶲, $\Delta G (1 - \eta_{c})$ 是燃烧过程中未转化利用的化学能部分,即燃烧㶲损失,则 $\Delta H_{f} \eta_{c}$ 表示了燃烧过程输出的热㶲。然而,金红光认为 ΔG $(1 - \eta_{c})$ 中的一部分化学能可以通过新的能量释放方式进行有效利用,并未完全以㶲损失的形式而被简单地"烧掉"。因此,表达式(7-16) 不仅建立了燃料㶲 ΔE_{f} 与化学反应作功能力 ΔG 的内在联系,而且也揭示出 $\Delta G (1 - \eta_{c})$ 的有效利用是减小燃烧㶲损失的关键所在。依据式(7-9)～式(7-11),式(7-16) 两边除以 ΔH_{f},不难推得

$$A_{f} = B (1 - \eta_{c}) + \eta_{c} \tag{7-17}$$

式(7-17) 表示,对于任一燃料的燃烧反应,燃料能的品位 A_{f} 等于燃烧反应 Gibbs 自由能品位 B 与 $(1 - \eta_{c})$ 乘积和 Carnot 循环效率 η_{c} 之和。在传统能源动力系统,燃料㶲 ΔE_{f} 中的热㶲 $\Delta H_{f} \eta_{c}$ 可依据"温度对口、梯级利用"的原则,通过联合循环实现其物理能的梯级利用。然而,从式(7-17) 可以清楚地看到,燃料能的品位 A_{f} 的有效利用不仅与 η_{c} 有关,而且还与 $B (1 - \eta_{c})$ 紧密相关。但是,长期以来仅仅将燃料能的品位简单地直接转化为物理能的品位 (η_{c}) 进行利用,却一直没有关注 $B (1 - \eta_{c})$ 的利用。$B (1 - \eta_{c})$ 被视作能的品位损失而被"消耗掉"。研究表明,既然 $B (1 - \eta_{c})$ 是构成燃料能的品位 A_{f} 的有效部分,就不应该仅仅消极地将其单纯地视为燃烧反应过程的品位损失。实际上,通过与不同化学反应过程的整合,$B (1 - \eta_{c})$ 可以获得有效利用。由此说明,燃料能的品位 A_{f} 只有充分利用 $B (1 - \eta_{c})$ 和 η_{c},才能实现燃料物质能的综合有效梯级利用。

图 7-7 深入刻画出化学能与物理能综合梯级原理:将燃料能的品位划分为化学能品位和物理能品位,依据各自品位的高低,结合不同的化学和热力过程,实现化学能和物理能的多级、多层次的转化与梯级利用。战略性地描绘了能源动力系统发展前景:随着科学技术的进步,能源动力系统由实现物理能梯级利用的简单循环发展到联合循环,进一步通过化学能品位 B 和物理能品位 η_{c} 的有机结合的清洁燃料间接燃烧、化学链燃烧的热力循环和化工与动力多联产等实现燃料能的品位 A_{f} 综合梯级利用的能源动力系统。

7.1.2.2　典型方案

在专利 CN104214754A 中,对兰炭余热回收系统做了详细描述,其结构剖面图见图 7-8。该系统包括换热器和水冷螺旋输送机,两个换热器并排固定在炭

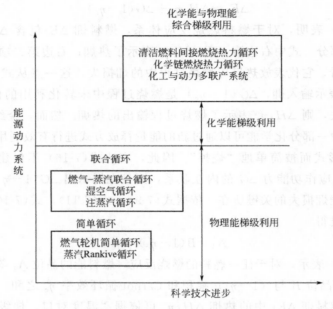

图 7-7　能源动力系统发展图景

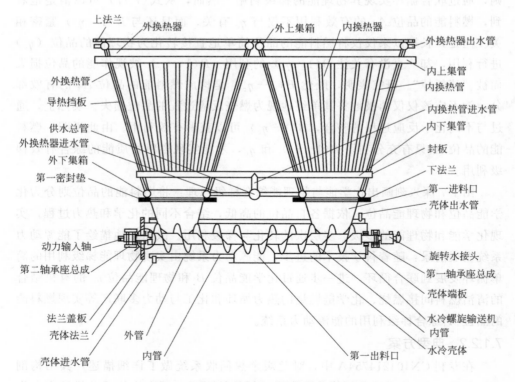

图 7-8　兰炭余热回收系统的结构剖面图

化炉的一个排焦口下方，一个水冷螺旋输送机固定在所述两个换热器的下方，水冷螺旋输送机上侧设有两个第一进料口，两个第一进料口分别连通换热器的出料口，水冷螺旋输送机下侧设有第一出料口；所述换热器包括用于围成物料通道的外换热器，采用换热器、水冷螺旋输送机依次对兰炭进行冷却换热，同时兰炭在水冷螺旋输送机内在水冷螺旋体的旋转推动下会发生转动和掺混，显著强化了换热效果，可以有效解决兰炭难以冷却换热的问题，从而实现干熄兰炭，节省能源和水资源、污染小。

该兰炭余热回收系统的特点是：

① 兰炭为颗粒状的固体物料，传热的热阻大，难以有效冷却。本技术采用换热器、水冷螺旋输送机依次对兰炭进行冷却换热，同时兰炭在水冷螺旋输送机内在水冷螺旋体的旋转推动下会发生转动和掺混，显著强化了换热效果，因此，对兰炭冷却效果好，可以有效解决兰炭难以冷却换热的问题，从而实现干熄兰炭，节省能源和水资源、污染小，与水熄兰炭相比，节省了大量的煤气和水资源。

② 通过调整水冷螺旋输送机的转速，可以控制炭化炉排焦口的排料量，实现了连续排料。

③ 采用换热器回收高温兰炭的显热，例如与汽包结合可以生产蒸汽，实现兰炭余热的高品位利用，再采用水冷刮板输送机进一步梯级回收，用于预热除氧器的补水，实现了兰炭余热的高效利用。

④ 采用换热器、水冷螺旋输送机和水冷刮板输送机对兰炭进行三次冷却换热，进一步提高换热效果，在水冷刮板输送机内，兰炭在被刮板的刮走过程中会发生翻滚和掺混，强化了兰炭与水冷套的换热。采用水冷刮板输送机和水冷螺旋输送机对兰炭余热进行进一步梯级回收，用于预热除氧器的补水，提高了兰炭余热的回收效率。

⑤ 在外换热器内设有内换热器，兰炭在换热器内下降过程中，内换热器和外换热器同时吸收兰炭的热量，减小了兰炭的传热距离，提高了换热效果。

⑥ 内上集箱两端通过伸缩机构与相应的导热挡板滑动连接，换热器上部的兰炭温度较高，内上集箱的热膨胀与外换热器的热膨胀不一致，内上集箱与导热挡板可以相对滑动，既解决了内上集箱与外换热器的热膨胀不一致问题，提高了换热器工作可靠性，又解决了煤气泄漏的问题，提高了换热器工作安全性。

⑦ 水冷壳体为由内管和外管组成的圆形冷却水套，既提高了换热效果，同时实现了料封，防止了煤气泄漏的发生。

⑧ 在物料通道的进料口设有菱形的导料装置，使换热器的进料口数量比物料通道增加一倍，有效减小了进料口的截面积，保证了位于换热器上方干馏室内

的兰炭较为均匀地下落，有效解决了因物料通道的进料口尺寸较大而导致物料通道中心兰炭下降速度大于两侧兰炭下降速度的问题。导料装置的两个下侧面分别与其相对的物料通道倾斜面平行，在物料通道内导料装置两侧的流动通道面积上下保持局部不变，因而兰炭在该部分流动均匀，进一步克服了换热器中心兰炭下降速度大于两侧兰炭下降速度的问题，保证落料和换热的均匀性。

7.2　系统能量回收

7.2.1　系统余热回收

　　工业余热资源常用的分类标准为余热温度和资源类型等。例如，按温度高低，可以简单将余热资源划分为高温余热（600℃以上）、中温余热（300～600℃）及低温余热（300℃以下）；按资源类型不同可将余热资源分为气体余热回收、固体余热回收和液体余热回收。

　　（1）烟气/废气余热回收技术

　　目前我国典型的烟气余热回收技术可分为两类：利用换热器回收烟气余热技术、利用热泵回收烟气余热技术。

　　换热器是烟气余热回收技术中被经常采用的应用形式。合理选择换热器是烟气余热回收系统设计中的关键环节。根据换热方式的不同，利用换热器回收烟气余热可分为间接接触式换热型和直接接触式换热型。间接接触式余热回收换热器在换热时烟气与水不接触，换热后水质不受影响。其对烟温、水温的控制能力较好。烟气冷凝过程中对烟气中的氮氧化物有一定的净化作用；烟气冷凝水呈酸性，对设备有一定的腐蚀性，因此间接接触式换热设备的防腐要求较高。该形式换热器存在管壁热阻，传热系数相对较低；其结构相对复杂，换热面积较大，易受安装空间限制。用于烟气余热回收的间接接触式换热器有翅片管换热器、热管换热器和板式换热器，其结构简图见图7-9。

　　直接接触式换热是将两种介质通过直接接触的方式进行传热传质的过程。根据接触结构分为多孔板鼓泡型、折流盘型和填料层型，其结构见图7-10。

　　回收烟气冷凝余热，需要供热回水温度低于烟气露点温度范围。如果供热回水温度高于烟气露点温度，可以利用热泵回收烟气冷凝余热用于预热供热回水。烟气余热回收装置与热泵联合利用的系统形式见图7-11，其中热泵形式可采用电压缩式热泵或吸收式热泵。目前对于利用吸收式热泵回收烟气余热的研究更为广泛，因其所需驱动热源可以用锅炉提供的蒸汽或热水提供。但吸收式热泵投资

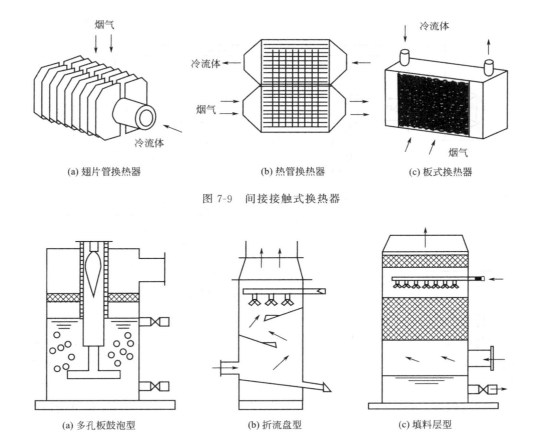

图 7-9　间接接触式换热器

图 7-10　直接接触式换热器

成本较高且占用安装空间较大。根据锅炉容量的不同，适宜选取不同类型的热泵，0.01~10MW 的锅炉适用于选用电压缩式热泵形式。

（2）固体产品及炉渣余热回收技术

产品尤其为固体产品如半焦等和炉渣的余热回收技术主要集中于物理热回收方法上，即采用热空气、蒸汽或熔盐等介质将炉渣等的余热置换出来，而随着研究的深入，为了实现"温度对口、梯级利用"的能量回收理念，有学者提出并推荐熔态高炉渣化学余热回收方法，即采用某些吸热的化学反应将炉渣的物理热转换为化学热储存起来，此外还有学者提出采用直接热电转换的方式对其余热进行回收利用。

物理热回收法根据余热回收介质不同，可以是热空气、蒸汽，也可以是熔盐等；根据换热方式不同，可以采用直接接触换热，如固定床、流化床等，也可以采用非直接接触换热。

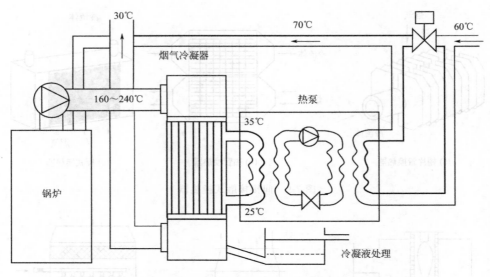

图 7-11　烟气余热回收装置与热泵联合利用的系统示意图

　　传统的热回收手段比如热水和蒸汽，是不适于对高温熔渣进行余热回收的，因为其㶲损比较大，将高品质的能量转化为了低品质的能量。而相对于传统热回收手段而言，利用化学热对高温炉渣余热余能进行热回收具有很大的优势，其不仅回收了高温炉渣的热量，而且㶲损也很低。比较可应用于熔渣热回收的几种化学反应可发现，石灰石裂解、甲烷整合和煤气化三种方式更适于高温炉渣的回收利用。熔渣热回收系统的理论㶲及物质平衡见表 7-5。

表 7-5　熔渣热回收系统的理论㶲及物质平衡

序号	反应	㶲损/MJ	㶲损/高炉渣熔值/（MJ/MJ）	反应物消耗量/kg	反应物消耗量/高炉渣质量/（kg/kg）
1	$H_2O \longrightarrow 0.5O_2 + H_2$	不可能	—	无	—
2	$CaCO_3 \longrightarrow CaO + CO_2$	20	0.1	112.4	0.783
3	$C + CO_2 \longrightarrow 2CO$	24	0.12	13.9	0.097
4	$C + H_2O \longrightarrow CO + H_2$	28	0.14	18.3	0.128
5	$CH_4 + CO_2 \longrightarrow 2CO + 2H_2$	28	0.14	11.3	0.079
6	$CH_4 + H_2O \longrightarrow CO + 3H_2$	28	0.14	13.6	0.095
7	$CH_4 + 2H_2O \longrightarrow CO_2 + 4H_2$	28	0.14	17.0	0.118
8	$C_3H_8 + 3H_2O \longrightarrow 3CO + 7H_2$	46	0.23	17.7	0.123
9	$CH_3OH \longrightarrow CO + 2H_2$	110	0.55	71.1	0.495
10	$H_2O(l)(25℃) \longrightarrow H_2O(g)(300℃)$	84	0.42	67.0	0.467
11	$H_2O(25℃) \longrightarrow H_2O(80℃)$	135	0.675	865.8	6.033

直接热电回收法是将余热利用半导体热电材料直接转化为电能。随着较高塞贝克效率的半导体组件的出现，该技术的前景将更为明朗，尤其是将其应用到高品质余热的回收利用中。目前这种热电转换技术已经在一些低温场合取得了成功，例如将其应用到钢铁的冷却水余热的回收利用中（冷却水温度约为 363K），采用半导体热电材料建造了一个发电量可达 8MW 的发电机组，得到了较好的余热回收率。

（3）废水余热回收技术

从废水余热利用的角度，余热资源通常有以下几个特点：

① 由于间歇性或生产过程的波动性、周期性，造成热负荷的不稳定；

② 余热介质性质恶劣或热源具有腐蚀性，易腐蚀余热回收设备；

③ 由于受安装位置的固有条件的限制，对余热回收设备的要求较高。

因此，在回收利用工业余热资源时，余热回收设备应具备以下特点：运行范围宽广且稳定；能够适应复杂多变的生产工艺要求；设备可靠性高且安装灵活，布局合理；能够综合利用能量，以提高余热利用效率。

根据废水组成、性质的不同，可以采用不同的余热回收技术，比较具有代表性的为热泵回收技术和热管回收技术。

热泵能够将热量从低温处传送到高温处，是一种有效的节能装置。目前大量应用于实践的热泵为吸收式热泵和压缩式热泵两类，在资源短缺的今天，许多工业场合利用吸收式热泵技术提高能源的利用率，其工作原理如图 7-12 所示。

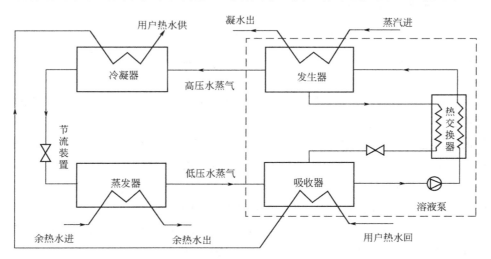

图 7-12　吸收式热泵工作原理图

随着研究和实践的不断深入，理论研究集中到了吸收式热泵的工况可实现性、流程构建、性能评价、内部传热传质过程、工质等多个方面，并提出很多新观点和新见解。例如，谢晓云、江亿对吸收式热泵的理想过程模型进行了分析研究，指出基于吸收式热泵内部实际发生的物理过程，建立了一个不同于目前通用的热泵-热机等效模型的吸收式热泵的理想模型，基于此理想模型，研究了吸收式热泵实现热量变换的基本性能，同时给出了真实溶液下吸收式热泵的理想过程模型和性能评价方法。

热管一般是由管壳、管芯和工质组成的高真空封闭系统，它是依靠内部密闭空间内的工质的蒸发和冷凝来传递热量的。与通常换热设备相比，热管换热器具有独特的优点：换热器不需要外部辅助设备以及润滑等部件，设备结构简单、安全可靠、可长期连续运行；即使在极小的温差下也具有极高的输热能力；因其以汽化潜热方式传递热量，比普通对流系统的显热传递方式大，故热流密度高，同时热管不受热源限制。热管由于其高传热性能、结构简单、安全可靠的特点，在工程中的应用日益普及，在余热回收、节能方面取得了显著效果。工业废水中因含有各种腐蚀性化学成分及各种杂质，对普通钢材具有腐蚀性，易结垢和堵塞。故现有普通换热器直接用于低温工业废水的余热回收，存在结构复杂、易结垢、换热效率低等问题，严重制约了低温工业废水余热的回收利用。因此采用热管换热器回收利用低温工业废水余热，也是废水余热回收的有效方法。

除以上物质余热外还有针对冷却介质热回收以及反应热回收等不同的余热回收方式，主要是采用副产蒸汽再利用的方式。

7.2.2 系统余压利用

目前国内外针对余压能利用方面的研究，根据携带余压载体可大致分为两类，带压液体的余压能利用以及带压气体的余压能利用。

（1）气体余压利用技术

目前国际范围内气体余压能利用的主要方法就是余压发电，而且在多年的实践中已经证明了，余压能利用的最有效形式就是发电。综合前人研究确定利用气体的余压通过透平发电的初步方案，并充分利用高压流体在膨胀后产生的冷量，产生的电力可以直接输送至当地电网，也可以在需要的情况下增加电解制氢装置进行进一步的利用。系统流程图如图 7-13 所示。透平主机系统为余压利用系统的关键部分，其性能的优劣决定了整个利用系统的效率。

此外，王忠成等人对发电厂 300MW 汽轮机组供热的蒸汽余压能利用进行了研究，通过增设背压机或热泵装置，吸收热源与热需间的蒸气压差做功，结果表明，供热抽汽可回收的压力能因热负荷升高而变小，采暖抽汽流量因热负荷升高而变大；热网循环水供水温度为 100℃时，在同样的气体流量下，如果电负荷需求变小，可回收的能量也会减少；在 66％THA 参数条件下，可回收的能量本身

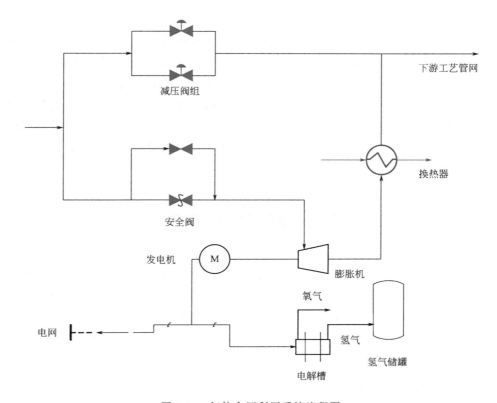

图 7-13　气体余压利用系统流程图

不多，如果电负荷继续变小，可回收能量的量值也随之减少。印建安等人对安装了高炉煤气余压发电装置（简称 TRT 装置）后高炉炉顶压力的稳定性问题进行了研究，并研制了一款专门的控制软件，通过流体力学理论研究并探索了高炉炉顶压力的变化曲线，建立了平衡控制方程；设计和建造了 TRT 装置模拟试验台，并研制出使用 SIEMENS WINCC 作为基带包的 TRT 炉顶压力恒压检测调控程序（STPC）。

（2）液体余压利用技术

杨奎奎等人研究了针对热水管网热用户剩余压头的热网余压回收系统，其研究结果表明，水力回收水轮机可以串联至有压管道中运行，且运行状况良好；在转速基本不发生变化或幅度很微弱时，水力回收水轮机的性能变化接近线性关系，当转速改变幅度越来越剧烈，水轮机的最佳运行状态下效率减少，对应的线性关系不再成立；水力回收轮机与泵相互连接且在二级热网阻力特性保持恒定的情况下，水力回收轮机流量基本不发生变化或幅度很微弱时，其阻力特性保持恒定，当流量改变幅度大于某个临界状态时，水力回收轮机的阻力会随之增加。

王晓爽等人利用管网余压实现供水系统再次升压进行了研究，结果表明，回收了管网余压的二次加压供水系统余压能利用系统节能效率可以达到 30%～50%，视泵站的具体条件不同有一些波动；整个系统的节能效果会受到市政供水管网进水余压、二次加压泵站的水流通量、泵的进出口压力、余压水罐的截面积以及管路特性的影响；添加了余压能利用系统的泵站，可以降低泵的运转负荷，从而减少泵因高速、高频运转产生的噪声，延长了泵的使用寿命，并且为稳定供水管网的压力恒定提供了帮助。

7.3　系统集成方案

低阶煤分质利用技术的集成方案既可以是"并联"，又可以是"串联"，还有可能是更加复杂的组合方式。低阶煤分质利用物质能量系统的集成不仅可以实现煤炭资源的梯级利用，而且能够达到煤炭资源价值提升、利用效率和经济效益的最大化，亦能培育新业态、新产业，同时还能做到煤炭利用过程对环境最友好。本节重点介绍低阶煤分质利用系统集成的一些典型方案。

7.3.1　串联集成方案

7.3.1.1　煤热解-半焦活化耦合系统

煤炭分质转换技术的龙头技术——热解是一个吸热过程，热解热载体的选取是热解过程的重要影响因素。煤热解-半焦活化耦合技术以半焦在水蒸气活化过程中的气体产品为热源，在提供热解所需能量的同时提供了热解过程的重要氢源，有利于热解过程向高附近值产品调控，有利于低阶煤的高附加值转换。

低阶煤煤热解-活化耦合反应主要产物的化学反应，包括煤加氢热解反应，半焦活化反应两部分（图 7-14）。这其中热解固体产品半焦在活化段实现产品的进一步提质，同时合成气为热解反应提供氢源，并作为载能媒介实现能量的梯级利用。

煤的热解反应是复杂的化学反应过程，主要包括裂解反应、二次反应、交联反应、缩聚反应，经历两个不同的阶段：芳烃结构单元间的弱键断裂的一次反应及其进一步的断裂、氢化和凝聚等的二次反应，并产生气体、液体产物和半焦。半焦的活化反应主要包括 C 和 H_2O、CO_2 的气化反应，产生的活化气氛，主要为 H_2、CH_4 等富氢气氛，这些气体对热解产生的初级挥发分起到加氢和加氢裂

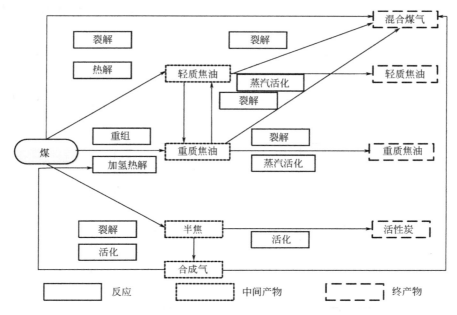

图 7-14　煤热解反应-活化反应耦合机制示意图

解作用，气相和凝聚相中煤的有机键热分解产生的自由基碎片及其他不稳定分子与 H · 或 CH₃· 发生反应，诱发了芳环的开裂及侧链、脂肪链和醚键的断裂，形成烷烃或芳烃进入焦油中，减少了煤大分子自由基之间聚合反应的机会。同时，氢还能参与芳环加氢反应。使煤在该还原性气氛下进行加氢热解，同时活化反应所使用的半焦来自热解产生的半焦，可实现热解半焦的循环利用，提高轻质焦油的同时，产生吸附性优良的活性炭，实现气体热值的提高。

7.3.1.2　煤热解-半焦气化耦合系统

　　低阶煤热解需要将原料煤由常温升至约 $550\sim650℃$ 之间，通常要经历水分脱除、一次热解和二次热解等过程，包含相态与化学键的变化，需要吸收较多的热量。因此，热解热源，尤其是高品质热源，成为低阶煤热解工业化放大过程中必须考虑的关键问题之一。煤的气化是指煤在高温条件下，经过一系列物理和化学变化后，将其中可燃部分转化为可燃性气体的过程，而气化气通常需要从 $1000℃$ 以上的高温冷却至约 $400\sim600℃$，才能进入下游利用环节。在气化气冷却过程中，大量的高温显热未得到充分有效的利用。可见，如果可以将热解所得的部分/全部半焦气化，以高温气化气作为热解热源，不仅可以利用气化气的高温显热，而且可以为热解过程提供有利的气氛，改善热解产品分布，提升热解产品品质，示意图见图 7-15。因此，在分质利用技术集成方案中，按照能量梯级利用的原则，将气化气作为热解热源可有效提高整个系统的能量利用率。

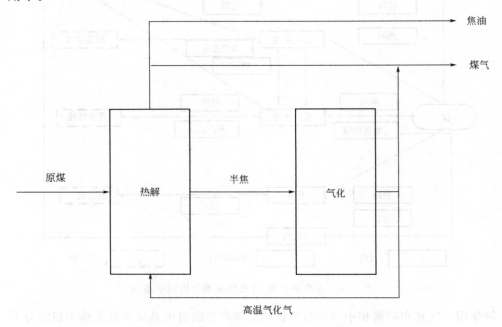

图 7-15　热解-气化一体化工艺示意图

气化与热解技术可以在同一反应器内完成，即炉内气化-炉内热解，热解半焦在系统内即全部进入气化单元转化为高温气化气，所得产品为混合煤气与焦油。炉内耦合形式可以省去半焦冷却单元，同时最大程度利用半焦显热，有利于提升系统能效。但是，炉内耦合存在一些不足：①产业链的关联性或可拓展性降低。由于所得产物中没有半焦，降低了与以煤/半焦为原料的产业链的关联性，如焦粉燃烧、电石制备、高炉喷吹、矿石烧结等。②系统匹配与调节的难度较大，系统结构复杂性提升。由于热解与气化在同一反应器内实施，热解半焦直接用作气化原料，因此，需要注意热解与气化间温度、压力、流速等参数的匹配，注意热解产焦量与气化用焦量、气化气供热量与热解需热量等物料与能量间的匹配，注意单个环节参数调节对系统整体稳定的影响，而实现上述匹配必然造成系统结构设计的复杂，进而又会增加调节的难度。③设备等级提升。为了提高设备，尤其是气化段的处理强度，需要提高系统操作压力，从而使得设备等级提升，系统投资增加。

气化与热解技术也可在两个反应器内完成，即炉外气化-炉内热解，以热解半焦及焦粉气化气作为二者衔接的纽带，二者相对独立，易于借鉴同类技术的优点，以增加系统的操作弹性、可调节性与匹配性，从而提升耦合系统的稳定性，增加工业化实施的可行性。

7.3.1.3 煤热解-制备电石耦合系统

煤热解-制备电石耦合技术以"蓄热式电石生产新工艺"（图 7-16）为核心，在生产低成本乙炔的同时，还能生产出大量低成本的合成气（$CO+H_2$）、石油、天然气等，进而可大量生产烯烃、汽柴油、甲醇、天然气、乙二醇、芳烃等重要的能源化工产品。该流程为：煅烧好的石灰和原煤经过破碎、筛分、细磨至 300目，进入原料仓储存，粉状石灰和粉状原煤经传送皮带送至烘干机，再进入成型系统，制成合格的球团，球团送至神雾无热载体蓄热式辐射管旋转床进行热解，热解生产的高温球团，经特殊设计的高温热送至密闭式电石炉，球团在炉内经高温还原反应生产电石，优质的成品电石定时派出炉外。同时热解工序副产高附加值煤焦油和煤气。

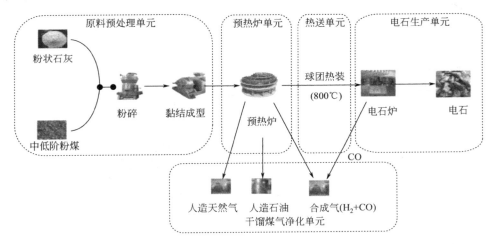

图 7-16 蓄热式电石生产新工艺流程示意图

其技术原理是在电石炉前增加电石预热炉，采用低阶煤与生石灰磨粉后充分混合并压球，在电石预热炉中烧制提取挥发分煤气和煤焦油，并利用剩余高温固体组分生产电石，将煤炭中的挥发分与固定碳进行分质梯级利用。该过程可节省成本，降低能耗，减少污染。由于新工艺使用廉价的低阶粉煤、粉状石灰作为生产原料，且单位产品的投资额、能耗、水耗、CO_2 排放等指标大幅降低，整体综合能耗可降低 20%，附加值显著提升。采用该工艺生产电石成本较传统工艺约低 24%，乙炔进一步加氢生产乙烯具有高竞争能力。

7.3.1.4 煤热解-燃烧工艺耦合系统

粉煤热解-燃烧耦合技术通过单元之间的物料与能量耦合，实现系统的能效提升与产品升级。第一，原料煤经过热解提取其中的高附加值焦油，热解所得半焦在脱除了大量的硫、氮、多环芳烃等有害物质之后，采用清洁燃料半焦可有效降低燃烧烟气的有害物含量。第二，在此基础上实现半焦的高温输送与燃烧，采用高温粉焦作为锅炉燃料，高温粉焦显热可有效降低发电煤耗。原煤制粉后的煤温按 70℃、高温粉焦按 500℃，则 500℃ 粉焦较 70℃ 煤的显热增加 1243kJ/kg，显热增加占总热量的 4.49%，当实现 500℃ 热焦燃烧时，每度电的煤耗可约减少 10g 标准煤。第三，根据项目规模所得热解气可用作化工原料气，亦可送入锅炉作为燃料气，产品可调节性大。第四，极为重要的一点为，目前电站锅炉的燃烧方式较其他燃烧在燃烧效率方面具有显著的优越性，可利用电站锅炉烟气作为热解过程的热源，取代热风炉等供热单元，在简化装置的同时实现了能量的有效利用。因此粉煤热解-燃烧耦合技术可有效提升锅炉的有效利用率与系统的能量利用率，实现了原料煤的附加值提升与度电煤耗的降低。煤热解-燃烧一体化工艺示意图见图 7-17。

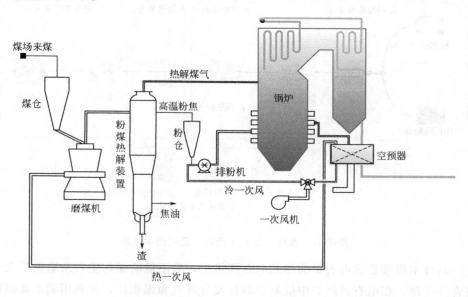

图 7-17　煤热解-燃烧一体化工艺示意图

　　粉煤热解-燃烧耦合技术目前已从机理研究、技术开发和工程化试验等不同阶段展开了大量的研究，拟解决的核心问题为①解决半焦燃烧结渣沾污的技术难题；②全面解决半焦燃烧困难的技术难题；③解决半焦磨损严重的技术难题。具体研究思路见图 7-18。

　　陕西煤业化工集团提出"输送床粉煤快速热解-半焦热送燃烧"为核心的热解-燃烧一体化方案，进行了相关评价试验，工业化实施前期工作也已展开。焦

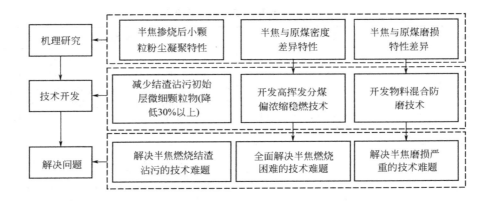

图 7-18　煤热解-燃烧一体化技术研究思路

粉燃烧性能评价试验结果表明，输送床热解所得粉焦属于低挥发分、高发热量、低灰分、特低硫分、低灰熔点燃料。相较于热解前的煤粉，粉焦的主要变化是挥发分显著降低（V_{daf} 由 35% 以上降至约 10%），粒度略有增加，着火点有所提高，燃尽率与原煤相差不大，仍达 95% 以上，属于易燃尽燃料，说明粉焦仍然保留了原煤良好的燃尽性能。

7.3.1.5　煤热解-气化裂解耦合系统

低阶煤经过热解转化为半焦、煤焦油和煤气。现有工艺为将含有煤焦油的高温油气混合物，经过冷却实现焦油和煤气分离，这一过程需要外界提供大量的冷量，而且富含大量重质组分的煤焦油易引起系统堵塞，同时冷凝后的重质焦油（沥青）是煤焦油经蒸馏加工、分馏后的固态或半固态产物，化学反应能力弱，不易进行加氢裂解。煤气与焦油冷凝分离，再升温对已冷凝的焦油进行加氢，无疑造成了能源的浪费。

煤热解-气化裂解耦合技术在煤热解过程产生的焦油未冷凝前进行催化裂解并耦合热解煤气的中富氢组分，通过催化加氢实现重质组分裂解，产生所需轻质组分及油品。煤热解气相焦油原位催化裂解具有以下优势：①焦油中重质组分轻质化，利用价值增加；②由于焦油轻质化，有解决目前焦油中重质组分冷凝造成设备堵塞这一工程难题的潜在前景；③催化剂易于分离回收；④焦油形成后处于高温气相状态即进行催化转化，避免了传统催化裂解工艺中焦油再次升温过程中的能源消耗，使得过程更加节能。

除以上耦合技术外，还有煤热解-甲醇重整耦合技术、煤热解-甲烷活化耦合技术以及煤热解-CO 变换耦合技术（表 7-6）等，均是采用物质能量梯级利用的思路在传统产业上进行的优化集成。

表 7-6　热解及其他技术耦合工艺简表

技术	原理	实验结果
煤热解-甲醇重整耦合技术	考虑到甲醇水蒸气重整制氢有产氢率高、反应条件温和、过程易控制、能源使用合理、易于操作等优点,利用甲醇水蒸气重整过程中产生的活性自由基和中间体来稳定煤热解自由基,以期达到提高煤焦油产率、改善焦油品质的目的	在热解温度 550℃、水醇流量 300mL/min 时,耦合过程焦油产率最高达 16.1%,比相同温度、相同流量时 N_2、H_2 气氛下分别高出 78.9%、24.8%。焦油中苯、酚、萘菲蒽(NPA)含量比 N_2 气氛下分别高出 64.0%、26.7%、31.4%,比 H_2 气氛下分别高出 20.6%、12.7%、17.8%
煤热解-CO变换耦合技术	在相同的反应条件下,与传统的惰性气氛氮气、活性气氛氢气相比,CO 变换反应气氛对煤热解具有显著的活性,可使煤热解反应获得更好的焦油产率和气体产物产率,同时可以得到更加低硫的半焦	水气比为 1.0,热解反应温度为 650℃时,耦合热解获得最高的焦油产量,焦油产率为 16.36%,比氮气气氛下的焦油产率增加了 6.66 个百分点,比氢气气氛下增加了 4.49 个百分点;热解可以得到更低硫的半焦,在终态温度为 750℃时耦合热解脱硫率为 92.28%
煤热解-甲烷活化耦合技术	利用甲烷部分氧化(重整)过程中产生 CHX 等自由基稳定煤热解过程产生的自由基,改善焦油产率。重整过程中主要产品为合成气,大量氢气的存在将有利于改善焦油产率和煤的脱硫	选用 Ni/Al_2O_3 为催化剂,所选煤种为兖州煤。热解条件为温度 700℃,恒温时间 30min,压力 0.1MPa。由此得到的焦油收率为 25.2%(质量分数,daf),半焦收率为 66.1%(质量分数,daf)

7.3.2　并联集成方案

7.3.2.1　全方位煤炭分质利用多联产系统

在专利 CN103160294A 中,尚建选等对一种全方位煤炭分质利用多联产的系统及方法做了详细描述,整体工艺系统见图 7-19。该系统是将备煤系统分别与块煤热解系统和粒煤热解系统相连;气化系统以空气为输入,以粒煤热解系统产生的半焦为原料,产生的气化煤气作为块煤热解系统的热载体;块煤热解系统产生的块煤热解油气作为粒煤热解系统的热载体,产生的块焦一部分作为冶金焦输出,一部分块焦作为制电石的原料;粒煤热解系统产生的热解煤气进入粗煤气处理系统,产生的热解焦油用于加氢提质,产生的半焦分别作为发电用半焦和气化用半焦;粗煤气处理系统以粒煤热解系统产生的热解煤气为原料,产生的回收余热用于发电系统中的余热锅炉,产生的二氧化碳进入二氧化碳驱替煤层瓦斯系统。

本系统的具体工艺路线如下所述:

原料煤送入备煤系统中经过筛选和处理将 6～20mm 的粒煤和＞20mm 的块煤分别送入粒煤热解系统和块煤热解系统中;在粒煤热解系统中,以块煤热解系统提供的块煤热解油气为热载体,粒煤在 500～800℃时发生热解反应,经过热解及分离工艺得到热解煤气、热解焦油和半焦,热解煤气 (体积分数:CO

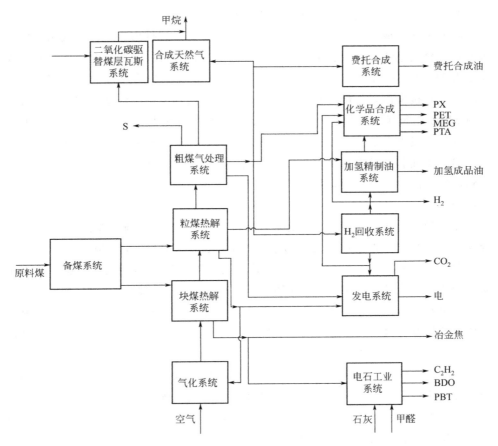

图 7-19　全方位煤炭分质利用多联产的系统框图

47.14%，H_2 34.35%，CO_2 17.6%，CH_4 0.117% 等）送入粗煤气处理系统中进行后续处理，热解焦油送入加氢精制油系统中进行加氢提质，半焦分为两部分，一部分作为发电用半焦送入发电系统中，另一部分作为气化用半焦送入气化系统中；在气化系统中，气化用半焦在 1300℃ 的高温条件下发生气化反应生成气化煤气（体积分数：H_2 21.90%，CH_4 39.91%，CO 19.89%，CO_2 13.71% 等），通入块煤热解系统中作为块煤热解热载体。

　　块煤在块煤热解系统中于 500～800℃ 条件下发生热解反应，生成的块煤热解油气作为热载体通入粒煤热解系统中，热解产物块焦分为两部分，一部分作为产品冶金焦直接外供，另一部分作为电石用焦送入电石工业系统中；热解煤气在粗煤气处理系统中，经过转化、脱酸、脱硫等步骤得到硫、二氧化碳、净化煤气和回收余热，硫作为产品直接输出，二氧化碳送入二氧化碳驱替煤层瓦斯系统中驱替煤层中瓦斯，回收余热送入发电系统中，净化煤气则分为制天然气用合成气、费托合成用合成气、烷基化用合成气和制氢煤气四部分。

制天然气合成气送入合成天然气系统中转化为甲烷排出。费托合成用合成气送入费托合成系统中经过合成、净化、分离等过程制得产品费托合成油。制氢煤气送入 H_2 回收系统中分离得到氢气和脱氢煤气，氢气分为三部分，一部分作为产品氢气直接输出，一部分作为油品提质用氢送入加氢精制油系统中，一部分作为制 MEG 用氢送入化学品合成系统中；脱氢煤气分为两部分，一部分作为发电用煤气送入发电系统中，另一部分作为制 MEG 用煤气送入化学品合成系统中。

热解焦油和油品提质用氢在加氢精制油系统中进行油品提质，经分离等过程得到加氢成品油和石脑油，加氢成品油作为产品直接输出，石脑油送入化学品合成系统中。

在化学品合成系统中，制 MEG 用氢和制 MEG 用煤气制得 MEG，烷基化用合成气和石脑油制得 PX，PX 经过氧化得 PTA，PTA 和 MEG 制得 PET；PTA 分为两部分，一部为产品 PTA 直接输出，另一部分制 PBT 用 PTA 送入电石工业系统中；其余的产品 PX、产品 PET、产品 MEG 直接输出。

在电石工业系统中，以电石用焦和石灰为原料制备电石、以电石为原料制备乙炔，乙炔和甲醛合成 BDO，BDO 和制 PBT 用 PTA 反应得到 PBT，可得到产品乙炔、产品 BDO 和产品 PBT 外供。

在发电系统中将燃料发电用半焦、发电用煤气以及回收余热均转化成外输电能，并产生发电二氧化碳，发电二氧化碳送入二氧化碳驱替煤层瓦斯系统中；二氧化碳和发电二氧化碳在二氧化碳驱替煤层瓦斯系统中驱替出煤层中瓦斯得到煤层中甲烷，与合成天然气系统得到的甲烷一同作为产品甲烷外供。

与现有技术相比，全方位煤炭分质利用多联产的系统及方法具有以下优点：

① 原料适用性强，以全粒径煤炭作为原料。

② 热量自平衡。采用气化煤气及热解煤气作为热解过程的热载体，可实现体系中的热量平衡。

③ 气体自净化功能。块煤热解炉兼顾颗粒床分离器的作用，可对气化煤气和热解煤气起到除尘的作用，有效改善粉煤热解的高温气固分离问题。

7.3.2.2 陕煤榆林低阶煤分质利用多联产系统

陕煤榆林低阶煤分质利用多联产项目是陕煤集团立足榆林、利用榆林资源特点，以煤炭分质利用为依托规划布局的特大型煤炭综合利用产业园，是陕煤集团"十三五"期间重点规划建设的大型煤转化项目。该项目借鉴国际先进化工园区管理模式，是按照园区化、高端化、精细化、智能化思路规划建设的特大型煤炭综合利用项目，年处理原煤 2014 万吨，占地 $9.87km^2$，总投资 1022 亿元。

该项目主要通过煤热解、气化等系列深加工技术的系统集成，生产包括聚烯烃、聚酯、聚碳酸酯、聚苯乙烯、丙烯酸酯等在内的各类产品，建设内容主要包括 1500 万吨煤炭中低温热解、560 万吨甲醇、180 万吨乙二醇、200 万吨 MTO 以及以此为中间原料的下游精细化工装置以及配套的公用工程、辅助工程等，项目最终产品为包括高吸水性树脂、聚酯、聚碳酸酯、丁苯橡胶等在内的高端聚烯烃、高端工程塑料、特种橡胶和高性能纤维等化工新材料产品，以及航空煤油、环烷基油等高端油品和 LNG 等。陕煤榆林煤油气化多联产规划示意见图 7-20。

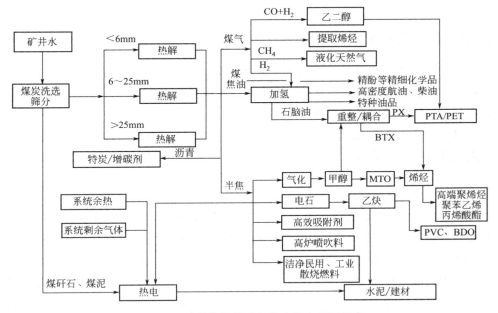

图 7-20　陕煤榆林煤油气化多联产规划示意

陕煤榆林煤油气化多联产项目加工流程主要有 3 条：

（1）煤热解-煤焦油加氢/LNG-航空煤油、环烷基油/石脑油重整-芳烃联合-聚酯（PET）产品

本流程主要以 1500 万吨中低温热解为基础，产生的煤焦油通过加氢后，一部分生产航空煤油和环烷基油，一部分通过重整和芳烃联合装置生产芳烃，芳烃中的 PX 经深加工生产 PTA，PTA 再与乙二醇生产 PET。

（2）粉焦气化-乙二醇/甲醇-烯烃-聚烯烃产品/丁二烯产品/丁辛醇-丙烯酸酯产品

本流程以热解产生的 750 万吨粉焦、400 万吨原煤为原料，通过粉焦气化生产甲醇、乙二醇，再通过甲醇制烯烃生产聚乙烯、聚丙烯、丁二烯以及丙烯酸酯等产品。

（3）芳烯耦合-苯乙烯/苯酚丙酮-聚苯乙烯产品/聚碳酸酯产品

本流程是在上述流程的基础上，实现芳烃和烯烃耦合发展。具体包括：以苯乙烯为中间产品生产聚苯乙烯，以苯酚丙酮和双酚 A 为中间产品来生产聚碳酸酯等。

7.4 系统能效分析

7.4.1 能源转化效率的定义

联合国欧洲经济委员会对能源转化效率的定义是：在使用能源（开采、加工转换、贮运和终端利用）的活动中所得到的起作用的能源量与实际消耗的能源量之比。能源转化效率通常用热效率来表示。

对于煤化工装置来说，能源转化效率是最终出装置有效产品的热值 E_0 之和与进装置各种原料热值 E_i 之和的比。

$$\eta = \frac{\sum E_0}{\sum E_i} \tag{7-18}$$

其中，"原料"是指煤、电、水、蒸汽、催化剂、溶剂等各种形式的物质流和能流的输入；"有效产品"是指主产物和有用的副产物。

煤电工业非常重视能源转化效率这个数据，用来衡量煤电技术的进步。在化学工业中，能效被用来说明工艺过程中原料和产物的关系。在装置设计完成以后，能够得到消耗定额，然后算出它的能耗值。而在装置稳定运行后，进行装置数据的测定，通常称这项工作为标定。能效高即原料的利用率高，这样的工艺过程就好，反之亦然。能效作为一种有效工具，在了解工艺过程中发挥了巨大的作用。一般认为，从能效出发，应该以能效高的产品作为煤化工的发展方向。因此，提高能效是煤化工产业发展的重要指标。

7.4.2 能源转化效率的特点

能效受表达范围限制，可以以整个国家的、集团的、联合企业的、单个工程的、某一个工序的或单元设备的多种形式来表达，是由用户决定用它来表达什么问题而定。能效具有工程性、可变性和综合性三大特点。

（1）工程性

就单个工程而言，能效是与工程设计和装置运行有关。也就是说，它与装置规模、原料的品质、工艺流程、关键设备的结构、装置内热力系统的配置等多方面的因素有密切关系。同一个装置设计，不同的设计院给出的能效是不同的。同样的低阶煤分质利用过程，不同的煤种和煤热解方法具有不同的能效。

（2）可变性

正因为是工程数据，一种工艺的能效数据是不断变化的。随着工艺技术的进步、催化剂的改进、设备制造能力的提高等技术的发展，能效的数据在变化。

（3）综合性

在多联产系统中，由于几条工艺线路中的能源利用是交叉的，公用工程不能够按照单独产品进行分割，这时候很难对每一种产品进行能耗的精确计算。产品越多，越难分割，只能作综合摊派计算。也就是说，某种产品的能耗中，一部分贡献来自于可以明确的原料，还有一部分贡献是摊派的估计值，最后综合成某一种产品的能耗值，而这个产品的能量转化率也只是一个平均值。

为了使煤化工领域工业装置中新技术的应用能够在一个新的水平上，带领全国煤化工行业走上新的台阶，国家出台了示范装置能效最低标准，对示范装置作刚性的约束，根据《煤炭深加工示范项目规划》《煤炭深加工产业示范"十三五"规划》等文件要求，梳理出示范装置能效最低标准见表 7-7。

表 7-7　示范装置能效最低标准

序号	项目	能源转化效率/%
1	煤制油直接液化	55
2	煤制油间接液化	42
3	煤制天然气	51
4	煤经甲醇制烯烃	42
5	煤制合成氨	42
6	煤制乙二醇	25
7	低阶煤分质利用	75

7.4.3　低阶煤分质利用能效

能效的计算是将所有的投入输出能量折成标准煤计算（7000kcal/kg）。低阶煤分质利用系统的生产投入和输出产品主要分为投入、产出、消耗三种类别，投入产品主要为低阶煤；产出主要是半焦、焦油和煤气，分别按热值折算成标煤和热量；消耗产品主要是电、新鲜水、蒸汽等。

7.4.3.1　50 万吨/a SM-GF 热解装置能效标定

2018 年 6 月 26～28 日，中国石油和化学工业联合会组织现场标定专家组，对 50 万吨/a SM-GF 热解工业示范装置进行了 72h 现场标定，能效计算结果见表 7-8。

表 7-8　SM-GF 热解装置系统能效计算

热输入				热输出			
反应物	数量	折标准煤/t	热量/GJ	生成物	数量	折标准煤/t	热量/GJ
原煤	1698.00t	1547.88	45353.81	半焦	1115.33t	1182.90	34659.68
水	239.33t	0.01	2.47	外送煤气	152513.00m³	89.22	2614.20
电	57600.00kW·h	7.08	207.45	煤焦油	137.33t	156.95	4598.73
				其他		125.90	3691.12
合计		1554.97	45563.73	合计		1554.97	45563.73
总输入能量/GJ			45563.73	产品能量/GJ			41872.61
能源转化效率/%			91.90	能耗/(kg/t)			74.15
				能耗/(kW·h/t)			33.92
				能耗/(t/t)			0.14
				能耗/(kg/t)			112.88

7.4.3.2　2 万吨/a SM-SP 热解装置能效标定

2016 年 8 月 20~23 日，中国石油和化学工业联合会组织现场标定专家组，对低阶粉煤 SM-SP 热解工业试验装置进行了 72h 现场标定，能效计算结果见表 7-9。

表 7-9　SM-SP 热解装置系统能效计算

热输入					热输出				
序号	反应物	质量/(kg/h)	热值/(kJ/kg)	热量/MJ	序号	反应物	质量/(kg/h)	热值/(kJ/kg)	热量/MJ
1	粉煤	2506	26553	66551	1	焦油	429	32682	14010
2	空气	3715	0	0	1.1	轻油	65	39035	2550
3	除氧水	2500	385	963	1.2	焦油	363	31533	11460
4	氮气	151	5024	764	2	煤气	263	12864	3380
5	电	431	3600	1552	3	粉焦	1134	28420	32231
					4	烟气	4313	0	0
					5	热解水	199	0	0
					6	蒸汽	2500	2763	6908
					7	损失			13301
共计				69830	共计				69830
总输入能量/MJ		69830			综合能耗/(kg/t)				181.02
能效/%				80.97					

7.4.3.3　6 万吨/a 低阶粉煤回转热解装置能效标定

陕煤化神木天元回转炉粉煤热解 6 万吨/a 中试装置于 2015 年 7 月进行了 72h 考核，通过了陕西省科技厅组织的技术成果鉴定。能效计算结果见表 7-10。

表 7-10　回转热解装置系统能效计算

序号	项目	数量	折标系数（标煤）/t	折算值（标煤）/t	备注
		输入			
1	原料煤	1t	0.9652	0.9652	
2	燃料气	552.40m³	0.0002	0.1263	
3	循环水	11.35t	0.000143	0.0016	
4	电	51.5kW·h	0.000404	0.0208	
5	低压氮气	12.8m³	0.000047	0.0006	
6	仪表风	4.94m³	0.000036	0.0002	
7	脱盐水	0.011t	0.000486	0.0000	
8	输入总计			1.11	
		输出			
1	无烟煤	0.6453t	1.065	0.687	
2	煤焦油	0.0912t	1.429	0.13	
3	热解气	101.20m³	0.00097	0.098	
4	输出总计			0.915	
综合能效/%			82.4		输出/输入

7.4.3.4　1 万吨/a 带式热解炉能效标定

陕煤化集团与北京柯林斯达公司联合研发的低阶煤带式热解炉技术，于 2015 年 6 月通过中国石油和化学工业联合会组织的 72h 现场考核，2015 年 7 月通过了科技成果鉴定。能效计算结果见表 7-11。

表 7-11　系统能效计算

	热输入				热输出			
序号	反应物	质量/(kg/h)	热值/(kJ/kg)	热量/MJ	序号	反应物	质量/(kg/h)	热值/(kJ/kg)	热量/MJ
1	原煤	1250	23848.80	29811.00	1	半焦	723.04	29007.672	20973.71
2	液化石油气	10.93	50120	547.95	2	焦油	98.40	33484.552	3294.88
3	纯氧	92.61	8192.8	758.76	3	煤气	352.07	13413.904	4722.63
4	水蒸气	45.62	2311.54	105.45	4	干燥冷凝水	62.81		

续表

热输入					热输出				
序号	反应物	质量/(kg/h)	热值/(kJ/kg)	热量/MJ	序号	反应物	质量/(kg/h)	热值/(kJ/kg)	热量/MJ
5	电耗	33kW·h/h	3600	118.80	5	热解冷凝水	40.96		
					6	烟气	286.46		
					7	气化残渣	11.82		
					8	损失			2350.74
共计				31341.96	共计				31341.96
总输入能量/MJ		31341.96			产品能量		28991.22		
能效/%		92.50							

参考文献

[1] 甘建平，马宝岐，尚建选，等. 煤炭分质转化理念与路线的形成和发展 [J]. 煤化工，2013，41（2）：3-6.

[2] 陈小辉. 低阶煤基化学品分级联产系统的碳氢转化规律与能量利用的研究 [D]. 北京：北京化工大学，2015.

[3] 吴必善. 煤化工产业链的碳足迹计量及控制机制研究 [D]. 北京：中国矿业大学，2015.

[4] 徐振刚. 多联产是煤化工的发展方向 [J]. 洁净煤技术，2002，8（2）：5-7.

[5] 尚建选，马宝岐，张秋民，等. 低阶煤分质转化多联产技术 [M]. 北京：煤炭工业出版社，2013.

[6] 金红光，张国强，高林，等. 总能系统理论研究进展与展望 [J]. 机械工程学报，2009，45（3）：39-48.

[7] 金红光，洪慧，王宝群，等. 化学能与物理能综合梯级利用原理 [J]. 中国科学 E 辑工程科学：材料科学，2005，35（3）：299-313.

[8] 金红光. 能的梯级利用与总能系统 [J]. 科学通报，2017，62（23）：2589-2593.

[9] 张积耀，袁定雄，刘国平，等. 一种煤盐综合利用方法 [P]：CN102584527A. 2013.

[10] 苏亚杰，陈寿林，杜英虎，等. 一种高温粗煤气余热余压综合利用工艺方法 [P]：CN103276131A，2015.

[11] 张喜来. 蓄热式低温余热回收及其在工业窑炉上的应用 [D]. 武汉：华中科技大学，2012.

[12] 李朋. 高炉渣余热回收及碳资源协同减排应用基础研究 [D]. 沈阳：东北大学，2013.

[13] 王统才. 中低温余热回收利用温差发电系统研究 [D]. 上海：华东理工大学，2017.

[14] 张传龙. 低温工业废水余热提取技术研究 [D]. 天津：天津大学，2014.

[15] 姚胜. 余压发电系统的模拟计算与实验研究 [D]. 天津：天津大学，2014.

[16] 李伟杰. 煤层气变压吸附富集液化系统余压能利用研究 [D]. 郑州：郑州大学，2016.

[17] 包予佳. 余热资源品质的热力学可用势评价方法研究 [D]. 武汉：华中科技大学，2014.

[18] 拓炳旭. 印染厂废水余热回收系统研究 [D]. 西安：西安工程大学，2017.

[19] 沙业汪. 硫酸工程热回收和利用的探讨 [J]. 硫磷设计与粉体工程，2008（2）：1-6.

[20]　温小萍，张素梅. 余热余压利用在企业节能减排中的应用 [J]. 中小企业管理与科技（上旬刊），
　　　2008（9）：133.

[21]　薛倩. 容积式液体余压能量回收装置应用研究 [D]. 石家庄：河北科技大学，2013.

[22]　王晓爽. 二次加压供水余压利用节能系统的研究 [D]. 北京：北京交通大学，2008.

[23]　刘源，贺新福，张亚刚，等. 神府煤热解-活化耦合反应产物特性及机制研究 [J]. 燃料化学学报，
　　　2016，44（2）：146-153

[24]　任健，李大鹏，李启明，等. CCSI 技术与清洁燃气发电耦合模式竞争性分析 [J]. 洁净煤技术，
　　　2018，24（4）：96-102.

[25]　贺新福，张小琴，周均，等. 煤热解气相焦油原位催化裂解提质研究进展 [J]. 应用化工，2018，
　　　47（7）：1513-1517.

[26]　王熙庭. 神雾环保开发出"乙炔法煤化工新工艺" [J]. 天然气化工（C1 化学与化工），2016，41
　　　（2）：29.

[27]　马文良. 神雾环保：开启煤炭利用新革命 [J]. 中关村，2016（4）：70-72.

[28]　张磊，潘立卫，倪长军，等. 甲醇水蒸气重整制氢反应条件的优化 [J]. 燃料化学学报，2013，41
　　　（1）：116-122.

[29]　李敏，马兰，周岐雄. CO 变换反应与煤热解耦合反应特性研究 [J]. 新疆环境保护，2018，40
　　　（3）：40-46.

[30]　靳立军，李扬，胡浩权. 甲烷活化与煤热解耦合过程提高焦油产率研究进展 [J]. 化工学报，2017，
　　　68（10）：3669-3677.

[31]　尚建选，徐婕，郑化安，等. 一种全方位煤炭分质利用多联产的系统及方法 [P]：CN103160294A，
　　　2014.

[32]　薛红艳，刘有奇. 关于低碳理念下煤化工产业发展的分析 [J]. 化工设计通讯，2016，42（7）：10.

[33]　Cote R，Hall J. Industrial parks as ecosystems [J]. Fuel & Energy Abstracts，1996，37（1）：58.

[34]　谢家平，孔令丞，等. 以循环经济为特征的生态型工业园建设研究 [R]. 上海：上海市经济委员
　　　会，2004：1-19.

[35]　Chertow M R. Industrial symbiosis：literature and taxonomy [J]. Annual Review of Energy and the
　　　Environment，2000，25（1）：313-337.

[36]　吴元锋，仪桂云，刘全润，等. 粉煤灰综合利用现状 [J]. 洁净煤技术，2013，19（6）：100-104.

[37]　张立其. 焦粉与焦油渣配合制取气化型焦的试验与研究 [J]. 内蒙古煤炭经济，2015：89-92.

[38]　高磊，董发勤，代群威，等. 煤焦油制备活性炭及其应用 [J]. 矿物学报，2010（S1）：158-159.

[39]　木沙江，朱书全，王海峰，等. 焦化废水中酚对水煤浆流变性能的影响 [J]. 煤炭科学技术 2005，
　　　33（12）：45-47.

[40]　王明霞，李得第，何先标，等. 煤气化联产合成氨工艺废水制备水煤浆 [J]. 工业水处理，2018，
　　　31（11）：17-20.

[41]　李晓峰，张翠清，李文华，等. 热解废水循环流化床焚烧工艺模拟研究 [J]. 现代化工　2018，38
　　　（9）：209-214.

[42]　连鹏，王凯亮，卢虎. 基于锅炉烟气余热蒸发脱硫废水零排放技术的应用及探讨 [J]. 给水排水，
　　　2018，54（10）：67-71.

[43]　李小鹏. 基于循环经济的生态工业园区综合评价体系研究 [D]. 天津：天津大学，2008.

[44] 李玲玲. 丹麦卡伦堡生态工业园的成功经验与启示 [J]. 对外经贸实务, 2018 (5): 38-41.

[45] 赵满华, 田越. 贵港国家生态工业 (制糖) 示范园区发展经验与启示 [J]. 经济研究参考, 2017 (69): 42-50.

[46] 田晓艳. 资源型城市建立煤化生态工业园研究——以山西蒲县为例 [J]. 资源与产业, 2012, 14 (4): 6-11.